Visual Basic

프로그래밍 15.x

실/전/프/로/젝/트

조호묵 저

Visual Basic 15.x
프로그래밍 실전 프로젝트

· 예제를 통해 자연스러운 문법 이해와 고급 프로그래밍 노하우 습득

· 기본적인 윈폼부터 데이터베이스와 네트워크 프로그래밍까지 다양한 예제

· 실전에 바로 적용 가능한 프로젝트 예제

· 단기간 윈도우 애플리케이션 개발 능력 향상을 위한 지침서

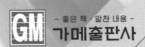
- 좋은 책 · 알찬 내용 -
가메출판사

머리말

처음 프로그램을 공부할 때는 누구라도 어렵고 선배 개발자분들은 어떻게 잘할까 하는 의문이 들것입니다. 물론 필자도 처음에는 그런 과정을 겪으면서 지금까지 왔고, 이제 이 책을 통해 그런 과정에서 배운 노하우와 지식을 전달하고자 합니다.

인터넷 발달로 예전보다 프로그램을 공부하는 것이 상당히 수월해졌음은 자명합니다. 이제는 인터넷에 있는 블로그나 레퍼런스(reference)만으로도 프로그램 공부가 가능합니다. 하지만 많은 노력과 시행착오를 겪어야 하며 내용이 잘 정리되어 있지 않다면 관련 지식을 찾아야 하는 수고를 감수해야 합니다. 따라서 필자는 더욱 빠르고 쉽게 윈도우 애플리케이션을 구현할 수 있도록 하는 관점에서 Visual Basic의 내용을 정리하여 이 책을 집필하였습니다. 이 책에서 설명하는 60여 개의 프로젝트 중심의 예제를 구현하고 공부한다면 상당한 프로그램 수준에 이를 것을 자신합니다.

이 책을 처음부터 끝까지 성실히 공부하면 Visual Basic의 모든 기능과 문법에 대해 마스터할 수는 없지만 윈도우 애플리케이션을 더욱 쉽게 개발할 수 있는 능력과 이전보다 프로젝트 개발 능력이 월등하게 향상됨을 느끼리라 단언합니다. 꼭 처음부터 끝까지 모든 예제를 성실히 공부하여 훌륭한 개발자가 되기를 바랍니다.

이 책을 집필하면서 필자도 여러 개발 가이드를 참고하고, 다른 서적을 뒤적이며 어떻게 하면 독자들께 좋은 지식을 전달할까, 조금이라도 더 쉽게 문법 및 기능에 대해 전달할 수 있을까 하는 마음으로 집필하였습니다. 하지만 필자도 사람인지라 부족한 부분이 있을 수 있고 실수한 부분이 있을 것입니다. 이런 부분과 다른 문의 사항은 'mook9900@yahoo.co.kr'로 메일을 보내주시면 성심성의껏 답변해 드리겠습니다.

끝으로 항상 필자의 곁을 지켜주는 사랑하는 가족, 친구들, 선·후배들 그리고 이 책이 나올 수 있도록 수고해 주신 가메출판사 직원들께 진심으로 감사드립니다.

언제나 노력하는 개발자 조호묵

문의처 : mook9900@yahoo.co.kr

목차

CHAPTER 03 윈도우 기본 컨트롤 II

CHAPTER 04 파일 다루기

CHAPTER 05 그래픽 다루기

CHAPTER 01

Visual Basic 개발 환경

1.1 Visual Basic

Visual Basic은 Windows GUI 프로그램을 만들 수 있는 다양한 프로그래밍 언어 중 하나이다. Windows GUI 프로그램을 구현할 수 있는 언어는 다양하지만, Visual Basic만큼 Windows GUI 프로그램을 쉽고 빠르게 개발할 수 있는 언어는 없다.

고전적인 Basic 언어는 인터프리터 기법의 프로그램 언어이지만 Visual Basic은 컴파일러 기법(전체 코드를 한꺼번에 해석 및 처리)과 인터프리터 기법(Line by Line으로 코드 해석 및 처리)을 모두 사용할 수 있다. 또한, Visual Basic은 이벤트 발생에 따라 이벤트를 제어하여 처리하도록 하는 이벤트 지향 프로그램이다.

Windows GUI 프로그램을 쉽고 빠르게 구현할 수 있는 장점으로 Visual Basic은 폼(Form)이라는 개체에 여러 가지 컨트롤을 배치해 동작하는 이벤트 지향 프로그램을 구현함으로써 개발 생산성이 뛰어나다. 또한, Visual Basic은 이 책에서 사용하는 Visual Studio라는 강력한 통합 개발 환경을 통해 구현하기 때문에 더욱 쉽게 Windows GUI 프로그래밍이 가능하다.

Visual Basic 언어는 1991년 Visual Basic 1.0 등장에 이어 1998년 Visual Basic 6.0으로 지속해서 발전하였고, 2002년에는 .Net Framework를 사용하는 Visual Studio .Net에 통합되어 Visual Basic .Net으로 첫 번째 릴리즈 되었으며, 현재는 Visual Studio 2017에 포함된 Visual Basic 15.x를 이용하여 강력하면서 쉽고 빠르게 Windows GUI 프로그래밍을 할 수 있다.

1.2 Visual Studio 설치

Visual Studio 2017의 설치는 간단히 설치 화면에서 요구하는 버튼을 클릭하는 것으로 완료할 수 있다. 먼저 Visual Studio 2017을 설치하기 위한 마이크로소프트에서 권장하는 시스템 요구사항에 대해 알아보자.

■ **지원되는 운영체제**

- Windows 10 버전 1507 이상 : Home, Professional, Education 및 Enterprise(LTSB 및 S는 지원되지 않음)
- Windows Server 2016 : Standard 및 Datacenter
- Windows 8.1(업데이트 2919355 포함) : Core, Professional 및 Enterprise
- Windows Server 2012 R2(업데이트 2919355 포함) : Essentials, Standard, Datacenter
- Windows 7 SP1(최신 Windows 업데이트 포함) : Home Premium, Professional, Enterprise, Ultimate

■ **하드웨어 요구사항**

- 1.8GHz 이상의 프로세서 듀얼 코어 이상 권장
- RAM 2GB. 4GB의 RAM을 권장함(가상 컴퓨터에서 실행하는 경우 최소 2.5GB)
- 하드 디스크 공간 : 설치된 기능에 따라 최대 130GB의 사용 가능한 공간, 일반적인 설치에는 20~50GB의 여유 공간 필요
- 하드 디스크 속도 : 성능을 개선하려면 SSD에 Windows 및 Visual Studio 설치 권장
- 최소 디스플레이 해상도 720p(1280x720)를 지원하는 비디오 카드
  ※ Visual Studio는 WXGA(1366x768) 이상 해상도에서 가장 잘 작동함

Visual Studio 2017은 간단히 몇 번의 버튼 클릭만으로 설치할 수 있다. 다운로더 파일 ("vs_community__1104335265.1515240338.exe")을 이용하여 설치한다.

Visual Studio Community 2017 다운로더 파일은 다음 사이트에서 다운로드할 수 있다.

Download URL
https://www.visualstudio.com/ko/downloads/ ※ 다운로드 링크가 변경될 수 있으니, 다운로드 되지 않을 때는 상위 페이지에서 검사하자.

Visual Studio Community 2017(이후 VS2017)의 설치는 몇 번의 버튼 클릭만으로 간단히 설치를 완료할 수 있기 때문에 설치 과정에 대한 설명은 생략한다.

VS2017 설치가 완료되고 컴퓨터를 다시 시작하면 다음 그림과 같이 VS2017 시작하는 화면이 나타난다. 마이크로소프트 계정이 있으면 [로그인] 버튼을 눌러 로그인을 진행하며, 계정이 없으면 [나중에 로그인] 링크를 누른다.

다음 그림은 Visual Studio의 환경을 설정하는 화면으로 [개발 설정] 옵션은 'Visual Basic'으로 선택하고, [색 테마 선택] 옵션은 '광원'을 선택한 후 [Visual Studio 시작] 버튼을 클릭하여 VS2017을 시작한다. 개발 환경은 개인 취향이기 때문에 [개발 설정]과 [색 테마 선택] 항목의 설정은 각자 취향대로 선택할 수 있다.

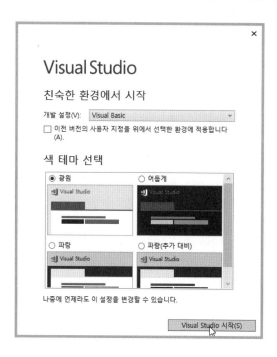

VS2017을 실행하면 다음과 같은 화면을 확인할 수 있다. 이전의 Visual Studio를 사용해 본 독자라면 구성이나 메뉴 등이 친숙할 것이다. 이러한 구성과 메뉴는 Visual Studio 2010 이후부터 유지되었기 때문에 화면 UI 구성에서 큰 변화는 없다. 하지만 내부적으로 다양하고 강력한 기능들이 추가되었기 때문에 새로운 기능에 대해서는 예제를 통해 살펴보고 더욱 자세히 살펴보고자 하면 MSDN을 참고하길 바란다.

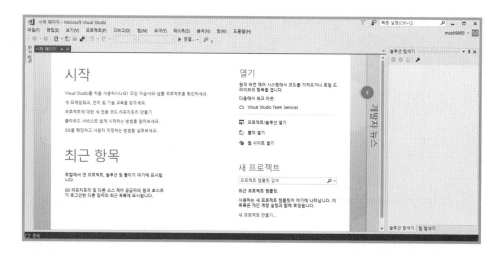

1.3 프로젝트 생성

이 절에서는 간단히 "Hello VB.NET"을 출력하는 콘솔 프로젝트와 윈도우 폼 프로젝트를 생성하고 컴파일하는 방법에 대해 살펴보도록 하자.

1.3.1 콘솔 프로젝트 생성 및 활용

먼저 프로젝트를 여는 방법부터 살펴보도록 하겠다. 가메출판사에 홈페이지의 자료실에서 다운로드받은 예제 소스('mook_Hello')를 'C:\vb2017project\Chap01'에 저장하고, VS2017의 [파일]−[열기]−[프로젝트/솔루션] 메뉴를 클릭한다. [프로젝트 열기] 대화상자가 실행되면 'mook_Hello.sln' 파일을 선택한 뒤에 [프로젝트 열기] 대화상자에서 [열기] 버튼을 눌러 프로젝트 연다.

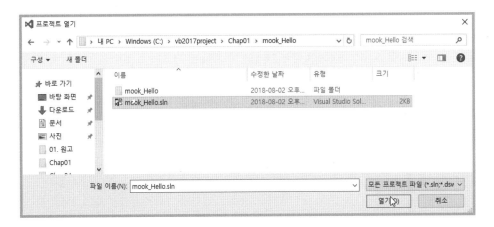

두 번째로 프로젝트를 생성하는 방법을 살펴보도록 한다. 콘솔 프로젝트 생성은 VS2017의 [파일]−[새로 만들기]−[프로젝트] 메뉴를 눌러 [새 프로젝트] 대화상자가 실행되면 ① 프로젝트 언어 : Visual Basic, ② .Net Framework 버전 : .NET Framework 4.7, ③ 프로젝트 유형 : 콘솔 앱, ④ 프로젝트 이름 : 'mook_ConHello', ⑤ 프로젝트 생성 위치 : 'C:\vb2017project\Chap01\'을 차례대로 선택하거나 입력한 뒤에 [확인] 버튼을 클릭하여 프로젝트를 생성한다.

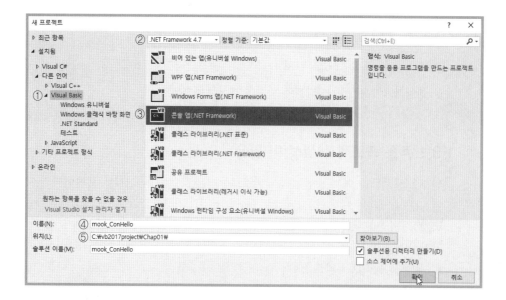

.NET Framework 4.7이 없으면?

https://www.microsoft.com/net/download/visual-studio-sdks 사이트에서 해당하는 .Net Framework 버전을 찾아 설치하고 컴퓨터를 다시 시작하면 해당 .Net Framework 버전이 나타난다.

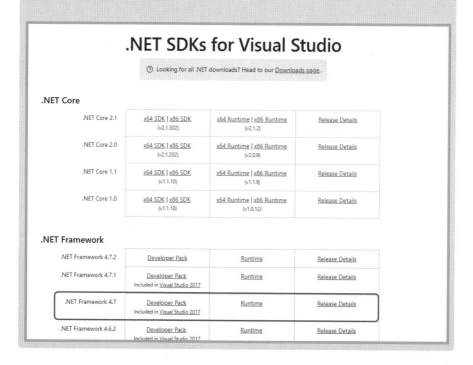

'mook_ConHello' 프로젝트를 열거나 생성되면 다음과 같이 프로젝트 열리는 것을 확인할 수 있다. 프로젝트를 생성했다면 다음 코드를 그림과 같은 위치에 추가한다.

```
Console.WriteLine("Hello VB.NET");
```

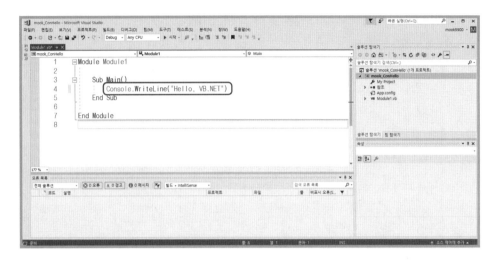

프로젝트를 컴파일하고 실행하기 위해 단축키로 Ctrl+F5 키를 누른다. Windows Form 프로젝트는 디버깅을 위해 F5 키를 눌러 실행하지만, 콘솔 프로젝트에서 F5를 눌러 실행할 경우 프로젝트 실행 후 자동으로 종료되면서 창이 닫히기 때문에 결과를 확인할 수 없는 문제점이 있다.

예제가 실행되면 다음과 같이 "Hello, VB.NET" 문자열이 출력되는 것을 확인할 수 있다.

TIP

콘솔 창이 닫히는 것을 막으려면

아래 코드를 위에서 추가한 코드 다음 행에 추가하면, 디버깅 모드 상태(F5)에서 실행하더라도 콘솔 창이 닫히는 것을 방지할 수 있다.

```
Console.Read();
```

1.3.2 윈도우 폼 프로젝트 생성 및 활용

VS2017의 [파일]-[새로 만들기]-[프로젝트] 메뉴를 눌러 [새 프로젝트] 대화상자가 실행되면 ① Visual Basic, ② .NET Framework 4.7, ③ Windows Forms 앱(.NET Framework), ④ 'mook_WinHello', ⑤ 'C:\vb2017project\Chap01\'을 차례대로 선택 및 입력하고 [새 프로젝트] 대화상자에서 [확인] 버튼을 클릭하여 새 프로젝트를 생성한다.

프로젝트가 정상적으로 생성되면 왼쪽 [도구상자] 탭을 펼쳐서 Label 컨트롤을 드래그하여 그림과 같이 폼 위에 위치시킨다.

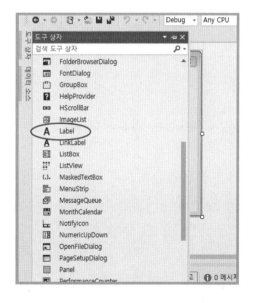

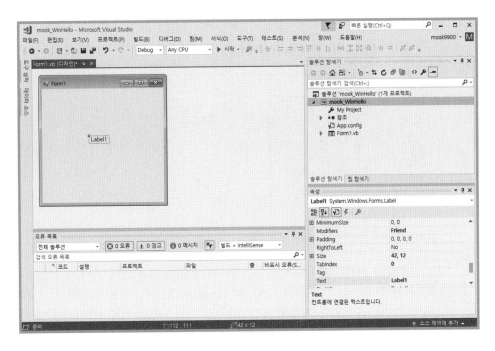

폼 내부의 빈 영역을 더블클릭하면 Form1_Load() 이벤트 핸들러가 자동 생성되고, 다음과 같이 코드를 추가한다.

```
Private Sub Form1_Load(
        sender As Object, e As EventArgs) Handles MyBase.Load
    Me.Label1.Text = "Hello, VB.NET"
End Sub
```

다음 그림은 VS 2017의 편집기 창에서 입력된 코드를 확인해 본 것이다.

```
Public Class Form1
    Private Sub Form1_Load(sender As Object, e As EventArgs) Handles MyBase.Load
        Me.Label1.Text = "Hello, VB.NET"
    End Sub
End Class
```

'mook_WinHello' 프로젝트 예제를 컴파일하고 실행하기 위해서 F5 키를 눌러 예제를 실행하면 다음과 같이 "Hello, VB.NET" 문자열이 폼에 출력되는 것을 확인할 수 있다.

이 장은 콘솔 프로젝트와 윈도우 프로젝트를 생성하고 실행하는 방법에 대해 살펴보는 것으로 마무리하고, 2장에서는 필수 윈도우 컨트롤을 이용하여 윈도우 애플리케이션을 구현하고 VB.NET 기본 문법 및 애플리케이션 구현 코드에 대해 살펴보도록 한다.

CHAPTER 02

윈도우 기본 컨트롤 I

이 장에서는 윈도우 애플리케이션을 구현할 때 가장 많이 사용되는 기본적인 윈도우 컨
트롤에 대해 살펴본다. 이 예제들은 비교적 간단한 구조로 구성되어 있기 때문에 애플리
케이션을 구현하기 위한 아키텍처와 코드의 문법 및 구성에 대해 별도의 추가 설명이 필
요 없이 쉽게 이해할 수 있을 것으로 생각한다. 이 장 이후 예제 구현을 위하여 사용되는
Visual Basic .NET의 기본 문법에 대해서는 필요에 따라 애플리케이션 구현 흐름과 함
께 설명하거나 추가적인 절을 이용하여 설명을 진행한다.

이 장에서 구현하는 예제는 다음과 같다.

- 문자 입출력
- 메시지 박스 보기
- 설문조사
- 타이머
- 리스트 추가/삭제
- 입력 목록 보기
- 그림 보기
- 진행 상태 보기
- 동적 버튼
- 폰트 꾸미기

2.1 문자 입출력

이 절에서 살펴보는 문자 입출력 예제는 Text, Label, Button 컨트롤을 이용하여 문자를
입력하고 입력된 문자열이 화면에 나타나게 하는 애플리케이션 예제이다. Text, Label,
Button 컨트롤은 이 예제뿐만 아니라 윈도우 애플리케이션을 구현하기 위해 가장 많이
사용하는 컨트롤이다.

다음 그림은 문자 입출력 애플리케이션을 구현하고 실행한 결과 화면이다.

[결과 미리 보기]

2.1.1 문자 입출력 디자인

프로젝트 이름을 'mook_TextView'로 하여 'C:\vb2017project\Chap02' 경로에 새 프로젝트를 생성한다. 다음 그림과 같이 윈도우 폼에 필요한 컨트롤을 위치시켜 폼을 디자인하고, 각 컨트롤의 속성값을 설정한다.

폼 디자인에 사용된 컨트롤의 주요 속성값은 다음과 같다.

폼 컨트롤	속 성	값
Form1	Name	Form1
	Text	문자 입출력
	FormBorderStyle	FixedSingle
	MaximizeBox	False
TextBox1	Name	txtEdit
Button1	Name	btnEdit
	Text	입력
Label1	Name	lblResult
	Text	결과 :

2.1.2 문자 입출력 코드 구현

다음의 코드를 클래스 내부 상단에 추가한다. 클래스에서 사용할 멤버 변수를 선언하고 정의하는 것이다.

```
Dim OrgStr As String = String.Empty          '결과 : 문자 저장
```

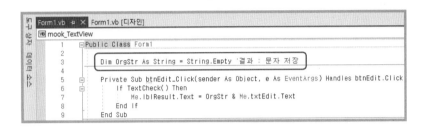

다음의 Form1_Load() 이벤트 핸들러는 폼을 더블클릭하여 생성한 프로시저로, 폼이 실행될 때 OrgStr 멤버 변수에 lblResult 컨트롤의 Text 속성값을 저장하는 작업을 수행한다. 이는 "결과 : "라는 lblResult 컨트롤의 기본 Text 속성값을 변수에 저장하기 위함이다.

```
Private Sub Form1_Load(sender As Object, e As EventArgs) _
        Handles MyBase.Load
    OrgStr = Me.lblResult.Text
End Sub
```

다음의 btnEdit_Click() 이벤트 핸들러는 [입력] 버튼을 더블클릭하여 생성한 프로시저로, txtEdit 컨트롤에 입력된 문자를 lblResult 컨트롤에 나타내는 작업을 수행한다.

```
01:  Private Sub btnEdit_Click(sender As Object, e As EventArgs) _
            Handles btnEdit.Click
02:      If TextCheck() Then
03:          Me.lblResult.Text = OrgStr & Me.txtEdit.Text
04:      End If
05:  End Sub
```

2행   txtEdit 컨트롤에 문자가 입력되었는지 검사하는 TextCheck() 함수를 호출하고 TextCheck() 함수의 반환값이 True이면 3행을 수행하는 If 구문(TIP "If ... Then ... End If 문" 참고)으로 lblResult 컨트롤에 문자를 출력하는 작업을 수행한다.

3행   txtEdit 컨트롤에 입력된 문자를 갖는 Text 속성의 값을 lblResult 컨트롤의 Text 속성에 전달하여 화면에 출력하는 작업을 수행한다.

입력 값	문자열 연결	결과 값
"사과"	OrgStr("결과 : ") & Me.txtEdit.Text("사과")	결과 : 사과

> **TIP**
>
> **If ... Then ... End If 문**
>
> 식의 값에 따라 실행문의 그룹을 조건부로 실행한다.
>
> **사용 형식 1** : 식1의 결과가 True일 때 문1을 실행하고, False이면 문1을 실행하지 않는다.
>
> ```
> If 식1 Then
>     문1
> End IF
> ```
>
> **사용 형식 2** : 식1의 결과가 True일 때 문1을 실행하고, False이면 식2를 판단하여 식2의 결과가 True일 때 문2를 실행하며, 식2의 결과가 False일 때 문3을 실행한다.
>
> ```
> If 식1 Then
>     문1
> ElseIf 식2 Then
>     문2
> Else
>     문3
> End IF
> ```

다음의 TextCheck() 함수는 txtEdit 컨트롤에 문자가 정상적으로 입력되었는지를 검사하는 입력 유효성 검사 함수이다.

```
01:  Private Function TextCheck() As Boolean
02:      If Me.txtEdit.Text IsNot "" Then
03:          Return True
04:      Else
05:          Return False
06:      End If
07:  End Function
```

3행   txtEdit 컨트롤의 Text 속성값이 존재하는지를 판단하여 입력된 문자가 있는 경우 Return 키워드를 이용하여 True를 반환한다. IsNot 키워드 연산자는 연산자 왼쪽의 값과 오른쪽의 값이 같지 않은지를 확인하는 연산자이다. 즉, txtEdit 컨트롤에 입력된 값이 ""이 아니면, 즉 txtEdit 컨트롤에 입력된 문자열이 있으면 If 문에서 식의 결과가 True가 되어 3행을 수행하게 된다.

4-5행 txtEdit 컨트롤의 Text 속성값이 없을 때, 즉 txtEdit 컨트롤에 입력된 문자열이 없으면 수행되어 Return 키워드를 이용하여 False를 반환한다.

다음의 txtEdit_KeyPress() 이벤트 핸들러는 txtEdit 컨트롤을 선택하고 이벤트 목록 창에서 [KeyPress] 이벤트 항목(TIP "KeyPress 이벤트 핸들러 생성" 참고)을 더블클릭하여 생성한 프로시저로, txtEdit 컨트롤에 문자를 입력하고 Enter 키를 누르면 [입력] 버튼을 누른 것과 같은 효과가 발생하도록 하는 작업을 수행한다.

```
01:  Private Sub txtEdit_KeyPress(
                    sender As Object, e As KeyPressEventArgs) _
                Handles txtEdit.KeyPress
02:     If e.KeyChar = Chr(13) Then
03:         e.Handled = True
04:         If TextCheck() Then
05:             Me.lblResult.Text = OrgStr & Me.txtEdit.Text
06:         End If
07:     End If
08:  End Sub
```

2행 e.KeyChar 속성을 이용하여 입력된 문자의 값이 Enter 키와 같은지 판단하는 If 구문이다. Enter 키를 누르는 것은 입력된 키의 코드 값이 Chr(13)(TIP "KeyCode 목록" 참고)에 해당하기 때문에 txtEdit 컨트롤에 텍스트를 입력하고 Enter 키를 누르면 3~6행을 수행한다.

3행 e.Handled 속성은 Enter 키가 입력되었을 때 시스템 비프음을 출력할지를 설정한다. e.Handled 속성값을 True로 설정하면 비프음이 출력되지 않고, False로 설정하면 비프음이 출력된다.

4-6행 TextCheck() 함수를 이용하여 txtEdit 컨트롤에 텍스트가 입력되었는지를 검사하고 정상적으로 문자열이 입력되었으면 5행을 수행하여 lblResult 컨트롤에 입력된 문자를 출력하는 작업을 수행한다.

TIP

KeyPress 이벤트 핸들러 생성

txtEdit 컨트롤의 [KeyPress] 이벤트 핸들러 생성은 다음 그림과 같이 ① 이벤트 목록 창에서 ② [KeyPress] 이벤트 항목을 더블클릭한다.

> **TIP**
>
> **KeyCode 목록**
>
> | | | |
> |---|---|---|
> | ←(백스페이스) = 8 | | 윈도우(왼쪽) = 91 |
> | TAB = 9 | | 윈도우(오른쪽) = 92 |
> | ENTER = 13 | | 기능키 = 93 |
> | SHIFT = 16 | | 0(오른쪽) = 96 |
> | CTRL = 17 | | 1(오른쪽) = 97 |
> | ALT = 18 | A = 65 | 2(오른쪽) = 98 |
> | PAUSEBREAK = 19 | B = 66 | 3(오른쪽) = 99 |
> | CAPSLOOK = 20 | C = 67 | 4(오른쪽) = 100 |
> | 한/영 = 21 | D = 68 | 5(오른쪽) = 101 |
> | 한자 = 25 | E = 69 | 6(오른쪽) = 102 |
> | ESC = 27 | F = 70 | 7(오른쪽) = 103 |
> | | G = 71 | 8(오른쪽) = 104 |
> | 스페이스 = 32 | H = 72 | 9(오른쪽) = 105 |
> | PAGEUP = 33 | I = 73 | .(오른쪽) = 110 |
> | PAGEDN = 34 | J = 74 | /(오른쪽) = 111 |
> | END = 35 | K = 75 | *(오른쪽) = 106 |
> | HOME =36 | L = 76 | +(오른쪽) = 107 |
> | | M = 77 | −(오른쪽) = 109 |
> | ←(중간) = 37 | N = 78 | F1 = 112 |
> | ↑(중간) = 38 | O = 79 | F2 = 113 |
> | →(중간) = 39 | P = 80 | F3 = 114 |
> | ↓(중간) = 40 | Q = 81 | F4 = 115 |
> | | R = 82 | F5 = 116 |
> | 0 = 48 | S = 83 | F6 = 117 |
> | 1 = 49 | T = 84 | F7 = 118 |
> | 2 = 50 | U = 85 | F8 = 119 |
> | 3 = 51 | V = 86 | F9 = 120 |
> | 4 = 52 | W = 87 | F10 = 121 |
> | 5 = 53 | X = 88 | F11 = 122 |
> | 6 = 54 | Y = 89 | F12 = 123 |
> | 7 = 55 | Z = 90 | Num Lock = 144 |
> | 8 = 56 | | Scroll Lock = 145 |
> | 9 = 57 | | =(중간) = 187 |
> | INSERT = 45 | | −(중간) = 189 |
> | DELETE = 46 | | |

2.1.3 문자 입출력 예제 실행

입출력 예제를 F5 키를 눌러 예제 애플리케이션을 실행한다. txtEdit 컨트롤에 문자를 입력하고 [입력] 버튼을 클릭하면 lblResult 컨트롤에 입력된 문자가 출력되는 것을 알수 있다.

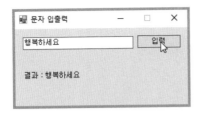

다음 그림은 문자열을 입력하고 [Enter] 키를 눌렀을 때의 결과 화면으로 [입력] 버튼을 누른 것과 같은 결과임을 알 수 있다.

2.2 메시지 박스 보기

이 절에서 살펴보는 메시지 박스 보기 예제는 GroupBox, RadioButton, Button 컨트롤을 이용하여 메시지 박스를 선택적으로 나타내는 애플리케이션 예제이다. GroupBox, RadioButton 컨트롤은 사용자에게 선택을 유도하기 위해 많이 사용되며, 메시지 박스(MessageBox)는 윈도우 애플리케이션에서 사용자에게 정보를 알리거나 동의를 구함에 많이 사용된다.

다음 그림은 메시지 박스 보기 애플리케이션을 구현하고 실행한 결과 화면이다.

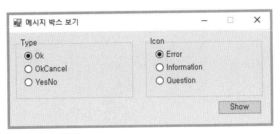

[결과 미리 보기]

2.2.1 메시지 박스 보기 디자인

프로젝트 이름을 'mook_MessageBox'로 하여 'C:\vb2017project\Chap02' 경로에 새 프로젝트를 생성한다. 다음 그림과 같이 윈도우 폼에 필요한 컨트롤을 위치시켜 폼을 디자인하고, 각 컨트롤의 속성값을 설정한다.

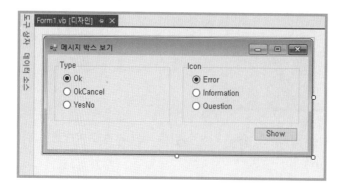

폼 디자인에 사용된 컨트롤의 주요 속성값은 다음과 같다.

폼 컨트롤	속 성	값
Form1	Name	Form1
	Text	메시지 박스 보기
	FormBorderStyle	FixedSingle
	MaximizeBox	False
GroupBox1	Name	gbOption1
	Text	Type
GroupBox2	Name	gbOption2
	Text	Icon
RadioButton1	Name	rbOk
	Text	Ok
RadioButton2	Name	rbOkCancel
	Text	OkCancel
RadioButton3	Name	rbYesNo
	Text	YesNo
RadioButton4	Name	rbError
	Text	Error
RadioButton5	Name	rbInformation
	Text	Information
RadioButton6	Name	rbQuestion
	Text	Question
Button1	Name	btnShow
	Text	Show

2.2.2 메시지 박스 보기 코드 구현

다음과 같이 멤버 개체를 클래스 내부 상단에 추가한다.

```
Dim mbb As MessageBoxButtons    '메시지 버튼 옵션 설정
Dim mbi As MessageBoxIcon       '메시지 버튼 아이콘 설정
```

다음의 btnShow_Click() 이벤트 핸들러는 [Show] 버튼을 더블클릭하여 생성한 프로시저로, [Type]과 [Icon] 그룹에서 선택된 옵션에 따라 메시지 박스를 출력하는 작업을 수행한다.

```
01:  Private Sub btnShow_Click(sender As Object, e As EventArgs) _
             Handles btnShow.Click
02:      If Me.rbOk.Checked = True Then
03:          mbb = MessageBoxButtons.OK
04:      ElseIf Me.rbOkCancel.Checked = True Then
05:          mbb = MessageBoxButtons.OKCancel
06:      ElseIf Me.rbYesNo.Checked = True Then
07:          mbb = MessageBoxButtons.YesNo
08:      End If

09:      If Me.rbError.Checked = True Then
10:          mbi = MessageBoxIcon.Error
11:      ElseIf Me.rbInformation.Checked = True Then
12:          mbi = MessageBoxIcon.Information
13:      ElseIf Me.rbQuestion.Checked = True Then
14:          mbi = MessageBoxIcon.Question
15:      End If
16:      MessageBox.Show("메시지 박스를 확인하세요", "알림", mbb, mbi)
17:  End Sub
```

2-8행   메시지 박스의 버튼 옵션을 설정하는 구문으로 If ~ ElseIf ~ End If 구문을 이용하여 Type 영역에서 선택된 RadioButton 컨트롤의 Checked 속성값에 따라 MessageBox를 나타낼 때 사용할 버튼의 MessageBoxButtons 열거형 값을 설정하는 작업을 수행한다.

MessageBoxButtons 열거형은 MessageBox에서 표시할 버튼을 정의하는 상수이다.

멤버 이름	설명
AbortRetryIgnore	중단(A)　다시 시도(R)　무시(I)
OK	확인
OKCancel	확인　취소

RetryCancel	다시 시도(R) 취소
YesNo	예(Y) 아니요(N)
YesNoCancel	예(Y) 아니요(N) 취소

9-15행   메시지 박스의 아이콘 옵션을 설정하는 구문으로 If ~ ElseIf ~ End If 구문을 이용하여 Icon 영역에서 선택된 RadioButton 컨트롤의 Checked 속성값에 따라 MessageBox를 나타낼 때 사용할 아이콘의 MessageBoxIcon 열거형 값을 설정 하는 작업을 수행한다.

MessageBoxIcon 열거

멤버 이름	설명	멤버 이름	설명
Asterisk	(i)	None	아이콘 없음
Error	(X)	Question	(?)
Exclamation	(!)	Stop	(X)
Hand	(X)	Warning	(!)
Information	(i)		

2.2.3 메시지 박스 보기 예제 실행

다음 그림은 메시지 박스 보기 예제 애플리케이션을 F5 키를 눌러 실행한 화면이다. Type 영역과 Icon 영역에서 항목을 선택하고 [Show] 버튼을 클릭하여 선택된 버튼과 아 이콘의 모습을 확인해 본다.

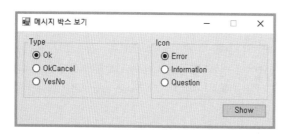

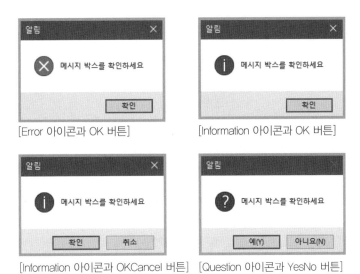

[Error 아이콘과 OK 버튼]   [Information 아이콘과 OK 버튼]

[Information 아이콘과 OKCancel 버튼] [Question 아이콘과 YesNo 버튼]

2.3 설문조사

이 절에서 살펴보는 실문조사 예제는 **ComboBox 컨트롤을 이용**하여 기호 음식을 선택하고 선택 결과를 Label 컨트롤에 나타내는 애플리케이션으로, 기호 음식은 다중 선택이 가능하다.

다음 그림은 설문조사 애플리케이션을 구현하고 실행한 결과 화면이다.

[결과 미리 보기]

2.3.1 설문조사 디자인

프로젝트 이름을 'mook_Poll'로 하여 'C:\vb2017project\Chap02' 경로에 새 프로젝트를 생성한다. 다음 그림과 같이 윈도우 폼에 필요한 컨트롤을 위치시켜 폼을 디자인하고, 각 컨트롤의 속성값을 설정한다.

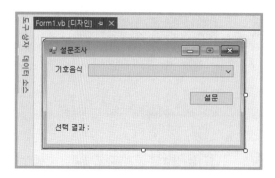

폼 디자인에 사용된 컨트롤의 주요 속성값은 다음과 같다.

폼 컨트롤	속 성	값
Form1	Name	Form1
	Text	설문조사
	FormBorderStyle	FixedSingle
	MaximizeBox	False
Label1	Name	lblFood
	Text	기호음식
Label2	Name	lblResult
	Text	선택 결과 :
ComboBox1	Name	cbList
	DropDownStyle	DropDownList
Button1	Name	btnPoll
	Text	설문

cbList 컨트롤을 선택하고 속성 목록 창에서 [Items] 항목의 ▥(컬렉션) 버튼을 클릭하여 [문자열 컬렉션 편집기] 대화상자를 호출하여 다음과 같이 컬렉션 문자열을 추가하고 [확인] 버튼을 클릭하여 콤보박스 컨트롤에서 사용할 항목을 설정한다.

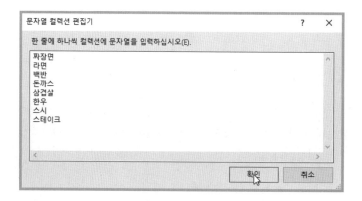

2.3.2 설문조사 코드 구현

다음과 같이 멤버 개체를 클래스 내부 상단에 추가한다.

```
01: '기호 음식의 선택 결과를 리스트에 저장
02: Dim FoodList As List(Of String) = New List(Of String)()
03: Dim OrgStr As String = String.Empty '결과 기본 문자 저장
```

2-3행　List 개체(TIP "List 클래스" 참고)를 선언하는 구문으로 인덱스로 접근할 수 있는 강력한 형식의 개체이다.

TIP

List(Of T) 클래스

인덱스로 액세스할 수 있는 강력한 형식의 개체 목록을 나타내며, 목록의 검색과 정렬 및 조작에 사용할 수 있는 메서드를 제공한다.

속성

이름	설명
Capacity	크기를 조정하지 않고 내부 데이터 구조가 보유할 수 있는 전체 요소 수를 가져오거나 설정
Count	List 〈T〉에 포함된 요소 수 반환
Item(Int32)	지정한 인덱스에 있는 요소를 가져오거나 설정

메서드

이름	설명
Add(T)	List 〈T〉의 끝 부분에 추가
Clear()	List 〈T〉에서 모든 요소를 제거
Contains(T)	List 〈T〉에 요소가 있는지를 확인
Remove(T)	List 〈T〉에서 맨 처음 발견되는 특정 개체 제거

다음의 Form1_Load() 이벤트 핸들러는 폼을 더블클릭하여 생성한 프로시저로, 폼이 실행될 때 lblResult 컨트롤의 기본값을 OrgStr 멤버 변수에 저장하는 작업을 수행한다.

```
Private Sub Form1_Load(sender As Object, e As EventArgs) _
        Handles MyBase.Load
    OrgStr = Me.lblResult.Text
End Sub
```

다음의 cbList_SelectedIndexChanged() 이벤트 핸들러는 cbList 컨트롤을 더블클릭하여 생성한 프로시저로, cbList 컨트롤에서 아이템을 선택할 때 발생하는 이벤트를 처리하는 작업을 수행한다.

```
01:  Private Sub cbList_SelectedIndexChanged(
              sender As Object, e As EventArgs) _
              Handles cbList.SelectedIndexChanged
02:      Me.FoodList.Add(Me.cbList.Text)
03:  End Sub
```

2행   FoodList.Add() 메서드를 이용하여 List(Of String) 타입의 개체에 cbList에서 선택된 기호 음식을 저장하는 작업을 수행한다.

다음의 btnPoll_Click() 이벤트 핸들러는 [설문] 버튼을 더블클릭하여 생성한 프로시저로, FoodList 개체에 추가된 기호 음식을 For Each 구문을 이용하여 lblResult 컨트롤에 나타내는 작업을 수행한다.

```
01:  Private Sub btnPoll_Click(sender As Object, e As EventArgs) _
              Handles btnPoll.Click
02:      Dim tmpStr As String = String.Empty
03:      For Each s As String In FoodList
04:          tmpStr += s & " "
05:      Next
06:      Me.lblResult.Text = OrgStr & tmpStr
07:  End Sub
```

3행   For Each 구문(TIP "For Each ~ Next 문" 참고)을 통해 FoodList 개체에 저장된 내용을 순차적으로 가져와 변수 s에 저장한다.

4행   tmpStr 변수에 변수 s에 저장된 기호 음식을 순차적으로 합성하여 저장한다.

6행   String 형식의 변수 OrgStr와 tmpStr의 값을 문자열로 연결하여 lblResult 컨트롤에 나타내는 작업을 수행한다.

TIP

For Each ~ Next 문

For Each ~ Next 문은 컬렉션 또는 배열의 각 요소에 대한 일련의 문장 집합을 반복할 때 사용한다.

```
형식 :
    For Each 변수 In 켈렉션
        문
    Next
```

2.3.3 설문조사 예제 실행

다음 그림은 설문조사 예제를 F5를 눌러 실행한 화면이다. [기호음식] 목록을 나타내는 콤보 박스에서 항목을 선택한 뒤에 [설문] 버튼을 클릭하여 선택된 결과를 확인한다.

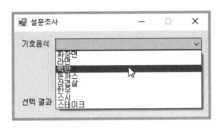

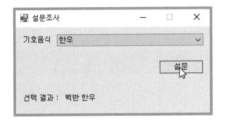

2.4 타이머

이 절에서 살펴보는 타이머 예제는 Timer, ComboBox, Button 컨트롤을 이용하여 타이머를 구현하는 애플리케이션 예제이다.

다음 그림은 타이머 애플리케이션을 구현하고 실행한 결과 화면이다.

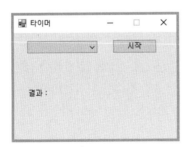

[결과 미리 보기]

2.4.1 타이머 디자인

프로젝트 이름을 'mook_Timer'로 하여 프로젝트를 'C:\vb2017project\Chap02' 경로에 새 프로젝트를 생성한다. 다음 그림과 같이 윈도우 폼에 필요한 컨트롤을 위치시켜 폼을 디자인하고, 각 컨트롤의 속성값을 설정한다.

폼 디자인에 사용된 컨트롤의 주요 속성값은 다음과 같다.

폼 컨트롤	속 성	값
Form1	Name	Form1
	Text	타이머
	FormBorderStyle	FixedSingle
	MaximizeBox	False
ComboBox1	Name	cbTime
	DropDownStyle	DropDownList
Label1	Name	lblResult
	AutoSize	True
	Text	결과 :
Button1	Name	btnCount
	Text	시작
Timer1	Name	Timer
	Interval	1000

cbTime 컨트롤을 선택하고 속성 목록 창에서 [Items] 속성의 ▦(컬렉션) 버튼을 클릭하여 [문자열 컬렉션 편집기] 대화상자를 연다. [문자열 컬렉션 편집기] 대화상자에서 다음 그림과 같이 문자열을 추가하고 [확인] 버튼을 클릭하여 cbTime 컨트롤에서 사용될 문자열을 추가한다.

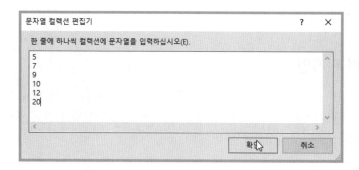

2.4.2 타이머 코드 구현

다음과 같이 멤버 개체 및 변수를 클래스 내부 상단에 추가한다.

```
Dim OrgStr As String = String.Empty    '결과 기본 문자 저장
Dim t As Integer = 3                    '초기 카운트 수
```

다음의 Form1_Load() 이벤트 핸들러는 폼을 더블클릭하여 생성한 프로시저로, lblResult 컨트롤의 초기값을 변수 OrgStr에 저장하고, cbTime 컨트롤의 초기값을 3으로 설정하는 작업을 수행한다.

```
Private Sub Form1_Load(sender As Object, e As EventArgs) _
        Handles MyBase.Load
    OrgStr = Me.lblResult.Text
    Me.cbTime.Text = 3
End Sub
```

다음의 cbTime_SelectedIndexChanged() 이벤트 핸들러는 cbTime 컨트롤을 더블클릭하여 생성한 프로시저로, cbTime 컨트롤에서 항목을 선택했을 때 멤버 변수 t에 선택된 시간을 저장하는 작업을 수행한다.

```
Private Sub cbTime_SelectedIndexChanged(
        sender As Object, e As EventArgs) _
        Handles cbTime.SelectedIndexChanged
    t = Convert.ToInt32(Me.cbTime.Text)
End Sub
```

다음의 btnRun_Click() 이벤트 핸들러는 [시작] 버튼을 더블클릭하여 생성한 프로시저로, Timer 컨트롤의 Enabled 속성값을 True로 설정하여 주기적으로 Timer_Tick() 이벤트 핸들러가 호출되도록 한다.

```
Private Sub btnRun_Click(sender As Object, e As EventArgs) _
        Handles btnRun.Click
    Me.Timer.Enabled = True
End Sub
```

다음의 Timer_Tick() 이벤트 핸들러는 Timer 컨트롤을 더블클릭하여 생성한 프로시저로, 주기적(1초)으로 호출되어 시간의 흐름에 따라 카운트하여 타이머를 구현한다.

```
01:  Private Sub Timer_Tick(sender As Object, e As EventArgs) _
             Handles Timer.Tick
02:      If (t - 1) = 0 Then
03:          Me.lblResult.Text = OrgStr & "타임 오버"
04:          Me.Timer.Enabled = False
05:      Else
06:          t = t - 1
07:          Me.lblResult.Text =
                 String.Format("{0} {1}초", OrgStr, (t).ToString())
08:      End If
09:  End Sub
```

2행   멤버 변수 t의 값이 0일 때 lblResult 컨트롤에 "타임 오버"라는 메시지를 출력
        하고 Timer 컨트롤의 Enabled 속성값을 False로 설정하여 Timer_Tick() 이벤
        트 핸들러가 더 이상 호출되지 않도록 한다.

6-7행   멤버 변수 t의 값이 0이 아닌 경우 t 값을 1씩 감산하고 lblResult 컨트롤에 현재
        남은 시간을 출력하는 작업을 수행한다.

2.4.3 타이머 예제 실행

다음 그림은 타이머 예제를 F5를 눌러 실행한 화면이다. 콤보 박스에서 항목을 선택하고
[시작] 버튼을 클릭하여 [결과]에 보이는 시간을 확인해 본다.

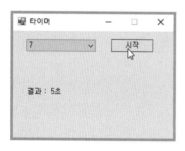

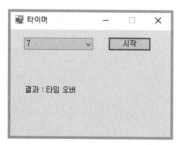

2.5 리스트 추가

이 절에서 살펴보는 리스트 추가 예제는 ListBox, TextBox, Button, Label **컨트롤을 이용**하여 리스트에 아이템을 추가하고 리스트에서 임의 아이템을 선택하여 화면에 출력하는 애플리케이션 예제이다.

다음 그림은 리스트 추가 애플리케이션을 구현하고 실행한 결과 화면이다.

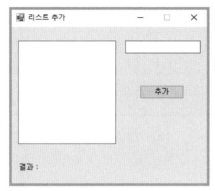

[결과 미리 보기]

2.5.1 리스트 추가 디자인

프로젝트 이름을 'mook_ListBox'로 하여 'C:\vb2017project\Chap02' 경로에 새 프로젝트를 생성한다. 다음 그림과 같이 윈도우 폼에 필요한 컨트롤을 위치시켜 폼을 디자인하고, 각 컨트롤의 속성값을 설정한다.

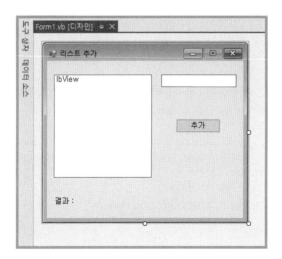

폼 디자인에 사용된 컨트롤의 주요 속성값은 다음과 같다.

폼 컨트롤	속 성	값
Form1	Name	Form1
	Text	리스트 추가
	FormBorderStyle	FixedSingle
	MaximizeBox	False
ListBox1	Name	lbView
TextBox1	Name	txtList
Button1	Name	btnAdd
	Text	추가
Label1	Name	lblResult
	Text	결과 :

2.5.2 리스트 추가 코드 구현

다음과 같이 멤버 변수를 클래스 내부 상단에 추가한다.

```
Dim OrgStr As String = String.Empty            '결과 기본 문자 저장
```

다음의 Form1_Load() 이벤트 핸들러는 폼을 더블클릭하여 생성한 프로시저로, 폼이 실행될 때 lblResult 컨트롤의 초기값을 멤버 변수에 저장하는 작업을 수행한다.

```
Private Sub Form1_Load(sender As Object, e As EventArgs) _
        Handles MyBase.Load
    OrgStr = Me.lblResult.Text
End Sub
```

다음의 btnAdd_Click() 이벤트 핸들러는 [추가] 버튼을 더블클릭하여 생성한 프로시저로, txtList 컨트롤에 입력된 문자를 lbView 컨트롤에 추가하는 작업을 수행한다.

```
01: Private Sub btnAdd_Click(sender As Object, e As EventArgs) _
            Handles btnAdd.Click
02:     If Me.txtList.Text <> "" Then
03:         Me.lbView.Items.Add(Me.txtList.Text)
04:         Me.txtList.Text = ""
05:     Else
06:         MessageBox.Show("아이템을 입력하세요", "알림",
                    MessageBoxButtons.OK, MessageBoxIcon.Error)
07:     End If
08: End Sub
```

3행	lbView.Items.Add() 메서드를 이용하여 txtList 컨트롤의 Text 속성값을 lbView 컨트롤의 Items 속성에 추가하는 작업을 수행한다.
6행	txtList 컨트롤에 입력된 텍스트가 없는 상태에서 [추가] 버튼을 클릭했을 때 메시지 박스를 출력하여 잘못되었음을 알리는 작업을 수행한다.

다음의 lbView_SelectedIndexChanged() 이벤트 핸들러는 lbView 컨트롤을 더블클릭하여 생성한 프로시저로, lbView 컨트롤에서 선택된 리스트의 값을 lblResult 컨트롤에 출력하는 작업을 수행한다.

```
01:  Private Sub lbView_SelectedIndexChanged(
            sender As Object, e As EventArgs) _
            Handles lbView.SelectedIndexChanged
02:     Me.lblResult.Text = OrgStr & Me.lbView.SelectedItem.ToString()
03:  End Sub
```

2행	lbView.SelectedItem.ToString() 구문을 이용하여 lbView 컨트롤에서 선택된 항목의 문자를 가져와 lblResult 컨트롤에 출력시키는 작업을 수행한다.

2.5.3 리스트 추가 예제 실행

다음 그림은 리스트 추가 예제를 F5를 눌러 실행한 화면이다. 텍스트 박스에 문자를 입력하고 [추가] 버튼을 클릭하여 입력된 내용이 리스트에 추가되는 것을 확인한다.

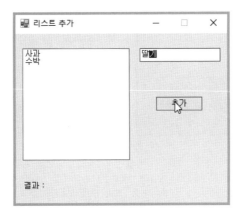

리스트에 표시된 항목 중 임의 항목을 선택하여 "결과 : " 영역에 선택된 내용이 표시되는 것을 확인한다.

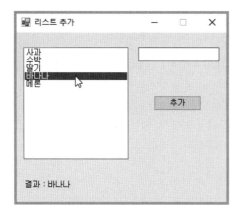

2.6 입력 목록 보기

이 절에서 살펴보는 입력 목록 보기 예제는 ListView, TextBox, Button, Label 컨트롤을 이용하여 목록을 추가하고 목록을 출력하는 애플리케이션 예제이다. 윈도우 애플리케이션을 살펴보면 특히 테이블 형태의 ListView 컨트롤을 사용하여 데이터를 정렬하는 경우가 많다. 테이블 형태로 데이터를 나열할 수 있어 TextBox와 Label 컨트롤을 통해 데이터를 나타내는 것 보다 더욱 정렬되게 보일 수 있어 활용도가 높다.

다음 그림은 입력 목록 보기 애플리케이션을 구현하고 실행한 결과 화면이다.

[결과 미리 보기]

2.6.1 입력 목록 보기 디자인

프로젝트 이름을 'mook_ListView'로 하여 'C:\vb2017project\Chap02' 경로에 새 프로젝트를 생성한다. 다음 그림과 같이 윈도우 폼에 필요한 컨트롤을 위치시켜 폼을 디자인하고, 각 컨트롤의 속성값을 설정한다.

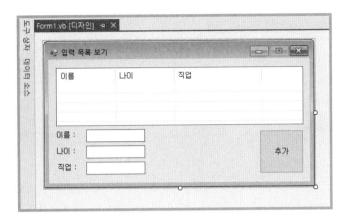

폼 디자인에 사용된 컨트롤의 주요 속성값은 다음과 같다.

폼 컨트롤	속 성	값
Form1	Name	Form1
	Text	입력 목록 보기
	FormBorderStyle	FixedSingle
	MaximizeBox	False
ListView1	Name	lvView
	FullRowSelect	True
	GridLines	True
	View	Details
Label1	Name	lblName
	Text	이름 :
Label2	Name	lblAge
	Text	나이 :
Label3	Name	lblWork
	Text	직업 :
TextBox1	Name	txtName
TextBox2	Name	txtAge
TextBox3	Name	txtWork
Button1	Name	btnAdd
	Text	추가

다음의 lvView 컨트롤의 칼럼을 만들고 각 칼럼의 제목을 설정하기 위해 lvView 컨트롤을 선택하고 속성 목록 창에서 [Columns] 속성의 ⬚(컬렉션) 버튼을 클릭하여 [ColumnHeader 컬렉션 편집기] 창을 연다.

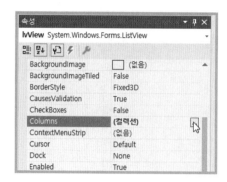

[ColumnHeader 컬렉션 편집기] 대화상자에서면 [멤버] 항목의 [추가] 버튼을 클릭하여 3개의 멤버를 추가한다.

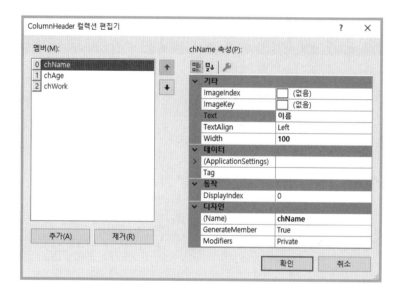

lvView 컨트롤에 추가된 3개 멤버의 주요 속성은 다음과 같이 설정한다.

폼 컨트롤	속 성	값
ColumnHeader1	Name	chName
	Text	이름
	With	100
ColumnHeader2	Name	chAge
	Text	나이
	With	100
ColumnHeader3	Name	chWork
	Text	직업
	With	150

lvView 컨트롤에 대한 멤버 추가와 속성 설정을 마치면 lvView 컨트롤은 다음 그림과 같은 모습으로 3개의 칼럼과 각 칼럼의 제목이 표시된다.

2.6.2 입력 목록 보기 코드 구현

다음과 같이 멤버 변수를 클래스 내부 상단에 추가한다.

```
Dim strName, strAge, strWork As String      '나이, 이름, 직업 문자 저장
```

다음의 btnAdd_Click() 이벤트 핸들러는 [추가] 버튼을 더블클릭하여 생성한 프로시저로, 입력된 문자를 lvView 컨트롤에 추가하는 작업을 수행한다.

```
01:  Private Sub btnAdd_Click(sender As Object, e As EventArgs) _
            Handles btnAdd.Click
02:      If TextCheck() = True Then
03:          strName = Me.txtName.Text
04:          strAge = Me.txtAge.Text
05:          strWork = Me.txtWork.Text
06:          Me.txtName.Text = ""
07:          Me.txtAge.Text = ""
08:          Me.txtWork.Text = ""
09:      Else
10:          Return
11:      End If
12:      Dim lvi As ListViewItem = New ListViewItem(New String() {
                                 strName, strAge, strWork})
13:      Me.lvView.Items.Add(lvi)
14:  End Sub
```

2행   입력 컨트롤에 문자가 정상적으로 입력되었는지 확인하는 TextCheck() 메서드를 호출하는 If ~ Then 구문으로 정상적으로 문자가 입력되었으면 3~8행을 수행하여 멤버 변수에 각 컨트롤의 값을 저장한 뒤에 각 컨트롤의 값을 초기화하고, 문자가 입력되지 않았으면 10행의 Return 문을 통해 프로시저 실행을 종료한다.

10행   TextBox 컨트롤에 입력된 데이터가 없는 경우 Return 키워드를 이용하여 프로시저 실행을 종료하여 12행 이후의 이벤트 핸들러 수행을 차단한다.

12행   ListViewItem 클래스의 개체 lvi를 생성하는 구문으로, ListViewItem() 생성자에 배열 개체로 이름, 나이, 직업에 해당하는 값을 전달하여 개체를 초기화한다. ListViewItem 개체는 ListView 컨트롤에서 표현하는 하나의 행이 된다.

13행   lvView.Items.Add() 메서드를 이용하여 12행에서 생성한 개체를 매개 변수로 전달하여 lvView에 입력된 값을 출력한다.

```
ListView.Items.Add(New ListViewItem(New String() {}))
```

다음의 TextCheck() 메서드는 입력 컨트롤에 문자가 입력되었는지 확인하며 Boolean 타입의 반환값을 갖는 Function 메서드이다.

```
Function TextCheck() As Boolean
    If (Me.txtName.Text <> "" And Me.txtAge.Text <> "" And
    Me.txtWork.Text <> "") Then
        Return True
    Else
        Return False
    End If
End Function
```

다음의 lvView_Click() 이벤트 핸들러는 lvView 컨트롤을 선택한 뒤에 이벤트 목록 창에서 [Click] 이벤트 항목을 더블클릭하여 생성한 프로시저로, lvView 컨트롤에 표시된 목록을 선택하였을 때 메시지 박스를 이용하여 선택된 항목의 값을 출력하는 작업을 수행한다.

```
01: Private Sub lvView_Click(sender As Object, e As EventArgs) _
            Handles lvView.Click
02:     If Me.lvView.SelectedItems.Count > 0 Then
03:         Dim Result As String = String.Format(
                "이름 : {0}, 나이 : {1}, 직업 : {2}",
                Me.lvView.SelectedItems(0).SubItems(0).Text,
                Me.lvView.SelectedItems(0).SubItems(1).Text,
                Me.lvView.SelectedItems(0).SubItems(2).Text)
04:         MessageBox.Show(Result, "알림", MessageBoxButtons.OK,
                MessageBoxIcon.Information)
05:     End If
06: End Sub
```

2행   lvView 컨트롤에서 정상적으로 아이템이 선택되었는지를 판단하는 If 구문으로 lvView.SelectedItems.Count 속성값이 0이면 lvView 컨트롤의 아이템이 선택되지 않은 것으로 메시지 박스를 통해 표시할 내용이 없다. 아이템을 선택하라는 메시지 박스를 출력하는 4행이 수행된다.

3행 lvView 컨트롤에서 아이템이 선택되어 선택된 아이템을 메시지 박스에 출력
하기 위해서 lvView.SelectedItems(0).SubItems(0).Text 속성을 이용하여 아
이템의 값을 가져온다. lvView.SelectedItems(0)은 선택된 행을 의미하고,
SubItems(0)와 SubItems(1) 그리고 SubItems(2)는 선택된 행의 각 열을 의미하
므로 메시지 박스에는 선택된 행의 이름, 나이, 직업이 표시된다. lvView 컨트롤
에 표시된 내용을 다음과 같다고 한다면,

이름	나이	직업
홍길동	20	소설가
성춘향	21	작가
이방원	22	사업가

lvView.SelectedItems 속성과 SubItems 속성의 값은 다음과 같다.

소스	결과값
lvView.SelectedItems(0).SubItems(0).Text	홍길동
lvView.SelectedItems(0).SubItems(1).Text	20
lvView.SelectedItems(0).SubItems(2).Text	소설가
lvView.SelectedItems(1).SubItems(0).Text	성춘향
lvView.SelectedItems(1).SubItems(1).Text	21

2.6.3 입력 목록 보기 예제 실행

다음 그림은 입력 목록 보기 예제를 F5를 눌러 실행한 화면이다. 텍스트 박스에 값을 입
력한 뒤에 [추가] 버튼을 클릭하여 입력된 내용이 리스트 뷰에 표시되는 것을 확인한다.

리스트 뷰에서 임의 행을 클릭하면 선택된 행의 값이 메시지 박스로 표시되는 것을 확인
한다.

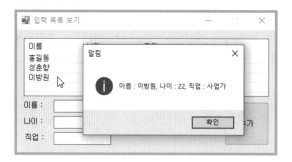

2.7 그림 보기

이 절에서 살펴보는 그림 보기 예제는 PictureBox, ImageList, Button 컨트롤을 이용하여 목록화된 이미지를 출력하는 애플리케이션 예제이다. PictureBox는 이미지를 출력하기 위한 대표적인 윈도우 컨트롤이며, ImageList 컨트롤은 여러 이미지 파일을 리소스로 목록화하여 관리하는 윈도우 컨트롤이다.

다음 그림은 그림 보기 애플리케이션을 구현하고 실행한 결과 화면이다.

[결과 미리 보기]

2.7.1 그림 보기 디자인

프로젝트 이름을 'mook_Image'로 하여 'C:\vb2017project\Chap02' 경로에 새 프로젝트를 생성한다. 다음 그림과 같이 윈도우 폼에 필요한 컨트롤을 위치시켜 폼을 디자인하고, 각 컨트롤의 속성값을 설정한다.

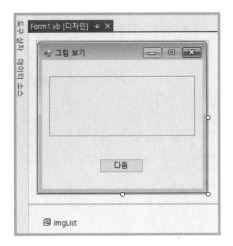

폼 디자인에 사용된 컨트롤의 주요 속성값은 다음과 같다.

폼 컨트롤	속 성	값
Form1	Name	Form1
	Text	그림 보기
	FormBorderStyle	FixedSingle
	MaximizeBox	False
PictureBox1	Name	picImg
	SizeMode	StretchImage
	Size	250, 100
Button1	Name	btnNext
	Text	다음
ImageList1	Name	ImgList
	ImageSize	250, 100
	Images	[설정]

picImg에 나타날 이미지를 저장하기 위해 프로젝트 내부에 폴더를 생성한다. 솔루션 탐색기에서 솔루션 이름을 마우스 오른쪽 버튼으로 클릭하여 표시되는 단축메뉴에서 [추가]–[새 폴더] 메뉴를 클릭한다.

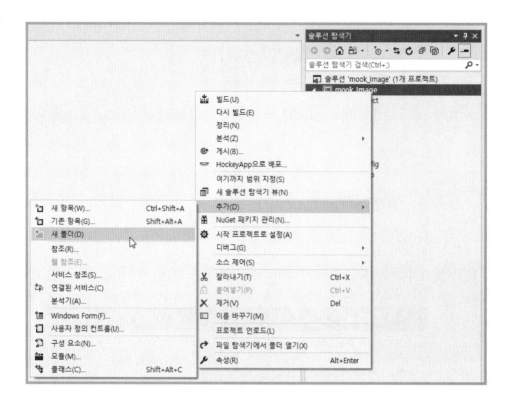

솔루션 탐색기에 추가된 폴더의 이름을 '새 폴더'에서 'img'로 수정하고, 파일 탐색기에서
사용할 이미지를 복사하여 'img' 폴더에 붙여넣기하여 저장하고 활용한다.

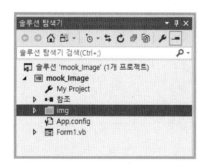

이미지 파일을 붙여넣기하면 다음과 같이 'img' 폴더 하위에 저장된다.

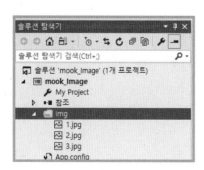

ImgList 컨트롤을 선택하고 속성 목록 창에서 [Images] 항목의 ▣(컬렉션) 버튼을 클릭하여 [이미지 컬렉션 편집기] 대화상자를 연다. [이미지 컬렉션 편집기] 대화상자에서 [추가] 버튼을 클릭하여 ImgList 컨트롤에서 사용할 이미지를 추가하고, [확인] 버튼을 눌러 ImgList 컨트롤의 설정을 저장한다.

2.7.2 그림 보기 코드 구현

다음과 같이 멤버 변수를 클래스 내부 상단에 추가한다.

```
Dim ImgCount As Integer = 0          '이미지 번호
```

다음의 Form1_Load() 이벤트 핸들러는 폼을 더블클릭하여 생성한 프로시저로, 폼이 시작할 때 초기 이미지를 picImg 컨트롤에 보여주는 작업을 수행한다.

```
01:  Private Sub Form1_Load(sender As Object, e As EventArgs) _
            Handles MyBase.Load
02:    Me.picImg.Image = Me.ImgList.Images(0)
03:    ImgCount = Me.ImgList.Images.Count
04:  End Sub
```

2행   picImg.Image 속성에 ImgList 컨트롤에 저장된 이미지를 대입하는 구문이다. ImgList 컨트롤의 첫 번째 이미지 즉, Images(0)이 Image 객체로 변환되어 저장된다.

3행   ImgList.Images.Count 속성을 이용하여 ImgList 컨트롤에 저장된 전체 이미지의 개수를 ImgCount 멤버 변수에 저장한다.

다음의 btnNext_Click() 이벤트 핸들러는 [다음] 버튼을 더블클릭하여 생성한 프로시저로. [다음] 버튼을 클릭할 때 ImgList 컨트롤에 저장된 다음 순서의 이미지를 picImg 컨트롤에 출력하는 작업을 수행한다.

```
01:   Private Sub btnNext_Click(sender As Object,
                    e As EventArgs) Handles btnNext.Click
02:         ImgCount = ImgCount - 1
03:         If ImgCount < 0 Then
04:             ImgCount = Me.ImgList.Images.Count - 1
05:         End If
06:         Me.picImg.Image = Me.ImgList.Images(ImgCount)
07:   End Sub
```

2행   ImgCount는 이미지의 전체 수를 나타내기 때문에 1씩 감산하여 6행에서 배열의 인덱스로 대입된다.

3-5행   만약 ImgCount 값이 0보다 작을 때 즉, 나타낼 이미지가 없을 때 다시 이미지의 전체 수를 ImgCount 값에 대입하는 작업을 수행한다.

6행   다음 순서에 해당하는 이미지를 ImgList 컨트롤에서 가져와 picImg 컨트롤에 출력하는 작업을 수행한다

2.7.3 그림 보기 예제 실행

다음 그림은 그림 보기 예제를 F5를 눌러 실행한 화면이다. 예제에는 3개의 이미지가 등록되어 있다. [다음] 버튼을 클릭하여 등록된 이미지가 나타나는지 확인한다.

2.8 상태 진행

이 절에서 살펴보는 상태 진행 예제는 **ProgressBar, Timer, Label, Button 컨트롤을 이용**하여 상태 진행을 나타내는 애플리케이션 예제이다. ProgressBar는 파일을 복사하거나 다운로드할 때 또는 프로그램이 설치될 때 등 다양한 환경에서 진행률을 가시적으로 나타낼 때 사용한다.

다음 그림은 상태 진행 애플리케이션을 구현하고 실행한 결과 화면이다.

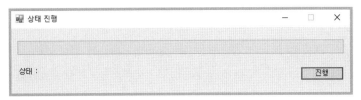

[결과 미리 보기]

2.8.1 상태 진행 디자인

프로젝트 이름을 'mook_Progress'로 하여 'C:\vb2017project\Chap02' 경로에 새 프로젝트를 생성한다. 다음 그림과 같이 윈도우 폼에 필요한 컨트롤을 위치시켜 폼을 디자인하고, 각 컨트롤의 속성값을 설정한다.

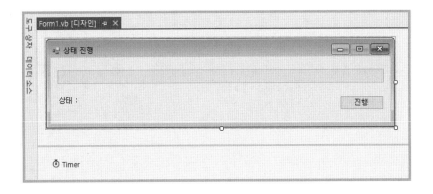

폼 디자인에 사용된 컨트롤의 주요 속성값은 다음과 같다.

폼 컨트롤	속 성	값
Form1	Name	Form1
	Text	상태 진행
	FormBorderStyle	FixedSingle
	MaximizeBox	False
ProgressBar1	Name	pbStatus

Label1	Name	lblStatus
	Text	상태 :
Button1	Name	btnRun
	Text	진행
Timer1	Name	Timer
	Interval	1000

2.8.2 상태 진행 코드 구현

다음과 같이 멤버 변수를 클래스 내부 상단에 추가한다.

```
Dim Num As Integer = 0                 '진행 숫자
Dim OrgStr As String = String.Empty    '진행 숫자를 문자열로 표현
```

다음의 Form1_Load() 이벤트 핸들러는 폼을 더블클릭하여 생성한 프로시저로, 폼이 실행되면 lblStatus 값을 멤버 변수에 저장하는 작업을 수행한다.

```
Private Sub Form1_Load(sender As Object, e As EventArgs) _
        Handles MyBase.Load
    OrgStr = Me.lblStatus.Text
End Sub
```

다음의 btnRun_Click() 이벤트 핸들러는 [진행] 버튼을 더블클릭하여 생성한 프로시저로, Timer 컨트롤의 Enabled 속성을 True로 설정하여 Timer 컨트롤을 활성화한다.

```
Private Sub btnRun_Click(sender As Object, e As EventArgs) _
        Handles btnRun.Click
    Me.Timer.Enabled = True
End Sub
```

다음의 Timer_Tick() 이벤트 핸들러는 Timer 컨트롤을 더블클릭하여 생성한 프로시저로, 주기적으로 호출되어 pbStatus 값을 수정하여 상태 진행을 표시한다.

```
01:  Private Sub Timer_Tick(sender As Object, e As EventArgs) _
            Handles Timer.Tick
02:      Num = Num + 1
03:      If Num > 100 Then
04:          Me.Timer.Enabled = False
05:          Return
06:      End If
07:      Me.pbStatus.Value = Num
08:      Me.lblStatus.Text = String.Format("{0} {1}%", OrgStr, Num.ToString())
09:  End Sub
```

2행	멤버 변수 Num의 값을 1씩 증가시켜 상태 진행에 필요한 값으로 사용한다.
3-6행	멤버 변수 Num의 값이 100을 초과하면 Timer 컨트롤의 Enabled 속성을 False 로 설정하여 Timer 컨트롤을 비활성화하고, Return 키워드를 이용하여 이벤트 핸들러 진행을 종료한다.
7행	2행에서 계산된 멤버 변수 Num의 값을 pbStatus.Value 속성에 대입하여 상태 진행을 표시한다.
8행	lblStatus 컨트롤에 현재 진행 상태를 수치화하여 문자열로 나타낸다.

2.8.3 상태 진행 예제 실행

다음 그림은 상태 진행 예제를 F5를 눌러 실행한 화면이다. [진행] 버튼을 클릭하여 ProgressBar 컨트롤에 색상으로 표시되고, 문자열로 진행 상황이 표시되는 것을 확인한다.

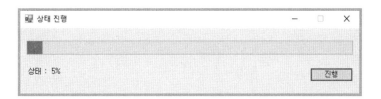

2.9 동적 버튼

이 절에서 알아볼 동적 이벤트 예제는 윈도우 애플리케이션에서 활용할 수 있는 기능들을 모아서 구현한 예제로써, 버튼을 윈도우 폼에 동적으로 생성하는 기능과 폼을 좌우로 흔들어 부르르 떠는 것과 같은 기능 그리고 폼의 투명도를 조절하여 폼이 사라졌다 보이는 기능으로 구성된 예제이다.

이 절에서는 특별한 컨트롤을 사용하여 예제를 구현하는 것이 아니라 버튼을 동적으로 생성하거나 폼의 Location 속성값을 변경하여 폼을 흔드는 기능을 구현하고, 폼의 Opacity 속성값을 변경하여 폼을 사라졌다 다시 나타나도록 구현한다.

다음 그림은 동적 이벤트(동적 버튼 생성, 폼 흔들기, 폼 깜박이기) 애플리케이션을 구현하고 실행한 결과 화면이다.

[결과 미리 보기]

2.9.1 동적 버튼 디자인

프로젝트 이름을 'mook_DynamicButton'으로 하여 'C:\vb2017project\Chap02' 경로에 새 프로젝트를 생성한다. 다음 그림과 같이 윈도우 폼에 필요한 컨트롤을 위치시켜 폼을 디자인하고, 각 컨트롤의 속성값을 설정한다.

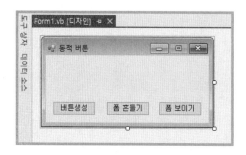

폼 컨트롤	속 성	값
Form1	Name	Form1
	Text	폼 제어
	Size	300, 150
	FormBorderStyle	FixedSingle
	MaximizeBox	False
	MinimizeBox	True
Button1	Name	btnDynamic
	Text	버튼생성
Button2	Name	btnForm
	Text	폼 흔들기
Button3	Name	btnFormShow
	Text	폼 보이기

2.9.2 동적 버튼 코드 구현

다음의 btnDynamic_Click() 이벤트 핸들러는 [버튼생성] 버튼을 더블클릭하여 생성한 프로시저로, For 문을 이용하여 폼에 동적 버튼을 생성하는 DynamicButton() 메서드를 호출하는 작업을 수행한다.

```
Private Sub btnDynamic_Click(ByVal sender As System.Object,
              ByVal e As System.EventArgs) Handles btnDynamic.Click
    For i As Integer = 0 To 4
        DynamicButton(i * 50, 10, i + 1)
    Next i
End Sub
```

다음의 DynamicButton() 메서드는 btnDynamic_Click() 이벤트 핸들러에서 For 문을 통해 5회 반복 호출되어 폼에 동적으로 5개의 버튼을 생성하는 작업을 수행한다.

```
01:   Public Sub DynamicButton(ByVal x As Integer, ByVal y As Integer,
                      ByVal k As Integer)
02:       Dim btnPer As New Button
03:       Dim btntxt As String = "버튼" & k
04:       If k = 3 Then
05:           btntxt = "흔들"
06:       End If

07:       With btnPer
08:           .Width = 50
09:           .Height = 20
10:           .Location = New System.Drawing.Point(x + 15, y)
11:           .Text = btntxt
12:           .Name = "btn" & k
13:       End With
14:       AddHandler btnPer.Click, AddressOf Me.btn_Click
15:       Controls.Add(btnPer)
16:   End Sub
```

2행   New 키워드를 이용하여 Button 클래스의 개체를 생성하는 구문이다. 이처럼 Button 클래스의 개체를 생성해 주는 이유는 지정된 횟수만큼 동적으로 각기 다른 버튼 개체를 생성하도록 하기 위함이다. 만약 Button 클래스의 개체를 생성하는 문장을 함수 외부에서 선언한다면 같은 개체를 이용하여 버튼을 생성하기 때문에 최종적으로 설정된 위치에 하나의 버튼만 생성된다.

4~6행 세 번째 동적 버튼이 생성될 때 버튼을 Text 속성값을 "흔들"로 지정하기 위한 구문이다. 기본값은 3행에서 생성되는 순서에 따라 "버튼n"으로 설정할 수 있도록 문자열을 준비하였다.

7~13행 With ~ End With 구문(**TIP** "Witn ~ End With 구문" 참고)을 이용하여 생성하는 btnPer 개체의 참조를 7행에서 한 번만 지정하는 작업을 수행한다. 따라서 이 구문은 With 블록 내부에는 btnPer 개체의 속성값을 설정하는 코드를 삽입하여 각 버튼이 생성될 때 버튼의 크기(8행 : 너비, 9행 : 높이)와 위치(10행), 버튼의 라벨 이름(11행) 그리고 버튼의 속성 이름(12행)의 속성값을 설정하여 동적 버튼을 생성한다.

14행   동적으로 생성된 각 버튼에 btnPer.Click 이벤트와 btn_Click 이벤트 핸들러를 연결(**TIP** "AddHandler 문" 참고)하는 구문으로서, 생성된 동적 버튼을 클릭했을 때 발생하는 이벤트를 처리하기 위한 이벤트 핸들러를 추가하는 구문이다. 동적 버튼의 Click 이벤트와 btn_Click() 이벤트 핸들러를 연결하기 위해서 AddHandler 키워드와 AddressOf 키워드를 이용한다.

15행   Controls.Add() 메서드를 이용하여 동적으로 생성된 버튼 컨트롤을 폼에 추가하는 작업을 수행한다.

구문	설명
Controls.Add(btnPer)	"btnPer" 개체를 폼에 추가한다.

TIP

With ~ End With 구문

With ~ End With 구문은 개체 참조를 한 번만 지정하여 해당 개체의 멤버에 액세스하는 여러 문을 실행하는 구문으로, 해당 개체의 멤버에 액세스하는 각 문에 대해 참조를 다시 설정할 필요가 없으므로 코드가 간단해지고 성능이 향상된다는 장점이 있다.

하나의 개체나 구조체를 반복적으로 참조하는 일련의 문을 실행한다.

```
With object
    실행문
End With
```

- **With** : With 블록의 정의를 시작
- **object** : 변수 또는 식
- **실행문** : 선택적 요소로 object에서 실행하는 With와 End With 사이에 있는 하나 이상의 문
- **End With** : With 블록의 정의를 마침

TIP

AddHandler 문

폼이나 컨트롤의 지정된 이벤트에 Visual Basic에서 자동으로 연결된 빈(empty) 이벤트 처리기와의 연결을 끊고 사용자가 정의하는 이벤트 처리기와 연결한다.

```
AddHandler event, AddressOf eventhandler
```

- **event** : 처리할 이벤트 이름
- **eventhandler** : 이벤트를 처리하는 프로시저 이름

RemoveHandler 문

폼이나 컨트롤의 지정된 이벤트에 연결된 이벤트 처리기와의 연결을 제거한다.

```
RemoveHandler event, AddressOf eventhandler
```

- event : 처리 중인 이벤트 이름
- eventhandler : 현재 이벤트를 처리하고 있는 프로시저 이름

다음의 btn_Click() 이벤트 핸들러는 사용자가 AddHandler 문을 통해 추가된 프로시저로, 폼에 생성된 동적 버튼을 클릭하였을 때 발생하는 이벤트를 처리하는 작업을 수행한다.

```
01:  Private Sub btn_Click(ByVal sender As System.Object,
                           ByVal e As System.EventArgs)
02:      Dim objBtn As Button = CType(sender, Button)
03:      If objBtn.Text = "흔들" Then
04:          Formshock()
05:      Else
06:          MessageBox.Show(objBtn.Text, "알림", MessageBoxButtons.OK,
                   MessageBoxIcon.Information)
07:      End If
08:  End Sub
```

2행   동적 버튼이 클릭되었을 때 전달받은 인수를 이용하여 Button 개체의 타입을 명시적으로 Button 타입으로 변환하여 objBtn 개체에 저장한다.

3행   버튼 개체의 Text 속성값이 "흔들"이면 4행을 실행하고, "흔들"이 아니면 6행을 실행한다. 이는 [폼 흔들기] 버튼을 눌렀을 때와 같이 폼을 흔드는 효과를 나타내며 여러 개의 동적 버튼 중 하나의 동적 버튼을 차별화하여 사용하는 방법을 구현한 것이다.

다음의 btnForm_Click() 이벤트 핸들러는 [폼 흔들기] 버튼을 더블클릭하여 생성한 프로시저로, Formshock() 메서드를 호출하여 폼을 좌우로 흔드는 작업을 수행한다.

```
Private Sub btnForm_Click(ByVal sender As System.Object,
             ByVal e As System.EventArgs) Handles btnForm.Click
    Formshock()
End Sub
```

다음의 Formshock() 메서드는 폼을 좌우로 흔드는 기능을 구현한 것으로 이 기능은 메신저에서 메시지가 도착했을 때 알람 역할로 자주 사용되는 기능이다. 폼을 좌우로 흔들기 위해서는 폼의 좌우의 포인터(위치) 값은 For 문을 통해 반복하여 Double 타입으로 설정되는 Location 속성값을 변경하게 된다.

```
Private Sub Formshock()
    Dim x As Double = Me.Location.X
    Dim y As Double = Me.Location.Y
    Dim i As Double
    For i = 10 To 0 Step -0.01
        Me.Location = New System.Drawing.Point(x - i, y)
        Me.Location = New System.Drawing.Point(x + i, y)
    Next
End Sub
```

다음의 btnFormShow_Click() 이벤트 핸들러는 [폼 보이기] 버튼을 더블클릭하여 생성한 프로시저로, 폼의 투명도([Opacity] 속성값)를 조절하여 폼이 사라졌다 다시 나타나게 하는 기능을 구현한 것이다.

```
01:  Private Sub btnFormShow_Click(ByVal sender As System.Object,
                    ByVal e As System.EventArgs) Handles btnFormShow.Click
02:      Dim i As Integer
03:      For i = 10 To 0 Step -1
04:          Me.Opacity = 0.1 * i
05:          System.Threading.Thread.Sleep(100)
06:      Next

07:      For i = 0 To 10
08:          Me.Opacity = 0.1 * i
09:          System.Threading.Thread.Sleep(100)
10:      Next
11:  End Sub
```

3-6행   For 문을 이용하여 폼의 투명도를 나타내는 Opacity 속성값을 반복 조정하여 폼을 사라지게 하는 작업을 수행한다. 이때 투명도를 결정하는 Opacity 속성값은 '%'(백분율) 값으로 1.0부터 0.0까지 설정되면서 폼의 투명도를 하향 조정한다.

5행   System.Threading.Thread.Sleep 문을 통하여 지정된 시간(밀리 초) 동안 현재 애플리케이션의 실행을 정지하게 하여 자연스러운 투명도를 조정할 수 있도록 하는 구문이다. Thread.Sleep 문은 4장에서 자세히 다룰 것이니 참고하기 바란다.

7-10행   3~6행과 같은 기능을 구현한다. 다만, 투명도를 상향 조정을 하여 폼을 서서히 보이도록 하는 작업을 수행한다.

2.9.3 동적 버튼 예제 실행

다음 그림은 동적 이벤트(동적 버튼, 폼 흔들기, 폼 깜박) 예제를 (F5)를 눌러 실행한 화면이다. 각각의 버튼을 누르면 동적 버튼이 생기거나 화면이 좌우로 흔들거리고 폼이 사라졌다 나타나는 효과를 확인할 수 있다.

앞서 언급했지만, 동적 버튼은 프로그램 동작 중에 사용자의 의견을 받아 버튼을 생성할 수 있기 때문에 최초 디자인되지 않았더라도 프로그램 구동 중에 컨트롤을 생성하여 활용할 수 있는 기능이다. 또한, 폼 흔들기와 폼 깜박이기 기능은 메신저를 사용할 때 메시지의 알람 효과에 많이 사용하는 방식이다.

[초기 상태]

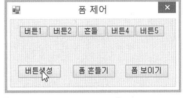
[동적 버튼이 생성된 상태]

2.10 폰트 꾸미기

이 절에서 알아볼 폰트 꾸미기 예제는 .NET Framework에서 지원하는 폰트 대화상자를 이용하여 글꼴과 색상을 설정하는 예제로, FontDialog, ColorDialog 컨트롤은 워드(MS Word) 또는 흔글(HWP) 등 텍스트 편집기에서 폰트 설정하는 기능으로 많이 사용한다.

다음 그림은 폰트 꾸미기 애플리케이션을 구현하고 실행한 결과 화면이다.

[초기 상태]

2.10.1 폰트 꾸미기 디자인

프로젝트 이름을 'mook_Font'로 하여 'C:\vb2017project\Chap02' 경로에 새 프로젝트를 생성한다. 다음 그림과 같이 윈도우 폼에 필요한 컨트롤을 위치시켜 폼을 디자인하고, 각 컨트롤의 속성값을 설정한다.

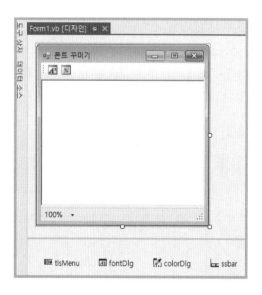

폼 디자인에 사용된 컨트롤의 주요 속성값은 다음과 같다.

폼 컨트롤	속 성	값
Form1	Name	Form1
	FormBorderStyle	FixedSingle
	MaximizeBox	False
	Text	폰트 바꾸기
RichTextBox1	Name	rtbText
	Dock	Fill
ToolStrip1	Name	tlsMenu
StatusStrip1	Name	ssbar
	RightToLeft	No
FontDialog1	Name	fontDlg
ColorDialog1	Name	colorDlg

이 예제 애플리케이션에서 사용할 이미지를 저장하기 위해서 솔루션 탐색기 창에서 프로젝트 이름을 마우스 오른쪽 버튼으로 클릭하여 표시되는 단축메뉴에서 [추가]-[새 폴더] 메뉴를 클릭하여 프로젝트 하위에 'img' 폴더를 생성하고 애플리케이션에서 사용할 이미지를 저장하여 활용한다.

ToolStrip 윈도우 컨트롤은 두 가지 방법으로 아이콘 메뉴를 추가할 수 있다. 먼저 [항목 컬렉션 편집기] 대화상자를 이용하여 메뉴를 추가하는 방법을 살펴보자.

tlsMenu 컨트롤을 선택하고 다음 그림에서와 같이 속성 목록 창에서 [Items] 항목의 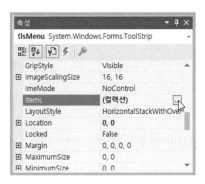 (컬렉션) 버튼을 클릭하여 [항목 컬렉션 편집기] 대화상자를 실행한다.

[항목 컬렉션 편집기] 대화상자에서 추가할 항목의 유형으로 Button을 선택하고 [추가] 버튼을 클릭하여 아이콘 메뉴를 멤버로 추가하고, 추가된 멤버의 Image 속성값을 변경한다. Image 속성은 툴바에서 사용할 버튼의 이미지를 설정한다.

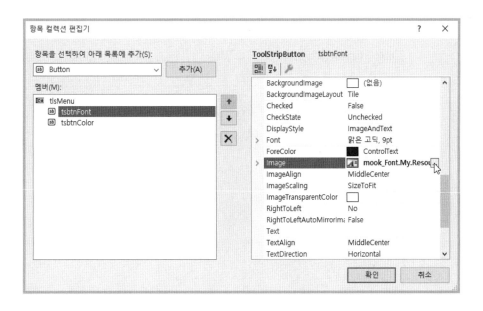

ToolStrip 윈도우 컨트롤에 아이콘 메뉴를 추가하는 두 번째 방법으로는 다음 그림에서와 같이 폼 디자인 모드에서 tlsMenu 컨트롤을 선택하고 버튼을 클릭하여 추가할 멤버의 유형을 Button으로 선택하여 두 개의 멤버를 추가한다.

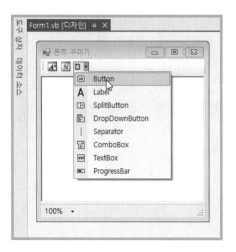

tlsMenu 컨트롤에 추가된 각각의 Button 멤버를 클릭하여 속성 목록 창에서 Image 속성의 값을 다음 표와 같이 설정한다.

폼 컨트롤	속 성	값
ToolStripButton1	Name	tsbtnFont
	ToolTipText	폰트
	Image	이미지 설정
ToolStripButton2	Name	tsbtnColor
	ToolTipText	색상
	Image	이미지 설정

ssbar 컨트롤도 위의 ToolStrip 컨트롤에서 메뉴 멤버를 추가하는 방법으로 메뉴를 추가할 수 있다. 다음 그림과 같이 ssbar 컨트롤에 메뉴 멤버를 추가하고, 표와 같이 속성값을 설정한다.

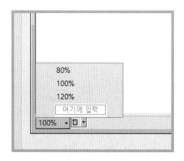

폼 컨트롤	속 성	값
ToolStripDropDownButton1	Name	tsdbtn
	Alignment	Right
	DisplayStyle	Text
	Text	100%
	TextAlign	Middle
	TextDirection	Horizontal

2.10.2 폰트 꾸미기 코드 구현

다음은 변경되는 폰트의 사이즈 값을 저장하기 위하여 추가한 멤버 변수로서, 클래스 내부 상단에 추가한다.

```
Dim ftsize = 100
Dim ftsing = 9.0!
```

다음의 tsbtnFont_Click() 이벤트 핸들러는 tlsMenu 컨트롤의 멤버로 추가한 아이콘 메뉴를 더블클릭하여 생성한 핸들러로, [글꼴] 대화상자를 호출하는 작업과 선택된 글자의 글꼴을 변경하는 작업을 수행한다.

```
01:  Private Sub tsbtnFont_Click(ByVal sender As System.Object,
                   ByVal e As System.EventArgs) Handles tsbtnFont.Click
02:      If Me.fontDlg.ShowDialog() = DialogResult.OK Then
03:          Me.rtbText.SelectionFont = Me.fontDlg.Font
04:      End If
05:  End Sub
```

2행   ShowDialog() 메서드를 이용하여 [글꼴] 대화상자를 호출하고, [글꼴] 대화상자에서 [확인] 버튼을 클릭하여 변경된 폰트 속성을 반영하는 작업을 수행한다.

구문	설명
fontDlg.ShowDialog()	[글꼴] 대화상자를 호출
DialogResult.OK	[확인] 버튼을 누르는 것을 의미

3행   rtbText 컨트롤에 입력된 문자열 중 선택된 문자열에 대하여 글꼴을 변경하는 구문으로 SelectFont 속성값을 변경하여 다양한 글꼴로 설정할 수 있다.

구문	설명
rtbText.SelectionFont	rtbText 컨트롤의 입력된 데이터 중 선택된 문자열의 글꼴 속성값을 의미
fontDlg.Font	[글꼴] 대화상자에서 선택된 글꼴 속성값을 의미

다음의 tsbtnColor_Click() 이벤트 핸들러는 tlsMenu 컨트롤의 멤버로 추가한 🖼 아이콘 메뉴를 더블클릭하여 생성한 핸들러로, [색] 대화상자를 호출하여 선택된 글자의 색상을 설정하는 작업을 수행한다.

```
Private Sub tsbtnColor_Click(ByVal sender As System.Object,
            ByVal e As System.EventArgs) Handles tsbtnColor.Click
    If Me.colorDlg.ShowDialog() = DialogResult.OK Then
        Me.rtbText.SelectionColor = Me.colorDlg.Color
    End If
End Sub
```

다음의 tsmenu01_Click(), tsmenu02_Click(), tsmenu03_Click() 이벤트 핸들러는 상태바인 ssBar 컨트롤에 설정한 ToolStripDropDownButton에 설정된 세 가지의 값인 [120%], [100%], [80%] 메뉴를 각각 더블클릭하여 생성한 프로시저로, FontSizeSet() 사용자 함수를 호출하여 글꼴의 크기를 변경하는 작업을 수행한다.

```
Private Sub tsmenu01_Click(sender As Object, e As EventArgs)
        Handles tsmenu01.Click
    FontSizeSet(120, 11.0!)
End Sub

Private Sub tsmenu02_Click(sender As Object, e As EventArgs)
        Handles tsmenu02.Click
    FontSizeSet(100, 9.0!)
End Sub

Private Sub tsmenu03_Click(sender As Object, e As EventArgs)
        Handles tsmenu03.Click
    FontSizeSet(80, 7.0!)
End Sub
```

다음의 FontSizeSet() 메서드는 문자열의 글꼴 크기를 변경하는 작업을 수행한다.

```
01:  Private Sub FontSizeSet(
                    ByVal ftint As Integer, ByVal ftsin As Single)
02:      Me.tsdbtn.Text = ftint & "%"
03:      Me.ftsize = ftint
04:      Me.ftsing = ftsin
05:      Me.rtbText.Font = New System.Drawing.Font("굴림", ftsin,
                    System.Drawing.FontStyle.Regular,
                    System.Drawing.GraphicsUnit.Point, Ctype(129, Byte))
06:  End Sub
```

2행	tsdbtn 컨트롤의 Text 속성값을 설정하는 구문으로, 글꼴의 크기를 사용자에게 보여주기 위한 구문이다.
4행	Single 타입의 멤버 변수에 사용자가 설정한 글꼴의 크기를 저장하는 구문이다.
5행	rtbText 컨트롤의 Font 속성값(**TIP** "System.Drawing.Font 생성자" 참고)을 설정하는 구문으로 New 키워드를 이용하여 글자의 글꼴, 크기 및 스타일 특성을 포함하여 텍스트의 특정 형식을 정의하여 글자의 크기를 조정하는 작업을 수행한다.

TIP

System.Drawing.Font(String familyName, Single emSize, FontStyle style, GraphicsUnit unit, Byte gdiCharSet) 생성자

Font 생성자는 지정된 크기, 스타일, 단위 및 문자 집합을 사용하여 새 Font 개체를 생성하며 초기화한다.

- **familyName 형식** : 새 Font에 대한 FontFamily의 문자열 표현
- **emSize 형식** : unit 매개 변수에서 지정하는 단위로 측정된 새 글꼴의 em-size
- **style 형식** : 새 글꼴의 FontStyle
- **unit 형식** : 새 글꼴의 GraphicsUnit
- **gdiCharSet 형식** : 이 글꼴에 사용할 GDI 문자 집합을 지정하는 Byte

사용 예 : System.Drawing.Font("굴림", 9.0!, FontStyle.Regular, GraphicsUnit.Point, CType(129, Byte))

2.10.3 폰트 꾸미기 예제 실행

다음 그림은 폰트 꾸미기 예제를 F5를 눌러 실행한 화면이다. 임의의 글을 입력하고 입력된 내용의 일부를 마우스로 드래그하여 블록을 설정하고, 글꼴 설정과 색 설정을 실행해 본다.

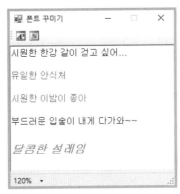

[실행 결과]

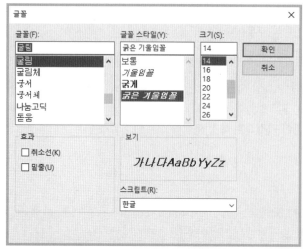

[글꼴 대화상자]

[색 대화상자]

이 장은 폰트 꾸미기 예제 설명을 끝으로 마치고 다음 장에서는 이 장에서 살펴본 윈도우 기본 컨트롤과 이외에 다양한 기능을 갖는 윈도우 기본 컨트롤을 추가로 이용하여 더욱 응용된 애플리케이션을 구현하면서 문법과 애플리케이션 구현 방법에 대해 살펴보도록 한다.

3장에서는 이미지 열기/저장, 이미지 버튼, 실행 폼 꾸미기 I/II, 트레이 아이콘, 로그인 배열 다이어리, Wav 파일 재생기 등 다양한 예제에 대해 살펴본다.

CHAPTER 03

윈도우 기본 컨트롤 II

이 장에서는 2장에서 살펴본 기본 윈도우 컨트롤과 그 이외의 윈도우 애플리케이션을 구현할 때 자주 사용되는 컨트롤에 대하여 추가로 살펴보도록 한다. 실제 많은 윈도우 애플리케이션은 이 책의 2장과 3장에서 살펴보는 윈도우 기본 컨트롤을 필수적으로 사용하여 구현되며, 4장 이후의 예제에서도 2장과 3장에서 살펴보는 윈도우 컨트롤의 기능을 활용하여 예제를 구현한다. 따라서 각 컨트롤의 모든 기능에 대해 자세히 다루지는 않지만 윈도우 애플리케이션 구현을 위한 기본적인 활용 개념과 지식에 해서 살펴보는 2장과 3장의 예제를 완벽히 이해하고 다음 장으로 넘어가기 바란다.

이 절에서 살펴보는 예제는 다음과 같다.

- 이미지 열기/저장
- 이미지 버튼
- 실행 폼 꾸미기 I
- 실행 폼 꾸미기 II
- 트레이 아이콘
- 배열 다이어리
- Wav 파일 재생기

3.1 이미지 열기/저장

이 절에서 살펴보는 이미지 열기/저장 예제는 OpenFileDialog, SaveFileDialog, PictureBox 컨트롤을 이용하여 PC에 저장된 이미지를 열고, 열린 이미지를 파일로 저장하는 애플리케이션을 구현한다. 2장에서는 간단히 이미지를 순서대로 보는 애플리케이션을 구현해보았고, 이 절에서는 좀 더 응용된 이미지 열기/저장 예제를 살펴본다.

다음 그림은 이미지 열기/저장 애플리케이션을 구현하고 실행한 결과 화면이다.

[결과 미리 보기]

3.1.1 이미지 열기/저장 디자인

프로젝트 이름을 'mook_ImgOS'로 하여 'C:\vb2017project\Chap03' 경로에 새 프로젝트를 생성한다. 다음 그림과 같이 윈도우 폼에 필요한 컨트롤을 위치시켜 폼을 디자인하고, 각 컨트롤의 속성값을 설정한다.

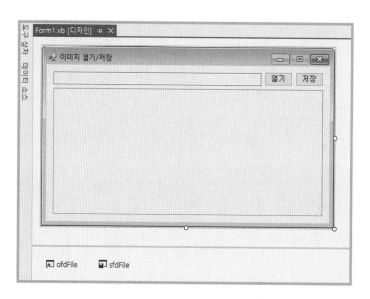

폼 디자인에 사용된 컨트롤의 주요 속성값은 다음과 같다.

폼 컨트롤	속 성	값
Form1	Name	Form1
	Text	이미지 열기/저장
	FormBorderStyle	FixedSingle
	MaximizeBox	False

TextBox1	Name	txtPath
	ReadOnly	True
Button1	Name	btnOpen
	Text	열기
Button2	Name	btnSave
	Text	저장
PictureBox1	Name	picImg
	SizeMode	CenterImage
OpenFileDialog1	Name	ofdFile
	Filter	이미지 파일 (*.jpg)|*.jpg
SaveFileDialog1	Name	sfdFile
	Filter	이미지 파일 (*.jpg)|*.jpg

3.1.2 이미지 열기/저장 코드 구현

다음과 같이 멤버 변수와 개체를 클래스 내부 상단에 추가한다.

```
Dim Flag As Boolean = False    '이미지 열림
Dim ImgSave As Bitmap          '이미지 개체
```

다음의 btnOpen_Click() 이벤트 핸들러는 [열기] 버튼을 더블클릭하여 생성한 프로시저
로, [열기] 대화상자를 호출하여 이미지를 여는 작업을 수행한다.

```
01:  Private Sub btnOpen_Click(sender As Object, e As EventArgs)
                                        Handles btnOpen.Click
02:      If Me.ofdFile.ShowDialog() = DialogResult.OK Then
03:          Dim StrPath As String = Me.ofdFile.FileName
04:          Me.txtPath.Text = StrPath
05:          Me.picImg.Image = New Bitmap(Image.FromFile(StrPath))
06:          Flag = True
07:      End If
08:  End Sub
```

2행 ofdFile.ShowDialog() 메서드를 호출하여 [열기] 대화상자에서 이미지를 선택하
고 [OK] 버튼을 클릭하면 3~6행을 수행한다.

3행 ofdFile.FileName 속성을 이용하여 선택된 이미지 파일의 파일 이름을 포함하
는 전체 경로를 StrPath 변수에 저장하는 작업을 수행한다.

5행 Image.FromFile(이미지 경로)를 이용하여 Bitmap 개체를 생성하여 picImg.
Image 속성에 대입하여 picImg 컨트롤에 선택한 이미지가 표시되도록 하는 작
업을 수행한다.

다음의 btnSave_Click() 이벤트 핸들러는 [저장] 버튼을 더블클릭하여 생성한 프로시저로, picImg에 열린 이미지를 파일로 저장하는 작업을 수행한다.

```
01:  Private Sub btnSave_Click(sender As Object, e As EventArgs)
                                        Handles btnSave.Click
02:      If Flag Then
03:          If Me.sfdFile.ShowDialog() = DialogResult.OK Then
04:              ImgSave = Me.picImg.Image
05:              ImgSave.Save(Me.sfdFile.FileName)
06:          End If
07:      End If
08:  End Sub
```

3행   ofdFile.ShowDialog() 메서드를 이용하여 [저장] 대화상자를 호출하고, 저장 경로가 선택되면 4~5행을 수행한다.

4행   Bitmap 개체인 ImgSave에 picImg.Image 속성의 값을 대입하는 구문으로 이미지를 비트맵 개체에 저장하는 작업을 수행한다.

5행   ImgSave.Save() 메서드에 sfdFile.FileName 속성값을 인자로 전달하여 Bitmap 개체를 지정된 경로에 이미지 파일로 저장한다.

3.1.3 이미지 열기/저장 예제 실행

다음 그림은 이미지 열기/저장 예제를 F5를 눌러 실행한 화면이다. [열기] 버튼을 클릭하여 [열기] 대화상자를 열고 이미지 파일을 선택한다. 선택한 이미지 파일의 모습을 확인하고 [저장] 버튼을 클릭하여 새로운 경로에 이미지를 파일로 저장한다.

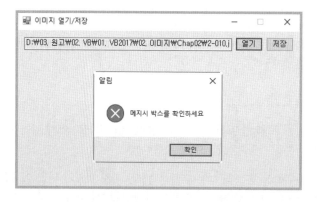

새롭게 저장된 이미지 파일을 파일 탐색기를 통해 확인해 본다.

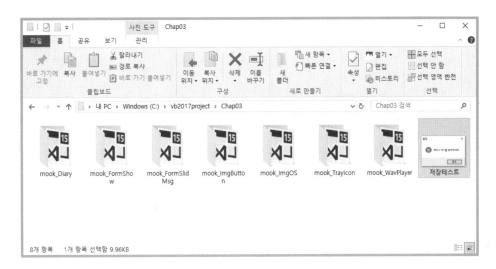

3.2 이미지 버튼 만들기

이 절에서 살펴볼 이미지 버튼 만들기 예제는 윈도우 애플리케이션을 고급스럽게 꾸미기 위해 활용하는 방법으로 윈도우의 오른쪽 위에 정형화되어 있는 최소화, 최대화 그리고 닫기 버튼을 이미지로 구현하고 속성을 설정하여 본래의 버튼과 같은 기능을 구현한다. 또한, 폼의 최소화 및 닫기 버튼을 이미지로 구현하면서 폼의 위치를 이동할 수 있는 이동 바가 사라지기 때문에 폼의 이동 기능도 별도로 구현해야 한다.

곰플레이어 또는 알송을 예를 들어 설명하자면 두 애플리케이션은 윈도우에서 기본적으로 제공하는 이동 바가 없을 뿐만 아니라 최소화 및 닫기 버튼이 없는 것을 알 수 있다. 또한, 프로그램의 스킨 자체가 기본 윈도우 스킨이 아닌 예쁜 색상과 이미지로 꾸며져 있는 것을 확인할 수 있다. 이 절의 이미지 버튼은 버튼 컨트롤을 대신하여 PictureBox 컨트롤을 사용하여 구현하다.

다음 그림은 이미지 버튼 만들기 애플리케이션을 구현하고 실행한 결과 화면이다.

[결과 미리 보기]

3.2.1 이미지 버튼 만들기 디자인

프로젝트 이름을 'mook_ImgButton'로 하여 'C:\vb2017project\Chap03' 경로에 새 프로젝트를 생성한다. 다음 그림과 같이 윈도우 폼에 필요한 컨트롤을 위치시켜 폼을 디자인하고, 각 컨트롤의 속성값을 설정한다.

폼 디자인에 사용된 컨트롤의 주요 속성값은 다음과 같다.

폼 컨트롤	속 성	값
Form1	Name	Form1
	Text	폼 이동
	FormBorderStyle	None
	StartPosition	CenterScreen
	BackColor	DimGray
	ContextMenuStrip	cmsMenu
	Icon	[아이콘 설정]
Label1	Name	lblInform
	Text	폼을 클릭하여 이동하세요!
	ForeColor	White
PictureBox1	Name	picMinimize
	Size	17, 17
PictureBox2	Name	picClose
	Size	17, 17
ContextMenuStrip1	Name	cmsMenu

팝업 메뉴를 추가하기 위해서 다음 그림과 같이 cmsMenu 컨트롤을 선택하고 메뉴를 직접 입력한다.

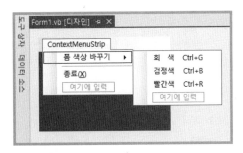

ShortcutKey은 어떻게 만드나요?

종료(X) : 메뉴의 단축키는 "종료(&X)"처럼 '&' 문자와 함께 메뉴 제목에 직접 입력하면 된다. 그러나 이 예제에서 단축키 '(X)'는 팝업 메뉴이기 때문에 정상적인 기능을 하지 않는다.

Ctrl + G / Ctrl + B / Ctrl + R

: 단축키를 설정하려는 메뉴를 선택한 후 속성 창에서 [ShortcutKeys] 속성값에 한 정자(Ctrl / Shift / Alt)와 키(한정자와 함께 사용될 영문자)를 선택하여 메뉴의 단축 키를 설정한다.

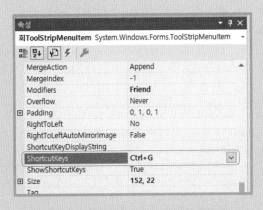

예제에서 사용할 이미지를 저장하기 위해서 솔루션 탐색기 창에서 프로젝트 이름을 마우스 오른쪽 버튼으로 클릭하여 표시되는 단축메뉴에서 [추가]–[새 폴더] 메뉴를 선택하여 폴더 이름을 'img'로 해 프로젝트 하위에 폴더를 생성하고 생성된 폴더에 프로젝트에서 사용할 이미지를 저장하여 활용한다.

3.2.2 이미지 버튼 만들기 코드 구현

다음과 같이 멤버 변수 및 개체를 클래스 내부 상단에 추가한다.

```
Dim imgMinimizeBtn As Image        'Image 개체 생성
Dim strCurImgPath As String        '이미지 경로
Dim ptMouseCurrentPos As Point     '마우스 클릭 좌표 지정
Dim ptMouseNewPos As Point         '이동시 마우스 좌표
Dim ptFormCurrentPos As Point      '폼 위치 좌표 지정
Dim ptFormNewPos As Point          '이동시 폼 위치 좌표
Dim bFormMouseDown As Boolean = False
```

다음의 Form1_Load() 이벤트 핸들러는 폼을 더블클릭하여 생성한 프로시저로, 폼이 로드될 때 picMinimize와 picClose 컨트롤의 Image 속성값을 설정하는 작업을 수행한다. 이 작업은 초기 클릭되지 않은 상태를 나타내는 버튼 모양의 이미지를 화면에 나타내는 것이다.

```
01:  Private Sub Form1_Load(ByVal sender As System.Object,
                    ByVal e As System.EventArgs) Handles MyBase.Load
02:      Me.picMinimize.Image =
                    Image.FromFile("..\..\img\Minimize_Normal.jpg")
03:      Me.picClose.Image = Image.FromFile("..\..\img\Close_Normal.jpg")
04:  End Sub
```

2-3행   Image.FromFile() 메서드의 매개 변수로 지정된 파일에서 Image 개체를 만들어 PictureBox 컨트롤의 Image 속성에 입력한다. 이 작업으로 폼이 실행되면 최소화 버튼 및 닫기 버튼에 기본 이미지가 화면에 출력된다.

구문	설명
Image.FromFile("이미지 경로")	지정된 이미지 파일 경로를 이용하여 Image 개체를 생성

다음의 Form1_MouseDown() 이벤트 핸들러는 폼을 선택하고 이벤트 목록 창에서 [MouseDown] 이벤트를 더블클릭하여 생성한 프로시저로, 폼을 마우스로 클릭할 때 발생하는 이벤트를 처리한다. 이는 폼의 위치를 변경할 수 있는 이동 바가 없으므로 폼을 마우스로 클릭했을 때 폼의 위치 이동을 위하여 폼의 현재 위치를 구하는 작업을 수행한다.

```
01:  Private Sub Form1_MouseDown(ByVal sender As System.Object,
                         ByVal e As System.Windows.Forms.MouseEventArgs)
                         Handles MyBase.MouseDown
02:      If e.Button = MouseButtons.Left Then
03:          bFormMouseDown = True                    '왼쪽 마우스 클릭 체크
04:          ptMouseCurrentPos = Control.MousePosition '마우스 클릭 좌표
05:          ptFormCurrentPos = Me.Location            '폼의 위치 좌표
06:      End If
07:  End Sub
```

2행   If ~ Then 구문을 이용하여 마우스 왼쪽 버튼만을 허용하도록 e.Button 값을
       마우스 왼쪽 버튼을 의미하는 MouseButtons.Left와 비교하여 조건에 일치할
       때 3~5행을 수행한다.

4행   왼쪽 마우스 버튼이 눌렸을 때 마우스가 클릭된 위치의 좌표를 멤버 변수에 저
       장하는 구문으로 폼을 이동하기 위한 위치 값을 구하는 작업이다.

5행   Me.Location 구문을 이용하여 폼의 위치 좌표를 Point 타입의 멤버 변수에 저
       장하는 작업을 수행한다.

다음의 Form1_MouseUp() 이벤트 핸들러는 폼을 선택하고 이벤트 목록 창에서
[MouseUp] 이벤트를 더블클릭하여 생성한 프로시저로, 마우스 버튼을 눌렀다 뗄 때 발
생하는 이벤트를 처리한다. 이는 클릭된 마우스 버튼이 떨어질 때 체크를 해제하는 구문
으로 bFormMouseDown 변수에 False 값을 지정하여 클릭이 해제되었다는 것을 알려
주는 작업을 수행한다.

```
Private Sub Form1_MouseUp(ByVal sender As System.Object,
                      ByVal e As System.Windows.Forms.MouseEventArgs)
                      Handles MyBase.MouseUp
    If e.Button = MouseButtons.Left Then
        bFormMouseDown = False '왼쪽 마우스 클릭 해체 체크
    End If
End Sub
```

다음의 Form1_MouseMove() 이벤트 핸들러는 폼을 선택하고 이벤트 목록 창에서
[MouseMove] 이벤트를 더블클릭하여 생성한 프로시저로, 마우스 왼쪽 버튼을 누른 상
태에서 마우스를 움직일 때 발생하는 이벤트를 처리하고 이 움직임에 따라 폼의 위치도
변경된다.

```
01:  Private Sub Form1_MouseMove(ByVal sender As System.Object,
                        ByVal e As System.Windows.Forms.MouseEventArgs)
                        Handles MyBase.MouseMove
02:      If bFormMouseDown = True Then              '왼쪽 마우스 클릭시
03:          ptMouseNewPos = Control.MousePosition
```

```
04:          ptFormNewPos.X = ptMouseNewPos.X - ptMouseCurrentPos.X +
                 ptFormCurrentPos.X        '마우스 이동시 가로 좌표
05:          ptFormNewPos.Y = ptMouseNewPos.Y - ptMouseCurrentPos.Y +
                 ptFormCurrentPos.Y        '마우스 이동시 세로 좌표
06:          Me.Location = ptFormNewPos
07:          ptFormCurrentPos = ptFormNewPos
08:          ptMouseCurrentPos = ptMouseNewPos
09:     End If
10: End Sub
```

3행   마우스 포인터가 움직인 후에 새로운 좌표를 Point 타입의 멤버 변수에 저장하는 작업을 수행한다.

4, 5행   마우스가 이동할 때 가로와 세로 좌표를 구하여 최종적으로 폼의 X, Y 좌표를 설정할 수 있도록 Point 타입의 멤버 변수에 값을 저장한다.

6행   폼의 위치 좌표를 설정하는 구문으로 폼의 좌표 변경으로 폼이 이동되는 효과가 나타난다.

7, 8행   폼의 위치가 이동되어 최종적인 좌표를 현재 좌표에 저장하는 구문이다.

다음의 picMinimize_Click() 등 이벤트 핸들러는 picMinimize 컨트롤 선택하고 이벤트 목록 창에서 각각 해당하는 이벤트 항목을 더블클릭하여 생성한 프로시저로, picMinimize 컨트롤의 Image 속성값을 변경하여 버튼에 대한 PUSH/POP(마우스로 해당 눌렀을 때와 놓았을 때) 효과를 만들어 내는 작업을 수행한다.

```
01: Private Sub picMinimize_Click(ByVal sender As System.Object,
                 ByVal e As System.EventArgs) Handles picMinimize.Click
02:     WindowState = FormWindowState.Minimized
03: End Sub

04: Private Sub picMinimize_MouseDown(ByVal sender As System.Object,
                 ByVal e As System.Windows.Forms.MouseEventArgs)
                 Handles picMinimize.MouseDown
05:   Me.picMinimize.Image = Image.FromFile("..\..\img\Minimize_Down.jpg")
06: End Sub

07: Private Sub picMinimize_MouseLeave(ByVal sender As System.Object,
            ByVal e As System.EventArgs) Handles picMinimize.MouseLeave
08:   Me.picMinimize.Image = Image.FromFile("..\..\img\Minimize_Normal.jpg")
09: End Sub

10: Private Sub picMinimize_MouseMove(ByVal sender As System.Object,
                 ByVal e As System.Windows.Forms.MouseEventArgs)
                 Handles picMinimize.MouseMove
11:   Me.picMinimize.Image = Image.FromFile("..\..\img\Minimize_Over.jpg")
12: End Sub
```

2행 　폼의 WindowState 속성값을 FormWindowState.Minimized로 지정하여 폼을 최소화하는 작업을 수행한다.

5, 8, 11행 　picMinimize 컨트롤의 Image 속성값을 변경하여 동적인 이미지 버튼을 구현한다.

구문	설명	이미지
Image.FromFile("..\..\img\Minimize_Down.jpg")	마우스 클릭시 효과	
Image.FromFile("..\..\img\Minimize_Normal.jpg")	기본 버튼 효과	
Image.FromFile("..\..\img\Minimize_Over.jpg")	마우스 오버시 효과	

다음의 picClose_Click() 등 이벤트 핸들러는 위의 picMinimize 컨트롤의 이벤트 핸들러와 마찬가지로 마우스 클릭 및 이동에 따라 버튼의 이미지를 변경하는 작업을 수행한다.

```
Private Sub picClose_Click(ByVal sender As System.Object,
            ByVal e As System.EventArgs) Handles picClose.Click
    Me.Close()
End Sub

Private Sub picClose_MouseDown(ByVal sender As System.Object,
            ByVal e As System.Windows.Forms.MouseEventArgs)
            Handles picClose.MouseDown
    Me.picClose.Image = Image.FromFile("..\..\img\Close_Down.jpg")
End Sub

Private Sub picClose_MouseLeave(ByVal sender As System.Object,
            ByVal e As System.EventArgs) Handles picClose.MouseLeave
    Me.picClose.Image = Image.FromFile("..\..\img\Close_Normal.jpg")
End Sub

Private Sub picClose_MouseMove(ByVal sender As System.Object,
            ByVal e As System.Windows.Forms.MouseEventArgs)
            Handles picClose.MouseMove
    Me.picClose.Image = Image.FromFile("..\..\img\Close_Over.jpg")
End Sub
```

다음의 이벤트 핸들러는 cmsMenu 컨트롤을 선택하고 나타난 메뉴를 더블클릭하여 생성한 프로시저로, 폼을 종료하는 기능과 폼의 색상을 바꾸는 기능을 구현한 이벤트 핸들러 프로시저이다.

```vbnet
Private Sub 종료ToolStripMenuItem_Click(
                sender As Object, e As EventArgs)
                Handles 종료ToolStripMenuItem.Click
    Me.Close()
End Sub

Private Sub 회ToolStripMenuItem_Click(sender As Object, e As EventArgs)
                Handles 회ToolStripMenuItem.Click
    CheckOff()
    Me.BackColor = Color.Gray
    Me.회ToolStripMenuItem.Checked = True
End Sub

Private Sub CheckOff()
    Me.회ToolStripMenuItem.Checked = False
    Me.검정색ToolStripMenuItem.Checked = False
    Me.빨간색ToolStripMenuItem.Checked = False
End Sub

Private Sub 검정색ToolStripMenuItem_Click(sender As Object,
                e As EventArgs)
                Handles 검정색ToolStripMenuItem.Click
    CheckOff()
    Me.BackColor = Color.Black
    Me.검정색ToolStripMenuItem.Checked = True
End Sub

Private Sub 빨간색ToolStripMenuItem_Click(sender As Object,
                e As EventArgs)
                Handles 빨간색ToolStripMenuItem.Click
    CheckOff()
    Me.BackColor = Color.Red
    Me.빨간색ToolStripMenuItem.Checked = True
End Sub
```

3.2.3 이미지 버튼 만들기 예제 실행

다음 그림은 이미지 버튼 만들기 예제를 F5를 눌러 실행한 화면이다. 이미지 버튼 구현은 윈도우 애플리케이션을 구현할 때 상당히 활용도가 높다. 최근에는 애플리케이션의 기능만큼이나 시각적인 디자인(UI) 부분도 중요하게 다뤄지고 있어 이 예제의 기능을 활용한다면 더욱 고급스러운 애플리케이션의 스킨을 만들 수 있다.

예제 애플리케이션을 실행하여 폼 위에서 마우스 오른쪽 버튼을 클릭하면 팝업 메뉴가 표시된다. [폼 색상 바꾸기] 메뉴를 통해 폼의 색상을 변경해보고, [닫기] 버튼 또는 팝업 메뉴의 [종료(X)] 메뉴를 선택하여 애플리케이션을 종료한다.

3.3 실행 폼 꾸미기 I

이 절에서 살펴볼 실행 폼 꾸미기 예제는 폼이 구동될 때 폼의 투명도 및 크기를 조정하여 부드럽게 실행되거나 서서히 나타나도록 하는 애플리케이션이다. 실행 폼 꾸미기 예제를 구현하면서 **Timer, PictureBox 컨트롤**에 대해 살펴보며, 이벤트를 직접 제어하여 추가하고 삭제하는 방법에 대해 살펴본다. 앞서 살펴본 PictureBox 컨트롤을 버튼 컨트롤과 같이 구현하여 알람 메시지 창을 구현하다.

다음 그림은 실행 폼 꾸미기(부드러운 폼, 알림 폼) 애플리케이션을 구현하고 실행한 결과 화면이다.

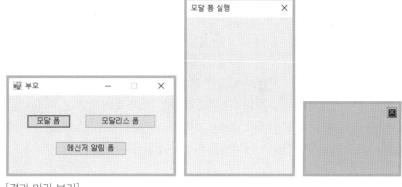

[결과 미리 보기]

3.3.1 부모 폼(Form1) 디자인

프로젝트 이름을 'mook_FormShow'로 하여 'C:\vb2017project\Chap03' 경로에 새 프로젝트를 생성한다. 다음 그림과 같이 윈도우 폼에 필요한 컨트롤을 위치시켜 폼을 디자인하고, 각 컨트롤의 속성값을 설정한다.

폼 디자인에 사용된 컨트롤의 주요 속성값은 다음과 같다.

폼 컨트롤	속 성	값
Form1	Name	Form1
	Text	부모
	FormBorderStyle	FixedSingle
	MaximizeBox	False
Button1	Name	btnModal
	Text	모달 폼
Button2	Name	btnModaless
	Text	모달리스 폼
Button3	Name	btnMsr
	Text	메신저 알림 폼

이 예제에서 사용할 이미지를 저장하기 위해서 프로젝트에 폴더를 추가한다. 솔루션 탐색기 창에서 프로젝트 이름을 마우스 오른쪽 버튼으로 클릭하고 표시되는 단축메뉴에서 [추가]-[새 폴더] 메뉴를 선택하여 폴더 이름을 'img'로 하여 프로젝트 하위에 폴더를 생성하고, 프로젝트에서 사용할 이미지를 저장하여 활용한다.

3.3.2 부모(Form1.vb) 코드 구현

다음의 btnModal_Click() 이벤트 핸들러는 [모달 폼] 버튼을 더블클릭하여 생성한 프로시저로, 모달 폼 형태(TIP "폼 실행 방법" 참고)로 Form2를 실행하는 작업을 수행한다.

```
01:  Private Sub btnModal_Click(sender As Object, e As EventArgs)
                    Handles btnModal.Click
02:      Dim frm2 = New Form2()
03:      frm2.setText = Me.btnModal.Text & " 실행"
04:      frm2.ShowDialog()
05:  End Sub
```

2행   New 키워드를 이용하여 Form2의 개체 frm2를 생성하는 구문이다.

3행   setText 프로퍼티를 이용하여 폼(frm2)의 캡션 값을 설정하는 구문이다.

4행   ShowDialog() 메서드를 이용하여 모달 형태로 Form2를 실행하며, 실행된
        Form2가 종료되기 전까지는 또 다른 Form2가 실행될 수 없으며, 사용자의 작
        업 영역은 Form2로 제한된다.

TIP

폼 실행 방법

구문	설명
Form.ShowDialog()	모달 형태로 폼이 실행된 후 해당 폼이 종료되기 전까지 그 폼에 포커스가 유지되어 새롭게 폼을 실행할 수 없다.
Form.Show()	모달리스 형태로 폼이 실행된 후 같은 폼을 반복하여 실행할 수 있다.

다음의 btnModeless_Click() 이벤트 핸들러는 [모달리스 폼] 버튼을 더블클릭하여 생성한 프로시저로, frm3.Show() 메서드를 이용하여 모달리스 형태로 Form3을 실행하는 작업을 수행한다.

```
Private Sub btnModeless_Click(sender As Object, e As EventArgs)
                Handles btnModeless.Click
    Dim frm3 = New Form3()
    frm3.setText = Me.btnModeless.Text & " 실행"
    frm3.Show()
End Sub
```

다음의 btnMsr_Click() 이벤트 핸들러는 [메신저 알림 폼] 버튼을 더블클릭하여 생성한 프로시저로, frm4.ShowDialog() 메서드를 이용하여 화면 오른쪽 아래에 메신저 폼 즉, Form4가 실행된다.

```
Private Sub btnMsr_Click(sender As Object, e As EventArgs)
                Handles btnMsr.Click
    Dim frm4 = New Form4()
    frm4.ShowDialog()
End Sub
```

3.3.3 모달 폼(Form2) 디자인

모달 폼(Form2)을 추가하기 위해서는 솔루션 탐색기에서 솔루션 이름을 마우스 오른쪽 버튼으로 클릭하여 표시되는 팝업 메뉴에서 [추가]-[Windows Form] 메뉴를 클릭하여 Form2를 생성하고, 다음 그림과 같이 Form2 디자인을 위해 필요한 컨트롤을 폼에 위치시켜 폼을 디자인하고, 각 컨트롤의 속성값을 설정한다.

폼 디자인에 사용된 컨트롤의 주요 속성값은 다음과 같다.

폼 컨트롤	속 성	값
Form2	Name	Form2
	Text	
	FormBorderStyle	None
	MaximizeBox	False
	MinimizeBox	False
	Opacity	0%
	ShowIcon	False
	ShowInTaskbar	False
	StartPosition	CenterParent
Timer1	Name	Timer
	Interval	10

3.3.4 모달 폼(Form2.vb) 코드 구현

폼의 투명도(opacity)를 설정하기 위한 멤버 변수 o와 폼의 제목을 설정하기 위한 프로퍼티 변수 setText를 선언하는 코드를 클래스 상단에 추가한다.

```
Private o As Double = 0.0
Public Property setText As String
```

다음의 Form2_Load() 이벤트 핸들러는 폼을 더블클릭하여 생성한 프로시저로, setText 프로퍼티 값을 이용하여 폼의 캡션을 설정하고 Timer 컨트롤을 상태를 활성화하는 작업을 수행한다.

```
Private Sub Form2_Load(sender As Object, e As EventArgs)
                    Handles MyBase.Load
    Me.Text = setText
    Me.Timer.Enabled = True
End Sub
```

다음의 Timer_Tick() 이벤트 핸들러는 Timer 컨트롤을 더블클릭하여 생성한 프로시저로, Timer 컨트롤의 상태가 활성화되면 주기적으로 호출되면서 폼의 [Opacity] 속성값을 변경한다. 이 기능은 폼의 투명도를 조절하여 폼이 부드럽게 나타나게 하는 효과를 구현한 것이다.

```
01:  Private Sub Timer_Tick(sender As Object, e As EventArgs) Handles Timer.Tick
02:      If o < 100.0 Then
03:          o = o + 2.5
04:          Dim c = Convert.ToSingle(o)
05:          Dim f = c / 100
06:          Me.Opacity = f
07:      Else
08:          Me.Opacity = Convert.ToSingle(100 / 100)
09:          Me.Timer.Enabled = False
10:      End If
11:  End Sub
```

2행   폼의 투명도를 체크하기 위한 If 구문으로 100.0보다 작은 값일 때 즉, 폼의 투명도가 완전하지 않을 때 좀 더 불투명하도록 투명도를 상향조정하여 설정하는 3행의 코드를 실행하도록 한다.

3-5행   폼의 투명도를 조절하기 위한 변수로 Opacity 속성의 기본 설정값이 1.00이므로 타입을 변경하는 작업을 수행한다.

7-9행   폼의 투명도를 완전히 불투명하도록 설정하는 구문으로 Opacity 속성값에 1.00 값을 설정하고 Timer 컨트롤의 상태를 비활성화한다.

3.3.5 모달리스 폼(Form3) 디자인

솔루션 탐색기에서 솔루션 이름을 마우스 오른쪽 버튼으로 클릭하여 표시되는 단축메뉴에서 [추가]−[Windows Form]을 클릭하여 모달리스 폼(Form3)을 생성하여 다음 그림과 같이 Form3 디자인 창에 필요한 컨트롤을 위치시켜 폼을 디자인하고, 각 컨트롤의 속성값을 설정한다.

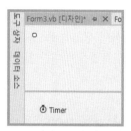

※ 폼 사이즈를 조절하여 자연스럽게 나타나게 하는 기능을 구현하므로 초기의 화면 사이즈는 최소화해야 함.

폼 디자인에 사용된 컨트롤의 주요 속성값은 다음과 같다.

폼 컨트롤	속 성	값
Form3	Name	Form3
	Text	
	FormBorderStyle	FixedSingle
	MaximizeBox	False
	MinimizeBox	False
	ShowIcon	False
	ShowInTaskbar	False
	Size	0, 0
	StartPosition	CenterParent
Timer1	Name	Timer
	Interval	10

3.3.6 모달리스 폼(Form3.vb) 코드 구현

다음의 프로퍼티를 설정하는 코드는 폼의 제목을 설정하기 위한 것으로, 클래스 내부 상단에 코드를 추가한다.

```
Public Property setText As String
```

다음의 Form3_Load() 이벤트 핸들러는 폼을 더블클릭하여 생성한 프로시저로, 폼의 제목을 설정하고 Timer 컨트롤의 상태를 활성화하는 작업을 수행한다.

```
Private Sub Form3_Load(sender As Object, e As EventArgs)
                       Handles MyBase.Load
    Me.Text = setText
    Me.Timer.Enabled = True
End Sub
```

다음의 Timer_Tick() 이벤트 핸들러는 Timer 컨트롤을 더블클릭하여 생성한 프로시저로, 폼의 사이즈를 조절하여 폼을 서서히 나타나도록 하는 효과를 구현한다.

```
01:  Private Sub Timer_Tick(sender As Object, e As EventArgs) Handles Timer.Tick
02:      If Me.Size.Width > 300 And Me.Size.Height > 300 Then
03:          Me.Timer.Enabled = False
04:      Else
05:          Me.Size += New Size(10, 10)
06:      End If
07:  End Sub
```

2행	폼의 Size 속성값에 따라 폼의 사이즈를 확인하는 구문으로 Form3이 정상적으로 출력되기 위해서 가로(Width) 300, 세로(Height) 300이 되어야 하기 때문에 크기 0부터 10씩 증가하여 30회 반복해서 실행하여 폼을 나타내도록 한다.
5행	New 키워드를 이용하여 폼 Size 속성값을 가로/세로 10단위로 가산한다. 이때 '+=' 연산자는 가산할 수치를 더하고 결과 값을 반복적으로 저장하는 작업을 수행한다.

구문	동일 구문
n += 5	n = n + 5

3.3.7 메신저 알림 폼(Form4) 디자인

솔루션 탐색기에서 솔루션 이름을 마우스 오른쪽 버튼으로 클릭하여 표시되는 단축메뉴에서 [추가]–[Windows Form] 메뉴를 클릭하여 메신저 알림 폼(Form4)을 생성한다. 다음 그림과 같이 Form4 디자인 창에 필요한 컨트롤을 위치시켜 폼을 디자인하고, 각 컨트롤의 속성값을 설정한다. 폼의 Size 속성을 (170, 0)으로 변경하면 오른쪽 그림과 같이 되는데 이는 알림창이 실행될 초기에는 화면에 나타낼 필요가 없어 폼의 세로(Height)를 0으로 설정하였기 때문이다.

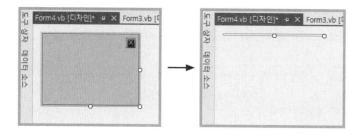

폼 디자인에 사용된 컨트롤의 주요 속성값은 다음과 같다.

폼 컨트롤	속 성	값
Form4	Name	Form4
	Text	
	FormBorderStyle	None
	ShowIcon	False
	ShowInTaskbar	False
	Size	170, 0
	TopMost	True
Panel1	Name	plBack
	BackColor	LightBlue
	BorderStyle	FixedSingle
	Size	170, 0
PictureBox1	Name	picClose
	Size	17, 17

3.3.8 메신저 알림 폼(From4.vb) 코드 구현

다음은 Timer 컨트롤을 수동으로 반영하는 구문으로 Imports 키워드를 이용하여 네임 스페이스를 클래스 영역 밖의 코드 제일 상단에 추가한다.

```
Imports System.Timers
```

다음의 코드는 이미지 버튼을 만들기 위한 이미지 타입의 개체와 이미지 경로를 저장하기 위한 멤버 변수 그리고 Timer 컨트롤의 개체 선언을 클래스 내부 영역의 상단에 코드를 추가한다.

```
Private btnminimg As Image
Private strCurImgPath As String
Private TimerEvent As System.Timers.Timer
```

다음의 Form4_Load() 이벤트 핸들러는 폼을 더블클릭하여 생성한 프로시저로, 폼을 실행할 때 폼의 위치를 지정하는 작업과 초기 이미지 버튼을 설정하는 작업을 수행한다.

```vbnet
01: Private Sub Form4_Load(sender As Object, e As EventArgs)
                   Handles MyBase.Load
02:     Height = 0
03:     Dim x As Integer =
               Screen.PrimaryScreen.WorkingArea.Width - Me.Width - 20
04:     Dim y As Integer =
                  Screen.PrimaryScreen.WorkingArea.Height - Me.Height
05:     Me.SetDesktopLocation(x, y)
06:     TimerEvent = New System.Timers.Timer(2)
07:     AddHandler TimerEvent.Elapsed, AddressOf OnPopUp
08:     TimerEvent.Start()
09: End Sub
```

2행   폼의 Height 속성값을 설정하는 구문으로 최초 폼의 세로 크기가 0에서 시작되어야 하기 때문에 Height 값을 0으로 설정한다.

3, 4행   폼의 위치를 설정하기 위하여 화면의 가로와 세로 크기를 계산하여 변수에 저장하는 작업을 수행한다.

구문	설명
Screen.PrimaryScreen.WorkingArea.Width	화면 스크린에서 가로 크기를 나타냄
Screen.PrimaryScreen.WorkingArea.Height	화면 스크린에서 세로 크기에서 작업 표시줄의 사이즈를 제외한 크기를 나타냄

5행   SetDesktopLocation() 메서드를 이용하여 폼의 위치를 데스크톱 위치로 설정하는 구문으로 x 좌표에는 화면 스크린의 가로 크기의 맨 오른쪽에서 Form4의 가로 크기와 20 픽셀만큼 왼쪽으로 떨어진 위치에 있도록 설정하고, y 좌표는 화면 스크린의 세로 크기에서 Form4의 세로 크기를 감산하여 화면 맨 아래 즉, 작업 표시줄 바로 위에서 폼이 나타날 수 있도록 설정한다.

6행   New 키워드를 이용하여 개체에 새로운 속성을 추가하는 구문으로, 컨트롤이 활성화되면 Timer 이벤트 처리를 2밀리 초 주기로 실행될 수 있도록 설정한다.

7행   AddHandler와 AddressOf 키워드를 이용하여 Form4를 아래에서 위로 올라가는 효과를 나타낼 수 있도록 OnPopUp 이벤트 처리 메서드를 추가하는 작업을 수행한다.

8행   TimerEvent 컨트롤의 상태를 활성화하는 구문이다.

다음의 OnPopUp() 사용자 이벤트 핸들러는 TimerEvent 컨트롤이 주기적으로 수행될 때마다 호출되며 폼을 아래에서 위쪽으로 자연스럽게 나타나도록 한다.

```
01:  Private Sub OnPopUp(sender As Object, e As ElapsedEventArgs)
02:      If Height < 120 Then
03:          Height = Height + 1
04:          Top = Top - 1
05:      Else
06:          TimerEvent.Stop()
07:          RemoveHandler TimerEvent.Elapsed, AddressOf OnPopUp
08:          AddHandler TimerEvent.Elapsed, AddressOf OnPopOut
09:          TimerEvent.Interval = 3000
10:          TimerEvent.Start()
11:      End If
12:  End Sub
```

2행	폼의 세로 크기를 확인하는 If 구문으로 폼의 세로 크기가 120이 되기 전까지 Height 속성값을 주기적으로 늘리는 3행의 구문을 실행한다.
3, 4행	폼의 Height 속성값과 Top 속성값을 설정하여 폼이 아래에서 위쪽으로 서서히 나타나는 메신저 알림 폼을 만들어야 한다. 따라서 폼의 위치를 변경하기 위해서는 폼의 좌측 윗부분의 좌표값을 설정하여 효과를 구현할 수 있다. Height 속성값을 1씩 가산하여 세로 크기를 늘리고, 반대로 Top 속성값은 1씩 감산하여 폼의 위치를 조금씩 올리는 작업을 수행한다.
6행	Form4의 세로 크기가 최대(120픽셀)가 되었을 때 TimerEvent 컨트롤의 상태를 비활성화하는 구문이다.
7행	RemoveHandler와 AddressOf 구문을 이용하여 추가된 이벤트 핸들러 메서드(OnPopUp)를 삭제하는 작업을 수행한다.
8행	AddHandler와 AddressOf 구문을 이용하여 폼을 없애는 이벤트 핸들러 메서드(OnPopOut)를 추가하는 구문이다.
8행	TimerEvent 컨트롤의 Interval 속성값을 3000으로 설정하여 3초간 폼이 머물다가 없어지도록 하는 구문이다.
10행	TimerEvent 컨트롤 상태를 활성화하여 폼을 없애는 이벤트 핸들러 메서드를 호출하는 구문이다.

다음의 사용자 이벤트 핸들러 메서드 OnPopOut()는 실행된 폼을 자연스럽고 빠르게 아래로 내리면서 없애는 작업을 수행한다. 빠르고 자연스럽게 아래로 내리면서 없애야 하기 때문에 While 구문을 이용하여 OnPopUp() 함수에서 사용한 구문을 반대로 수행하는 코드를 반영하여 폼을 없애고 종료하도록 구현한다.

```
Private Sub OnPopOut(sender As Object, e As ElapsedEventArgs)
    While Height > 2
        Height = Height - 1
        Top = Top + 1
    End While
    Me.Close()
End Sub
```

다음의 이벤트 핸들러 picClose_Click() 등은 이미지 버튼을 선택하고 이벤트 목록 창에서 생성한 프로시저로 폼을 종료하거나 이미지 버튼의 이미지를 설정하는 구문이다. 다음의 코드는 "3.2 이미지 버튼 만들기" 예제를 참고하기 바란다.

```
Private Sub picClose_Click(sender As Object, e As EventArgs)
            Handles picClose.Click
    Me.Close()
End Sub

Private Sub picClose_MouseDown(sender As Object, e As MouseEventArgs)
            Handles picClose.MouseDown
    Me.strCurImgPath = "..\..\img\Close_Down.jpg"
    Me.btnminimg = Image.FromFile(strCurImgPath)
    Me.picClose.Image = btnminimg
End Sub

Private Sub picClose_MouseLeave(sender As Object, e As EventArgs)
            Handles picClose.MouseLeave
    Me.strCurImgPath = "..\..\img\Close_Normal.jpg"
    Me.btnminimg = Image.FromFile(strCurImgPath)
    Me.picClose.Image = btnminimg
End Sub

Private Sub picClose_MouseMove(sender As Object, e As MouseEventArgs)
            Handles picClose.MouseMove
    Me.strCurImgPath = "..\..\img\Close_Over.jpg"
    Me.btnminimg = Image.FromFile(strCurImgPath)
    Me.picClose.Image = btnminimg
End Sub
```

3.3.9 실행 폼 꾸미기 예제 실행

다음 그림은 실행 폼 꾸미기 I(부드러운 폼, 알림 폼) 예제를 Ctrl + F5 키를 눌러 실행한 화면이다.

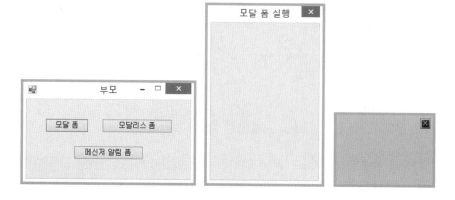

> **TIP**
>
> **크로스 스레드 오류**
>
> 실행 폼 꾸미기 I 예제를 F5 를 눌러 실행하면 다음과 같이 크로스 스레드 오류가 난다. 따라서 이번 절에서는 Ctrl + F5 를 눌러 디버깅하지 않고 실행하기 바란다. 크로스 스레드 오류에 대해서는 4장에서 자세히 살펴보도록 한다.

3.4 실행 폼 꾸미기 II

이 절에서 살펴보는 실행 폼 꾸미기 II(슬라이딩 폼, 자석 폼) 예제는 폼을 열 때 자연스럽게 슬라이딩 되어 펼쳐 보이게 하는 기능과 메인 폼에 가깝게 자식 폼이 접근했을 때 자석처럼 달라붙는 기능을 구현한 애플리케이션이다.

다음 그림은 실행 폼 꾸미기 II 애플리케이션을 구현하고 실행한 결과 화면이다.

[결과 미리 보기]

3.4.1 메인 폼(Form1) 디자인

프로젝트 이름을 'mook_FormSlidMsg'로 하여 'C:\vb2017project\Chap03' 경로에 새 프로젝트를 생성한다. 다음 그림과 같이 윈도우 폼에 필요한 컨트롤을 위치시켜 폼을 디자인하고, 각 컨트롤의 속성값을 설정한다.

폼 디자인에 사용된 컨트롤의 주요 속성값은 다음과 같다.

폼 컨트롤	속 성	값
Form1	Name	Form1
	Text	폼 슬라이딩 붙이기
	FormBorderStyle	FixedSingle
	MaximizeBox	False
	MinimizeBox	False
	Size	310, 310
	TopMost	True
PictureBox1	Name	pbImg
	Image	이미지 설정
	SizeMode	StretchImage
Button1	Name	btnShow
	Text	슬라이드 열기
Button2	Name	btnMag
	Text	폼 붙이기 열기

예제에서 사용할 이미지를 저장하기 위해서 솔루션 탐색기 창에서 프로젝트 이름을 마우스 오른쪽 버튼으로 클릭하여 표시되는 단축메뉴에서 [추가]–[새 폴더] 메뉴 항목을 선택한다. 폴더 이름을 'img'로 하여 폴더를 생성하고, 생성된 폴더에 사용할 이미지를 저장하여 활용한다.

3.4.2 메인 폼(Form1.vb) 코드 구현

다음과 같이 멤버 변수와 개체를 생성하는 구문을 클래스 내부 상단에 추가한다. 코드의 사용 의미는 주석과 같다.

```
Public FormPoint01 As Point          '폼2의 위치
Public flag01 As Boolean             '폼2가 열려 있는지를 판단
Public flag02 As Boolean             '폼3이 열려 있는지를 판단
Public flag03 As Boolean             '폼3이 붙어 있는지를 판단
Private f2 As New Form2()
Private f3 As New Form3()
```

다음의 이벤트 핸들러 btnShow_Click()은 [슬라이드 열기] 버튼을 더블클릭하여 생성한 프로시저로, Form2를 위치를 설정한 뒤 호출하여 슬라이딩 되어 열리도록 하는 작업을 수행한다.

```
01:   Private Sub btnShow_Click(ByVal sender As System.Object,
              ByVal e As System.EventArgs) Handles btnShow.Click
02:       If flag01 = False Then                  '폼2가 닫혀있을때 실행
03:           Me.btnShow.Text = "슬라이드 닫힘"
04:           FormPoint01.X = Me.Location.X
05:           FormPoint01.Y = Me.Location.Y + 30
06:           f2.Visible = True
07:           f2.SlidingForm()                    '폼2 열기
08:       Else                                    '폼2가 열려 있을 때 실행
09:           Me.btnShow.Text = "슬라이드 열림"
10:           FormPoint01.X = Me.Location.X + 300
11:           FormPoint01.Y = Me.Location.Y + 30
12:           f2.SlidingForm()                    '폼2 닫기
13:       End If
14:   End Sub
```

2행　　Form2가 실행되고 있는지를 확인하는 If 구문으로 Form2가 열려 있거나 닫혀 있을 때에 따라 Form2를 열거나 닫는 작업을 수행한다.

4, 5행　　Form2가 닫혀 있을 때 위치를 설정하는 구문으로 Form1의 x 좌표와 y 좌표에 30을 더하여 Form1에 가려진 모습으로 설정한다.

6행　　Form2의 Visible 속성값을 True로 설정하여 폼을 보이게 한다.

7행　　Form2의 SlidingForm() 메서드를 호출하여 Form2가 자연스럽게 슬라이딩 되어 열리도록 한다.

9-12행　　Form2가 열려 있을 때 실행되는 구문으로 Form2의 위치를 다시 반영하는 10행과 11행 그리고 12행은 Form2를 슬라이딩 되어 닫히도록 하는 SlidingForm() 메서드를 호출한다.

다음의 Form1_LocationChanged() 이벤트 핸들러는 폼을 선택하고 이벤트 목록 창에서 [LocationChanged] 이벤트 항목을 더블클릭하여 생성한 프로시저로, 이 코드는 Form1 이 이동하면 그에 따라 Form2와 Form3의 위치를 같이 이동되도록 한다.

```
01:  Private Sub Form1_LocationChanged(ByVal sender As System.Object,
                        ByVal e As System.EventArgs)
                        Handles MyBase.LocationChanged
02:      If flag01 = True Then
03:          f2.Left = Me.Left + 300
04:          f2.Top = Me.Top + 30
05:      Else
06:          f2.Left = Me.Left
07:          f2.Top = Me.Top + 30
08:      End If
09:      If flag02 = True And flag03 = True Then
10:          f3.Location =
                        New Point(Me.Location.X + 10, Me.Location.Y + 310)
11:      End If
12:  End Sub
```

2행   Form2가 생성되어 있는지를 체크하는 If 구문으로, Form2가 실행되고 있다면 3행과 4행을 실행한다.

3-4행   Form2가 열려 있기 때문에 Form1의 Left 속성값과 Top 속성값에 각각 300과 30을 가산하여 Form2가 Form1보다 300픽셀 오른쪽으로 그리고 Form1보다 30픽셀 아래에 Form2의 위치가 시작되도록 하는 구문이다.

6-7행   Form2가 실행되지 않고 있을 때이므로 Form1 뒤에 가려져 있어야 한다. 따라서 Form1의 Left 속성값과 Top 속성값을 동일하게 설정하는데 Form1보다 30픽셀 아래로 위치해야 하기 때문에 Top 속성값에 30을 가산하여 설정한다.

9-11행   Form3의 위치를 설정하는 구문으로, New 키워드를 이용하여 Point 개체를 생성하면서 Form1의 위치 정보를 이용한다. 생성된 Point 개체의 값을 이용하여 Form3의 위치를 설정하는 작업을 수행한다. 이는 Form3가 시작될 때 Form1의 하단에 붙어 시작하도록 한다.

다음의 btnMag_Click() 이벤트 핸들러는 [폼 붙이기 열기] 버튼을 더블클릭하여 생성한 프로시저로, Form3가 열려 있을 때와 닫혀 있을 때를 구분하여 Form3의 시작 위치와 폼을 나타내고 숨기는 작업을 수행한다. 코드에 대한 추가적인 설명을 생략하도록 한다.

```
Private Sub btnMag_Click(sender As Object, e As EventArgs)
                Handles btnMag.Click
    If flag02 = False Then        '폼3이 닫혀 있을 때 실행
        Me.btnMag.Text = "폼 붙이기 닫기"
        f3.Show()
        flag02 = True
        flag03 = True
        f3.Location = New Point(Me.Location.X + 10, Me.Location.Y + 310)
    Else                                '폼3가 열려있을 때 실행
        Me.btnMag.Text = "폼 붙이기 열기"
        f3.Hide()
        flag02 = False
        flag03 = False
    End If
End Sub
```

3.4.3 슬라이딩 폼(Form2) 디자인

솔루션 탐색기에서 솔루션 이름을 마우스 오른쪽 버튼으로 클릭하여 표시되는 단축메뉴에서 [추가]-[Windows Form] 메뉴를 선택하여 슬라이딩 폼(Form2)을 생성하여 다음 그림과 같이 슬라이딩 폼(Form2)에 필요한 컨트롤을 위치시켜 폼을 디자인하고, 각 컨트롤의 속성값을 수정한다.

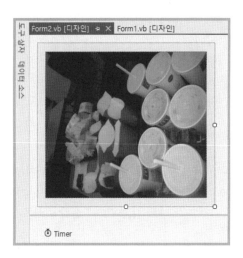

폼 디자인에 사용된 컨트롤의 주요 속성값은 다음과 같다.

폼 컨트롤	속 성	값
Form2	Name	Form2
	Text	Form2
	FormBorderStyle	None
	Size	300, 270
	ShowIcon	False
	ShowInTaskbar	False
PictureBox1	Name	pbImg
	Image	이미지 설정
	SizeMode	StretchImage
Timer1	Name	Timer
	Interval	10

3.4.4 슬라이딩 폼(Form2.vb) 코드 구현

다음의 Form2_Load() 이벤트 핸들러는 폼을 더블클릭하여 생성한 프로시저로, SlidingForm() 메서드를 호출하여 폼의 위치를 설정하고 Timer 컨트롤의 상태를 활성화하는 작업을 수행한다.

```
01:  Private Sub Form2_Load(ByVal sender As System.Object,
                ByVal e As System.EventArgs) Handles MyBase.Load
02:      SlidingForm()
03:  End Sub

04:  Public Sub SlidingForm()
05:      Me.Location = Form1.FormPoint01
06:      Timer.Start()
07:  End Sub
```

5행   Form1의 Public 멤버 변수 FormPoint01에 저장된 Form1의 위치 좌표인 포인트 값을 Form2의 Location 속성값에 설정하여 위치를 지정한다. 이렇게 위치를 지정하는 이유는 처음에 Form2의 위치를 Form1과 같은 위치로 설정하기 위함이다.

6행   Timer.Start() 메서드를 이용하여 Timer 컨트롤의 상태를 활성화하는 작업을 수행한다.

다음의 Timer_Tick() 이벤트 핸들러는 Timer 컨트롤을 더블클릭하여 생성한 프로시저로, 주기적으로 호출되면서 Form2를 왼쪽에서 오른쪽으로 슬라이딩 되면서 열리고 닫히게 하는 작업을 수행한다.

```
01: Private Sub Timer_Tick(ByVal sender As System.Object,
                        ByVal e As System.EventArgs) Handles Timer.Tick
02:     If Form1.flag01 = False Then
03:         Dim point As New Point(Me.Location.X + 10, Me.Location.Y)
04:         Me.Location = point
05:         If (Me.Location.X = Form1.FormPoint01.X + 300) Then
06:             Timer.Stop()
07:             Form1.flag01 = True        '폼2 열림
08:             Me.TopMost = True
09:             Form1.TopMost = True
10:         End If
11:     Else
12:         Dim point As New Point(Me.Location.X - 10, Me.Location.Y)
13:         Me.Location = point
14:         If (Me.Location.X = Form1.FormPoint01.X - 300) Then
15:             Timer.Stop()
16:             Form1.flag01 = False       '폼2 닫힘
17:         End If
18:     End If
19: End Sub
```

2행   Form1의 멤버 변수 flag01의 값을 체크하여 Form2의 열림과 닫힘 여부를 판단한다. 만약 닫혀 있다면 3~10행을 수행한다.

3-4행   호출될 때마다 Form2의 X 좌표값을 10픽셀씩 가산하면서 오른쪽으로 이동하여 슬라이딩 효과를 만든다.

5행   Form2의 X 좌표가 Form1의 X 좌표에 300픽셀을 더한 값이 같을 때 즉, Form2가 슬라이딩 되어 완전히 열렸을 때를 체크하는 구문으로, Timer 컨트롤의 상태를 비활성하고 flag01의 값을 True 값으로 설정하여 Form2의 열린 상태를 저장한다.

12-17행 Form2가 열려 있을 때 닫는 기능을 구현한 코드로 Form2의 X 좌표에서 10픽셀씩 감산하여 슬라이딩 되면서 사라지는 효과를 구현한 것이다.

3.4.5 자석 폼(Form3) 디자인

솔루션 탐색기에서 솔루션 이름을 마우스 오른쪽 버튼으로 클릭하여 표시되는 단축메뉴에서 [추가]-[Windows Form] 메뉴를 클릭하여 메신저 알림 폼(Form3)을 생성한다. 다음 그림과 같이 Form3 디자인 창에 필요한 컨트롤을 위치시켜 폼을 디자인하고, 각 컨트롤의 속성값을 설정한다.

폼 디자인에 사용된 컨트롤의 주요 속성값은 다음과 같다.

폼 컨트롤	속 성	값
Form3	Name	Form3
	Text	Form3
	BackColor	LightGreen
	FormBorderStyle	None
	MaximizeBox	False
	MinimizeBox	False
	ShowIcon	False
	ShowInTaskbar	False
	TopMost	True
PictureBox1	Name	picClose
	Size	17, 17

3.4.6 자석 폼(Form3.vb) 코드 구현

마우스 커서 좌표와 폼을 이동한 전·후의 폼 위치 좌표값을 나타내고 설정하는 멤버 변수를 다음과 같이 클래스 내부 상단에 추가한다.

```
Dim ptMouseCurrentPos As Point     '마우스 클릭 좌표 지정
Dim ptMouseNewPos As Point         '이동시 마우스 좌표
Dim ptFormCurrentPos As Point      '폼 위치 좌표 지정
Dim ptFormNewPos As Point          '이동시 폼 위치 좌표
Dim bFormMouseDown As Boolean = False
```

다음의 Form3_MouseDown() 이벤트 핸들러는 폼을 선택하고 이벤트 목록 창에서 [MouseDown] 이벤트 항목을 더블클릭하여 생성한 프로시저로, 폼을 클릭했을 때 마우스 커서 위치와 폼의 위치 좌표를 얻기 위한 작업을 수행한다. 이렇게 얻은 좌표값은 마우스가 움직일 때 폼의 위치를 같이 변경하기 위함이다.

```
01:  Private Sub Form3_MouseDown(ByVal sender As System.Object,
                    ByVal e As System.Windows.Forms.MouseEventArgs)
                    Handles MyBase.MouseDown
02:      If e.Button = MouseButtons.Left Then
03:          bFormMouseDown = True                    '왼쪽 마우스 클릭 체크
04:          ptMouseCurrentPos = Control.MousePosition '마우스 클릭 좌표
05:          ptFormCurrentPos = Me.Location            '폼의 위치 좌표
06:      End If
07:  End Sub
```

2행   마우스 버튼을 클릭할 때 어느 버튼을 클릭하였는지 판단하는 If 구문으로
      예제에서는 마우스 왼쪽 버튼을 클릭할 때 반응하도록 하여야 하기 때문에
      MouseButtons.Left 조건을 확인한다.

구문	설명
e.Button	왼쪽 또는 오른쪽 버튼 클릭 여부 감지
MouseButtons.Left	마우스 왼쪽 버튼을
MouseButtons.Right	마우스 오른쪽 버튼을

3-5행   마우스 왼쪽 버튼을 클릭할 때 마우스 커서 좌표와 폼의 위치 좌표를 설정하기
        위한 작업을 수행한다.

다음의 Form3_MouseMove() 이벤트 핸들러는 폼을 선택하고 이벤트 목록 창에서
[MouseMove] 이벤트 항목을 더블클릭하여 생성한 프로시저로, 마우스 움직임에 따라
폼의 위치를 변경하기 위한 작업을 수행한다.

```
01:  Private Sub Form3_MouseMove(ByVal sender As System.Object,
                    ByVal e As System.Windows.Forms.MouseEventArgs)
                    Handles MyBase.MouseMove
02:      If bFormMouseDown = True Then                    '왼쪽 마우스 클릭시
03:          ptMouseNewPos = Control.MousePosition
04:          ptFormNewPos.X = ptMouseNewPos.X - ptMouseCurrentPos.X +
                        ptFormCurrentPos.X          '마우스 이동시 가로 좌표
05:          ptFormNewPos.Y = ptMouseNewPos.Y - ptMouseCurrentPos.Y +
                        ptFormCurrentPos.Y          '마우스 이동시 세로 좌표
06:          Me.Location = ptFormNewPos
07:          ptFormCurrentPos = ptFormNewPos
08:          ptMouseCurrentPos = ptMouseNewPos
09:      End If
10:  End Sub
```

2행   마우스의 왼쪽 버튼이 눌려 있는지를 판단하기 위해 멤버 변수
      bFormMouseDown의 상태를 체크하는 If 구문이다.

3행   마우스 커서의 좌표값을 구해 멤버 변수에 저장하는 작업을 수행한다.

4–5행	마우스 커서가 이동할 때 X, Y 좌표값을 가산하여 폼의 X, Y 좌표를 구하는 작업을 수행한다.
6행	4행과 5행에서 구한 좌표값을 폼의 Location 속성값에 저장하여 폼의 위치를 변경하는 작업을 수행한다.
7–8행	최종 마우스 커서의 위치와 폼의 위치를 멤버 변수에 저장하는 작업을 수행한다.

다음의 Form3_MouseUp() 이벤트 핸들러는 폼을 선택하고 이벤트 목록 창에서 [MouseUp] 이벤트 항목을 더블클릭하여 생성한 프로시저로, 눌려 있던 마우스 왼쪽 버튼을 놓을 때 발생하는 이벤트를 처리한다. 이는 왼쪽 마우스 버튼 클릭을 해제하면 Form1의 위치와 근거리에 있으면 자석처럼 찰싹 달라붙게 하는 효과를 구현하며, 그에 따른 Form1의 멤버 변수 flag03의 값을 설정한다.

```vb
01:  Private Sub Form3_MouseUp(ByVal sender As System.Object,
                  ByVal e As System.Windows.Forms.MouseEventArgs)
                  Handles MyBase.MouseUp
02:      If e.Button = MouseButtons.Left Then
03:          bFormMouseDown = False '왼쪽 마우스 클릭 해체 체크
04:          If Me.Location.X <= Form1.Location.X + 30 And
                  Me.Location.X >= Form1.Location.X - 30 Then
05:              If Me.Location.Y <= Form1.Location.Y + 340 And
                      Me.Location.Y >= Form1.Location.Y + 280 Then
06:                  Me.Location =
                      New Point(Form1.Location.X, Form1.Location.Y + 310)
07:                  Form1.flag03 = True
08:              Else
09:                  Form1.flag03 = False
10:              End If
11:          Else
12:              Form1.flag03 = False
13:          End If
14:      End If
15:  End Sub
```

2행	마우스의 왼쪽 버튼을 클릭하고 있는지를 판단하는 If 구문으로, Form3의 이동이 마무리될 때 자연스럽게 누르고 있던 마우스 왼쪽 버튼을 놓기 때문에 If 조건문으로 구현한다.
4, 5행	Form3가 이동된 후 위치가 Form1의 X, Y 좌표의 30픽셀 거리 내에 있는지를 판단하는 구문으로 만약 30픽셀 내에 위치한다면 6행을 실행하여 Form3의 위치를 Form1 하단에 자석처럼 붙이는 작업을 수행한다.
7행	Form1의 멤버 변수 flag03의 값을 True로 설정하는 구문으로 Form1과 Form3이 붙어 있는지를 판단하기 위함이다.

다음의 이벤트 핸들러는 이미지 버튼인 picClose 컨트롤을 더블클릭하여 생성한 프로시저로, 폼을 숨기는 작업과 이미지 버튼의 이미지를 설정하는 작업을 수행한다.

```
Private Sub picClose_Click(ByVal sender As System.Object,
               ByVal e As System.EventArgs) Handles picClose.Click
    Form1.btnMag.Text = "폼 붙이기 열기"
    Form1.flag02 = False
    Me.Hide()
End Sub
```

```
Private Sub picClose_MouseDown(ByVal sender As System.Object,
               ByVal e As System.Windows.Forms.MouseEventArgs)
               Handles picClose.MouseDown
    Me.picClose.Image =
               Image.FromFile("..\..\img\Close_Down.jpg")
End Sub
```

```
Private Sub picClose_MouseLeave(ByVal sender As System.Object,
               ByVal e As System.EventArgs)
               Handles picClose.MouseLeave
    Me.picClose.Image =
               Image.FromFile("..\..\img\Close_Normal.jpg")
End Sub
```

```
Private Sub picClose_MouseMove(ByVal sender As System.Object,
               ByVal e As System.Windows.Forms.MouseEventArgs)
               Handles picClose.MouseMove
    Me.picClose.Image = Image.FromFile("..\..\img\Close_Over.jpg")
End Sub
```

```
Private Sub Form3_Load(sender As Object, e As EventArgs)
               Handles MyBase.Load
    Me.picClose.Image =
               Image.FromFile("..\..\img\Close_Normal.jpg")
End Sub
```

3.4.7 실행 폼 꾸미기 ‖ 예제 실행

다음 그림은 실행 폼 꾸미기 Ⅱ (슬라이딩 폼, 자석 폼) 예제를 F5를 눌러 실행한 화면이다. [슬라이드 열기] 버튼을 클릭하여 천천히 나타나는 폼을 확인하고, [폼 붙이기 열기] 버튼을 클릭하여 현재 폼 바로 아래 붙어서 표시되는 폼을 확인한다.

[실행 초기 상태]

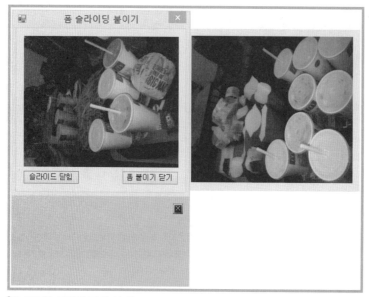

[각 버튼을 클릭한 뒤의 상태]

3.5 트레이 아이콘

이 절에서 살펴보는 트레이 아이콘 예제는 NotIfyIcon, ContextMenuStrip 컨트롤을 이용하여 구현되며, 윈도우 애플리케이션에서 창을 최소화하거나 숨기기 기능을 실행할 경우 화면 오른쪽 아래에 트레이 아이콘으로 내려가는 것을 구현한 예제이다.

다음 그림은 트레이 아이콘 애플리케이션을 구현하고 실행한 결과 화면이다.

[결과 미리 보기]

3.5.1 트레이 아이콘 디자인

프로젝트 이름을 'mook_TrayIcon'으로 하여 'C:\vb2017project\Chap03' 경로에 새 프로젝트를 생성한다. 다음 그림과 같이 윈도우 폼에 필요한 컨트롤을 위치시켜 폼을 디자인하고, 각 컨트롤의 속성값을 설정한다.

폼 디자인에 사용된 컨트롤의 주요 속성값은 다음과 같다.

폼 컨트롤	속 성	값
Form1	Name	Form1
	Text	트레이 아이콘
	FormBorderStyle	FixedToolWindow
	MaximizeBox	False

Button1	Name	btnOff
	Text	완전 종료
NotlfyIcon1	Name	TrayIcon
	ContextMenuStrip	cmsPop
	Icon	[설정]
	Text	트레이 아이콘
ContextMenuStrip1	Name	cmsPop

팝업 메뉴를 만들기 위해서 cmsPop 컨트롤을 선택하여 다음 그림과 같이 메뉴 이름을 직접 입력하여 메뉴를 설정한다.

예제에서 사용할 이미지를 저장하기 위해서 솔루션 탐색기 창에서 프로젝트 이름을 마우스 오른쪽 버튼으로 클릭하여 표시되는 단축메뉴에서 [추가]-[새 폴더] 메뉴 항목을 선택한다. 폴더 이름을 'ico'로 하여 프로젝트 하위에 폴더를 생성하고 사용할 아이콘 파일을 저장하고 활용한다.

3.5.2 트레이 아이콘 코드 구현

다음의 Form1_Load() 이벤트 핸들러는 폼을 더블클릭하여 생성한 프로시저로, 트레이 아이콘으로 폼을 옮기는 VisibleChange() 메서드를 호출한다.

```
Private Sub Form1_Load(sender As Object, e As EventArgs)
            Handles MyBase.Load
    VisibleChange(True, False)
End Sub
```

다음의 VisibleChange() 메서드는 폼을 감추거나 보일 때 또는 트레이 아이콘을 감추거나 보일 때 사용되며 Boolean 타입의 매개 변수를 받아 폼과 트레이 아이콘의 Visible 속성을 설정한다.

```
Private Sub VisibleChange(ByVal FormVisible As Boolean,
                          ByVal TrayIconVisible As Boolean)
    Me.Visible = FormVisible
    Me.TrayIcon.Visible = TrayIconVisible
End Sub
```

다음의 btnOff_Click() 이벤트 핸들러는 [완전 종료] 버튼을 더블클릭하여 생성한 프로
시저로, 애플리케이션을 완전히 종료하는 작업을 수행한다. Me.Dispose() 메서드는 모
든 컨트롤에 대한 리소스를 해제하며, Application.ExitThread() 메서드는 애플리케이
션의 모든 스레드를 종료하여 애플리케이션을 종료하는 작업을 수행한다.

```
Private Sub btnOff_Click(sender As Object, e As EventArgs)
            Handles btnOff.Click
    Me.Dispose()
    Application.ExitThread()
End Sub
```

다음의 Form1_FormClosing() 이벤트 핸들러는 폼을 선택하고 이벤트 목록 창에서
[FormClosing] 이벤트 항목을 더블클릭하여 생성한 프로시저로, 폼의 [X] 버튼을 눌렀
을 때 폼을 숨기고 트레이 아이콘을 보이는 작업을 수행한다.

```
01:  Private Sub Form1_FormClosing(ByVal sender As System.Object,
            ByVal e As System.Windows.Forms.FormClosingEventArgs)
            Handles MyBase.FormClosing
02:      e.Cancel = True
03:      VisibleChange(False, True)
04:  End Sub
```

3행   e.Cancel 속성에 True를 대입하면 닫기 버튼을 눌러도 폼이 종료되지 않는다.

다음의 TrayIcon_MouseDoubleClick() 이벤트 핸들러는 TrayIcon 컨트롤을 선택하고
이벤트 목록 창에서 [DoubleClick] 이벤트 항목을 더블클릭하여 생성한 프로시저로, 🪲
트레이 아이콘을 더블클릭하였을 때 폼을 보이게 하거나 트레이 아이콘을 감추는 작업을
수행한다.

```
Private Sub TrayIcon_MouseDoubleClick(ByVal sender As System.Object,
            ByVal e As System.Windows.Forms.MouseEventArgs)
            Handles TrayIcon.MouseDoubleClick
    VisibleChange(True, False)
End Sub
```

다음의 닫기ToolStripMenuItem_Click() 이벤트 핸들러는 [닫기] 메뉴를 더블클릭하여 생성한 프로시저로, 애플리케이션을 종료하는 작업을 수행한다.

```
01:  Private Sub 닫기ToolStripMenuItem_Click(
                   ByVal sender As System.Object,
                   ByVal e As System.EventArgs)
                   Handles 닫기ToolStripMenuItem.Click
02:      Application.ExitThread()
03:  End Sub
```

4행   ExitThread() 메서드를 이용하여 애플리케이션의 윈도우 창을 닫고, 스레드를 종료하여 애플리케이션을 완전히 종료하는 작업을 수행한다.

다음의 열기ToolStripMenuItem_Click() 이벤트 핸들러는 [열기] 메뉴를 더블클릭하여 생성한 프로시저로, VisibleChange() 메서드를 호출하여 폼을 보이는 작업을 수행한다.

```
Private Sub 열기ToolStripMenuItem_Click(ByVal sender As System.Object,
            ByVal e As System.EventArgs)
            Handles 열기ToolStripMenuItem.Click
    VisibleChange(True, False)
End Sub
```

3.5.3 트레이 아이콘 예제 실행

다음 그림은 트레이 아이콘 예제를 F5를 눌러 실행한 화면이다. 애플리케이션의 [닫기] 버튼을 클릭하면 시스템 트레이에서 아이콘을 확인할 수 있다. [완전 종료] 버튼을 클릭하면 애플리케이션이 종료된다.

3.6 배열 다이어리

이 절에서 살펴볼 배열 다이어리는 DateTimePicker 컨트롤과 배열을 이용하여 일일 단위로 메모를 작성할 수 있는 예제이다. 이 배열 다이어리는 실제 다이어리 프로그램처럼 내용을 영구히 저장하는 것이 아니라 작성된 메모를 배열에 저장하는 방식으로 구성되어 있기 때문에 애플리케이션이 실행되는 동안 배열의 인덱스 번호와 매칭되어 저장 또는 검색되는 애플리케이션이다.

다음 그림은 배열 다이어리 애플리케이션을 구현하고 실행한 결과 화면이다.

[실행 초기 상태]

3.6.1 배열 다이어리 디자인

프로젝트 이름을 'mook_Diary'로 하여 'C:\vb2017project\Chap03' 경로에 새 프로젝트를 생성한다. 다음 그림과 같이 윈도우 폼에 필요한 컨트롤을 위치시켜 폼을 디자인하고, 각 컨트롤의 속성값을 설정한다.

폼 디자인에 사용된 컨트롤의 주요 속성값은 다음과 같다.

폼 컨트롤	속 성	값
Form1	Name	Form1
	Text	배열 다이어리
	FormBorderStyle	FixedSingle
	MaximizeBox	False
DateTimePicker1	Name	dtpTime
Button1	Name	btnSave
	Text	입력
TextBox1	Name	txtMemo
	Multiline	True

3.6.2 배열 다이어리 코드 구현

다음과 같이 멤버 변수 및 개체를 클래스 내부 상단에 추가한다.

```
01: Dim i(366) As String
02: Dim stryear = DateTime.Now.Year.ToString()
```

1행 　배열 변수 선언은 작성한 메모 또는 일기 데이터가 저장될 공간을 할당하는 구문이다. 따라서 애플리케이션이 실행되면 메모리에 배열 공간이 할당되고, 종료되면 메모리에 할당된 배열 공간이 회수되어 배열에 저장된 내용은 사라지게 된다.

2행 　현재 연도 정보를 얻기 위해 DateTime.Now.Year 구문을 통하여 현재 연도 정보를 가져와 멤버 변수 stryear에 저장하는 구문이다.

다음의 Form1_Load() 이벤트 핸들러는 폼을 더블클릭하여 생성한 프로시저로, dtptime 컨트롤의 초기화 및 배열에 저장된 내용을 검색하여 나타낸다.

```
01: Private Sub Form1_Load(sender As Object, e As EventArgs)
                  Handles MyBase.Load
02:     Me.dtpTime.Value = New DateTime(DateTime.Now.Year,
              DateTime.Now.Month, DateTime.Now.Day)      '현재 날짜 설정
03:     Dim datTim1 = Convert.ToDateTime("#1/1/" & stryear & "#")
04:     Dim datTim2 = Me.dtpTime.Value
05:     Dim daynum = Convert.ToInt32(DateAndTime.DateDiff(DateInterval.Day,
              datTim1, datTim2, FirstDayOfWeek.Sunday, FirstWeekOfYear.Jan1))
06:     Me.txtMemo.Text = i(daynum)
07: End Sub
```

3행	현재 연도의 1월 1일을 초기 날짜로 지정하여 DateTime 타입의 변수 datTim1에 저장하는 구문이다. 초기 날짜를 지정하는 이유는 현재 날짜와 차이 일 수를 계산하여 배열의 인덱스 번호로 사용하기 위함이다. 따라서 365일과 매칭되는 배열을 멤버 변수로 추가한 것이다. Convert.ToDateTime() 메서드는 String 타입의 인수를 날짜와 시간 값으로 변환한다.
4행	dtpTime 컨트롤에 설정된 날짜 정보를 datTim2 변수에 저장하는 구문이다.
5행	DateDiff() 메서드(**TIP** 'DateDiff() 메서드' 참고)를 이용하여 초기 지정 날짜와 선택 날짜의 시간 차이 즉, 일수를 계산해 int 타입의 변수에 저장하는 구문이다. 계산된 일수는 배열 인덱스를 나타내주는 중요한 정보로 사용된다.
6행	5행의 일 수 차이 값을 저장한 변수의 값을 배열 변수 인덱스로 지정하여 txtMemo 컨트롤의 Text 속성값에 저장하는 구문이다. 이 작업을 통해 배열 인덱스에 저장된 데이터를 나타내는 작업을 수행하는 구문이다.

TIP

DateDiff(Interval, Date1, Date2, DayOfWeek, WeekOfYear) 메서드

두 Date 값 사이의 시간 간격 수를 지정한 Long 값을 반환한다.

- **Interval** : 필수 항목으로 Date1과 Date2 사이의 시간 차이 단위로 사용할 시간 간격을 나타내는 DateInterval 열거형 값 또는 String 식
- **Date1** : 필수적 요소로 DateTime 형식이며 계산에 사용할 첫째 날짜/시간 값
- **Date2** : 필수적 요소로 DateTime 형식이며 계산에 사용할 둘째 날짜/시간 값
- **DayOfWeek** : 선택적 요소로 주의 첫째 요일을 지정하는 FirstDayOfWeek 열거형에서 선택한 값으로 지정되지 않으면 FirstDayOfWeek.Sunday를 사용
- **WeekOfYear** : 선택적 요소로 연도의 첫째 주를 지정하는 FirstWeekOfYear 열거형에서 선택한 값으로 지정되지 않으면 FirstWeekOfYear.Jan1을 사용

다음의 btnSave_Click() 이벤트 핸들러는 [입력] 버튼을 더블클릭하여 생성한 프로시저로, txtMemo 컨트롤에 작성된 데이터를 배열에 저장하는 작업을 수행한다.

```
01:  Private Sub btnSave_Click(ByVal sender As System.Object,
              ByVal e As System.EventArgs) Handles btnSave.Click
02:    Dim datTim1 = Convert.ToDateTime("#1/1/" & stryear & "#")
03:    Dim datTim2 = Me.dtpTime.Value
04:    Dim daynum = Convert.ToInt32(
                    DateAndTime.DateDiff(DateInterval.Day,
                    datTim1, datTim2, FirstDayOfWeek.Sunday,
                    FirstWeekOfYear.Jan1))
05:    i(daynum) = Me.txtMemo.Text
```

```
06:        If i(daynum).Length > 0 Then
07:            MessageBox.Show("일기가 정상적으로 저장되었습니다.", "알림",
                    MessageBoxButtons.OK, MessageBoxIcon.Information)
08:        End If
09: End Sub
```

2행   현재 연도와 초기 날짜를 지정하는 구문으로 배열 인덱스의 기준을 정하기 위한 구문이다.

3행   dtpTime 컨트롤에서 선택된 날짜를 datTim2 변수에 저장하는 구문이다.

4행   DateDiff() 메서드를 이용하여 초기 설정 날짜와 선택 날짜의 차이 일수를 계산하여 int 변수에 저장하는 구문이다.

5행   4행에서 계산된 int 타입 변수를 인덱스로 가진 배열에 txtMemo 컨트롤을 이용하여 작성된 메모를 저장하는 구문이다.

다음의 dtpTime_ValueChanged() 이벤트 핸들러는 dtpTime 컨트롤을 더블클릭하여 생성한 프로시저로, 선택된 날짜가 변경되었을 때 발생하는 이벤트를 처리한다. dtpTime 컨트롤을 통해 선택된 날짜와 초기 지정된 날짜(1월 1일)의 시간 차이를 배열 인덱스로 활용하여 매치되는 배열 값 즉 메모 내용을 검색하는 작업을 수행한다.

```
01: Private Sub dtpTime_ValueChanged(ByVal sender As System.Object,
            ByVal e As System.EventArgs) Handles dtpTime.ValueChanged
02:        Dim datTim1 = Convert.ToDateTime("#1/1/" & stryear & "#")
03:        Dim datTim2 = Me.dtpTime.Value
04:        Dim daynum = Convert.ToInt32(DateAndTime.DateDiff(DateInterval.Day,
                datTim1, datTim2, FirstDayOfWeek.Sunday, FirstWeekOfYear.Jan1))
05:        Me.txtMemo.Text = i(daynum)
06: End Sub
```

4행   DateDiff() 메서드를 이용하여 초기 지정 날짜와 선택 날짜의 시간 차이를 즉 날짜의 일수 차이를 int 타입의 변수에 저장하는 작업을 수행한다.

5행   4행의 daynum 변수의 값을 배열의 인덱스 값으로 입력하여 배열 i(daynum)에 저장된 메모의 내용을 txtMemo 컨트롤에 나타내는 작업을 수행한다. 저장된 메모가 있다면 화면에 출력하고 저장된 메모가 없다면 아무런 메시지가 나타나지 않는다.

3.6.3 배열 다이어리 예제 실행

다음 그림은 배열 다이어리 예제를 [F5]를 눌러 실행한 화면이다. 다이어리 내용을 입력하고 [입력] 버튼을 클릭하면 입력된 내용이 배열에 저장된다. 날짜를 바꾸어 보고, 내용이 저장된 날짜를 다시 지정하여 입력된 내용을 검색해 본다.

[입력 버튼을 클릭하여 내용을 저장했을 때의 결과]

[날짜 변경]

[내용이 입력된 날짜로 검색한 결과]

3.7 Wav 재생기

이 절에서 살펴보는 이미지 Wav 재생기 예제는 OpenFileDialog 컨트롤을 이용하여 Wav 파일을 열어 재생하는 애플리케이션이다.

다음 그림은 Wav 재생기 애플리케이션을 구현하고 실행한 결과 화면이다.

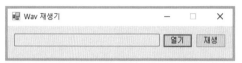

[결과 미리 보기]

3.7.1 Wav 재생기 디자인

프로젝트 이름을 'mook_WavPlayer'로 하여 'C:\vb2017project\Chap03' 경로에 새 프로젝트를 생성한다. 다음 그림과 같이 윈도우 폼에 필요한 컨트롤을 위치시켜 폼을 디자인하고, 각 컨트롤의 속성값을 설정한다.

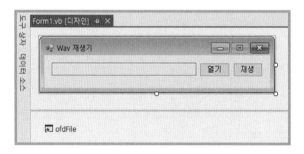

폼 디자인에 사용된 컨트롤의 주요 속성값은 다음과 같다.

폼 컨트롤	속 성	값
Form1	Name	Form1
	Text	Wav 재생기
	FormBorderStyle	FixedSingle
	MaximizeBox	False
TextBox1	Name	txtPath
	ReadOnly	True
Button1	Name	btnPath
	Text	열기
Button2	Name	btnPlay
	Text	재생
OpenFileDialog1	Name	ofdFile
	Filter	Wav 파일 (*.wav)|*.wav

솔루션 탐색기에서 프로젝트 이름을 마우스 오른쪽 버튼으로 눌러 표시되는 단축메뉴에서 [추가]-[새 폴더] 항목을 클릭한다. 프로젝트 내에 새 폴더를 생성하고 새 폴더의 이름을 'wav'로 변경한 다음 예제에서 사용할 wav 파일을 저장하여 활용한다.

3.7.2 Wav 재생기 코드 구현

다음과 같이 멤버 변수와 개체를 클래스 상단에 추가한다.

```
Dim FilePath As String            '파일 경로 저장
Dim player As System.Media.SoundPlayer = New Media.SoundPlayer()
```

다음의 btnPath_Click() 이벤트 핸들러는 [열기] 버튼을 더블클릭하여 생성한 프로시저로, [열기] 대화상자를 호출하여 Wav 파일 경로를 설정하는 하는 작업을 수행한다.

```
01: Private Sub btnPath_Click(sender As Object, e As EventArgs)
                 Handles btnPath.Click
02:     If Me.ofdFile.ShowDialog() = DialogResult.OK Then
03:         FilePath = Me.ofdFile.FileName
04:         Me.txtPath.Text = FilePath
05:     End If
06: End Sub
```

2행   ofdFile.ShowDialog() 메서드를 이용하여 [열기] 대화상자를 호출하여 Wav 파일을 선택한다.

다음의 btnPlay_Click() 이벤트 핸들러는 [재생] 버튼을 더블클릭하여 생성한 프로시저로, Wav 파일을 재생하는 작업을 수행한다.

```
01: Private Sub btnPlay_Click(sender As Object, e As EventArgs)
                 Handles btnPlay.Click
02:     If Me.txtPath.Text <> "" Then
03:         player.SoundLocation = FilePath
04:         player.Play()
05:     End If
06: End Sub
```

3행   player.SoundLocation 속성에 Wav 파일의 경로를 설정한다.

4행   player.Play() 메서드를 이용하여 3행에서 설정한 Wav 파일의 경로를 대상으로 Wav 파일을 재생한다.

3.7.3 Wav 재생기 예제 실행

다음 그림은 Wav 재생기 예제를 F5를 눌러 실행한 화면이다.

이 장은 Wav 재생기를 예제를 살펴보는 것을 끝으로 설명을 마치고 다음 장에서는 파일 클래스 및 인터페이스를 이용하여 파일을 쓰고 읽고 제어하는 다양한 예제를 알아본다.

4장에서 파일 읽기/쓰기, 파일 보기, 파일 복사/이동, 파일 지우기, 메모장 등 다양한 예제를 구현하면서 파일 클래스에 대해 살펴본다.

이 장에서 살펴보는 File 클래스는 윈도우 애플리케이션에서 빼놓을 수 없는 기능으로 작업 내용을 기록하는 로그를 쓰거나 읽을 때 사용되며 다양한 형태의 파일생성, 읽기, 수정, 삭제 등에 사용된다. 이 장에서는 File 클래스를 이용하여 단순히 텍스트 파일 형태로 파일을 읽고 쓰는 예제와 윈도우 탐색기와 같이 파일을 찾는 기능, 파일을 복사, 이동, 삭제 기능에 대해 다양한 형태의 예제를 통해 살펴보도록 한다.

이 절에서 살펴보는 예제는 다음과 같다.

- 스레드 및 델리게이트
- 파일 읽기/쓰기
- 파일 찾기
- 파일 복사/이동
- 파일 지우기
- 메모장

4.1 스레드

스레드(thread)를 사용하면 동시에 여러 작업을 수행할 수 있다. 예를 들어, 스레드를 사용하여 사용자의 입력을 모니터링하는 백그라운드 작업과 사용자의 입력을 병행하여 스트림을 읽고 쓰는 작업을 동시에 처리할 수 있다.

System.Threading 네임스페이스는 다중 스레드 프로그래밍을 지원하고 새 스레드 작성 및 시작, 다중 스레드 동기화, 스레드 일시 중단 및 스레드 취소 등의 작업을 쉽게 수행할 수 있도록 여러 가지 클래스와 인터페이스를 제공한다.

스레드(thread)를 사용하려면 다음 구문과 같이 외부에서 실행되는 메서드를 만들고 Thread 클래스의 개체가 이를 가리키도록 하면 스레드를 생성할 수 있다.

```
01:  Dim MyThread As Thread
02:  MyThread = New Thread(AddressOf 외부에서 실행될 메서드)
```

스레드를 사용하는 다음 단계로 위에서 선언하고 초기화한 스레드 개체를 다음과 같이 Start() 메서드를 이용하여 시작한다. 시작이란 의미는 외부에서 실행될 메서드를 다른 스레드에서 실행하는 것을 의미한다.

```
01:  MyThread.Start()
```

다중 스레드를 사용하면 다중 작업 및 응답과 관련된 문제를 해결할 수 있지만, 스레드 수행 메커니즘을 통제하는 중앙 스레드에 의해 아무런 예고 없이 스레드가 중단되고 다시 시작될 수도 있어 리소스 공유 및 동기화 문제가 발생할 수도 있으므로 스레드를 사용할 때는 주의가 필요하다. 리소스 공유 및 동기화의 문제를 개발자가 신중하게 개발한다면 스레드를 이용한 다양한 기능의 애플리케이션을 구현할 수 있을 것이다.

다음 소스 코드는 외부 스레드를 만들고 기본 스레드와 함께 외부 스레드를 병렬로 사용하여 작업 처리를 수행하는 방법을 보여주는 예제로 다른 스레드의 작업이 끝날 때까지 한 스레드가 대기하도록 만들고 스레드를 올바르게 종료하는 방법을 보여준다.

```
01:  Imports System.Threading

02:  Public Class Worker
03:      Private Sp As Boolean
04:      Public Sub DoWork()
05:          While Not Sp
06:              Console.WriteLine("사용자 스레드 실행")
07:          End While
08:          Console.WriteLine("사용자 스레드 다이...")
09:      End Sub

10:      Public Sub RequestStop()
11:          Sp = True
12:      End Sub
13:  End Class

14:  Public Module ThreadTest
15:      Public Sub Main()
16:          Dim wObj As Worker = New Worker()
17:          Dim MyThread As Thread = New Thread(AddressOf wObj.DoWork)
18:          MyThread.Start()
19:          Console.WriteLine("기본 스레드 실행")
20:          Thread.Sleep(1)
21:          wObj.RequestStop()
```

```
22:            MyThread.Join()
23:            Console.WriteLine("마무리...")
24:        End Sub
25:    End Module
```

1행 System.Threading 네임스페이스를 추가하여 Threading 네임스페이스에서 제공하는 하위 클래스 및 메서드 등의 스레드 관련 인터페이스를 사용할 수 있도록 한다.

16행 Worker 클래스의 개체를 생성하는 구문이다.

17행 Thread 클래스의 개체 MyThread를 생성하며 초기화하는 구문으로 wObj. DoWork() 메서드를 대입하여 개체를 생성한다.

18행 17행에서 생성한 개체를 Start() 메서드로 실행하는 구문으로 wObj.DoWork() 메서드가 실행되어 6행의 문자열이 출력된다.

20행 주 스레드를 1밀리 초 동안 일시 중지한다.

21행 10~12행의 RequestStop() 메서드를 호출하여 MyThread 스레드의 실행을 중지한다.

22행 Thread.Join() 메서드는 18행에서 시작된 스레드가 종료될 때까지 호출 스레드를 차단하는 작업을 수행하여 스레드가 안전하게 종료되도록 한다.

다음 그림과 같이 두 개의 스레드(기본 스레드와 사용자 스레드)가 각각 실행되어 소스 코드를 실행할 때마다 출력 값이 달라질 수 있다. 이는 주 스레드와 사용자 생성 스레드가 각각 제각기 실행되기 때문에 값이 달라지는 것으로 어떤 스레드가 먼저 실행되고 늦게 실행되는 것은 앞서 언급한 컴퓨터의 스레드 수행 메커니즘에 따라 달라진다.

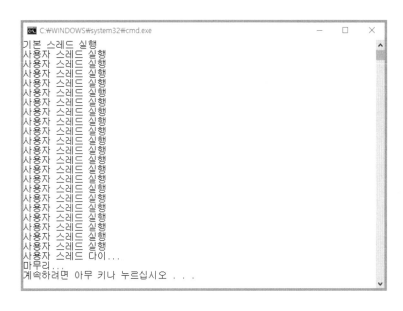

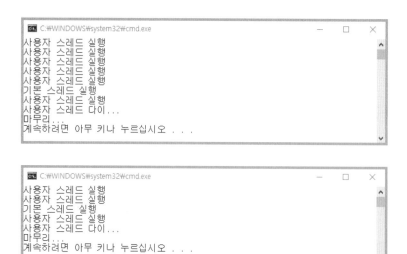

Main 메서드에서 Worker 클래스의 DoWork 메서드를 호출하여 외부에서 스레드를 실행하고 실행된 외부 스레드가 종료될 때 주 스레드도 자동으로 종료되는 절차로 구현되어 있다.

DoWork 메서드는 다음과 같다.

```
Public Sub DoWork()
    While Not Sp
        Console.WriteLine("사용자 스레드 실행")
    End While

    Console.WriteLine("사용자 스레드 다이...")
End Sub
```

Worker 클래스에는 DoWork에 반환할 시기를 알리는데 사용되는 RequestStop() 메서드를 선언하여 DoWork 메서드의 While 구문을 종료하는 작업을 수행한다.

```
Public Sub RequestStop()
    Sp = True
End Sub
```

외부 스레드를 실행4하기 위하여 Main 메서드에서 Worker 클래스의 개체를 정의하고 스레드 생성자에 AddressOf 키워드와 함께 wObj.DoWork 메서드에 대한 참조를 전달하여 메서드를 실행하기 위한 진입점으로 사용하도록 구성된다.

```
Dim wObj As Worker = New Worker()
Dim MyThread As Thread = New Thread(AddressOf wObj.DoWork)
```

이 시점에는 외부 스레드 개체가 선언되지만, 실제 외부 스레드는 아직 실행되지는 않는다. 따라서 실제 작업자 스레드는 Main에서 Start 메서드를 호출하여 실행한다.

```
MyThread.Start()
```

Sleep() 메서드를 호출하여 기본 스레드의 실행을 잠시 중단한다. 이렇게 주 스레드의 실행을 잠시 중단하면 Main 메서드가 다른 명령을 수행하기 전에 외부 스레드에서 DoWork 메서드의 While 루프를 반복하여 실행할 수 있다.

```
Thread.Sleep(1)
```

주 스레드의 중지 시간인 1밀리 초가 지나면, Main 메서드에서는 앞서 설명한 wObj. RequestStop 메서드를 호출하여 외부 스레드 개체를 종료하도록 한다.

```
wObj.RequestStop()
```

Abort() 메서드를 호출하여 주 스레드에서 작업자 스레드를 종료할 수도 있다. 이 방법을 사용하면 작업자 스레드의 수행이 완료되었는지 여부와 관계없이 작업자 스레드가 종료되어 리소스를 정리할 수 없게 된다. 따라서 다음 Join() 메서드를 사용하여 작업자 스레드를 종료해야 한다.

Main 메서드에서 작업자 스레드 개체에 대한 Join() 메서드를 호출하면, Join() 메서드는 개체가 가리키는 스레드가 종료될 때까지 현재 스레드를 차단하거나 대기 상태로 만든다. 따라서 Join() 메서드는 작업자 스레드가 정상적으로 종료되어 반환되기까지 기다리게 된다. 이후 단계에서는 Main 메서드를 실행하는 주 스레드만 남게 된다.

```
MyThread.Join()
```

4.2 델리게이트

델리게이트(delegate, 대리자)는 메서드를 가리키는 참조형으로서 메서드의 번지를 저장하거나 다른 메서드의 인수로 메서드 자체를 전달하고 싶을 때 사용한다. 즉, 대리자 클래스의 개체를 만들기 위해 매개 변수 형식 및 반환 형식이 일치하는 모든 프로시저를 사용할 수 있다.

```
Delegate sub DeleA(ByVal i As Integer, ByVal s As String)
```

VB.NET의 델리게이트는 완전한 형식의 구문으로 구성되어야 하며, 형식과 같이 형식 인수 이름도 지정해야 하는데 i, s와 같이 개발자 임의로 인수 이름을 설정해도 관계없다.

델리게이트는 다음과 같이 델리게이트 정의, 선언 그리고 호출 순으로 구성된다.

① 델리게이트 정의
Delegate 키워드를 사용하여 델리게이트를 정의하게 되면 컴파일러에 의해 Delegate 클래스로부터 새로운 클래스를 상속받아 정의된다.

```
Delegate sub MyDel(ByVal s As String)
```

② 델리게이트 선언
앞서 정의한 델리게이트 타입(MyDel)으로 참조 변수를 선언한다.

```
Dim myDel As MyDel
```

③ 델리게이트 개체 생성
생성자의 매개 변수로 간접 호출 대상이 되는 메서드의 정보를 전달한다.

```
myDel = New MyDel(ExamMethod)
```

④ 델리게이트 호출
델리게이트 호출은 콘솔 애플리케이션에서는 메서드 호출 형식으로 델리게이트를 사용하고, 윈도우 폼 애플리케이션에서는 Invoke() 메서드를 사용한다.

```
Invoke(myDel, "Hello VB.NET")    'Invoke() 메서드 사용
myDel("Hello VB.NET")            '메서드 호출 형식
```

위의 구성 순서를 종합하여 전체 코드를 구성하면 다음과 같다.

```
01:  Module DelTest1
02:      Delegate Sub MyDel(ByVal s As String)

03:      Sub Main()
04:          Dim myDel As MyDel = New MyDel(AddressOf ExamMethod)
05:          myDel("Hello VB.NET")
06:      End Sub

07:      Public Sub ExamMethod(ByVal s As String)
08:          Console.WriteLine(s)
```

```
09:        End Sub
10:  End Module
```

// 결과값 : Hello VB.NET

4행   델리게이트를 선언하고 개체를 생성하는 구문으로 실행될 대상이 되는 ExamMethod 메서드를 AddressOf 키워드를 사용하여 대입한다.

5행   델리게이트를 호출하는 구문으로 myDel() 델리게이트를 호출하면 ExamMethod 메서드가 참조되어 실행된다.

다음은 델리게이트가 특정 여러 메서드를 참조하는 예제이다. ExamMethod1과 ExamMethod2, ExamMethod3 메서드가 차례대로 호출되었는데 직접으로 호출한 것이 아니라 델리게이트를 통해 간접적으로 호출한 것이다. 델리게이트 개체 MyDel은 실행 중에 언제든지 변할 수 있는 값이므로 다음의 소스 코드와 같이 타입만 일치한다면 여러 개의 메서드를 호출할 수 있다.

```
Delegate Sub MyDelegate(ByVal a As Integer)

Module DelTest2
    Public Sub ExamMethod1(ByVal a As Integer)
        Console.WriteLine("결과값 : {0}", a)
    End Sub

    Public Sub ExamMethod2(ByVal b As Integer)
        Console.WriteLine("b + b = {0}", (b + b))
    End Sub

    Public Sub ExamMethod3(ByVal c As Integer)
        Console.WriteLine("c * c = {0}", (c * c))
    End Sub

    Sub Main()
        Dim MyDel As MyDelegate
        MyDel = New MyDelegate(AddressOf ExamMethod1)
        MyDel(3)
        MyDel = New MyDelegate(AddressOf ExamMethod2)
        MyDel(6)
        MyDel = New MyDelegate(AddressOf ExamMethod3)
        MyDel(5)
    End Sub
End Module

// 실행 결과
결과값 : 3
b + b = 12
c * c = 25
```

4.3 델리게이트 없이 숫자 합계 구하기

델리게이트 없이 숫자 합계 구하기 애플리케이션은 숫자를 입력하여 그 숫자의 합을 계산하는 프로그램으로 계산되는 과정을 화면에 나타내주기 위해서 스레드를 이용한다. 디버그 모드를 사용하지 않으면 크로스 스레드 에러(cross thread error)가 발생하지 않는 프로그램이지만, 숫자의 합을 계산하여 그 값을 나타내는 부분에서 작업 스레드가 윈도우 컨트롤에 접근하므로 내부적으로는 크로스 스레드 오류를 발생시키는 문제가 발생한다. 이 문제를 해결하기 위해서는 Delegate를 이용하여 크로스 스레드 에러를 처리할 것이다.

먼저 이 절에서는 Delegate를 사용하지 않고 숫자의 합계를 계산하는 프로그램을 구현하며, Delegate를 이용한 프로그램과 비교해 보면서 살펴보도록 하자.

다음 그림은 델리게이트 없이 숫자 합계 구하기 애플리케이션을 구현하고 실행한 결과 화면이다.

[결과 미리 보기]

4.3.1 폼 디자인

프로젝트 이름을 'mook_WithoutDelegate'로 하여 'C:\vb2017project\Chap04' 경로에 새 프로젝트를 생성한다. 다음 그림과 같이 윈도우 폼에 각 컨트롤을 위치시켜 폼을 디자인하고, 각 컨트롤의 속성값을 설정한다.

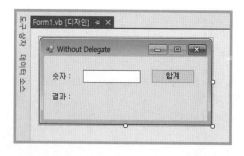

폼 디자인에 사용된 컨트롤의 주요 속성값은 다음과 같다.

폼 컨트롤	속 성	값
Form1	Name	Form1
	Text	Without Delegate
	FormBorderStyle	FixedSingle
	MaximizeBox	False
Label1	Name	lblSum
	Text	숫자 :
Label2	Name	lblResult
	Text	결과 :
TextBox1	Name	txtNum
Button1	Name	btnSum
	Text	합계

4.3.2 코드 구현

Imports 키워드를 이용하여 다음과 같이 필요한 네임스페이스를 추가한다.

```
Imports System.Threading
```

다음과 같이 멤버 객체의 선언문을 클래스 내부에 추가한다.

```
Dim SumThre As Thread = Nothing
```

다음의 btnSum_Click() 이벤트 핸들러는 [합계] 버튼을 더블클릭하여 생성한 프로시저로, 파라미터가 있는 스레드를 초기화하고 Start() 메서드를 이용하여 시작하는 작업을 수행한다.

```
01:  Private Sub btnSum_Click(sender As Object, e As EventArgs)
                    Handles btnSum.Click
02:      SumThre = New Thread(New ParameterizedThreadStart(
                                    AddressOf SumThreRun))
03:      SumThre.Start(Me.txtNum.Text)
04:  End Sub
```

3행 SumThre.Start() 메서드를 이용하여 2행에서 생성한 외부 스레드 SumThre를 시작하는 작업을 수행하는 구문으로 파라미터로 전달할 데이터로 txtNum 컨트롤에 입력된 숫자 값을 전달한다.

다음의 NumSum() 메서드는 작업 스레드에서 수행될 메서드로 인자 값으로 전달받은 숫자의 합계를 계산하는 작업을 수행한다.

```
01:  Private Sub SumThreRun(n As Object)
02:      Dim sum As Long = 0
03:      Dim k = Convert.ToInt64(n)
04:      For i As Long = 1 To k
05:          Thread.Sleep(1)
06:          sum += i
07:          Me.lblResult.Text = String.Format("계산중 : {0}", sum.ToString())
08:      Next i
09:      Me.lblResult.Text = String.Format("계산 결과 : {0}", sum.ToString())
10:  End Sub
```

1행	Object형으로 합계를 계산할 숫자를 전달받는다.
3행	Convert.ToInt64() 메서드를 이용하여 인지 값으로 전달받은 Object형을 Long 형으로 변환하는 구문이다.
4-8행	For ~ Next 문을 이용하여 입력된 숫자의 값을 합을 구하는 구문으로 계산 중인 결과값을 7행을 이용하여 화면에 나타낸다.
9행	For ~ Next 문의 수행이 완료되면 결과값을 lblResult 컨트롤에 나타내는 작업을 수행한다.

다음의 Form1_FormClosing() 이벤트 핸들러는 폼을 선택하고 이벤트 목록 창에서 [FormClosing] 이벤트 항목을 더블클릭하여 생성한 프로시저로, Abort() 메서드를 이용하여 외부 스레드 SumThre를 종료하는 작업을 수행한다.

```
Private Sub Form1_FormClosing(
                  sender As Object, e As FormClosingEventArgs)
                  Handles MyBase.FormClosing
    If SumThre IsNot Nothing Then
        SumThre.Abort()
    End If
End Sub
```

4.3.3 예제 실행

다음 그림은 델리게이트 없이 숫자 합계 구하기 예제를 [Ctrl]+[F5]를 눌러 실행한 화면이다.

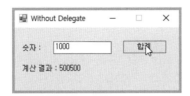

위 프로젝트 실행이 아주 잘 되는 것처럼 보이지만 Ctrl+F5를 누르면 디버그 모드를 실행하지 않고 프로젝트를 빌드하여 실행하기 때문에 코드의 이상 유무 체크를 하지 않는다. 만약 F5를 눌러 프로젝트를 실행하고, 숫자 값을 위와 동일하게 입력한 다음 [합계] 버튼을 누르면 다음과 같은 에러 메시지가 나타난다.

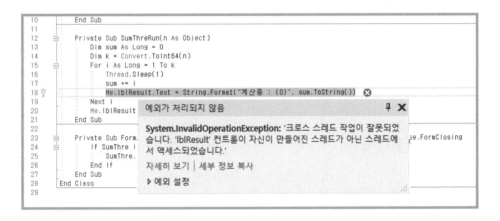

다음 그림은 크로스 스레드 에러를 나타내는 것으로 작업 스레드에서 주 스레드에서 정의된 윈도우 컨트롤을 직접 참조할 경우 발생하는 크로스 스레드 예외에 대해 알기 쉽게 나타낸 것이다. 이 문제는 다음 절에서 살펴볼 Delegate를 이용하여 쉽게 해결할 수 있다.

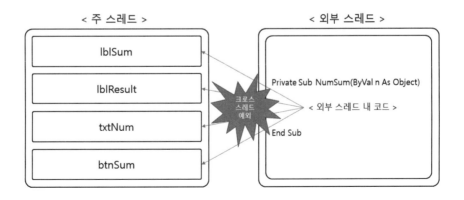

4.4 델리게이트를 사용하는 숫자 합계 구하기

델리게이트를 사용하는 애플리케이션은 앞에서 구현한 델리게이트를 사용하지 않는 애플리케이션에서 나타나는 크로스 스레드 에러 문제를 해결하기 위해 Delegate를 이용한 예제이다. Delegate 사용과 비사용 코드를 비교하면서 살펴보도록 하자.

다음 그림은 델리게이트를 사용하는 숫자 합계 구하기 애플리케이션을 구현하고 실행한 결과 화면이다.

[결과 미리 보기]

4.4.1 폼 디자인

프로젝트 이름을 'mook_WithDelegate'로 하여 'C:\vb2017project\Chap04' 경로에 새 프로젝트를 생성한다. 다음 그림과 같이 윈도우 폼에 필요한 컨트롤을 위치시켜 폼을 디자인하고, 각 컨트롤의 속성값을 설정한다.

폼 디자인에 사용된 컨트롤의 주요 속성값은 다음과 같다.

폼 컨트롤	속 성	값
Form1	Name	Form1
	Text	With Delegate
	FormBorderStyle	FixedSingle
	MaximizeBox	False
Label1	Name	lblSum
	Text	숫자 :

Label2	Name	lblResult
	Text	결과 :
TextBox1	Name	txtNum
Button1	Name	btnSum
	Text	합계

4.4.2 코드 구현

Imports 키워드를 필요한 네임스페이스를 다음과 추가한다.

```
Imports System.Threading
```

다음과 같이 멤버 객체의 선언문을 클래스 내부에 추가한다.

```
01: Dim SumThre As Thread = Nothing
02: Private Delegate Sub OnResultDelegate(ByVal num As String,
                                          ByVal f As Boolean)
03: Private OnResult As OnResultDelegate = Nothing
```

2행   델리게이트(delegate, 대리자)를 선언하는 구문으로 String 타입의 인자와 Boolean 타입의 인자 값을 받도록 한다.

3행   Delegate 개체를 선언하는 구문이다.

다음의 Form1_Load() 이벤트 핸들러는 폼을 더블클릭하여 생성한 프로시저로, 폼이 실행될 때 발생하는 이벤트를 처리한다.

```
01: Private Sub Form1_Load(sender As Object, e As EventArgs)
                Handles MyBase.Load
02:     OnResult = New OnResultDelegate(AddressOf OnResultRun)
03: End Sub
```

2행   Delegate 개체인 OnResult를 초기화하는 구문으로 OnResultRun 대리자 (delegate) 메서드를 AddressOf 키워드를 이용하여 전달하면서 초기화한다.

다음의 OnResultRun() 메서드는 대리자(delegate) 메서드로 실제로 주 스레드의 윈도우 컨트롤을 참조하는 구문을 다음과 같이 구현한다.

```
01: Private Sub OnResultRun(ByVal num As String, ByVal f As Boolean)
02:     If f Then
03:         Me.lblResult.Text = String.Format("계산중 : {0}", num.ToString())
04:     Else
05:         Me.lblResult.Text = String.Format("계산 결과 : {0}", num.ToString())
06:     End If
07: End Sub
```

| 2행 | 파라미터 f의 값이 True일 때 즉, 계산 중일 때 3행을 실행하는 If 구문이다. |

| 5행 | 파라미터 f의 값이 False일 때 수행되는 구문으로 합계 계산이 완료되면 실행된다. |

다음의 btnSum_Click() 이벤트 핸들러는 [합계] 버튼을 더블클릭하여 생성한 프로시저로, 파라미터가 있는 스레드를 초기화하고 Start() 메서드를 이용하여 스레드를 시작하는 작업을 수행한다.

```
01: Private Sub btnSum_Click(sender As Object, e As EventArgs)
                    Handles btnSum.Click
02:     SumThre = New Thread(New ParameterizedThreadStart(
                                AddressOf SumThreRun))
03:     SumThre.Start(Me.txtNum.Text)
04: End Sub
```

| 2행 | SumThre 외부 스레드를 초기화하는 구문으로 AddressOf 키워드를 이용하여 SumThreRun() 메서드를 파라미터로 대입한다. |

| 3행 | SumThre.Start() 메서드를 이용하여 외부 스레드를 시작한다. |

다음의 NumSum() 메서드는 작업 스레드에서 수행될 메서드로, 인자 값으로 전달받은 숫자의 합을 계산하는 작업을 수행한다.

```
01: Private Sub SumThreRun(n As Object)
02:     Dim sum As Long = 0
03:     Dim k = Convert.ToInt64(n)
04:     For i As Long = 1 To k
05:         Thread.Sleep(1)
06:         sum += i
07:         Invoke(OnResult, sum.ToString(), True)
08:     Next i
09:     Invoke(OnResult, sum.ToString(), False)
10: End Sub
```

3행 　메서드에서 전달받은 Object형의 인자 값을 Convert.ToInt64() 메서드를 이용하여 Long형으로 변환하는 구문이다.

4-8행 　For ~ Next 구문을 이용하여 합계를 구하는 작업을 수행한다.

7, 9행 　Invoke() 메서드를 이용하여 외부 스레드에서 주 스레드의 윈도우 컨트롤 참조하는 작업을 수행한다.

대리자 메서드를 호출하는 구문의 형식은 다음과 같다.

```
Invoke([Delegate 개체], [인자 값]);
```

다음의 Form1_FormClosing() 이벤트 핸들러는 폼을 선택하고 이벤트 목록 창에서 [FormClosing] 이벤트 항목을 더블클릭하여 생성한 프로시저로, 외부 스레드 SumThre를 Abort() 메서드를 이용하여 종료하는 작업을 수행한다.

```
Private Sub Form1_FormClosing(
            sender As Object, e As FormClosingEventArgs)
            Handles MyBase.FormClosing
    If SumThre IsNot Nothing Then
        SumThre.Abort()
    End If
End Sub
```

4.4.3 예제 실행

다음 그림은 델리게이트를 사용하는 예제를 F5를 눌러 실행한 화면이다. F5를 눌러 프로젝트를 실행해도 델리게이트를 사용하지 않는 예제에서 나타나던 크로스 스레드 예외가 발생하지 않고, 계산 중일 때 자연스럽게 계산된 값이 lblResult 컨트롤에 나타난다.

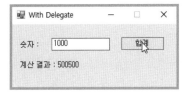

4.5 파일 읽기/쓰기

이 절에서 살펴보는 파일 읽기/쓰기 예제는 파일 클래스의 기본 기능을 이용하여 텍스트 파일을 읽고 쓰는 예제이다. 본 예제는 파일 클래스를 이용하여 파일을 다루는 기본적 지식을 습득할 수 있는 중요한 예제이기 때문에 좀 더 집중해서 살펴보도록 하자.

다음 그림은 파일 읽기/쓰기 애플리케이션을 구현하고 실행한 결과 화면이다.

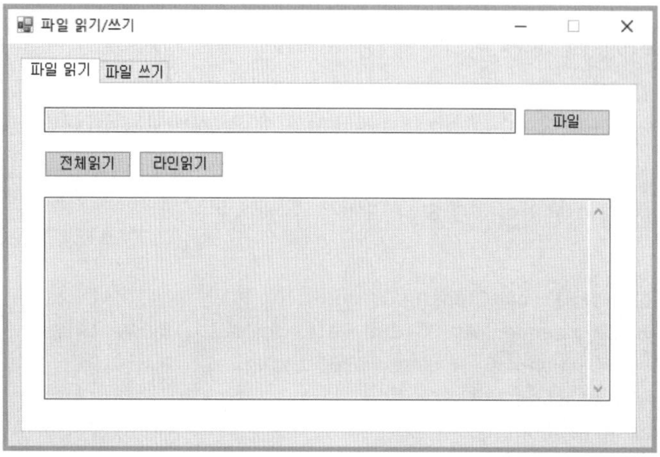

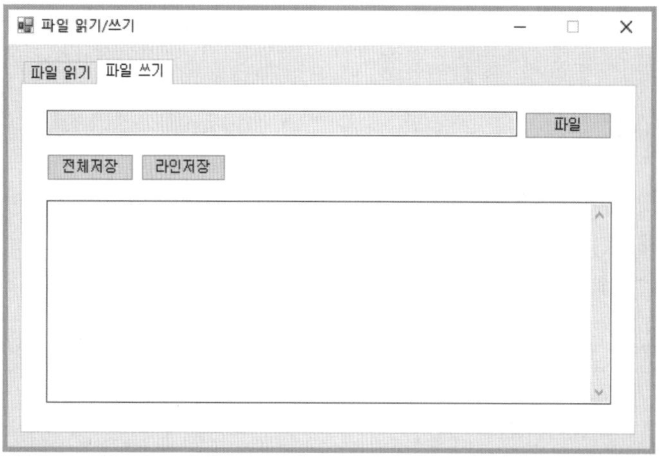

[결과 미리 보기]

4.5.1 파일 읽기/쓰기 디자인

프로젝트 이름을 'mook_FileRW'로 하여 'C:\vb2017project\Chap04' 경로에 새 프로젝트를 생성한다. 다음 그림과 같이 윈도우 폼에 필요한 컨트롤을 위치시켜 폼을 디자인하고, 각 컨트롤의 속성값을 설정한다.

폼에 TabControl 컨트롤과 OpenFileDialog 그리고 SaveFileDialog 컨트롤을 배치하고
다음과 같이 속성을 설정한다.

폼 컨트롤	속 성	값
Form1	Name	Form1
	Text	파일 읽기/쓰기
	FormBorderStyle	FixedSingle
	MaximizeBox	False
TabControl1	Name	tabMenu
OpenFileDialog1	Name	ofdFile
	Filter	텍스트 파일 (*.txt)|*.txt| 모든 파일 (*.*)|*.*
SaveFileDialog1	Name	sfdFile
	Filter	텍스트 파일(*.txt)|*.txt

탭 메뉴를 추가하기 위해서는 TabControl 컨트롤을 선택하고 속성 목록 창에서
[TabPages] 속성의 ▦(컬렉션) 버튼을 클릭하여 [TabPage 컬렉션 편집기] 대화상자를
연다.

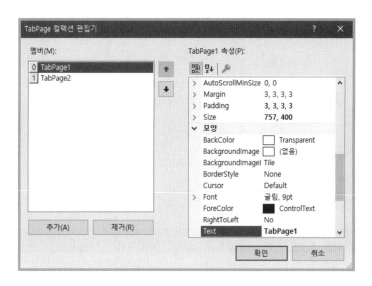

기본으로 설정된 두 개 멤버의 속성을 다음과 같이 변경한다.

멤버 컨트롤	속 성	값
TabPage1	Name	tbRead
	Text	파일 읽기
TabPage2	Name	tbWrite
	Text	파일 쓰기

다음 그림과 같은 탭 메뉴가 디자인된다.

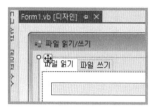

TabControl의 첫 번째 탭인 [파일 읽기] 탭을 마우스로 클릭하고 다음 그림과 같이 [파일 읽기] 탭 페이지를 디자인한다.

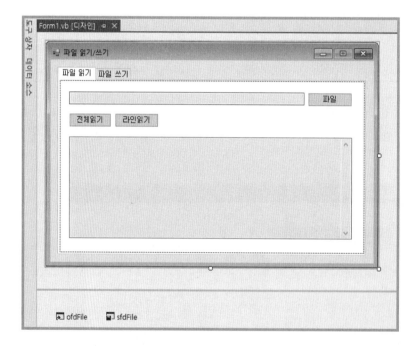

[파일 읽기] 탭의 디자인에 사용된 컨트롤의 주요 속성값은 다음과 같다.

폼 컨트롤	속 성	값
Button1	Name	btnRPath
	Text	파일
Button2	Name	btnRARead
	Text	전체읽기
Button3	Name	btnRLRead
	Text	라인읽기
TextBox1	Name	txtRPath
	ReadOnly	True

	Name	txtRView
TextBox2	Mutiline	True
	ReadOnly	True
	ScrollBars	Both

TabControl의 두 번째 탭인 [파일 쓰기] 탭을 마우스로 클릭하고 다음 그림과 같이 [파일 쓰기] 탭 페이지를 디자인한다.

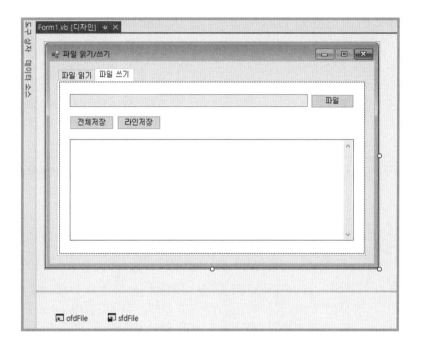

[파일 쓰기] 탭의 디자인에 사용된 컨트롤의 주요 속성값은 다음과 같다.

폼 컨트롤	속 성	값
Button4	Name	btnWPath
	Text	파일
Button5	Name	btnWASave
	Text	전체저장
Button6	Name	btnWLSave
	Text	라인저장
TextBox3	Name	txtWPath
	ReadOnly	True
TextBox4	Name	txtWView
	Mutiline	True
	ScrollBars	Both

4.5.2 파일 읽기/쓰기 코드 구현

Imports 키워드를 이용하여 필요한 네임스페이스를 다음과 같이 추가한다.

```
Imports System.IO
```

> **TIP**
>
> **System.IO 네임스페이스**
>
> System.IO 네임스페이스에는 파일과 데이터 스트림에 읽고 쓸 수 있도록 파일과 디렉터리를
> 다루는 데 필요한 인터페이스를 제공한다.

다음의 btnRPath_Click() 이벤트 핸들러는 [파일 읽기]-[파일] 버튼을 더블클릭하여 생성한 프로시저로, [열기] 대화상자를 호출하여 읽기를 수행할 파일을 선택하는 작업을 수행한다.

```
01:  Private Sub btnRPath_Click(sender As Object, e As EventArgs)
                    Handles btnRPath.Click
02:      If Me.ofdFile.ShowDialog() = DialogResult.OK Then
03:          Me.txtRPath.Text = Me.ofdFile.FileName
04:      End If
05:  End Sub
```

2행   ofdFile.ShowDialog() 메서드를 이용하여 [열기] 대화상자를 호출하며, [열기] 대화상자에서 읽을 파일을 선택하면 3행의 ofdFile.FileName 프로퍼티로 선택된 파일의 전체 경로를 가져와 txtRPath 컨트롤에 나타내는 작업을 수행한다.

다음의 btnRARead_Click() 이벤트 핸들러는 [파일 읽기]-[전체읽기] 버튼을 더블클릭하여 생성한 프로시저로, 선택된 파일의 내용을 한 번에 모두 읽어 화면에 나타내는 작업을 수행한다.

```
01:  Private Sub btnRARead_Click(sender As Object, e As EventArgs)
                    Handles btnRARead.Click
02:      If txtCheck() = False Then
03:          Return
04:      End If
05:      If File.Exists(Me.txtRPath.Text) Then
06:          Using sr As StreamReader = New StreamReader(
                        Me.txtRPath.Text, System.Text.Encoding.UTF8)
07:              Me.txtRView.Text = sr.ReadToEnd()
08:          End Using
09:      Else
10:          MessageBox.Show("읽을 파일이 없습니다.", "에러",
                    MessageBoxButtons.OK, MessageBoxIcon.Error)
```

```
11:        End If
12:    End Sub
```

2행	txtCheck() 메서드를 호출하여 읽을 파일이 선택되었는지 검사하는 작업을 수행한다.
5행	File.Exists() 메서드를 이용하여 실제 파일이 존재하는지를 검사하는 작업을 수행하고 존재하는 경우 6~8행을 수행하여 파일을 읽는다.
6행	Using 키워드(TIP "Using 키워드" 참고)를 이용하여 개체를 감싸 안정적으로 실행코드 블록을 수행한다. 또한, 파일을 읽기 위해 StreamReader 개체 sr을 생성하면서 인자 값으로 파일 경로와 인코딩 방식을 전달한다.
7행	sr.ReadToEnd() 메서드를 이용하여 파일의 처음부터 끝까지 한 번에 읽고 txtRView 컨트롤의 Text 속성값에 넣어 화면에 출력한다.
10행	지정한 경로에 파일이 존재하지 않으면 MessageBox.Show() 메서드를 이용하여 파일이 없음을 알리는 메시지를 출력하는 작업을 수행한다.

TIP

Using 키워드

Using 키워드로 개체를 감싸주면 Using 문을 빠져나오는 시점에서 개체에 할당된 메모리를 해제시킴으로 안전하게 메모리를 관리하며 코드를 실행할 수 있다.

형식 :
Using(메모리를 할당받는 객체의 선언)
　　실행코드
End Using

다음의 txtCheck() 메서드는 읽고자 하는 파일이 선택되었는지 검사하는 유효성 검증 메서드이다.

```
Private Function txtCheck() As Boolean
    If Me.txtRPath.Text = "" Then
        Return False
    Else
        Return True
    End If
End Function
```

다음의 btnRLRead_Click() 이벤트 핸들러는 [파일 읽기]–[라인읽기] 버튼을 더블클릭하여 생성한 프로시저로, 선택된 파일을 향 단위로 읽고 화면에 나타내는 작업을 수행한다.

```vb
01: Private Sub btnRLRead_Click(sender As Object, e As EventArgs)
                    Handles btnRLRead.Click
02:     If txtCheck() = False Then
03:         Return
04:     End If
05:     Me.txtRView.Clear()
06:     If File.Exists(Me.txtRPath.Text) Then
07:         Using sr As StreamReader = New StreamReader(
                        Me.txtRPath.Text, System.Text.Encoding.UTF8)
08:             Dim line As String = String.Empty
09:             While True
10:                 line = sr.ReadLine()
11:                 If line Is Nothing Then
12:                     Exit While
13:                 End If
14:                 Me.txtRView.AppendText(line + Environment.NewLine)
15:             End While
16:         End Using
17:     Else
18:         MessageBox.Show("읽을 파일이 없습니다.", "에러",
                    MessageBoxButtons.OK, MessageBoxIcon.Error)
19:     End If
20: End Sub
```

8행   파일에서 행 단위로 읽어 들이는 문자열을 임시 저장하기 위한 변수를 생성하는 구문이다.

9-15행 While 구문을 이용하여 파일의 행 단위로 읽는 작업을 반복 수행한다.

10행   sr.ReadLine() 메서드를 이용하여 한 행씩 문자열을 읽어서 변수 line에 저장한다. While 구문은 파일의 끝을 읽었을 때 즉, line 변수가 Nothing일 때까지 반복 수행한다.

14행   입력된 문자열을 표시하는 txtRView 컨트롤에 txtRView.AppendText() 메서드를 이용하여 입력된 문자열을 추가한다. Environment.NewLine은 엔터 키를 의미한다.

다음의 btnWPath_Click() 이벤트 핸들러는 [파일 쓰기]–[파일] 버튼을 더블클릭하여 생성한 프로시저로, [다른 이름으로 저장] 대화상자를 호출하여 파일을 저장할 경로와 파일 이름을 설정하는 작업을 수행한다.

```
Private Sub btnWPath_Click(sender As Object, e As EventArgs)
                Handles btnWPath.Click
    If Me.sfdFile.ShowDialog() = DialogResult.OK Then
        Me.txtWPath.Text = Me.sfdFile.FileName
    End If
End Sub
```

다음의 btnWASave_Click() 이벤트 핸들러는 [파일 쓰기]-[전체저장] 버튼을 더블클릭
하여 생성한 프로시저로, txtWView 컨트롤에 입력된 문자열을 한 번에 모두 파일에 저
장하는 작업을 수행한다.

```
01:  Private Sub btnWASave_Click(sender As Object, e As EventArgs)
                  Handles btnWASave.Click
02:      If Me.txtWPath.Text = "" Then
03:          Return
04:      End If
05:      Using sw As StreamWriter = New StreamWriter(Me.txtWPath.Text)
06:          sw.WriteLine(Me.txtWView.Text)
07:      End Using
08:      MessageBox.Show("파일이 정상적으로 저장되었습니다.", "알림",
              MessageBoxButtons.OK, MessageBoxIcon.Information)
09:  End Sub
```

5행   Using 키워드를 이용하여 객체 선언과 사용을 안정적으로 수행하게 하며, 파일
을 쓸 수 있도록 SreamWriter 클래스의 개체 sw를 선언하는 작업을 수행한다.

6행   sw.WriteLine() 메서드를 이용하여 txtWView 컨트롤에 입력된 문자열을 한 번
에 파일에 저장하는 작업을 수행한다.

다음의 btnWLSave_Click() 이벤트 핸들러는 [파일 쓰기]-[라인저장] 버튼을 더블클릭
하여 생성한 프로시저로, txtWView 컨트롤에 입력된 문자열을 행 단위로 파일에 저장하
는 작업을 수행한다.

```
01:  Private Sub btnWLSave_Click(sender As Object, e As EventArgs)
                  Handles btnWLSave.Click
02:      If Me.txtWPath.Text = "" Then
03:          Return
04:      End If
05:      Using sw As StreamWriter = New StreamWriter(Me.txtWPath.Text)
06:          For Each Str As String In Me.txtWView.Lines
07:              sw.WriteLine(Str)
08:          Next
09:      End Using
10:      MessageBox.Show("파일이 정상적으로 저장되었습니다.", "알림",
              MessageBoxButtons.OK, MessageBoxIcon.Information)
11:  End Sub
```

6행   For Each ~ Next 구문을 이용하여 txtWView 컨트롤에 입력된 문자열을 txtWView.Lines 프로퍼티를 이용하여 행 단위로 읽어 변수 Str에 할당하는 작업을 For Each ~ Next 구문으로 반복하여 수행한다.

7행   sw.WriteLine() 메서드를 이용하여 6행에서 행 단위로 읽은 문자열을 파일에 저장하는 작업을 수행한다.

4.5.3 파일 읽기/쓰기 예제 실행

다음 그림은 파일 읽기/쓰기 예제를 F5를 눌러 실행한 화면이다. [파일] 버튼을 클릭하여 읽을 파일을 지정한 뒤에 [전체읽기] 버튼을 클릭한 결과이다.

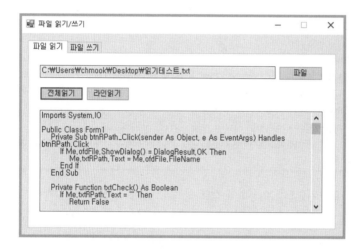

텍스트 컨트롤에 입력된 내용을 [전체저장] 버튼을 클릭하여 지정된 경로에 파일로 저장한다.

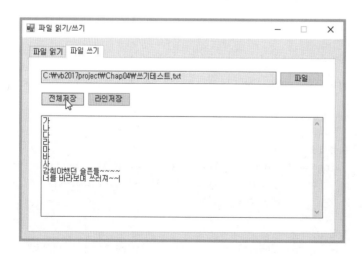

다음 그림은 파일 탐색기를 이용하여 저장된 파일을 확인하고, 해당 파일을 윈도우의 기본 애플리케이션인 메모장을 이용하여 확인한 결과이다.

4.6 파일 목록 보기

이 절에서 살펴보는 파일 보기 예제는 경로 설정에 따라 경로 하위 폴더와 파일의 정보를 보여주는 예제이다. 본 예제는 파일의 FileAttributes 속성에 따라 일반적인 파일과 숨긴 파일을 검색하고 검색된 파일의 이름, 사이즈, 수정된 날짜 등의 정보를 보여준다.

다음 그림은 파일 보기 애플리케이션을 구현하고 실행한 결과 화면이다.

[결과 미리 보기]

4.6.1 파일 목록 보기 디자인

프로젝트 이름을 'mook_FileFinder'로 하여 'C:\CSharpProject\Chap04' 경로에 새 프로젝트를 생성한다. 다음 그림과 같이 윈도우 폼에 필요한 컨트롤을 위치시켜 폼을 디자인하고, 각 컨트롤의 속성값을 설정한다.

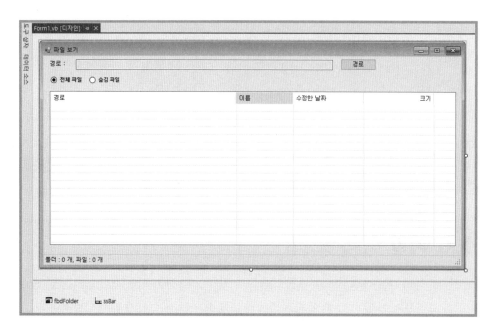

폼 디자인에 사용된 컨트롤의 주요 속성값은 다음과 같다.

폼 컨트롤	속 성	값
Form1	Name	Form1
	Text	파일 보기
	FormBorderStyle	FixedSingle
	MaximizeBox	False
Label1	Name	lblPath
	Text	경로 :
TextBox1	Name	txtPath
	ReadOnly	True
Button1	Name	btnPath
	Text	경로
RadioButton1	Name	rbtnAll
	Text	전체파일
	Checked	True
RadioButton2	Name	rbtnHidden
	Text	숨김파일

ListView1	Name	lvFile
	GridLines	True
	View	Details
FolderBrowserDialog1	Name	fbdFolder
StatusStrip1	Name	ssBar

lvFile 컨트롤의 칼럼 헤더를 추가하기 위해서 lvFile 컨트롤을 선택한 후 속성 창의 속성 목록에서 [Columns] 속성의 ⋯(컬렉션) 버튼을 클릭하여 [ColumnHeader 컬렉션 편집기] 대화상자를 연다. [ColumnHeader 컬렉션 편집기] 대화상자가 나타나면 왼쪽 아래에 [추가] 버튼을 클릭하여 4개 칼럼 헤더를 위한 멤버를 추가한다.

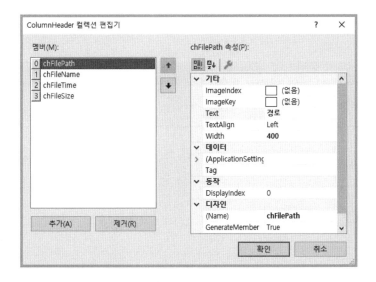

추가된 각 멤버의 속성값은 다음과 같이 설정한다.

폼 컨트롤	속 성	값
columnHeader1	Name	chFilePath
	Text	경로
	TextAlign	Left
	Width	400
columnHeader2	Name	chFileName
	Text	이름
	TextAlign	Left
	Width	120
columnHeader3	Name	chFileTime
	Text	수정한 날짜
	TextAlign	Left
	Width	150

columnHeader4	Name	chFileSize
	Text	크기
	TextAlign	Right
	Width	150

멤버를 추가하고 속성값을 설정하면 lvFile 컨트롤은 다음과 같은 모습을 갖는다.

경로	이름	수정한 날짜	크기

폼 하단의 상태 행을 설정하기 위해 ssBar를 선택하여 (멤버 추가) 버튼을 클릭하여 StatusLabel 멤버 컨트롤을 추가하고 다음과 같이 속성값을 설정한다.

폼 컨트롤	속 성	값
ToolStripStatusLabel1	Name	tsslblResult
	Text	폴더 : 0 개, 파일 : 0 개

멤버를 추가하고 속성값을 설정하면 ssBar 컨트롤은 다음과 같은 모습을 나타낸다.

폴더 : 0 개, 파일 : 0 개 ▣ ▾

4.6.2 파일 목록 보기 코드 구현

Imports 키워드를 이용하여 필요한 네임스페이스를 다음과 같이 추가한다.

```
Imports System.IO
Imports System.Threading
```

다음과 같이 멤버 개체와 변수를 클래스 상단에 추가한다.

```
Dim threFileView As Thread = Nothing            '스레드 생성
Private Delegate Sub OnFileDelegate(ByVal fp As String,
            ByVal fn As String, ByVal fl As String, ByVal fc As String)
Private OnFile As OnFileDelegate = Nothing      '델리게이트 선언
Dim Flag As Boolean = True                      '일반 또는 숨김 파일 구분
Dim DirCount As Integer = 0
Dim FileCount As Integer = 0
```

다음의 Form1_Load() 이벤트 핸들러는 폼을 더블클릭하여 생성한 프로시저로, OnFileDelegate에 메서드를 추가하여 초기화하는 작업을 수행한다.

```
Private Sub Form1_Load(sender As Object, e As EventArgs)
                Handles MyBase.Load
    OnFile = New OnFileDelegate(AddressOf FileResult)
End Sub
```

다음의 FileResult() 메서드는 OnFileDelegate 대리자에 인자 값으로 전달하여 파일의 사이즈를 구하고, lvFile 컨트롤과 tsslblResult 컨트롤에 파일의 정보를 나타내는 작업을 수행한다.

```
01: Private Sub FileResult(ByVal fp As String, ByVal fn As String,
                    ByVal fl As String, ByVal fc As String)
02:     Dim fSize As String = GetFileSize(CLng(fl))
03:     Me.lvFile.Items.Add(
                New ListViewItem(New String() {fp, fn, fc, fSize}))
04:     Me.tsslblResult.Text =
                String.Format("폴더 : {0} 개, 파일 : {1} 개",
                    DirCount, FileCount)
05: End Sub
```

2행   GetFileSize() 메서드를 호출하여 파일의 사이즈를 구하여 fSize 변수에 저장하
       는 작업을 수행한다.

3행   lvFile.items.Add() 메서드를 이용하여 lvFile 컨트롤에 lvFile.items.Add(New
       ListViewItems(New string() { })) 형식을 통해 멤버 즉, 행을 추가한다.

다음의 GetFileSize() 메서드는 파일의 사이즈를 설정된 포맷으로 변환하는 작업을 수행
한다.

```
01: Private Function GetFileSize(ByVal byteCount As Double) As String
02:     Dim size As String = "0 Bytes"
03:     If byteCount >= 173741824.0 Then
04:         size = String.Format("{0:##.##}", byteCount / 1073741824.0) + " GB"
05:     ElseIf byteCount >= 1048576.0 Then
06:         size = String.Format("{0:##.##}", byteCount / 1048576.0) + " MB"
07:     ElseIf byteCount >= 1024.0 Then
08:         size = String.Format("{0:##.##}", byteCount / 1024.0) + " KB"
09:     ElseIf byteCount > 0 And byteCount < 1024.0 Then
10:         size = byteCount.ToString() + " Bytes"
11:     End If
12:     Return size
13: End Function
```

3~9행   파일 사이즈에 따라 표현 형식을 다르게 하기 위한 If 구문이다.

4행   파일 사이즈가 1,073,741,824바이트보다 큰 경우의 표현 형식을 설정하는 구문
으로 String.Format() 메서드를 이용하여 표현 형식을 변환한다. 6행, 8행 또한
같은 방법으로 문자열 표현 형식을 변경한다.

다음의 rbtnAll_CheckedChanged() 이벤트 핸들러는 [전체 파일] 라디오 버튼을 더블클
릭하여 생성한 프로시저로, 지정된 경로에서 디렉터리 또는 파일을 검색하는 스레드를
생성하고 시작하는 작업을 수행한다.

```
01:  Private Sub rbtnAll_CheckedChanged(
                    sender As Object, e As EventArgs)
                    Handles rbtnAll.CheckedChanged
02:      ItemsClear()
03:      Flag = True
04:      If threFileView IsNot Nothing Then threFileView.Abort()
05:      If Me.txtPath.Text <> "" Then
06:          Me.lvFile.Items.Clear()
07:          threFileView = New Thread(New ParameterizedThreadStart(
                                    AddressOf FileView))
08:          threFileView.Start(Me.fbdFolder.SelectedPath)
09:      End If
10:  End Sub
```

3행   파일 타입을 선별하는 Flag 멤버 변수에 True 값을 설정한다.

4행   threFileView.Abort() 메서드를 이용하여 threFileView 스레드를 강제 종료를
하는 작업을 수행한다.

6행   lvFile.Items.Clear() 메서드를 이용하여 lvFile.Items 속성값을 초기화하는 작업
을 수행한다.

7행   threFileView 스레드 개체를 초기화하는 구문으로 FileView 메서드를 대
리자로 선언한다. 개체를 초기화할 때 파라미터가 있는 스레드이기 때문에
Thread(New ParameterizedThreadStart) 형식으로 초기화한다.

8행   threFileView.Start() 메서드를 이용하여 스레드를 실행하며, 폴더의 결로를 파
라미터로 전달한다.

다음의 rbtnHidden_CheckedChanged() 이벤트 핸들러는 [숨김 파일] 라디오 버튼을 더
블클릭하여 생성한 프로시저로, 숨김 파일(hidden file)을 검색하는 스레드를 생성하고
시작하는 작업을 수행한다.

```
01:  Private Sub rbtnHidden_CheckedChanged(sender As Object, e As EventArgs)
                  Handles rbtnHidden.CheckedChanged
02:      ItemsClear()
03:      Flag = False
04:      If threFileView IsNot Nothing Then threFileView.Abort()
05:      If Me.txtPath.Text <> "" Then
06:          Me.lvFile.Items.Clear()
07:          threFileView = New Thread(New ParameterizedThreadStart(
                                    AddressOf FileView))
08:          threFileView.Start(Me.fbdFolder.SelectedPath)
09:      End If
10:  End Sub
```

3행   숨김 파일을 보기 위해서 Flag 값을 False로 저장한다.

다음의 btnPath_Click() 이벤트 핸들러는 [경로] 버튼을 더블클릭하여 생성한 프로시저로, 파일을 검색하는 작업을 수행한다.

```
01:  Private Sub btnPath_Click(sender As Object, e As EventArgs)
                  Handles btnPath.Click
02:      If Me.fbdFolder.ShowDialog() = DialogResult.OK Then
03:          ItemsClear()
04:          Me.txtPath.Text = Me.fbdFolder.SelectedPath
05:          threFileView = New Thread(New ParameterizedThreadStart(
                                    AddressOf FileView))
06:          threFileView.Start(Me.fbdFolder.SelectedPath)
07:      End If
08:  End Sub
```

2행   fbdFolder.ShowDialog() 메서드를 이용하여 [폴더 찾아보기] 대화상자를 호출
        하고 경로를 설정하여 3~6행의 파일을 검색하는 스레드를 생성하는 작업을 수
        행한다.

5-6행   threFileView 스레드 개체를 생성하고 threFileView.Start() 메서드를 호출하여
        스레드를 생성하는 작업을 수행한다. 인자 값으로 fbdFolder.SelectedPath 속
        성을 이용하여 파일 보기 경로를 대입한다.

다음의 ItemsClear() 메서드는 변수와 lvFile 컨트롤의 Items 속성을 초기화하는 작업을
수행한다.

```
Private Sub ItemsClear()
    DirCount = 0
    FileCount = 0
    Me.lvFile.Items.Clear()
End Sub
```

다음의 FileView() 메서드는 threadFileView 스레드에 선언된 메서드로 인자 값으로 폴더 경로를 전달받을 수 있도록 한다.

```vbnet
01:  Private Sub FileView(ByVal path As Object)
02:      DirCount += 1
03:      Dim di As DirectoryInfo = New DirectoryInfo(CStr(path))
04:      Dim dti As DirectoryInfo() = di.GetDirectories()

05:      For Each f As FileInfo In di.GetFiles
06:          If Flag = True Then
07:              FileCount += 1
08:              Invoke(OnFile, f.DirectoryName, f.Name,
                         f.Length.ToString(), f.CreationTime.ToString())
09:          Else
10:              If f.Attributes.ToString().Contains(
                              FileAttributes.Hidden.ToString()) Then
11:                  FileCount += 1
12:                  Invoke(OnFile, f.DirectoryName, f.Name,
                             f.Length.ToString(), f.CreationTime.ToString())
13:              End If
14:          End If
15:      Next

16:      For i As Integer = 0 To di.GetDirectories().Length
17:          Try
18:              FileView(dti(i).FullName)
19:          Catch ex As Exception
20:              Continue For
21:          End Try
22:      Next
23:  End Sub
```

3행   DirectoryInfo 클래스의 개체 di를 생성하는 구문으로 인자 값으로 디렉터리 경로를 선언한다.

4행   di.GetDirectories() 메서드를 이용하여 di 개체에 선언된 디렉터리 경로의 하위 디렉터리 정보를 DirectoryInfo 배열에 저장한다.

5-15행   For Each 구문과 di.GetFiles() 메서드를 이용하여 di 개체에 선언된 디렉터리 경로의 모든 파일 정보를 얻는 작업을 수행한다.

6-8행   Flag 값이 True로 전체 파일을 검색하는 작업을 수행한다.

8행   Invoke() 메서드를 이용하여 OnFile 델리게이트를 호출하는 구문으로 인자 값으로 디렉터리 이름(f.DirectoryName), 파일 이름(f.Name), 파일 사이즈(f.Length.ToString()), 파일 마지막 수정시간(f.CreationTime.ToString())을 선언한다.

10-13행 숨김 파일(hidden file)을 검색하는 작업을 수행한다.

10행 파일의 숨김을 찾기 위해 f.Attributes 프로퍼티 속성이 FileAttributes.Hidden 속성값과 동일할 때, 12행을 수행하여 Invoke() 메서드를 통해 OnFile 델리게이트 호출하여 lvFile에 나타내는 작업을 수행한다.

16-22행 For 문과 di.GetDirectories() 메서드를 이용하여 하위 디렉터리 경로를 추출하는 작업을 수행하며, 하위 디렉터리 경로가 존재하면 18행을 수행하여 FileView() 메서드를 재귀적으로 호출하는 하위의 폴더와 파일의 정보를 얻는 작업을 수행한다.

4.6.3 파일 목록 보기 예제 실행

다음 그림은 파일 보기 예제를 F5 를 눌러 실행한 화면이다.

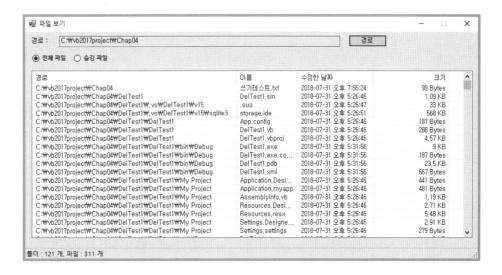

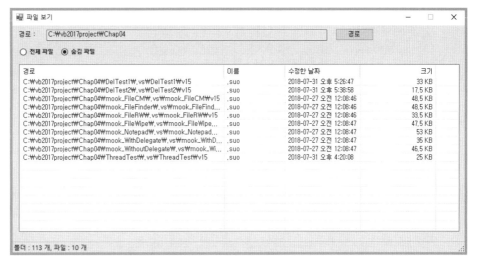

4.7 파일 복사/이동

이 절에서 살펴보는 파일 복사/이동 애플리케이션은 경로 설정에 따라 하위에 있는 파일을 복사 또는 이동하는 예제이다. 파일 복사/이동은 FileStream을 이용하여 4,096바이트 단위로 나누어 파일을 복사 또는 이동하게 하는 예제이다.

다음 그림은 파일 복사/이동 애플리케이션을 구현하고 실행한 결과 화면이다.

[결과 미리 보기]

4.7.1 파일 복사/이동 디자인(Form1)

프로젝트 이름을 'mook_FileCM'으로 하여 'C:\vb2017project\Chap04' 경로에 새 프로젝트를 생성한다. 다음 그림과 같이 윈도우 폼에 필요한 컨트롤을 위치시켜 폼을 디자인하고, 각 컨트롤의 속성값을 설정한다.

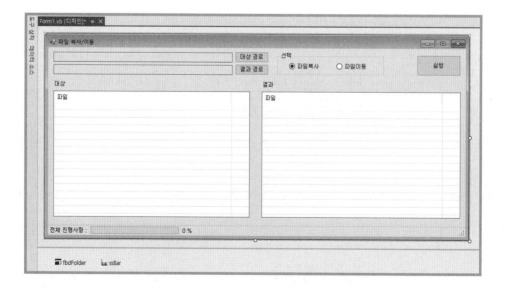

폼 디자인에 사용된 컨트롤의 주요 속성값은 다음과 같다.

폼 컨트롤	속 성	값
Form1	Name	Form1
	Text	파일 복사/이동
	FormBorderStyle	FixedSingle
	MaximizeBox	False
Button1	Name	btnSrc
	Text	대상 경로
Button2	Name	btnDest
	Text	결과 경로
Button3	Name	btnRun
	Text	실행
TextBox1	Name	txtSrc
	ReadOnly	True
TextBox2	Name	txtDest
	ReadOnly	True
Label1	Name	lblSrc
	Text	대상
Label2	Name	lblDest
	Text	결과
GroupBox1	Name	gbBox
	Text	선택
RadioButton1	Name	rbCopy
	Text	파일복사
	Checked	True
RadioButton2	Name	rbMove
	Text	파일이동
ListView1	Name	lvSrc
	GridLines	True
	View	Details
ListView2	Name	lvDest
	GridLines	True
	View	Details
FolderBrowserDialog1	Name	fbdFolder
StatusStrip1	Name	ssBar

lvSrc 컨트롤에 칼럼 헤더를 추가하기 위해서 lvSrc 컨트롤을 선택한 후 속성 목록 창에서 [Columns] 항목의 ▦(컬렉션) 버튼을 눌러 [ColumnHeader 컬렉션 편집기] 대화상자가 나타나면 [추가] 버튼을 눌러 1개의 멤버를 추가하고 다음 표와 같이 속성을 설정한다.

폼 컨트롤	속 성	값
columnHeader1	Name	chFileSrc
	Text	파일
	TextAlign	Left
	Width	400

멤버를 추가하고 추가된 멤버의 속성을 설정하면 lvSrc 컨트롤은 다음 그림과 같이 표시된다.

lvDest 컨트롤에 칼럼 헤더를 추가하기 위해서 lvDest 컨트롤을 선택한 후 속성 목록 창에서 [Columns] 항목의 ▦(컬렉션) 버튼을 눌러 [ColumnHeader 컬렉션 편집기] 대화상자가 나타나면 [추가] 버튼을 눌러 1개의 멤버를 추가하고 다음 표와 같이 속성을 설정한다.

폼 컨트롤	속 성	값
columnHeader1	Name	chFileDest
	Text	파일
	TextAlign	Left
	Width	400

멤버를 추가하고 추가된 멤버의 속성을 설정하면 lvDest 컨트롤은 다음 그림과 같이 표시된다.

ssBar 컨트롤에서 ▣▾(멤버 추가) 버튼을 클릭하여 두 개의 StatusLabel 멤버 컨트롤과 하나의 ProgressBar 멤버 컨트롤을 추가하고 다음 표와 같이 속성을 설정한다.

폼 컨트롤	속 성	값
ToolStripStatusLabel1	Name	tsslbl
	Text	전체 진행사항 :
ToolStripStatusLabel2	Name	tsslblStatus
	Text	0 %
ToolStripProgressBar1	Name	tspgrbar
	Size	200, 16

ssBar 컨트롤에 멤버 컨트롤을 추가하고 속성을 설정하면 다음 그림과 같이 표시된다.

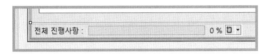

4.7.2 파일 복사/이동(Form1.vb) 코드 구현

Imports 키워드를 이용하여 필요한 네임스페이스를 다음과 같이 추가한다.

```
Imports System.IO
```

다음과 같이 멤버 변수를 클래스 상단에 추가한다.

```
Dim FileSrc = String.Empty      '복사 및 이동 소스 파일의 경로
Dim FileDest = String.Empty     '복사 및 이동 목적지 파일의 경로
```

다음의 btnSrc_Click() 이벤트 핸들러는 [대상 경로] 버튼을 더블클릭하여 생성한 프로
시저로, [폴더 찾아보기] 대화상자를 호출하여 디렉터리 경로를 설정하고 하위 파일을
lvSrc 컨트롤에 나타내는 작업을 수행한다.

```
01:  Private Sub btnSrc_Click(sender As Object, e As EventArgs)
                    Handles btnSrc.Click
02:      If Me.fbdFolder.ShowDialog = DialogResult.OK Then
03:          Me.lvSrc.Items.Clear()
04:          Me.txtSrc.Text = Me.fbdFolder.SelectedPath
05:          FileSrc = Me.fbdFolder.SelectedPath
06:          Dim di As DirectoryInfo = New DirectoryInfo(Me.txtSrc.Text)
07:          For Each fs As FileInfo In di.GetFiles()
08:              Me.lvSrc.Items.Add(New ListViewItem(New String() {fs.Name}))
09:          Next
10:      End If
11:  End Sub
```

2행	[폴더 찾아보기] 대화상자를 호출하고 대상 경로로 지정할 디렉터리를 설정하는 작업을 수행한다.
6행	DirectoryInfo 클래스의 개체 di를 생성하는 구문으로 디렉터리 내의 파일을 반환받는다.
7행	For Each 구문과 di.GetFiles() 메서드를 이용하여 설정된 디렉터리 경로 내의 파일 정보를 가져온다.
8행	lvSrc.Items.Add() 메서드를 이용하여 lvSrc 컨트롤에 항목(행)을 추가하는 작업을 수행한다.

다음의 btnDest_Click() 이벤트 핸들러는 [결과 경로] 버튼을 더블클릭하여 생성한 프로시저로, 파일을 복사 또는 이동하기 위한 결과 경로로 btnSrc_Click() 이벤트 핸들러와 유사하게 코드가 구현된다.

```vbnet
Private Sub btnDest_Click(sender As Object, e As EventArgs)
                Handles btnDest.Click
    If Me.fbdFolder.ShowDialog() = DialogResult.OK Then
        Me.lvDest.Items.Clear()
        Me.txtDest.Text = Me.fbdFolder.SelectedPath
        FileDest = Me.fbdFolder.SelectedPath
        Dim di As DirectoryInfo = New DirectoryInfo(FileDest)
        For Each fs As FileInfo In di.GetFiles()
            Me.lvDest.Items.Add(New ListViewItem(New String() {fs.Name}))
        Next
    End If
End Sub
```

다음의 btnRun_Click() 이벤트 핸들러는 [실행] 버튼을 더블클릭하여 생성한 프로시저로, 파일을 복사 또는 이동하기 위해 From2를 호출하며 진행률을 화면에 나타내는 작업을 수행한다.

```vbnet
01:  Private Sub btnRun_Click(sender As Object, e As EventArgs)
                Handles btnRun.Click
02:      If Me.txtDest.Text = Me.txtSrc.Text Then
03:          MessageBox.Show("경로가 같을 수 없습니다.", "에러",
                    MessageBoxButtons.OK, MessageBoxIcon.Error)
04:          Return
05:      End If
06:      Dim i As Integer = 0
07:      Dim sum As Integer = Me.lvSrc.SelectedItems.Count
08:      For Each items As ListViewItem In Me.lvSrc.SelectedItems
09:          i += 1
10:          If File.Exists(FileSrc & "\" & items.Text) = False Then
```

```
11:              MessageBox.Show("존재하지 않는 파일입니다.", "에러",
                      MessageBoxButtons.OK, MessageBoxIcon.Error)
12:              Continue For
13:          End If
14:          Dim fi As FileInfo = New FileInfo(FileSrc & "\" & items.Text)
15:          Dim frm2 As Form2 = New Form2()
16:          frm2.FileSrc = FileSrc & "\" & items.Text
17:          frm2.FileDest = FileDest & "\" & items.Text
18:          frm2.FileName = items.Text
19:          If (frm2.ShowDialog() = DialogResult.OK) Then
20:              frm2.Close()
21:              Dim item As ListViewItem =
                      Me.lvDest.FindItemWithText(items.Text)
22:              If item Is Nothing Then
23:                  Me.lvDest.Items.Add(New ListViewItem(
                          New String() {items.Text}))
24:              End If
25:              If rbMove.Checked Then
26:                  fi.Delete()
27:                  Me.lvSrc.Items.RemoveAt(items.Text)
28:              End If
29:          End If
30:          Dim v As Integer = CInt(i * 100 / sum)
31:          Me.tspgrbar.Value = v
32:          Me.tsslblStatus.Text = " " + v.ToString() + " %"
33:      Next
34: End Sub
```

2-5행 파일을 복사 또는 이동하기 위해 경로가 달라야 하기 때문에 경로가 같다면 오류 메시지를 나타내는 작업을 수행한다.

6-7행 작업 진행률을 나타내기 위한 변수를 선언하며 초기화한다.

8-33행 For Each 구문을 이용하여 lvSrc 컨트롤에 추가된 파일을 복사 또는 이동하는 작업을 수행한다.

10행 If 구문과 File.Exists() 메서드를 이용하여 선언된 경로에 파일의 존재 여부를 판단하고, 만약 파일이 존재하지 않는 경우 메시지 박스를 호출하고 12행 Continue For 키워드를 이용하여 For Each 구문의 다음 멤버(파일)에 대해 복사 또는 이동하는 작업을 수행한다.

14행 FileInfo 클래스의 개체 fi를 생성하는 구문이다.

15행 Form2 클래스의 개체 frm2를 생성하는 구문으로 Form2 클래스의 상속 메서드 Form2의 파라미터 값으로 복사 또는 이동할 파일의 경로를 선언한다.

18행 frm2.FileName 접근자에 파일 이름을 할당한다.

19-29행 If 구문과 frm2.ShowDialog() 메서드를 이용하여 폼을 호출하고 폼이 정상적으로 종료되면 20~28행을 수행한다.

20행 frm2.Close() 메서드를 호출하여 폼을 종료한다.

21행 this.lvDest.FindItemWithText() 메서드를 이용하여 lvDest 컨트롤에 추가된 멤버를 검색하여 ListViewItem 클래스의 개체 item에 저장한다.

22-24행 만약 item 개체가 Nothing 값이면 lvDest.Items.Add() 메서드를 이용하여 복사 또는 이동된 파일명을 lvDest 컨트롤에 추가하는 작업을 수행한다.

25-28행 rbMove.Checked 속성이 True 즉, 파일 이동일 경우 파일을 복사한 뒤에 26행의 fi.Delete() 메서드를 이용하여 기존 파일을 삭제한다. 또한, lvSrc.Items.RemoveAt() 메서드를 이용하여 이동된 파일의 정보를 lvSrc 컨트롤에서 삭제하는 작업을 수행한다.

30-32행 폼 하단에 진행바와 진행률을 나타내는 구문이다.

4.7.3 파일 복사/이동 진행률(Form2) 디자인

솔루션 탐색기에서 프로젝트 이름을 마우스 오른쪽 버튼으로 클릭하여 표시되는 단축메뉴에서 [추가]-[Windows Form] 메뉴를 눌러 'Form2.vb'를 생성하고, 다음 그림과 같이 윈도우 폼에 필요한 컨트롤을 위치시켜 폼을 디자인하고, 각 컨트롤의 속성값을 설정한다.

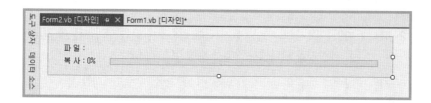

폼 디자인에 사용된 컨트롤의 주요 속성값은 다음과 같다.

폼 컨트롤	속 성	값
Form2	Name	Form2
	Text	파일 복사
	FormBorderStyle	None
	MaximizeBox	False
	MinimizeBox	False
	ShowIcon	False
	ShowInTaskbar	False
	StartPosition	CenterParent
	TopMost	True

Label1	Name	lblFileName
	Text	파 일 :
Label2	Name	lblCopy
	Text	복 사 : 0%
ProgressBar1	Name	pgbCopy
	Step	1

4.7.4 파일 복사/이동 진행률(Form2.vb) 코드 구현

Imports 키워드를 이용하여 필요한 네임스페이스를 다음과 같이 추가한다.

```
Imports System.Threading
Imports System.IO
```

다음과 같이 멤버 변수 및 접근자를 클래스 내부 상단에 추가한다.

```
Public Property FileName As String        '접근자
Public Property FileSrc As String         '접근자
Public Property FileDest As String        '접근자
Delegate Sub SetProgCallBack(ByVal vy As Integer)      '진행률 Progress
Dim OnSetProg As SetProgCallBack = Nothing
Delegate Sub SetLabelCallBack(ByVal str As String)     '진행률 텍스트
Dim OnLabel As SetLabelCallBack = Nothing
Dim t1 As Thread = Nothing                '스레드 개체 선언
Dim bts(4095) As Byte                     '파일 분할 저장
Dim fsSrc As FileStream = Nothing         '소스 파일 스트림 개체 선언
Dim fsDest As FileStream = Nothing        '목적지 파일 스트림 개체 선언
```

다음의 Form2_Load() 이벤트 핸들러는 폼을 더블클릭하여 생성한 프로시저로, 파일을 복사 또는 이동하기 위한 컨트롤을 초기화하고 스레드를 생성하는 작업을 수행한다.

```
01:  Private Sub Form2_Load(sender As Object, e As EventArgs)
                Handles MyBase.Load
02:      OnSetProg = New SetProgCallBack(AddressOf SetProgBar)
03:      OnLabel = New SetLabelCallBack(AddressOf SetLabel)

04:      fsSrc = New FileStream(FileSrc, FileMode.Open, FileAccess.Read)
05:      fsDest = New FileStream(FileDest, FileMode.Create, FileAccess.Write)

06:      Me.pgbCopy.Maximum = 100
07:      Me.lblFileName.Text = "파 일 : " & FileName
08:      t1 = New Thread(New ThreadStart(AddressOf FileCopy))
09:      t1.Start()
10:  End Sub
```

2-3행　진행률을 나타내기 위한 델리게이트를 선언하고 초기화하는 구문이다.

4-5행　FileStream 개체를 생성(**TIP** "FileStream 생성자" 참고)하는 구문이다.

8-9행　스레드를 선언하고 t1.Start() 메서드를 이용하여 외부 스레드를 시작하는 작업을 수행한다.

TIP

FileStream(Path, FileMode, FileAccess) 생성자

지정된 경로, 생성 모드 및 읽기/쓰기 권한을 사용하여 FileStream 클래스의 개체를 선언하고 초기화한다.

- Path Type : FileStream 개체가 캡슐화할 파일의 상대 또는 절대 경로
- FileMode : 파일을 열거나 만드는 방법을 결정하는 상수
- FileAccess : FileStream 개체에서 파일에 액세스하는 방법을 결정하는 상수

FileMode 열거형
운영 체제에서 파일을 여는 방법을 지정한다.

멤버 이름	설명
Append	파일이 존재하는 경우 파일의 끝에 내용을 추가하고, 파일이 존재하지 않는 경우 새 파일을 만든다.
Create	새 파일을 만든다.
CreateNew	새 파일을 만든다.
Open	존재하는 파일을 사용하기 위해 연다.

FileAccess 열거형
읽기, 쓰기 또는 읽기/쓰기 접근을 위한 상수를 정의한다.

멤버 이름	설명
Read	파일에 대한 읽기 권한
ReadWrite	파일에 대한 읽기 및 쓰기 권한
Write	파일에 대한 쓰기 권한

다음의 FileCopy() 메서드는 t1 스레드에서 4,096바이트 단위로 파일을 복사하는 작업을 수행한다.

```
01:  Private Sub FileCopy()
02:      Dim vv As Integer = 1
03:      Dim cnt As Integer = 0
04:      Dim kk As Integer = CInt(fsSrc.Length / 4096) - 1
05:      Dim ss As Integer = CInt(fsSrc.Length Mod 4096)

06:      While True
07:          Thread.Sleep(10)
08:          Dim tmpCnt As Integer = 0
09:          If ss > 0 Then tmpCnt = 1
10:          If (kk + tmpCnt) = cnt Then Exit While

11:          bts = New Byte(4095) {}

12:          If cnt < kk Then
13:              fsSrc.Seek(4096 * cnt, SeekOrigin.Begin)
14:              fsSrc.Read(bts, 0, 4096)

15:              fsDest.Seek(4096 * cnt, SeekOrigin.Begin)
16:              fsDest.Write(bts, 0, 4096)
17:          Else
18:              fsSrc.Seek(4096 * cnt, SeekOrigin.Begin)
19:              fsSrc.Read(bts, 0, ss)

20:              fsDest.Seek(4096 * cnt, SeekOrigin.Begin)
21:              fsDest.Write(bts, 0, ss)
22:          End If

23:          cnt += 1

24:          vv = CInt(fsDest.Length * 100 / fsSrc.Length)
25:          If vv > 100 Then
26:              Invoke(OnSetProg, 100)
27:          Else
28:              Invoke(OnSetProg, vv)
29:          End If
30:          Invoke(OnLabel, "복사 : " + vv.ToString() + "%")
31:      End While
32:      fsDest.Close()
33:      fsSrc.Close()
34:      DialogResult = DialogResult.OK
35:  End Sub
```

2-5행   4,096바이트 단위로 파일을 복사하기 위한 변수를 초기화한다.

6-31행   While 구문을 이용하여 4,096바이트 단위로 파일을 복사하고 진행률을 나타내는 작업을 수행한다.

10행 kk + tmpCnt 값이 cnt 값과 같을 때 즉, 파일이 정상적으로 복사가 완료되었을 때 Exit While 키워드로 While 구문을 종료하는 구문이다.

11행 byte 배열을 선언하는 작업을 수행한다.

12-22행 fsSrc.Seek(), fsSrc.Read(), fsDest.Seek(), fsDest.Write() 메서드(**TIP** "FileStream_Seek() 메서드", "FileStream_Read() 메서드", "FileStream_Write() 메서드" 참고)를 이용하여 파일을 4,094바이트 단위로 파일 스트림에 저장하는 작업을 수행한다.

24행 파일 복사 진행률을 나타내기 위한 복사율을 변수 vv에 저장한다.

25-30행 진행률을 화면에 나타낼 수 있도록 SetProgBar(), SetLabel() 메서드를 호출하기 위하여 Invoke() 메서드를 이용하여 델리게이트를 실행한다.

32-34행 파일 복사 작업이 완료되면 FileStream.Close() 메서드와 DialogResult.OK 형식을 호출하여 폼을 종료하고 Form1에 종료 사실을 알린다.

TIP

FileStream.Seek(offset, origin) 메서드

스트림의 현재 위치를 제공된 값으로 설정한다.

- offset : 검색을 시작할 origin에 상대적인 위치
- origin : SeekOrigin 형식의 값을 사용하여 시작, 끝 또는 현재 위치를 origin에 대한 참조 지점으로 지정

멤버	설명
Begin	스트림의 맨 앞을 지정한다.
Current	스트림 내의 현재 위치를 지정한다.
End	스트림의 맨 끝을 지정한다.

TIP

FileStream.Read(array, offset, count) 메서드

스트림에서 바이트 블록을 읽어서 해당 데이터를 제공된 버퍼에 쓴다.

- array : 이 메서드는 지정된 바이트 배열의 값이 offset과 (offset + count − 1) 사이에서 현재 원본으로부터 읽어온 바이트로 교체된 상태로 반환
- offset : 읽은 바이트를 넣을 array의 바이트 오프셋
- count : 읽을 최대 바이트 수

> **TIP**
>
> **FileStream.Write(array, offset, count) 메서드**
>
> 바이트 블록을 파일 스트림에 쓴다.
>
> - array : 스트림에 쓸 데이터를 포함하는 버퍼
> - offset : 스트림으로 바이트를 복사하기 시작할 array의 바이트 오프셋(0부터 시작)
> - count : 쓸 최대 바이트 수

다음의 SetProgBar() 메서드는 파일 복사 진행률을 pgbCopy 컨트롤에 나타내는 작업을 수행한다.

```
01:  Private Sub SetProgBar(ByVal vv As Integer)
02:      Me.pgbCopy.Value = vv
03:  End Sub
```

2행   pgbCopy.Value 속성에 진행률 저장하여 화면에 나타낼 수 있도록 한다.

다음의 SetLabel() 메서드는 파일 복사 진행률을 lblCopy 컨트롤에 나타내는 작업을 수행하며, 작업 수행 방식은 SetProgBar() 메서드와 동일하다.

```
Private Sub SetLabel(ByVal str As String)
    Me.lblCopy.Text = str
End Sub
```

다음의 Form2_FormClosing() 이벤트 핸들러는 폼을 선택하고 이벤트 목록 창에서 [FormClosing] 이벤트 항목을 더블클릭하여 생성한 프로시저로, 폼이 종료될 때 발생하는 이벤트를 처리하며, t1.Abort() 메서드를 호출하여 t1 스레드를 종료하는 작업을 수행한다.

```
Private Sub Form2_FormClosing(sender As Object,
                e As FormClosingEventArgs)
              Handles MyBase.FormClosing
    If t1 IsNot Nothing Then t1.Abort()
End Sub
```

4.7.5 파일 복사/이동 예제 실행

다음 그림은 파일 복사/이동 예제를 F5를 눌러 실행한 화면이다. [대상 경로] 버튼을 클릭하여 원본 파일의 위치를 설정하고, [결과 경로] 버튼을 클릭하여 원본 파일을 복사/이동하려는 경로를 설정한 뒤에, [파일복사] 또는 [파일이동] 버튼을 선택하고 [실행] 버튼을 클릭하여 결과를 확인해 본다.

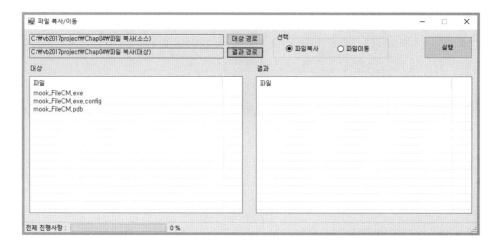

복사된 결과 파일의 목록을 확인해 본다.

다음 그림은 파일을 복사한 뒤에 원본 파일이 있는 폴더와 결과 파일이 있는 폴더를 파일 탐색기를 이용하여 확인해 본 것이다.

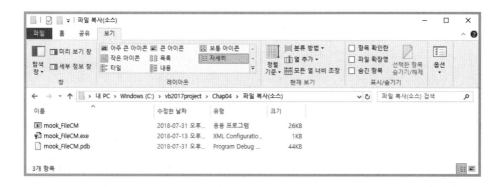

4.8 파일 지우기

이 절에서 살펴보는 파일 지우기 애플리케이션은 파일을 완전히 삭제하는 알고리즘을 이용하여 파일을 삭제하는 예제로 British HMG IS5 알고리즘의 Base Line과 Enhanced 방식으로 삭제한다. .Net Framework File 클래스에서 제공하는 파일 삭제 인터페이스를 사용하는 것이 아니라 파일 삭제 알고리즘을 사용하기 때문에 보다 안전하게 파일을 완전히 삭제할 수 있다.

다음 그림은 파일 지우기 애플리케이션을 구현하고 실행한 결과 화면이다.

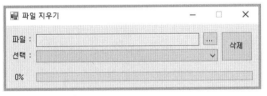

[결과 미리 보기]

4.8.1 파일 지우기 디자인

프로젝트 이름을 'mook_FileWipe'로 하여 'C:\vb2017project\Chap04' 경로에 새 프로젝트를 생성한다. 다음 그림과 같이 윈도우 폼에 필요한 컨트롤을 위치시켜 폼을 디자인하고, 각 컨트롤의 속성값을 설정한다.

폼 디자인에 사용된 컨트롤의 주요 속성값은 다음과 같다.

폼 컨트롤	속 성	값
Form1	Name	Form1
	Text	파일 지우기
	FormBorderStyle	FixedSingle
	MaximizeBox	False
Label1	Name	lblPath
	Text	파일 :
Label2	Name	lblWipe
	Text	선택 :
Label3	Name	lblPgb
	Text	0%
Button1	Name	btnPath
	Text	. . .
Button2	Name	btnWipe
	Text	삭제
TextBox1	Name	txtPath
	ReadyOnly	True
ComboBox1	Name	cbWipe
	DropDownStyle	DropDownList
ProgressBar1	Name	pgbBar
OpenFileDialog1	Name	ofdFile
	Filter	모든 파일 (*.*)|*.*

cbWipe 컨트롤에 선택 가능한 목록을 추가하기 위해서 cbWipe 컨트롤을 선택한 후 속성 목록 창에서 [Items] 항목의 ▥(컬렉션) 버튼을 눌러 [문자열 컬렉션 편집기] 대화상자가 나타나면 다음 그림과 같이 목록 문자열을 추가한다.

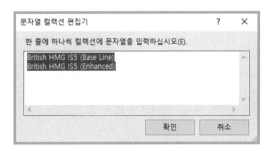

4.8.2 파일 지우기 코드 구현

다음과 같이 멤버 개체로 FileDelete 클래스의 fd 개체를 생성하도록 클래스 상단에 추가한다.

```
Dim fd As FileDelete = Nothing
```

다음의 btnPath_Click() 이벤트 핸들러는 […] 버튼을 더블클릭하여 생성한 프로시저로, 완전히 삭제할 파일을 선택하기 위해 ofdFile.ShowDialog() 메서드를 이용하여 [열기] 대화상자를 호출하고 파일의 경로를 설정하는 작업을 수행한다.

```
Private Sub btnPath_Click(sender As Object, e As EventArgs)
            Handles btnPath.Click
    If Me.ofdFile.ShowDialog() = DialogResult.OK Then
        Me.txtPath.Text = Me.ofdFile.FileName
    End If
End Sub
```

다음의 btnWipe_Click() 이벤트 핸들러는 [삭제] 버튼을 더블클릭하여 생성한 프로시저로, FileDelete 클래스의 개체를 이용하여 선택된 파일을 삭제하는 작업을 수행한다.

```
01:  Private Sub btnWipe_Click(sender As Object, e As EventArgs)
                Handles btnWipe.Click
02:      If Me.cbWipe.Text = "" Then
03:          MessageBox.Show("WIpe 방법을 선택하세요", "알림",
                MessageBoxButtons.OK, MessageBoxIcon.Error)
04:          Return
05:      ElseIf Me.txtPath.Text = "" Then
06:          MessageBox.Show("삭제할 파일을 선택하세요", "알림",
                MessageBoxButtons.OK, MessageBoxIcon.Error)
07:          Return
08:      End If

09:      Select Case Me.cbWipe.Text
```

```
10:            Case "British HMG IS5 (Base Line)"
11:                fd = New FileDelete()
12:                fd.FilePath = Me.txtPath.Text
13:                AddHandler fd.runPer, AddressOf Me.WipeStatus
14:                fd.British_HMG_IS5_BaseLine(Me.txtPath.Text)
15:            Case "British HMG IS5 (Enhanced)"
16:                fd = New FileDelete()
17:                fd.FilePath = Me.txtPath.Text
18:                AddHandler fd.runPer, AddressOf Me.WipeStatus
19:                fd.British_HMG_IS5_Enhanced(Me.txtPath.Text)
20:        End Select
21:    End Sub
```

2-8행   If 구문을 이용하여 cbWipe와 txtPath 컨트롤에 입력 값이 정상적으로 입력되
        었는지 검사하는 구문이다.

9-20행   Select ~ Case 구문을 이용하여 선택된 파일 대상으로 삭제 알고리즘에 따라
        FileDelete 클래스의 개체를 이용하여 파일을 삭제하는 작업을 수행한다.

11-12행 FileDelete 클래스의 개체를 선언하는 구문으로 FileDelete 클래스의 생성자를
        이용하여 개체를 생성하고 FilePath 속성에 삭제할 파일의 경로를 설정한다.

13행   WipeStatus() 메서드를 AddressOf 키워드를 이용하여 FileDelete 클래스의 이
        벤트 처리기를 선언하는 구문이다. 이는 파일을 삭제하는 작업은 FileDelete 클
        래스에서 수행하고 삭제 작업의 진행 상황을 주 스레드, 즉 폼에 나타낼 수 있
        도록 하기 위함이다. 따라서 실제 폼에 진행률을 나타내는 작업을 수행하는
        WipeStatus() 메서드를 선언하고 이벤트 처리기를 로 FileDelete 클래스의 개체
        에 연결하여 작업 진행 상황을 나타낸다. 또한, 이벤트는 AddHandler 키워드를
        이용하여 fd.runPer를 등록한다.

15-19행 10~14행과 동일하며 파일을 삭제하는 알고리즘이 다르게 구현되어 있다.

다음의 WipeStatus() 메서드는 FileDelete 클래스의 개체가 파일을 완전히 삭제하는 작
업의 진행률을 폼에 나타내는 작업을 수행한다.

```
01:  Private Sub WipeStatus(ByVal Current As Integer)
02:      Select Case Current
03:          Case 0
04:              Me.lblPgb.Text = Current & "%"
05:              Me.pgbBar.Value = Current
06:          Case Else
07:              Me.lblPgb.Text = Current & "%"
08:              Me.pgbBar.Value = Current
09:              If Current = 100 Then
10:                  Me.txtPath.Text = ""
11:              End If
12:      End Select
```

```
13:        Application.DoEvents()
14:  End Sub
```

4, 7행 lblPgb 컨트롤에 파일 삭제 진행률을 나타내며, 5행과 8행은 파일 삭제 진행률을 프로그레스바를 통해 나타낸다.

13행 Application.DoEvents() 메서드를 이용하여 현재 메시지 큐에 있는 모든 Windows 메시지를 처리하는 작업으로 이벤트가 발생할 때 델리게이트에 설정된 이벤트 처리기가 호출되어 진행률이 올라가는데 이때 자연스러운 숫자 변경을 위한 구문이다.

4.8.3 'FileDelete.vb' 클래스 생성 및 코드 구현

프로젝트 이름(mook_FileWipe)을 마우스 오른쪽 버튼으로 클릭하여 표시되는 단축메뉴에서 [추가]-[클래스] 메뉴를 눌러 다음 그림과 같이 [새 항목 추가] 대화상자가 나타나면 [이름] 란에 'FileDelete.vb'를 입력하고 [추가] 버튼을 클릭하여 클래스를 생성한다.

Imports 키워드를 이용하여 필요한 네임스페이스를 다음과 같이 추가한다.

```
Imports System.IO
Imports System.Windows.Forms
```

다음과 같이 멤버 개체와 변수를 클래스 상단에 추가한다.

```
01:  Dim fi As FileInfo = Nothing
02:  Dim fs As FileStream = Nothing
03:  Dim byteArray As Byte() = Nothing
04:  Public Property FilePath As String
05:  Public Delegate Sub ProcessEventHandler(ByVal Current As Integer)
06:  Public Event runPer As ProcessEventHandler
```

5행   Delegate 키워드를 이용하여 Integer 타입의 매개 변수를 갖는 이벤트 처리기
               가 설정되도록 델리게이트를 선언하는 구문이다.

6행   이벤트를 선언하는 구문으로 runPer 이벤트를 선언하는 작업을 수행한다.

델리게이트	이벤트	이벤트 처리기
ProcessEventHandler	runPer	WipeStatus()

다음의 British_HMG_IS5_BaseLine() 메서드는 선택된 파일의 저장 영역에 '&H0' 값을
1회 채워 넣어 파일을 완전히 삭제하는 작업을 수행한다.

```vb
01:  Public Sub British_HMG_IS5_BaseLine(ByVal FilePath As String)
02:      fi = New FileInfo(FilePath)
03:      Try
04:          byteArray = New Byte(fi.Length - 1) { }
05:          RaiseEvent runPer(0)
06:          Application.DoEvents()
07:          For i As Integer = 0 To fi.Length - 1
08:              byteArray(i) = &H0
09:              RaiseEvent runPer(
                     CInt(CSng(i / CSng(fi.Length - 1.0)) * 100.0))
10:          Next
11:          RunBuffer(FilePath, byteArray)
12:          fi.Delete()
13:          Application.DoEvents()
14:      Catch ex As Exception
15:          MessageBox.Show(ex.ToString())
16:      End Try
17:  End Sub
```

4행   fi.Length 값의 크기로 Byte 배열을 초기화하는 작업을 수행한다.

5행   runPer 이벤트 호출하여 진행률의 초기값을 선언한다. 이 작업으로 델리게이
               트에 설정된 이벤트 처리기가 실행되어 진행률이 화면에 나타난다. 이벤트는
               RaiseEvent 키워드를 이용하여 발생시킨다.

7-10행 4행에서 선언된 파일 크기의 Byte 배열에 값을 모두 '&H0'으로 변경하는 작업
               을 수행한다.

8행   파일 영역 버퍼로 쓰일 Byte 배열에 임의 값 '&H0'으로 채워 넣어 파일이 복구
               되지 않도록 하는 작업이다.

9행   runPer 이벤트를 호출하여 파일 영역 버퍼로 쓰일 Byte 배열에 임의 값 '&H0'
               으로 채워지는 작업의 진행률을 나타내기 위한 작업이다.

11행   RunBuffer() 메서드를 호출하여 파일 영역 버퍼에 임의 값 '&H0'를 채우는 작업을 수행한다.

12행   파일 영역 버퍼에 임의 값 '&H0'를 채워 파일이 복구되지 않게 하고 fi.Delete() 메서드를 호출하여 파일을 삭제한다. 이 작업으로 윈도우 환경에서 파일을 휴지통에 버리고 비우기 한 효과와 동일하게 파일을 삭제한다. 따라서 파일 시스템적으로는 파일을 볼 수 있는 링크만 끊어진 것이다. 하지만 링크를 복구를 한다고 가정했을 때 파일 영역이 이미 임의 값 '&H0'으로 변경되었기 때문에 정상적인 파일을 확인할 수 없을 것이다.

다음의 RunBuffer() 메서드는 파일 영역 버퍼에 임의 값 '&H0'으로 채우는 작업을 수행한다.

```
01:  Private Sub RunBuffer(
                    ByVal FilePath As String, ByVal Buffer As Byte())
02:      fs = New FileStream(FilePath, FileMode.Open,
                        FileAccess.Write, FileShare.None)
03:      fs.Write(Buffer, 0, Buffer.Length)
04:      fs.Flush()
05:      fs.Close()
06:  End Sub
```

2행   FileStream 클래스의 개체를 생성하며 초기화하는 작업을 수행한다. 이는 파일을 열어 쓰기 권한(**TIP** "FileStream 생성자" 참고)을 갖도록 한다.

3행   파일 완전 삭제 기능에서 핵심이라 할 수 있는 파일 영역 버퍼에 임의 값 '&H0'을 채우는 작업을 수행한다. 이는 fs.Write() 메서드(**TIP** "FileStream.Write() 메서드" 참고)를 이용하여 수행한다.

4행   fs.Flush() 메서드를 이용하여 이 스트림의 버퍼를 지우고 버퍼링된 모든 데이터가 파일에 쓰이도록 한다.

5행   fs.Close() 메서드를 이용하여 fs 개체 사용을 종료한다.

TIP

FileStream(String, FileMode, FileAccess, FileShare) 생성자

지정된 경로, 생성 모드, 읽기/쓰기 권한 및 공유 권한을 사용하여 FileStream 클래스의 새 개체를 초기화한다.

- String : 현재 FileStream 개체가 캡슐화할 파일의 상대 또는 절대 경로
- FileMode : 파일을 열거나 만드는 방법을 결정하는 상수
- FileAccess : FileStream 개체에서 파일에 액세스할 수 있는 방법을 결정하는 상수
- FileShare : 프로세스에서 파일을 공유하는 방법을 결정하는 상수

FileShare 열거형

멤버 이름	설명
Delete	파일의 후속 삭제를 허용
Inheritable	파일 핸들을 자식 프로세스에서 상속할 수 있도록 함
None	현재 파일의 공유를 거절
Read	다음에 파일을 읽기용으로 여는 것을 허용
ReadWrite	다음에 파일을 읽기용 또는 쓰기용으로 여는 것을 허용
Write	다음에 파일을 쓰기용으로 여는 것을 허용

TIP

FileStream.Write(array, offset, count) 메서드

바이트 블록을 파일 스트림에 쓴다.

- array : 스트림에 쓸 데이터를 포함하는 버퍼
- offset : 스트림으로 바이트를 복사하기 시작할 array의 바이트 오프셋(0부터 시작)
- count : 쓸 최대 바이트 수

다음의 British_HMG_IS5_Enhanced() 메서드는 앞서 알아본 British_HMG_IS5_BaseLine() 메서드 보다 좀 더 강력하게 파일을 삭제하는 알고리즘으로 파일 영역 버퍼에 임의 값을 두 번 채워 넣고, 세 번째로 랜덤 함수를 이용하여 랜덤하게 값을 채워 넣는 작업을 수행한다.

```
01: Public Sub British_HMG_IS5_Enhanced(ByVal FilePath As String)
02:     fi = New FileInfo(FilePath)
03:     Try
04:         byteArray = New Byte(fi.Length - 1) {}
05:         RaiseEvent runPer(0)
06:         Application.DoEvents()
07:         Dim n As Integer = 0
08:         For c As Integer = 1 To 3
09:             Select Case c
10:                 Case 1
11:                     For i As Integer = 0 To fi.Length - 1
12:                         byteArray(i) = &H0
13:                         RaiseEvent runPer(CInt(CSng(n /
                                CSng((fi.Length - 1.0) * 3.0)) * 100.0))
14:                         n += 1
15:                     Next
16:                     RunBuffer(FilePath, byteArray)
17:                     byteArray = New Byte(fi.Length - 1) {}
```

```
18:                    Case 2
19:                        For i As Integer = 0 To fi.Length - 1
20:                            byteArray(i) = &H0
21:                            RaiseEvent runPer(CInt(CSng(n /
                                   CSng((fi.Length - 1.0) * 3.0)) * 100.0))
22:                            n += 1
23:                        Next
24:                        RunBuffer(FilePath, byteArray)
25:                        byteArray = New Byte(fi.Length - 1) {}
26:                    Case 3
27:                        Select Case RandomBuffer(n)
28:                            Case True
29:                        End Select
30:                        RunBuffer(FilePath, byteArray)
31:                        byteArray = New Byte(fi.Length - 1) {}
32:                End Select
33:            Next
34:            fi.Delete()
35:        Catch ex As Exception
36:            MessageBox.Show(ex.ToString())
37:        End Try
38:    End Sub
```

9-43행 For 문을 이용하여 순차적으로 파일 영역 버퍼에 임의 값을 채워 넣는 작업을 수행한다.

8-33행 British_HMG_IS5_BaseLine() 메서드에서 살펴본 코드 구성과 거의 유사한 것을 알 수 있다. 이렇게 같은 영역에 임의 값을 덮어쓰는 이유는 파일 영역 버퍼에 쓰인 값은 쉽게 지워지지 않는다. 문신과도 같아서 한번 삭제로 완벽하게 삭제되지 않고 조금의 흔적이 살아 있다고 한다. 따라서 파일을 강력하고 100% 완벽하게 삭제하기 위해서는 동일한 파일 영역 버퍼에 임의의 값을 7번 이상 덮어 써야 완전히 삭제된다. 이것 또한 상용 복구 도구 기준으로 산정한 것이기 때문에 100% 신뢰하기는 어렵지만, 무료로 배포되는 복구 도구로는 이 예제에서 사용되는 알고리즘으로도 충분히 파일을 복구되지 않도록 파일을 완전히 삭제할 수 있다.

27-31행 랜덤 함수를 이용하여 파일 영역 버퍼를 채우는 작업을 수행한다. 이는 10~25행에서 임의 값 '&H0' 값으로 파일 영역 버퍼를 채우고 난 후 세 번째로 랜덤 수로 채워 넣는 것이다. 따라서 한 번의 임의 값으로 덮어쓰는 것보다 더욱 안전하게 파일을 삭제하는 작업이라 할 수 있다. 하지만 이렇게 파일 영역 버퍼를 덮어쓰는 횟수가 늘어나면서 삭제 진행률 즉, 파일 삭제 시간은 늘어난다. 또한, 파일 사이즈와 디스크 영역 등을 고려한다면 덮어쓰는 작업 시간은 상당히 길어진다. 따라서 상용 파일 완전 삭제 도구들도 파일 하나를 삭제할 때도 알고리즘에 따라 상당한 시간이 소요된다.

27행   RandomBuffer() 메서드를 호출하여 랜덤 함수를 이용하여 파일 영역 버퍼로 쓰일 Byte 배열에 랜덤 값을 채워 넣도록 하는 작업을 수행한다.

30행   RunBuffer() 메서드를 호출하여 파일 영역 버퍼에 27행을 통해 수행된 랜덤 값을 덮어쓰는 작업을 수행한다.

34행   fi.Delete() 메서드를 이용하여 파일을 삭제하는 작업을 수행한다.

다음의 RandomBuffer() 메서드는 파일 영역 버퍼로 쓰일 byte 멤버 배열인 ByteArray 배열을 랜덤 값으로 채워 넣는 작업을 수행한다.

```
01:  Private Function RandomBuffer(ByVal n As Integer) As Boolean
02:      byteArray = New Byte(fi.Length - 1) {}
03:      Application.DoEvents()
04:      For i As Integer = 0 To fi.Length - 1
05:          byteArray(i) = RandomByte()
06:          RaiseEvent runPer(CInt(CSng(n /
                        CSng((fi.Length - 1.0) * 3.0)) * 100.0))
07:          n += 1
08:      Next
09:      Return True
10:  End Function
```

5행   RandomByte() 메서드를 호출하여 생성된 0~255 사이의 랜덤 값을 byte 형식으로 반환받아 ByteArray 배열에 저장하는 작업을 수행한다.

6행   runPer 이벤트를 호출하여 파일 영역 버퍼가 변경되는 진행률을 나타내는 작업을 수행하며, runPer 이벤트를 발생시키기 위해서 RaiseEvent 키워드를 이용한다.

다음의 RandomByte() 메서드는 0~255 사이의 랜덤 수를 반환하는 작업을 수행하는데 이는 파일 영역 버퍼에 랜덤하게 값이 입력되도록 하기 위함이다.

```
01:  Private Function RandomByte() As Byte
02:      Dim Minimo As Byte = 0
03:      Dim Maximo As Byte = 255
04:      Dim Rnd As Random = New Random()
05:      Dim ResultRnd As Byte = CByte(Rnd.Next(Minimo, Maximo))
06:      Return ResultRnd
07:  End Function
```

5행   Rnd.Next() 메서드(**TIP** "Random.Next() 메서드" 참고)를 이용하여 0~255 사이의 임의의 값을 반환하는 작업을 수행한다.

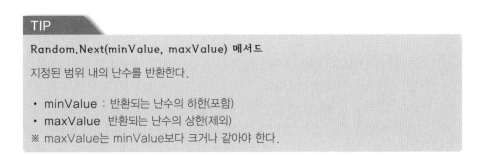

TIP

Random.Next(minValue, maxValue) 메서드

지정된 범위 내의 난수를 반환한다.

- minValue : 반환되는 난수의 하한(포함)
- maxValue : 반환되는 난수의 상한(제외)

※ maxValue는 minValue보다 크거나 같아야 한다.

4.8.4 파일 지우기 예제 실행

다음 그림은 파일 지우기 예제를 F5를 눌러 실행한 화면이다. 파일을 선택하고, 삭제 알고리즘을 선택한 뒤에 [삭제] 버튼을 클릭하여 선택한 파일을 삭제한다.

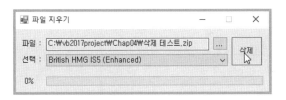

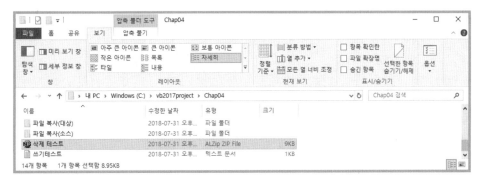

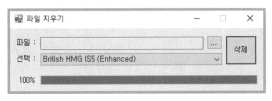

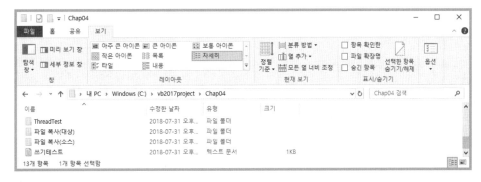

4.9 메모장

이 절에서 살펴보는 메모장 애플리케이션은 윈도우 환경에서 자주 사용하는 애플리케이션을 유사하게 구현한 예제이다. 일반적으로 형식이 없는 파일을 생성하거나, 또는 문자 데이터를 쉽고 간편하게 저장하거나 편집하기 위해 메모장을 가장 많이 사용한다. 이 메모장은 파일을 읽고 쓰는 기능이 대부분이기 때문에 File 클래스의 인터페이스를 학습하는 데 효과적이다. 이 장에서 앞서 살펴본 예제를 통해 파일 읽기 쓰기에 대한 기능은 어려움 없이 구현할 수 있을 것으로 생각된다.

이 절에서는 File 클래스의 속성과 메서드 그리고 인터페이스에 대한 학습과 다양하게 활용되는 메모장 애플리케이션의 기능에 대해 어떻게 구현되는지 살펴보자.

다음 그림은 메모장 애플리케이션을 구현하고 실행한 결과 화면이다.

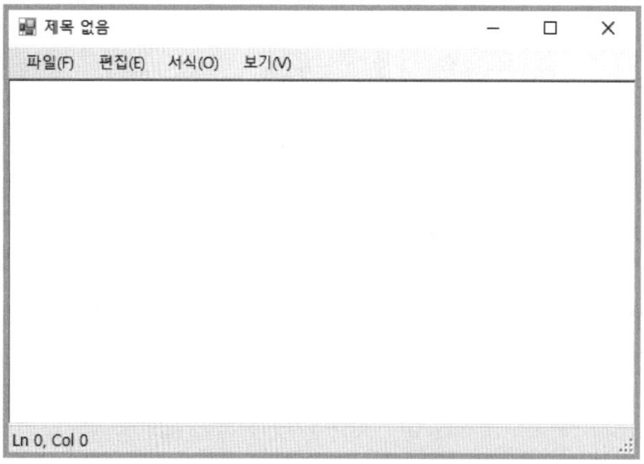

[결과 미리 보기]

4.9.1 메모장(Form1) 디자인

프로젝트 이름을 'mook_Notepad'로 하여 'C:\vb2017project\Chap04' 경로에 새 프로젝트를 생성한다. 다음 그림과 같이 윈도우 폼에 필요한 컨트롤을 위치시켜 폼을 디자인하고, 각 각 컨트롤의 속성값을 설정한다.

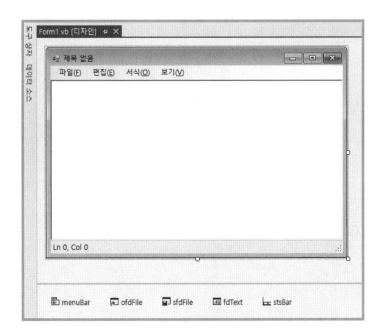

폼 디자인에 사용된 각 컨트롤의 주요 속성값은 다음과 같다.

폼 컨트롤	속 성	값
Form1	Name	Form1
	Text	제목 없음
MenuStrip1	Name	menuBar
RichTextBox1	Name	txtNote
	Dock	Fill
	Multiline	True
	ScrollBars	Both
FontDialog1	Name	fdText
OpenFileDialog1	Name	ofdFile
	Filter	텍스트 파일(*.txt)|*.txt| 모든 파일(*.*)|*.*
SaveFileDialog1	Name	sfdFile
	FileName	텍스트
	Filter	텍스트 파일(*.txt)|*.txt| 모든 파일(*.*)|*.*
StatusStrip1	Name	stsBar

menuBar 컨트롤에 메뉴를 추가하기 위해서 menuBar 컨트롤을 선택하고 직접 메뉴를
그림과 같이 추가한다.

[파일 메뉴]

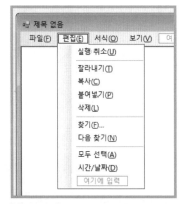

[편집 메뉴]

[서식 메뉴]

[보기 메뉴]

폼 아래에 상태 행을 표시하는 stsBar 컨트롤에 멤버를 추가하기 위해서 그림과 같이
stsBar 컨트롤을 선택하고 ▣▾(멤버 추가) 버튼을 이용하여 StatusLabel 멤버 컨트롤을
추가하고, 다음 표와 같이 속성을 설정한다.

폼 컨트롤	속 성	값
ToolStripStatusLabel1	Name	tsslblMove
	Text	Ln 0, Col 0

stsBar 컨트롤에 멤버를 추가하고 속성을 설정하면 다음과 같은 모습으로 표시된다.

4.9.2 메모장(Form1.vb) 코드 구현

Imports 키워드를 이용하여 필요한 네임스페이스를 다음과 같이 추가한다.

```
Imports System.IO
```

다음과 같이 멤버 개체 및 변수를 클래스 상단에 추가한다.

```
Private txtNoteChange As Boolean        '내용 변경 체크
Private fWord As String                 '찾기 문자열
```

다음의 새로만들기NToolStripMenuItem1_Click() 이벤트 핸들러는 [새로 만들기] 메뉴를 더블클릭하여 생성한 프로시저로, 파일 저장 및 새로운 메모장 페이지 여는 작업을 수행한다.

```
01:  Private Sub 새로만들기NToolStripMenuItem1_Click(
                 ByVal sender As System.Object,
                 ByVal e As System.EventArgs)
               Handles 새로만들기NToolStripMenuItem1.Click
02:      If Me.txtNoteChange = True Then
03:          Dim dlr As DialogResult
04:          Dim msg As String = Me.Text + " 파일의 내용이 변경되었습니다. " &
                            Chr(13) & "변경된 내용을 저장하시겠습니까?"
05:          dlr = MessageBox.Show(msg, "메모장",
                                   MessageBoxButtons.YesNoCancel,
                                   MessageBoxIcon.Warning)
06:          If dlr = Windows.Forms.DialogResult.Yes Then
07:              textSave()
08:              Me.txtNote.ResetText()
09:              Me.Text = "제목 없음"
10:          ElseIf dlr = Windows.Forms.DialogResult.No Then
11:              Me.txtNote.ResetText()
12:              Me.Text = "제목 없음"
```

```
13:              Me.txtNoteChange = False
14:           ElseIf dlr = Windows.Forms.DialogResult.Cancel Then
15:               Return
16:           End If
17:       Else
18:           Me.txtNote.ResetText()
19:           Me.Text = "제목 없음"
20:           Me.txtNoteChange = False
21:       End If
22:   End Sub
```

2행   txtNoteChange 멤버 변수의 값이 True이면 txtNote 컨트롤의 입력된 데이터가 변경된 것으로 판단하여 내용을 저장하거나 무시하는 작업을 수행한다.

5행   MessageBox.Show() 메서드의 DialogResult의 열거형에 따라 저장 및 무시 작업을 수행한다.

6-9행   5행에서 표시된 메시지 박스에서 [Yes] 버튼을 클릭했을 때 textSave() 메서드를 호출하여 내용을 저장하고, 8행 txtNote.ResetText() 메서드를 이용하여 입력된 문자열을 모두 지우는 작업을 수행한다.

10-13행   5행에서 표시된 메시지 박스에서 [No] 버튼을 클릭했을 때, 즉 저장하지 않음으로 하여 txtNote.ResetText() 메서드를 이용하여 내용을 모두 지우는 작업을 수행하여 초기화하고, txtNoteChange 멤버 변수도 False 값으로 저장한다.

14-15행   메시지 박스의 [Cancel] 버튼을 클릭했을 때 메시지 박스를 취소한다.

다음의 textSave() 메서드는 txtNote 컨트롤에 입력된 데이터를 저장하는 작업을 수행한다.

```
01:  Private Sub textSave()
02:      If Me.Text = "제목 없음" Then
03:          Dim dlr As DialogResult = Me.sfdFile.ShowDialog()
04:          If dlr <> Windows.Forms.DialogResult.Cancel Then
05:              Dim str As String = Me.sfdFile.FileName
06:              Dim sw As StreamWriter = New StreamWriter(str, False,
                                           System.Text.Encoding.Default)
07:              sw.Write(Me.txtNote.Text)
08:              sw.Flush()
09:              sw.Close()
10:              Dim f As FileInfo = New FileInfo(str)
11:              Me.Text = f.FullName
12:              Me.txtNoteChange = False
13:          End If
14:      Else
15:          Dim strt As String = Me.Text
```

```
16:            Dim sw As StreamWriter = New StreamWriter(strt, False,
                                      System.Text.Encoding.Default)
17:            sw.Write(Me.txtNote.Text)
18:            sw.Flush()
19:            sw.Close()
20:            Me.Text = strt
21:            Me.txtNoteChange = False
22:       End If
23:  End Sub
```

2행   Me.Text 속성의 값이 '제목 없음'이면 저장되지 않은 초기 상태로 판단하여 새
         로 저장하는 작업을 수행한다.

3행   sfdFile.ShowDialog() 메서드를 호출하여 [다른 이름으로 저장] 대화상자를 호
         출한다.

4-13행   StreamWriter 클래스의 개체를 이용하여 txtNote 컨트롤에 입력된 문자열을
         지정된 파일에 저장하는 작업을 수행한다.

5행   sfdFile.FileName 속성을 이용하여 저장할 파일의 경로를 변수 str에 저장하는
         구문이다.

6행   파일을 생성하기 위해서 StreamWriter 클래스의 개체 sw를 생성하는 구문으로
         생성자에 저장할 파일의 경로(str)와 지정 파일이 존재할 경우 덮어쓰기(False)
         그리고 사용할 문자 인코딩(기본값인 System.Text.Encoding.Default)을 전달
         한다.

7행   sw.Write() 메서드를 이용하여 txtNote 컨트롤에 입력된 문자열을 스트림에 쓰
         는 작업을 수행한다.

8행   sw.Flush() 메서드를 이용하여 현재 작성된 스트림의 모든 버퍼를 지우며 버퍼
         링된 모든 데이터를 내부 스트림에 기록하는 작업을 수행한다.

9행   sw.Close() 메서드를 이용하여 개체를 닫는다.

14-21행 txt.Text 속성의 값이 '제목 없음'이 아닐 경우 이미 저장된 이력이 있다는 의미
         로 StreamWriter 클래스 및 인터페이스를 이용하여 바로 저장하는 작업을 수행
         한다.

다음의 열기OToolStripMenuItem_Click() 이벤트 핸들러는 [열기] 메뉴를 더블클릭하
여 생성한 프로시저로, 파일을 열기 전에 txtNote 컨트롤의 문자열 내용 저장에 대해 질
의하고 파일을 여는 작업을 수행한다.

```
Private Sub 열기OToolStripMenuItem_Click(ByVal sender As System.Object,
             ByVal e As System.EventArgs)
             Handles 열기OToolStripMenuItem.Click
    If Me.txtNoteChange = True Then
        Dim dlr As DialogResult
        Dim msg As String = Me.Text + " 파일의 내용이 변경되었습니다." &
             Chr(13) & "변경된 내용을 저장하시겠습니까?"
        dlr = MessageBox.Show(msg, "메모장",
             MessageBoxButtons.YesNoCancel, MessageBoxIcon.Warning)
        If dlr = Windows.Forms.DialogResult.Yes Then
            textSave()
            textOpen()
        ElseIf dlr = Windows.Forms.DialogResult.No Then
            textOpen()
        ElseIf dlr = Windows.Forms.DialogResult.Cancel Then
            Return
        End If
    Else
        textOpen()
    End If
End Sub
```

다음의 textOpen() 메서드는 StreamReader 클래스를 이용하여 파일을 열고 파일의 내용을 txtNote 컨트롤에 나타내는 작업을 수행한다.

```
01:  Private Sub textOpen()
02:      Dim dr As DialogResult = Me.ofdFile.ShowDialog()
03:      If dr <> Windows.Forms.DialogResult.Cancel Then
04:          Dim str As String = Me.ofdFile.FileName
05:          Dim sr As StreamReader = New StreamReader(str,
                                   System.Text.Encoding.Default)
06:          Me.txtNote.Text = sr.ReadToEnd()
07:          sr.Close()
08:          Dim f As FileInfo = New FileInfo(str)
09:          Me.Text = f.FullName
10:          Me.txtNoteChange = False
11:      End If
12:  End Sub
```

2행   ofdFile.ShowDialog() 메서드를 호출하여 [열기] 대화상자를 호출하고 파일이
        선택되면 3~10행을 수행하여 txtNote 컨트롤에 데이터를 나타낸다.

5행   StreamReader 클래스의 개체 sr을 생성하는 구문으로 생성자에 읽을 파일의
        경로(str)와 사용할 문자 인코딩(기본값인 System.Text.Encoding.Default)을 전
        달한다.

6행 sr.ReadToEnd() 메서드를 호출하여 스트림에 써진 데이터의 처음부터 끝까지 한 번에 읽어와 txtNote 컨트롤에 나타내는 작업을 수행한다.

7행 sr.Close() 메서드를 이용하여 StreamReader 클래스의 개체를 닫는 작업을 수행한다.

9행 this.Text 속성에 열린 파일의 전체 경로를 입력하는 작업을 수행하여, 파일을 저장할 때 경로로 사용된다.

다음의 txtNote_TextChanged() 이벤트 핸들러는 txtNote 컨트롤을 선택 후 이벤트 목록 창에서 [TextChanged] 이벤트 항목을 더블클릭하여 생성한 프로시저로 txtNote 컨트롤에 데이터가 입력되면 txtNoteChange 변수의 값을 True로 설정하여 txtNote 컨트롤에 입력된 내용이 변경되었음을 판단할 수 있게 한다.

```
Private Sub txtNote_TextChanged(sender As Object, e As EventArgs)
            Handles txtNote.TextChanged
    Me.txtNoteChange = True        '데이터 변경됨
End Sub
```

다음의 다른이름으로저장AToolStripMenuItem_Click() 이벤트 핸들러는 [다른 이름으로 저장] 메뉴를 더블클릭하여 생성한 프로시저로, [다른 이름으로 저장] 대화상자를 호출하여 txtNote 컨트롤에 입력된 문자열을 파일에 저장하는 작업을 수행한다.

```
01:   Private Sub 다른이름으로저장AToolStripMenuItem_Click(
            ByVal sender As System.Object,
            ByVal e As System.EventArgs)
            Handles 다른이름으로저장AToolStripMenuItem.Click
02:       Dim dlr As DialogResult = Me.sfdFile.ShowDialog()
03:       If dlr <> Windows.Forms.DialogResult.Cancel Then
04:           Dim str As String = Me.sfdFile.FileName
05:           Dim sw As StreamWriter = New StreamWriter(str, False,
                        System.Text.Encoding.Default)
06:           sw.Write(Me.txtNote.Text)
07:           sw.Flush()
08:           sw.Close()
09:           Dim f As FileInfo = New FileInfo(str)
10:           Me.Text = f.FullName
11:           Me.txtNoteChange = False
12:       End If
13:   End Sub
```

2행 sfdFile.ShowDialog() 메서드를 이용하여 [다른 이름으로 저장] 대화상자를 호출하고 저장할 파일을 지정하기 위한 작업을 수행한다.

5행 StreamWriter 클래스의 개체 sw를 생성하는 구문으로 생성자에 파일의 경로 (str)와 지정된 파일이 존재하는 경우 덮어쓰기(False) 그리고 사용할 문자 인코 딩(기본 값인 System.Text.Encoding.Default)을 전달한다.

6행 sw.Write() 메서드를 호출하여 txtNote 컨트롤에 입력된 문자열을 스트림에 쓴다.

다음의 찾기FToolStripMenuItem_Click() 이벤트 핸들러는 [찾기] 메뉴를 더블클릭하여 생성한 프로시저로, 뒤에서 생성할 Form2의 txtWord 컨트롤에 입력된 문자열 즉, txtWord.Text 속성의 값과 같은 문자열을 찾는 작업을 수행한다. 아직 Form2의 개체를 생성하지 않아 다음 구문을 구현(실행)하는데 제한되지만, 뒤에서 Form2의 개체를 생성하면 자연스럽게 해결된다.

```
01:  Private Sub 찾기FToolStripMenuItem_Click(ByVal sender As System.Object,
         ByVal e As System.EventArgs) Handles 찾기FToolStripMenuItem.Click
02:     If Not (Form2 Is Nothing Or Not Form2.Visible) Then
03:        Form2.Focus()
04:        Return
05:     End If
06:     If Me.txtNote.SelectionLength = 0 Then
07:        Form2.txtWord.Text = Me.fWord
08:     Else
09:        Form2.txtWord.Text = Me.txtNote.SelectedText
10:     End If
11:     AddHandler Form2.btnOk.Click, AddressOf Me.btnOk_Click
12:     Form2.Show()
13:  End Sub
```

2행 Form2의 리소스가 존재하거나 폼이 활성화되어 있다면 3행을 실행하라는 If 구문이다. 문자열을 찾는 과정에 대한 실제 처리는 Form2에서 수행되기 때문에 수행에 앞서 Form2가 정상적으로 실행되어 있는지 확인하는 것으로 3행은 Form2에 포커스를 주는 작업을 수행한다.

6행 txtNote.SelectionLength 속성을 이용하여 txtNote 컨트롤의 Text 데이터 중에 선택된 문자열이 있는지를 판단하는 구문으로 선택된 문자열의 길이가 0이면, 즉 선택된 문자열이 없으면 7행을 수행한다.

9행 선택된 문자열이 있다면 txtNote.SelectionText 속성을 이용하여 Form2의 txtWord.Text 속성에 선택된 문자열을 저장하는 작업을 수행한다.

11행 Form2의 btnOk.Click 이벤트에 Form1의 btnOk_Click 이벤트 핸들러를 메서드를 AddHandler 키워드를 이용하여 등록하는 작업을 수행한다. 이는 btnOk 버튼은 Form2에 있지만, 실제 이벤트가 발생했을 때 해당 이벤트를 처리하는 이벤트 핸들러는 Form1의 btnOk_Click() 메서드가 된다.

다음의 다음찾기|NToolStripMenuItem_Click() 이벤트 핸들러는 [다음 찾기] 메뉴를 더블클릭하여 생성한 프로시저로, 현재 찾는 문자열 다음의 문자열을 찾기 위해서 btnOk_Click() 메서드를 실행시키는 작업을 수행한다.

```
01:    Private Sub 다음찾기|NToolStripMenuItem_Click(
                ByVal sender As System.Object,
                ByVal e As System.EventArgs)
                Handles 다음찾기|NToolStripMenuItem.Click
02:        If Not (Form2 Is Nothing Or Not Form2.Visible) Then
03:            Form2.txtWord.Text = Me.fWord
04:            Me.btnOk_Click(Me, EventArgs.Empty)    '다음 순서의 검색어를 찾는다
05:        End If
06:    End Sub
```

4행   btnOk_Click(Me, EventArgs.Empty) 이벤트 핸들러의 인자값으로 Me와 Empty를 전달하여 찾기 작업을 수행하는 것과 같은 효과를 주어 다음 순서에 오는 문자열을 찾는다.

다음의 btnOk_Click() 이벤트 핸들러는 수동으로 생성한 프로시저로, 앞서 대리자로 지정된 이벤트가 발생하면 이벤트를 처리하는 처리기 역할을 하며, txtNote 컨트롤의 Text 속성값에서 찾을 문자열을 검색하는 작업을 수행한다.

```
01:    Private Sub btnOk_Click(ByVal sender As System.Object,
                    ByVal e As System.EventArgs)
02:        Dim updown As Integer = -1
03:        Dim str As String = Me.txtNote.Text '본문 저장
04:        Dim findWord As String = Form2.txtWord.Text '찾을 문자열 저장

05:        If Form2.chb.Checked = False Then
06:            str = str.ToUpper() '저장된 본문을 대문자로 변환
07:            findWord = findWord.ToUpper()
08:        End If

09:        If Form2.rdb01.Checked = True Then
10:            If Me.txtNote.SelectionStart <> 0 Then
11:                updown = str.LastIndexOf(findWord,
                            Me.txtNote.SelectionStart - 1)
12:            End If
13:        Else
14:            updown = str.IndexOf(findWord, Me.txtNote.SelectionStart +
                            Me.txtNote.SelectionLength)
15:        End If
16:        If updown = -1 Then
17:            MessageBox.Show("더 이상 찾는 문자열이 없습니다.", "메모장",
                    MessageBoxButtons.OK, MessageBoxIcon.Warning)
```

```
18:          Return
19:        End If
20:        Me.txtNote.Select(updown, findWord.Length)
21:        fWord = Form2.txtWord.Text
22:        Me.txtNote.Focus()
23:        Me.txtNote.ScrollToCaret()
24:    End Sub
```

5-8행 대소문자를 구별하여 검색할 때 사용하는 구문으로 대문자를 검색하기 위해서 본문 내용과 찾을 문자열을 ToUpper() 메서드를 이용하여 대문자로 변환한다.

10-12행 txtNote.SelectionStar 속성을 이용하여 텍스트 상자에서 선택한 텍스트의 시작 지점을 가져오는 작업으로 현재 선택된 데이터가 있다면 11행을 수행한다.

11행 찾기 방향을 위로 진행하는 것으로 이를 수행하기 위해서 str.LastIndexOf() 메서드(TIP "LastIndexOf() 메서드" 참고)를 이용하여 지정된 문자 위치에서 뒤로 검색한다. str.LastIndexOf() 메서드를 이용하여 이 개체 내에 있는 일치되는 문자의 위치(인덱스)를 가져오는 작업을 수행한다.

13-14행 찾기 방향을 아래로 진행하는 것으로 이를 수행하기 위해 14행 IndexOf() 메서드를 이용하여 지정된 문자 위치에서 앞으로 검색을 수행한다.

16-19행 LastIndexOf() 메서드와 IndexOf() 메서드(TIP "IndexOf() 메서드" 참고)의 반환 값이 −1일 때 즉, 현재 선택된 데이터가 없다면 17행을 수행하여 메시지 박스를 호출한다.

20행 txtNote.Select() 메서드를 이용하여 지정된 문자 범위를 선택한다.

23행 txtNote.ScrollToCaret() 메서드(TIP "ScrollToCaret() 메서드" 참고)를 이용하여 선택된 문자 위치까지 스크롤하여 내용을 나타낸다.

TIP

LastIndexOf(value, startIndex)

지정된 문자 위치에서 검색을 시작하고 문자열의 시작 부분을 향해 뒤로 검색을 수행하며, 마지막으로 발견되는 지정된 문자열의 인덱스 위치를 반환

- value : 검색할 문자
- startIndex : 검색을 시작할 위치

TIP

IndexOf(value, startIndex)

검색은 지정된 문자 위치에서 시작되며, 맨 처음 발견되는 지정된 문자열의 인덱스 위치를 반환

- value : 검색할 문자
- startIndex : 검색을 시작할 위치

Select(updown, findWord.Length)

텍스트 상자의 텍스트 범위를 선택

- updown : 텍스트 상자에서 현재 선택한 텍스트의 첫 번째 문자에 대한 위치
- findWordLength : 선택할 문자 수

다음의 이벤트 핸들러는 각각의 메뉴를 더블클릭하여 생성한 프로시저로, 설명은 주석을 참고하기 바란다.

```
Private Sub 저장SToolStripMenuItem_Click(
        ByVal sender As System.Object,
        ByVal e As System.EventArgs) Handles 저장SToolStripMenuItem.Click
    textSave()                 '저장 함수 호출
End Sub
```

```
Private Sub 끝내기XToolStripMenuItem_Click(
        ByVal sender As System.Object,
        ByVal e As System.EventArgs)
        Handles 끝내기XToolStripMenuItem.Click
    Me.Close()                 '폼 닫기
End Sub
```

```
Private Sub 실행취소UToolStripMenuItem_Click(
        ByVal sender As System.Object,
        ByVal e As System.EventArgs)
        Handles 실행취소UToolStripMenuItem.Click
    Me.txtNote.Undo() '텍스트 박스의 변경사항을 취소하고 이전 상태로 되돌려줌
End Sub
```

```
Private Sub 잘라내기TToolStripMenuItem_Click(
        ByVal sender As System.Object,
        ByVal e As System.EventArgs)
        Handles 잘라내기TToolStripMenuItem.Click
    Me.txtNote.Cut()              '선택된 텍스트를 잘라낸다.
End Sub
```

```
Private Sub 복사CToolStripMenuItem_Click(
        ByVal sender As System.Object,
        ByVal e As System.EventArgs) Handles 복사CToolStripMenuItem.Click
    Me.txtNote.Copy()             '선택된 텍스트를 복사한다.
End Sub
```

```vb
Private Sub 붙여넣기PToolStripMenuItem_Click(
        ByVal sender As System.Object,
        ByVal e As System.EventArgs)
        Handles 붙여넣기PToolStripMenuItem.Click
    Me.txtNote.Paste()              '텍스트 데이터 붙여넣기
End Sub
```

```vb
Private Sub 삭제LToolStripMenuItem_Click(
        ByVal sender As System.Object,
        ByVal e As System.EventArgs) Handles 삭제LToolStripMenuItem.Click
    Me.txtNote.SelectedText = ""       '선택된 텍스트 지우기
End Sub
```

```vb
Private Sub 모두선택AToolStripMenuItem_Click(
        ByVal sender As System.Object,
        ByVal e As System.EventArgs)
        Handles 모두선택AToolStripMenuItem.Click
    Me.txtNote.SelectAll() '메모장의 텍스트 모두 선택
End Sub
```

```vb
Private Sub 시간날짜DToolStripMenuItem_Click(
        ByVal sender As System.Object,
        ByVal e As System.EventArgs)
        Handles 시간날짜DToolStripMenuItem.Click
    Dim time As String = DateTime.Now.ToShortTimeString() '현재 시간 얻기
    Dim Tdate As String = DateTime.Today.ToShortDateString() '오늘 날짜 얻기
    Me.txtNote.AppendText(time + "/" + Tdate) '커서가 위치한 곳에 시간/날짜 추가
End Sub
```

```vb
Private Sub 자동줄바꿈WToolStripMenuItem_Click(
        ByVal sender As System.Object,
        ByVal e As System.EventArgs)
        Handles 자동줄바꿈WToolStripMenuItem.Click
    Me.txtNote.WordWrap = Not (Me.txtNote.WordWrap)     '줄 바꿈 효과
    If Me.자동줄바꿈WToolStripMenuItem.Checked = True Then
        Me.자동줄바꿈WToolStripMenuItem.Checked = False
        Me.상태표시줄SToolStripMenuItem.Enabled = True
        If 상태표시줄SToolStripMenuItem.Checked = True Then
            Me.stsBar.Visible = True
        Else
            Me.stsBar.Visible = False
        End If
    Else
        Me.자동줄바꿈WToolStripMenuItem.Checked = True
        Me.상태표시줄SToolStripMenuItem.Enabled = False
```

```
        Me.stsBar.Visible = False
    End If
End Sub
```

```
Private Sub 글꼴FToolStripMenuItem_Click(
        ByVal sender As System.Object,
        ByVal e As System.EventArgs)
        Handles 글꼴FToolStripMenuItem.Click
    '폰트 대화상자 호출
    If Me.fdText.ShowDialog() <> Windows.Forms.DialogResult.Cancel Then

        Me.txtNote.Font = Me.fdText.Font        '텍스트 박스의 폰트 변경
    End If
End Sub
```

```
Private Sub 상태표시줄SToolStripMenuItem_Click(
        sender As Object,
        e As EventArgs)
        Handles 상태표시줄SToolStripMenuItem.Click
    If 상태표시줄SToolStripMenuItem.Checked = True Then
        상태표시줄SToolStripMenuItem.Checked = False
        Me.stsBar.Visible = False
    Else
        상태표시줄SToolStripMenuItem.Checked = True
        Me.stsBar.Visible = True
    End If
End Sub
```

다음의 Form1_FormClosing() 이벤트 핸들러는 폼을 선택하고 이벤트 목록 창에서
[FormClosing] 이벤트 항목을 더블클릭하여 생성한 프로시저로, 폼이 닫힐 때 발생하는
이벤트를 제어하고, txtNote 컨트롤의 입력된 값에 따라 데이터를 저장할지를 판단하고
저장 또는 폼을 닫는 작업을 수행한다.

```
Private Sub Form1_FormClosing(ByVal sender As System.Object,
            ByVal e As System.Windows.Forms.FormClosingEventArgs)
            Handles MyBase.FormClosing
    e.Cancel = True
    If Me.txtNoteChange = True Then
        Dim dlr As DialogResult
        Dim msg As String = Me.Text + " 파일의 내용이 변경되었습니다." &
                Chr(13) & "변경된 내용을 저장하시겠습니까?"
        dlr = MessageBox.Show(msg, "메모장",
                MessageBoxButtons.YesNoCancel, MessageBoxIcon.Warning)
        If dlr = Windows.Forms.DialogResult.Yes Then
            If Me.Text = "제목 없음" Then
```

```
                        Dim dr As DialogResult = Me.sfdFile.ShowDialog()
                        If dr <> Windows.Forms.DialogResult.Cancel Then
                            Dim str As String = Me.sfdFile.FileName
                            Dim sw As StreamWriter = New StreamWriter(str, False,
                                            System.Text.Encoding.Default)
                            sw.Write(Me.txtNote.Text)
                            sw.Flush()
                            sw.Close()
                            Me.txtNoteChange = False
                        End If
                    Else
                        Dim str As String = Me.Text
                        Dim sw As StreamWriter = New StreamWriter(str, False,
                                        System.Text.Encoding.Default)
                        sw.Write(Me.txtNote.Text)
                        sw.Flush()
                        sw.Close()
                        Me.txtNoteChange = False
                    End If
                    Me.Dispose()
                ElseIf dlr = Windows.Forms.DialogResult.No Then
                    Me.Dispose()
                ElseIf dlr = Windows.Forms.DialogResult.Cancel Then
                    Return
                End If
            Else
                Me.Dispose()
            End If
End Sub
```

다음의 txtNote_MouseClick()과 txtNote_KeyUp() 이벤트 핸들러는 폼을 선택하고 이
벤트 목록 창에서 각각 [MouseClick]과 [KeyUp] 이벤트 항목을 더블클릭하여 생성한
프로시저로, 현재 선택 지점의 행과 열을 나타내는 작업을 수행한다.

```
01:  Private Sub txtNote_MouseClick(sender As Object, e As MouseEventArgs)
                Handles txtNote.MouseClick
02:      Dim charidx =
                Me.txtNote.GetLineFromCharIndex(Me.txtNote.SelectionStart)
03:      Me.tsslblMove.Text = "Ln " & (charidx + 1).ToString() & ", Col " &
                (Me.txtNote.SelectionStart - LineColNum(charidx)).ToString()
04:  End Sub

05:  Private Function LineColNum(num As Integer) As Double
06:      Dim n = 0
07:      For i = 0 To num - 1 Step 1
08:          n += Me.txtNote.Lines(i).Length + 1
09:      Next i
```

```
10:        Return n
11:  End Function

12:  Private Sub txtNote_KeyUp(sender As Object, e As KeyEventArgs)
                     Handles txtNote.KeyUp
13:      If e.KeyValue = 37 Or e.KeyValue = 38 Or e.KeyValue = 39 Or
            e.KeyValue = 40 Then
14:        Dim charidx =
                Me.txtNote.GetLineFromCharIndex(Me.txtNote.SelectionStart)
15:        Me.tsslblMove.Text = "Ln " & (charidx + 1).ToString() & ", Col " &
                (Me.txtNote.SelectionStart - LineColNum(charidx)).ToString()
16:      End If
17:  End Sub
```

2행　　txtNote.GetLineFromCharIndex() 메서드(**TIP** "GetLineFromCharIndex() 메서드" 참고)를 이용하여 클릭된 위치의 세로 인덱스 번호 즉, 행 번호를 얻어 charidx에 저장한다.

3행　　txtNote 컨트롤을 클릭했을 때 행과 열의 인덱스 번호를 tsslMove.Text 속성에 저장하여 화면에 나타나도록 한다. 열의 인덱스를 얻기 위해서 LineColNum() 메서드를 호출한다.

5-11행　클릭한 지점의 열 인덱스를 구하는 메서드로 txtNote.SelectionStart 속성 (**TIP** "TextBox 컨트롤의 SelectionStart 속성" 참고)을 통해 클릭 지점의 첫 행부터의 입력된 문자열의 열 인덱스를 구하고, For ~ Next 구문을 통해 txtNote.Line(i).Length + 1 값을 통해 모든 행, 모든 행 열의 인덱스를 구해서 LineColNum() 함수를 호출하는 3행의 연산식으로 현재 행, 열의 인덱스를 반환 한다.

TIP

RichTextBox.GetLineFromCharIndex(index) 메서드

줄 번호의 텍스트 내에서 지정 된 문자 위치를 나타낸다.

• index : 검색할 문자 인덱스 위치

TIP

TextBox 컨트롤의 SelectionStart 속성

텍스트 상자에서 선택한 텍스트의 시작 지점을 가져오거나 설정한다.

4.9.3 찾기(Form2) 디자인

솔루션 탐색기에서 프로젝트 이름을 마우스 오른쪽 버튼으로 클릭하여 표시되는 단축메뉴에서 [추가]-[Windows Form] 메뉴를 선택하여 'Form2.vb'를 생성한 뒤에 다음 그림과 같이 윈도우 폼에 필요한 컨트롤을 위치시켜 폼을 디자인하고, 각 컨트롤의 속성값을 설정한다.

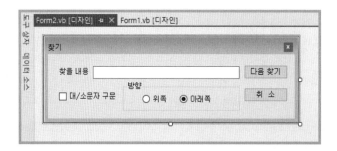

폼 디자인에 사용된 컨트롤의 주요 속성값은 다음과 같다.

폼 컨트롤	속 성	값
Form2	Name	Form2
	Text	찾기
	FormBorderStyle	FixedSingle
	MaximizeBox	False
	MinimizeBox	False
	ShowIcon	False
	ShowInTaskbar	False
	StartPosition	CenterParent
	TopMost	True
Label1	Name	lblWord
	Text	찾을 내용
TextBox1	Name	txtWord
Button1	Name	btnOk
	Text	다음 찾기
Button2	Name	btnCancel
	Text	취 소
CheckBox1	Name	chOption
	Text	대/소문자 구문
BroupBox1	Name	groupBox
	Text	방향
RadioButton1	Name	rdb01
	Text	위쪽

	Name	rdb02
RadioButton2	Text	아래쪽
	Checked	True

4.9.4 찾기(Form2.vb) 코드 구현

다음의 txtWord_TextChanged() 이벤트 핸들러는 txtWord 컨트롤을 선택하고 이벤트 목록 창에서 [TextChanged] 이벤트 항목을 더블클릭하여 생성한 프로시저로, txtWord 컨트롤의 입력 데이터가 있다면 즉, 찾을 문자열이 있다면 [다음 찾기] 버튼을 활성화하여 문자열 찾기 기능을 수행할 수 있도록 하고, 입력 데이터가 없다면 [다음 찾기] 버튼을 비활성화하는 작업을 수행한다.

```
Private Sub txtWord_TextChanged(ByVal sender As System.Object,
            ByVal e As System.EventArgs) Handles txtWord.TextChanged
    If Me.txtWord.Text = "" Then
        Me.btnOk.Enabled = False        '버튼 비활성화
    Else
        Me.btnOk.Enabled = True         '버튼 활성화
    End If
End Sub
```

다음의 btnCancel_Click() 이벤트 핸들러는 [취 소] 버튼을 더블클릭하여 생성한 프로시저로 this.Close() 메서드를 호출하여 폼을 종료한다.

```
Private Sub btnCancel_Click(ByVal sender As System.Object,
            ByVal e As System.EventArgs) Handles btnCancel.Click
    Me.Close() '폼 종료
End Sub
```

4.9.5 메모장 예제 실행

다음 그림은 메모장 예제를 F5를 눌러 실행한 화면이다. 예제를 실행하여 텍스트를 작성하고 파일로 저장한다.

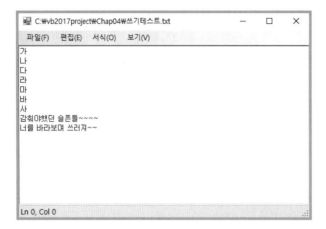

저장된 텍스트 파일을 애플리케이션에서 읽어 표시한 결과이다.

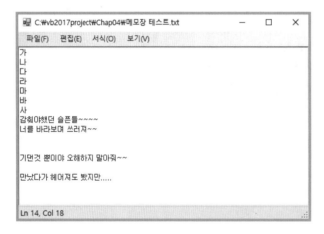

앞서 애플리케이션에서 작성하여 저장된 파일을 윈도우의 기본 애플리케이션인 메모장
을 이용하여 확인해 본다.

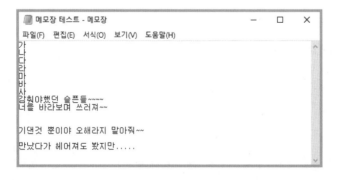

애플리케이션에서 임의의 단어를 검색해 본 결과이다.

이 장은 메모장 예제를 살펴보는 것을 끝으로 설명을 마치고 다음 장에서는 그래픽을 제어하여 이미지를 만들고, 폼 모양을 변경하는 등의 그래픽 관련 클래스와 인터페이스를 이용하는 방법과 .Net Framework에서 기본으로 제공되는 그래픽 관련 기능에 대해 살펴보도록 한다.

5장에서 자유로운 폼 모양, 라인 및 도형 그리기, 우산 폼, 시스템 성능 보기, 워터마킹, 그래프 그리기, 화면 캡처, 오목판 그리기 등 다양한 예제를 구현하면서 그래픽 관련 클래스에 대해 살펴볼 것이다.

CHAPTER 05

이 장에서는 자유로운 폼 모양, 라인 및 도형 그리기, 우산 폼 모양, 워터마킹, 그래프 그리기 등의 예제를 구현하면서 그래픽 관련 클래스를 어떻게 사용하여 윈도우 애플리케이션을 구현하는지 살펴본다. 사실 그래픽 또는 영상처리를 전문적으로 익히기에 책의 한 챕터 분량으로는 턱없이 모자란다.

하지만, .Net Framework에서 기본적으로 제공하는 그래픽 라이브러리를 이용하면 전문적인 그래픽 관련 도구를 구현하는 것은 어렵겠지만, 간단한 기능의 그래픽 관련 애플리케이션은 쉽고 빠르게 구현할 수 있다. 응용 애플리케이션을 더욱 비주얼(visual)하면서 완성도 높게 만들기 위한 정도의 수준에서 그래픽 관련 클래스 및 인터페이스를 살펴보기 때문에 쉽게 이해할 수 있으리라 생각한다.

이 절에서 살펴보는 예제는 다음과 같다.

- 자유로운 폼 모양
- 라인 및 도형 그리기
- 우산 폼 모양
- CPU 사용량 보기
- 화면 캡처
- 워터마킹
- 그래프 그리기
- 오목판 그리기

5.1 자유로운 폼 모양

이 절에서 살펴보는 자유로운 폼 모양 예제는 폼을 다양한 모양으로 변형하여 출력하는 예제이다. 특별한 기술로 구현한 애플리케이션은 아니지만, 사각형의 윈도우 폼을 다른 모양으로 변경하는 방법을 살펴보고, 이를 활용하면 좀 더 다양한 형태의 애플리케이션을 구현할 수 있으리라 생각한다. 다각형과 도넛 모양 그리고 문자 모형으로 구성된 예를 살펴보면서 그래픽 제어에 대한 준비 및 시작을 해보자.

다음 그림은 자유로운 폼 모양 애플리케이션을 구현하고 실행한 결과 화면이다.

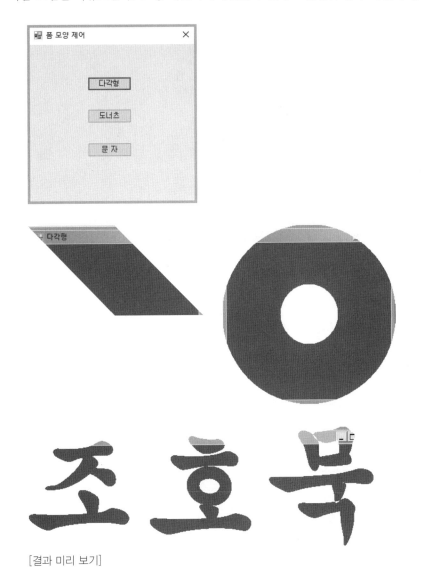

[결과 미리 보기]

5.1.1 자유로운 폼 모양 폼(Form1) 디자인

프로젝트 이름을 'mook_FormShape'로 하여 'C:\vb2017project\Chap05' 경로에 새 프로젝트를 생성한다. 다음 그림과 같이 윈도우 폼에 필요한 컨트롤을 위치시켜 폼을 디자인하고, 각 컨트롤의 속성값을 설정한다.

폼 디자인에 사용된 컨트롤의 주요 속성값은 다음과 같다.

폼 컨트롤	속 성	값
Form1	Name	Form1
	Text	폼 모양 제어
	FormBorderStyle	FixedSingle
	MaximizeBox	False
	MinimizeBox	False
Button1	Name	btnShow01
	Text	다각형
Button2	Name	btnShow02
	Text	도너츠
Button3	Name	btnShow03
	Text	문 자

5.1.2 자유로운 폼 모양 폼(Form1.vb) 코드 구현

다음의 이벤트 핸들러는 ShowDialog() 메서드를 이용하여 해당하는 폼을 실행하는 작업을 수행한다.

```
Private Sub btnShow01_Click(ByVal sender As System.Object,
        ByVal e As System.EventArgs) Handles btnShow01.Click
    Dim frm2 = New Form2()
    frm2.ShowDialog()        '폼2 호출
End Sub

Private Sub btnShow02_Click(ByVal sender As System.Object,
        ByVal e As System.EventArgs) Handles btnShow02.Click
```

```
    Dim frm3 = New Form3()
    frm3.ShowDialog()          '폼3 호출
End Sub

Private Sub btnShow03_Click(ByVal sender As System.Object,
        ByVal e As System.EventArgs) Handles btnShow03.Click
    Dim frm4 = New Form4()
    frm4.ShowDialog()          '폼4 호출
End Sub
```

5.1.3 다각형 폼(Form2) 디자인

솔루션 탐색기에서 솔루션 이름을 마우스 오른쪽 버튼으로 클릭하여 표시되는 단축메뉴에서 [추가]–[Windows Form] 메뉴를 클릭하거나, 비주얼스튜디오의 메뉴 [파일]–[추가]–[새 프로젝트]–[Windows Forms 응용 프로그램]을 눌러 Form2를 생성한 뒤에 다음 그림과 같이 Form2 디자인 창에 필요한 컨트롤을 위치시켜 폼을 디자인하고, 각 컨트롤의 속성값을 설정한다.

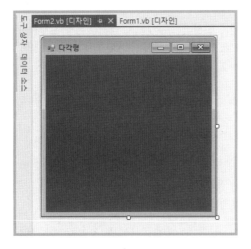

폼 디자인에 사용된 컨트롤의 주요 속성값은 다음과 같다.

폼 컨트롤	속 성	값
Form2	Name	Form2
	Text	다각형
	BackColor	Highlight

5.1.4 다각형 폼(Form2.vb) 코드 구현

다음의 Form2_Load() 이벤트 핸들러는 폼을 더블클릭하여 생성한 프로시저로, 모양을
다각형으로 만드는 작업을 수행한다.

```
01:  Private Sub Form2_Load(ByVal sender As System.Object,
                       ByVal e As System.EventArgs) Handles MyBase.Load
02:      Dim points() As Point = _
                { New Point(0, 0), _
                  New Point(150, 150), _
                  New Point(300, 150), _
                  New Point(150, 0) }
03:      Dim types() As Byte = _
                { Drawing.Drawing2D.PathPointType.Line, _
                  Drawing.Drawing2D.PathPointType.Line, _
                  Drawing.Drawing2D.PathPointType.Line, _
                  Drawing.Drawing2D.PathPointType.Line}
04:      Dim show As New Drawing2D.GraphicsPath(points, types)
05:      Me.Region = New Region(show)
06:  End Sub
```

2행   Point 타입의 배열 개체를 생성하는 구문으로 다각형에서 꼭짓점 포인트(사각형
         을 사용할 것이므로 4개)의 좌표값을 Point 개체로 대입하여 배열 개체를 초기
         화한다.

3행   사각형으로 폼을 변경할 것이기 때문에 네 개의 점을 이을 선(line)의 세그먼트
         정보(TIP "PathPointType 열거형" 참고)를 바이트 배열 개체에 대입하여 개체
         를 초기화한다.

4행   2행과 3행의 점과 선의 정보 즉, Point 타입의 배열 개체와 Byte 배열 개체를 이
         용하여 GraphicsPath() 생성자(TIP "GraphicsPath() 생성자" 참고)에 인자 값
         으로 대입하여 show 개체를 생성한다.

5행   4행의 개체 정보를 Region 생성자에 대입하여 폼 창의 영역을 설정하는 작업을
         수행한다.

PathPointType 열거형

GraphicsPath 개체에 있는 지점의 종류를 지정한다.

멤버 이름	설명
Start	GraphicsPath 개체의 시작점
Line	선 세그먼트
Bezier	기본 3차원 곡선
PathTypeMask	마스크 지점
DashMode	해당 세그먼트의 파선
PathMarker	경로 마커
CloseSubpath	하위 경로의 끝점
Bezier3	3차원 큐빅 곡선

GraphicsPath (Point[], Byte[]) 생성자

지정된 PathPointType 및 Point 배열을 사용하여 GraphicsPath 클래스의 새 개체를 초기화하여 다각형을 그린다.

- Point[] : GraphicsPath를 구성하는 지점의 좌표를 정의하는 Point 구조체의 배열
- Byte[] : Point[] 배열에 있는 각 해당 지점의 종류를 지정하는 PathPointType 열거형 요소의 배열

GraphicsPath (Point[], Byte[], FillMode) 생성자

지정된 PathPointType 및 Point 배열과 지정된 FillMode 열거형 요소를 사용하여 GraphicsPath 클래스의 새 개체를 초기화하여 다각형을 그린다.

- Point[] : GraphicsPath를 구성하는 지점의 좌표를 정의하는 Point 구조체의 배열
- Byte[] : Point[] 배열에 있는 각 해당 지점의 종류를 지정하는 PathPointType 열거형 요소의 배열
- FillMode : 이 GraphicsPath에 있는 모양의 내부를 채우는 방법을 지정하는 FillMode 열거형

멤버 이름	설명
Alternate	Alternate 채우기 모드 지정
Winding	Winding 채우기 모드 지정

Alternate 모드는 기본 모드로, 닫힌 그림의 내부를 Alternate mode에서 확인하려면 경로 안에 있는 임의의 시작점에서 경로 밖에 있는 지점까지 선을 그려 본다. 선이 홀수 개의 경로 세그먼트를 지나면 시작점이 닫힌 영역의 내부에 있게 되어 채우기 영역이나 클리핑 영역의 한 부분이 되고, 짝수 개의 경로 세그먼트를 지나면 시작점이 채우기 영역이나 클리핑 영역의 밖에 있게 된다. 열린 그림을 채우거나 클리핑하려면 그림의 끝점에서 시작점을 연결하는 선을 사용한다.

Winding 모드에서는 각 교차 부분에 있는 경로 세그먼트의 방향에 따라 값을 더하거나 빼는데, 시계 방향의 교차 부분을 지날 때마다 1을 더하고 시계 반대 방향의 교차 부분을 지날 때마다 1을 뺀다. 결과값이 0이 아니면 해당 지점이 채우기 영역이나 클리핑 영역의 안에 있고, 값이 0이면 외부에 위치한다.

다음의 Form2_MouseDoubleClick() 이벤트 핸들러는 폼을 선택하고 이벤트 목록 창에서 [MouseDoubleClick] 이벤트 항목을 더블클릭하여 생성한 프로시저로, 폼을 더블클릭할 때 폼을 종료하는 작업을 수행한다.

```
Private Sub Form2_MouseDoubleClick(ByVal sender As System.Object,
            ByVal e As System.Windows.Forms.MouseEventArgs)
            Handles MyBase.MouseDoubleClick
    Me.Close()
End Sub
```

5.1.5 도넛 폼(Form3) 디자인

솔루션 탐색기에서 솔루션 이름을 마우스 오른쪽 버튼으로 클릭하여 표시되는 단축메뉴에서 [추가]-[Windows Form] 메뉴를 클릭하여 Form3을 생성한 뒤에 다음 그림과 같이 Form3 디자인 창에 필요한 컨트롤을 위치시켜 폼을 디자인하고, 컨트롤의 속성값을 설정한다.

폼 디자인에 사용된 컨트롤의 주요 속성값은 다음과 같다.

폼 컨트롤	속 성	값
Form3	Name	Form3
	Text	도너츠
	BackColor	Highlight

5.1.6 도넛 폼(Form3.vb) 코드 구현

다음의 Form3_Load() 이벤트 핸들러는 폼을 더블클릭하여 생성한 프로시저로, 폼이 실행될 때 폼을 도너츠 모양으로 변경하는 작업을 수행한다.

```
01:  Private Sub Form3_Load(ByVal sender As System.Object,
                 ByVal e As System.EventArgs) Handles MyBase.Load

02:      Dim show As New System.Drawing.Drawing2D.GraphicsPath()
03:      show.AddEllipse(New Rectangle(0, 0, 300, 300))
04:      show.AddEllipse(New Rectangle(100, 100, 100, 100))
05:      Me.Region = New Region(show)
06:  End Sub
```

2행   GraphicsPath() 생성자를 이용하여 GraphicsPath 클래스의 개체인 show를 생성한다.

3행   폼을 도너츠 모양으로 만들기 위하여 GraphicsPath.AddEllipse() 메서드(TIP "GraphicsPath.AddEllipse() 메서드" 참고)를 이용하는 구문이다.

구문	설명
New Rectangle(0, 0, 300, 300)	사각형을 나타냄
show.AddEllipse(Rectangle)	사각형에서 그려질 수 있는 타원을 나타냄
show.AddEllipse(New Rectangle(0, 0, 300, 300))	타원을 나타냄

4행   3행과 같은 구문으로 폼이 도넛 모양으로 구현되어야 하기 때문에 도넛 모양의 바깥 원을 그리는 구문이다.

5행   Region 생성자에 대입하여 폼 창의 영역을 설정하여 도넛 모양의 폼을 만드는 작업을 수행한다.

TIP

GraphicsPath.AddEllipse (Rectangle) 메서드

타원을 현재 경로에 추가한다.

• Rectangle : 타원을 정의하는 경계 사각형을 나타내는 rectangle 사각형

> **TIP**
>
> **Rectangle (x, y, width, height) 생성자**
>
> 지정된 위치와 크기를 사용하여 Rectangle 클래스의 새 개체를 초기화한다.
>
> - x : 사각형의 왼쪽 위 모퉁이의 x좌표
> - y : 사각형의 왼쪽 위 모퉁이의 y좌표
> - width : 사각형의 너비
> - height : 사각형의 높이
>
> **Rectangle (Point, Size) 생성자**
>
> 지정된 위치와 크기를 사용하여 Rectangle 클래스의 새 개체를 초기화한다.
>
> - Point : 사각형 영역의 왼쪽 위 모퉁이를 나타내는 Point
> - Size : 사각형 영역의 너비 및 높이를 나타내는 Size

다음의 Form3_MouseDoubleClick() 이벤트 핸들러는 폼을 선택하고 이벤트 목록 창에서 [MouseDoubleClick] 이벤트 항목을 더블클릭하여 생성한 프로시저로, 폼을 더블클릭할 때 폼을 종료하는 작업을 수행한다.

```vb
Private Sub Form3_MouseDoubleClick(ByVal sender As System.Object,
            ByVal e As System.Windows.Forms.MouseEventArgs)
            Handles MyBase.MouseDoubleClick
    Me.Close()
End Sub
```

5.1.7 문자 폼(Form4) 디자인

솔루션 탐색기에서 솔루션 이름을 마우스 오른쪽 버튼으로 클릭하여 표시되는 단축메뉴에서 [추가]-[Windows Form] 메뉴를 클릭하여 Form4를 생성한 뒤에 다음 그림과 같이 Form4 디자인 창에 필요한 컨트롤을 위치시켜 폼을 디자인하고, 각 컨트롤의 속성값을 설정한다.

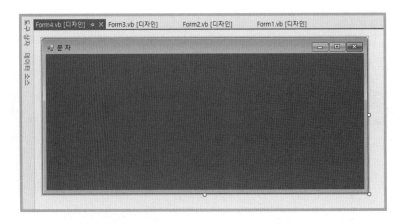

폼 디자인에 사용된 컨트롤의 주요 속성값은 다음과 같다.

폼 컨트롤	속 성	값
Form4	Name	Form4
	Text	문 자
	BackColor	Highlight

5.1.8 문자 폼(Form4.vb) 코드 구현

다음의 Form4_Load() 이벤트 핸들러는 폼의 모양을 문자형으로 만드는 작업을 수행한다.

```
01:  Private Sub Form4_Load(ByVal sender As System.Object,
                        ByVal e As System.EventArgs) Handles MyBase.Load
02:      Dim show As New System.Drawing.Drawing2D.GraphicsPath()

03:      show.AddString("조호묵", New FontFamily("궁서체"), _
04:          FontStyle.Bold, 200, New Point(0, 0), _
05:          StringFormat.GenericDefault)
06:      Me.Region = New Region(show)
07:  End Sub
```

2행   GraphicsPath() 생성자를 이용하여 개체를 생성하고 폼의 모양을 나타내기 위한 준비 작업을 수행한다.

3행   GraphicsPath.AddString() 메서드(**TIP** "GraphicsPath.AddString() 메서드" 참고)를 이용하여 매개 변수에 입력된 문자 형태로 컨트롤 또는 폼을 그리기 위한 작업을 수행한다.

TIP

GraphicsPath.AddString
        (String, FontFamily, Int32, Single, Point, StringFormat) 메서드

이 경로에 텍스트 문자열을 추가하여 컨트롤 및 폼의 모양을 그린다.

- String : 추가할 String
- FontFamily : 텍스트를 그릴 때 사용하는 글꼴의 이름을 나타내는 FontFamily
- Int32 : 텍스트에 대한 스타일 정보(굵게, 기울임꼴 등)를 나타내는 FontStyle의 열거형 상수
- Single : 문자를 크기를 제한하는 정사각형 상자의 높이
- Point : 텍스트가 시작되는 지점을 나타내는 Point
- StringFormat : 줄 간격, 맞춤 등의 텍스트 서식 정보를 지정하는 StringFormat

TIP

FontFamily(String) 생성자

지정된 이름을 사용하여 새 FontFamily를 초기화한다. 즉 String 값의 기본 폰트 글씨체를 매개 변수로 입력한다.

- String : FontFamily의 이름

TIP

FontStyle 열거형

텍스트에 적용된 스타일 정보를 지정한다.

멤버 이름	설명
Bold	굵은 텍스트
Italic	기울임꼴 텍스트
Regular	일반 텍스트
Strikeout	중간에 줄이 있는 텍스트
Underline	밑줄이 그어진 텍스트

TIP

StringFormat 속성

StringFormat 클래스가 지원하는 속성은 다음과 같다.

이름	설명
Alignment	문자열의 가로 맞춤을 가져오거나 설정
DigitSubstitutionLanguage	로컬 소수가 서양식 소수로 바뀔 때 사용할 언어를 가져옴
DigitSubstitutionMethod	숫자 대체에 사용할 메서드를 가져옴
FormatFlags	형식 지정 정보를 포함하는 StringFormatFlags 열거형을 가져오거나 설정
GenericDefault	일반 기본 StringFormat 개체를 가져옴
GenericTypographic	일반 인쇄 StringFormat 개체를 가져옴
HotkeyPrefix	해당 StringFormat 개체의 HotkeyPrefix 개체를 가져오거나 설정
LineAlignment	문자열의 세로 맞춤을 가져오거나 설정합니다.
Trimming	해당 StringFormat 개체의 StringTrimming 열거형을 가져오거나 설정

다음의 Form4_MouseDoubleClick() 이벤트 핸들러는 폼을 선택하고 이벤트 목록 창에서 [MouseDoubleClick] 이벤트 항목을 더블클릭하여 생성한 프로시저로, 폼을 더블클릭할 때 폼을 종료하는 작업을 수행한다.

```
Private Sub Form4_MouseDoubleClick(ByVal sender As System.Object,
              ByVal e As System.Windows.Forms.MouseEventArgs)
              Handles MyBase.MouseDoubleClick
    Me.Close()
End Sub
```

5.1.9 자유로운 폼 모양 예제 실행

다음 그림은 자유로운 폼 모양 예제를 F5를 눌러 실행한 화면이다. 각 버튼을 클릭하여 표시되는 폼의 모양을 확인해 본다.

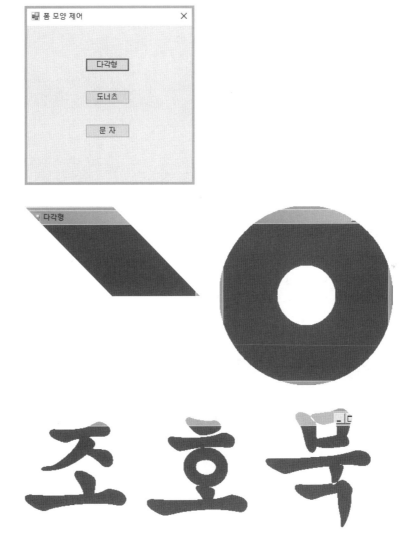

5.2 라인 및 도형 그리기

이 절에서는 폼 위에 라인과 도형을 그리는 예제를 살펴본다. 윈도우 운영체제에 패키지 되어 있는 그림판 애플리케이션도 이 절에서 살펴보는 폼 위에 라인과 도형을 그리는 아 주 간단한 원리를 이용하여 구현되었다. 비록 이 절의 라인 및 도형 그리기 예제는 아주 간단하지만, 원리를 응용한다면 더욱 다양한 기능을 갖는 그림 편집기를 구현할 수 있을 것이다.

다음 그림은 라인 및 도형 그리기 애플리케이션을 구현하고 실행한 결과 화면이다.

[결과 미리 보기]

5.2.1 라인 및 도형 그리기 디자인

프로젝트 이름을 'mook_LineRect'로 하여 'C:\vb2017project\Chap05' 경로에 새 프로 젝트를 생성한다. 다음 그림과 같이 윈도우 폼에 필요한 컨트롤을 위치시켜 폼을 디자인 하고, 각 컨트롤의 속성값을 설정한다.

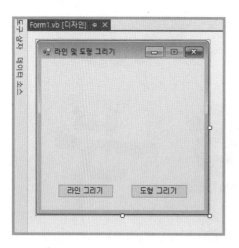

폼 디자인에 사용된 컨트롤의 주요 속성값은 다음과 같다.

폼 컨트롤	속 성	값
Form1	Name	Form1
	Text	라인 및 도형 그리기
	FormBorderStyle	FixedSingle
	MaximizeBox	False
Button1	Name	btnLine
	Text	라인 그리기
Button2	Name	btnRect
	Text	도형 그리기

5.2.2 라인 및 도형 그리기 코드 구현

다음의 btnLine_Click() 이벤트 핸들러는 [라인 그리기] 버튼을 더블클릭하여 생성한 프로시저로, 폼에 라인을 그려주는 작업을 수행한다.

```
01:  Private Sub btnLine_Click(sender As Object, e As EventArgs)
              Handles btnLine.Click
02:     Dim g As Graphics = Me.CreateGraphics()
03:     Dim pen As Pen = New Pen(Color.Blue, 5)
04:     g.Clear(Color.Crimson)
05:     Dim pt1 As Point = New Point(0, 40)
06:     Dim pt2 As Point = New Point(300, 40)
07:     Dim ptF1 As PointF = New PointF(0.0F, 80.0F)
08:     Dim ptF2 As PointF = New PointF(300.0F, 80.0F)
09:     g.DrawLine(pen, pt1, pt2)
10:     g.DrawLine(pen, ptF1, ptF2)
11:     g.DrawLine(pen, 0, 120, 300, 120)
12:     g.DrawLine(pen, 0.0F, 160.0F, 300.0F, 160.0F)
13:  End Sub
```

2행   Graphics 클래스의 개체 g를 생성하는 구문으로 Me.CreateGraphics() 메서드를 이용하여 해당 컨트롤(Form)에 대해 Graphics 개체를 생성하는 작업을 수행한다.

3행   Pen(Color, Single) 생성자를 이용하여 지정된 Color 및 Width 속성을 대입하고 Pen 클래스의 새 개체를 선언하고 초기화한다.

구분	설명
Color	펜의 색상
Single	펜의 굵기

※ 참고 : 펜의 색상
http://msdn.microsoft.com/ko-kr/library/
system.drawing.color(v=vs.110).aspx

4행 g.Clear() 메서드를 이용하여 전체 그리기 화면을 지우고, 화면을 지정한 배경
색(Color.Crimson)으로 채우는 작업을 수행한다.

5-8행 DrawLine() 메서드의 인자값으로 사용하기 위해 Point() 구조체 개체를 생성하
는 구문이다.

9행 g.DrawLine() 메서드(TIP "Graphics.DrawLine() 메서드" 참고)를 이용하여 폼
에 라인을 그리는 작업을 수행한다.

TIP

Graphics.DrawLine (Pen, pt1, pt2) 메서드

두 개의 Point 구조체를 연결하는 선을 그린다.

- Pen : 선의 색, 너비 및 스타일을 결정하는 Pen
- pt1 : 연결할 첫째 점을 나타내는 Point 구조체
- pt2 : 연결할 둘째 점을 나타내는 Point 구조체

Graphics.DrawLine (Pen, pt1, pt2) 메서드

두 개의 PointF 구조체를 연결하는 선을 그린다.

- pen : 선의 색, 너비 및 스타일을 결정하는 Pen
- pt1 : 연결할 첫째 점을 나타내는 PointF 구조체
- pt2 : 연결할 둘째 점을 나타내는 PointF 구조체

Graphics.DrawLine (Pen, x1, y1, x2, y2) 메서드

좌표 쌍에 의해 지정된 두 개의 점을 연결하는 선을 그린다.

- pen : 선의 색, 너비 및 스타일을 결정하는 Pen
- x1 : 첫째 점의 X 좌표
- y1 : 첫째 점의 Y 좌표
- x2 : 둘째 점의 X 좌표
- y2 : 둘째 점의 Y 좌표

다음의 btnRect_Click() 이벤트 핸들러는 [도형 그리기] 버튼을 더블클릭하여 생성한 프
로시저로, 폼에 도형을 그려주는 작업을 수행한다.

```
01:  Private Sub btnRect_Click(sender As Object, e As EventArgs)
                    Handles btnRect.Click
02:      Dim g As Graphics = Me.CreateGraphics()
03:      Dim pen As Pen = New Pen(Color.Blue, 5)
04:      g.Clear(Color.Coral)
05:      Dim rectC As Rectangle = New Rectangle(50, 50, 50, 50)
06:      Dim rectR As Rectangle = New Rectangle(105, 105, 50, 50)
07:      g.DrawArc(pen, rectC, 0, 365)
08:      g.DrawRectangle(pen, rectR)
09:  End Sub
```

5-6행   원을 그리기 위하여 지정된 위치와 크기를 갖는 Rectangle 클래스의 개체를 생
         성하는 구문이다.

7행   g.DrawArc() 메서드(TIP "Graphics.DrawArc() 메서드" 참고)를 이용하여 지
         정된 각 매개 변수에 의하여 폼 위에 원을 그린다.

8행   g.DrawRectangle() 메서드(TIP "Graphics.DrawRectangle() 메서드" 참고)를
         이용하여 지정된 각 매개 변수에 의하여 폼 위에 사각형을 그린다.

TIP

Rectangle(x, y, width, height) 생성자

지정된 왼쪽 윗 모퉁이의 위치로부터 지정된 너비와 높이를 갖는 사각형 개체를 생성한다.

- x : 사각형의 왼쪽 위 모퉁이의 X 좌표
- y : 사각형의 왼쪽 위 모퉁이의 Y 좌표
- width : 사각형의 너비
- height : 사각형의 높이

TIP

Graphics.DrawArc (pen, rec, startAngle, sweepAngle) 메서드

Rectangle 구조체에서 지정한 타원의 부분을 나타내는 호를 그린다.

- pen : 호의 색, 너비 및 스타일을 결정하는 Pen
- rect : 타원의 경계를 정의하는 RectangleF 구조체
- startAngle : X 축에서 호의 시작점까지 시계 방향으로 측정된 각도(단위: 도)
- sweepAngle : startAngle 매개 변수에서 호의 끝점까지 시계 방향으로 측정된 각도(단위: 도)

TIP

Graphics.DrawRectangle (Pen, Rectangle) 메서드

Rectangle 구조체에 의해 지정된 사각형을 그린다.

- Pen : 사각형의 색, 너비 및 스타일을 결정하는 Pen
- Rectangle : 그릴 사각형을 나타내는 Rectangle 구조체

5.2.3 라인 및 도형 그리기 예제 실행

다음 그림은 라인 및 도형 그리기 예제를 F5를 눌러 실행한 화면이다. [라인 그리기] 버
튼을 클릭하면 폼에 4개의 선이 그려지고, [도형 그리기] 버튼을 클릭하면 폼에 원과 사
각형을 그린다.

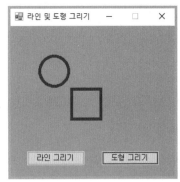

5.3 우산 폼

대부분의 윈도우 애플리케이션은 사각형 형태로 구현된다. 이는 기본 애플리케이션 UI 포맷이 사각형 형태로 되어 있기도 하고 컴퓨터 화면 자체가 사각형 모양이기 때문에 애플리케이션 UI가 사각형으로 구현되어야 정보를 나타내는데 효율적이기 때문이다.

하지만 개중에는 사각형이 아닌 다각형 또는 굴곡 모양의 형태를 가진 애플리케이션을 보았을 것이다. 필자도 처음 개발을 공부할 때 어떻게 하면 굴곡 모양의 애플리케이션을 만들 수 있을까 하는 생각을 하고는 했지만, 당시에는 구현하고자 하는 시도를 하지 않았다. 보기에 신기하기는 하지만 매우 고난도의 개발일 것으로 생각해서 겁을 먹었던 것 같다. 하지만 이 절을 살펴본 후에는 굴곡 UI를 구현하는 것이 별것 아니라는 생각을 스스로 가질 것이다. 활짝 펴진 우산 모양 형태의 폼을 구현하면서 그래픽 관련 클래스에 대해 알아보도록 하자.

다음 그림은 우산 폼 애플리케이션을 구현하고 실행한 결과 화면이다.

[결과 미리 보기]

5.3.1 우산 폼 디자인

프로젝트 이름을 'mook_FlexibleForm'으로 하여 'C:\vb2017project\Chap05' 경로에
새 프로젝트를 생성한다. 다음 그림과 같이 윈도우 폼에 필요한 컨트롤을 위치시켜 폼을
디자인하고, 각 컨트롤의 속성값을 설정한다.

폼 디자인에 사용된 컨트롤의 주요 속성값은 다음과 같다. 사각형 모양의 기본 폼을 사용
하는 것이 아니기 때문에 디자인되는 두 개 버튼의 위치는 신경 쓸 것이 없다.

폼 컨트롤	속 성	값
Form1	Name	Form1
	Text	우산 폼
Button1	Name	btnMin
	Text	최소화
Button2	Name	btnClose
	Text	닫기

우산 폼 애플리케이션에서 사용할 다섯 개의 이미지("bg.bmp", "closedown.bmp",
"closeup.bmp", "mindown.bmp", "minup.bmp")를 파일 탐색기를 이용하여 복사한 뒤
에 다음 그림과 같이 [솔루션 탐색기]에서 프로젝트 이름을 마우스 오른쪽 버튼을 클릭하
여 표시되는 단축메뉴에서 [붙여넣기] 메뉴를 선택하여 프로젝트에 포함한다. 여기서 주
의해야 할 사항으로 우산 폼 즉, 굴곡 및 다양한 폼을 생성하기 위해서 이미지는 반드시
BMP 형식의 이미지를 사용해야 한다.

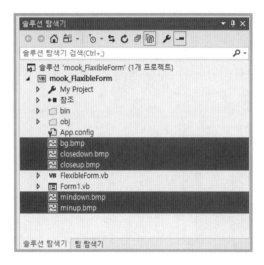

프로젝트에 붙여넣기 된 이미지를 각각 선택하여 다음과 같이 [속성] 창의 [빌드 작업] 항목을 "포함 리소스"로 선택한다. 이는 프로젝트를 빌드할 때 이미지를 실행 파일에 포함하여 빌드하기 위한 작업이다.

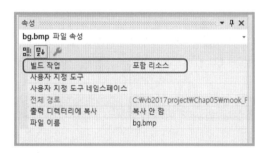

5.3.2 우산 폼 코드 구현

클래스 내부 제일 상단에 다음과 같은 개체 선언을 추가한다. 이 코드는 앞에서 추가한 이미지를 리소스에서 추출(GetType 키워드를 이용)하여 Bitmap 개체로 생성하는 작업을 수행한다.

```vb
Dim bmpFrmBg As Bitmap = New Bitmap(GetType(Form1), "bg.bmp")
Dim bmpcloseUp As Bitmap = New Bitmap(GetType(Form1), "closeup.bmp")
Dim bmpcloseDown As Bitmap = New Bitmap(GetType(Form1), "closedown.bmp")
Dim bmpminUp As Bitmap = New Bitmap(GetType(Form1), "minup.bmp")
Dim bmpminDown As Bitmap = New Bitmap(GetType(Form1), "mindown.bmp")
```

> **TIP**
>
> **Bitmap(Type, String) 생성자**
>
> 객체를 초기화하기 위해 Bitmap에서 지정된 리소스 추출하여 개체를 생성한다.
>
> - **Type** : 리소스를 추출하는데 사용되는 클래스
> - **String** : 리소스의 이름

다음의 New() 함수는 클래스가 생성되면 실행되는 내부 함수로, 개체가 만들어지면서 초기화할 필요가 있는 컨트롤 등에 대한 코드를 작성하여 추가한다. New() 생성자 함수는 기본 블록이 자동으로 생성된다.

```
01:  Public Sub New()
02:      InitializeComponent()

03:      FlexibleForm.CreateControlRegion(Me, bmpFrmBg, True)
04:      FlexibleForm.CreateControlRegion(btnClose, bmpcloseUp, False)
05:      FlexibleForm.CreateControlRegion(btnMin, bmpminUp, False)
06:  End Sub
```

3-5행 FlexibleForm 클래스의 CreateControlRegion() 메서드를 호출하면서 매개 변수에 이미지 리소스가 대체되어 나타날 컨트롤과 이미지 개체를 입력한다. 이는 폼과 버튼의 기본 모습을 대체하여 표시할 이미지 개체의 영역을 각 컨트롤의 영역과 매칭시키고 화면에 표시하는 작업을 수행한다.

다음과 같이 멤버 변수와 객체를 클래스 내부 상당에 추가한다.

```
Dim FormMouseDown As Boolean = False
Dim ptMouseCurrentPos As Point        '마우스 클릭 좌표 지정
Dim ptMouseNewPos As Point            '이동시 마우스 좌표
Dim ptFormCurrentPos As Point         '폼 위치 좌표 지정
Dim ptFormNewPos As Point             '이동시 폼 위치 좌표
```

다음의 Form1_MouseDown() 폼을 선택하고 이벤트 창의 [MouseDown] 항목을 더블 클릭하여 생성한 프로시저로, 폼을 이동하기 위해서 마우스 왼쪽 버튼 클릭 이벤트 시 이벤트 처리를 하는 작업을 수행한다.

```
01:  Private Sub Form1_MouseDown(sender As Object, e As MouseEventArgs)
                Handles MyBase.MouseDown
02:      If e.Button = MouseButtons.Left Then
03:          FormMouseDown = True                      '왼쪽 마우스 클릭 체크
04:          ptMouseCurrentPos = Control.MousePosition '마우스 클릭 좌표
05:          ptFormCurrentPos = Me.Location
06:      End If
07:  End Sub
```

2행	MouseButtons.Left 상수 즉, 마우스 왼쪽 버튼을 클릭하였을 3~5행을 수행하는 If 구문이다.
3행	왼쪽 마우스 클릭 여부를 판단하기 위해 FormMouseDown 변수에 True 값을 저장한다.

다음의 Form1_MouseUp() 이벤트 핸들러는 폼을 선택 후 이벤트 목록 창에서 [MouseUp] 이벤트 항목을 더블클릭하여 생성한 프로시저로, 폼의 이동을 마치고 마우스 왼쪽 버튼이 누른 상태가 해제될 때 발생하는 이벤트를 처리하는 작업을 수행한다.

```
Private Sub Form1_MouseUp(sender As Object, e As MouseEventArgs)
            Handles MyBase.MouseUp
    If e.Button = MouseButtons.Left Then
        FormMouseDown = False          '왼쪽 마우스 클릭 해제
    End If
End Sub
```

다음의 Form1_MouseMove() 이벤트 핸들러는 폼을 선택 후 이벤트 목록 창에서 [MouseMove] 이벤트 항목을 더블클릭하여 생성한 프로시저로, 마우스 오른쪽 버튼을 누른 상태에서 마우스를 이동할 때 폼과 마우스의 이동 좌표를 가져오는 작업을 수행한다.

```
Private Sub Form1_MouseMove(sender As Object, e As MouseEventArgs)
            Handles MyBase.MouseMove
    If FormMouseDown = True Then
        ptMouseNewPos = Control.MousePosition
        ptFormNewPos.X = ptMouseNewPos.X - ptMouseCurrentPos.X +
                            ptFormCurrentPos.X   '마우스 이동시 가로 좌표
        ptFormNewPos.Y = ptMouseNewPos.Y - ptMouseCurrentPos.Y +
                            ptFormCurrentPos.Y   '마우스 이동시 세로 좌표
        Me.Location = ptFormNewPos
        ptFormCurrentPos = ptFormNewPos
        ptMouseCurrentPos = ptMouseNewPos
    End If
End Sub
```

다음의 btnMin_MouseEnter() 이벤트 핸들러는 btnMin 컨트롤을 선택 후 이벤트 목록 창에서 [mouseEnter] 이벤트 항목을 더블클릭하여 생성한 프로시저로, btnMin 컨트롤에 마우스 커서가 올라가면 다른 최소화 버튼의 이미지를 보이는 작업을 수행한다.

```
01:  Private Sub btnMin_MouseEnter(sender As Object, e As EventArgs)
                Handles btnMin.MouseEnter
02:      FlexibleForm.CreateControlRegion(btnMin, bmpminDown, False)
03:  End Sub
```

2행   FlexibleForm 클래스의 CreateControlRegion() 메서드를 호출하여 btnMin 버튼의 이미지를 변경하는 작업을 수행한다. 인자 값에는 Button의 Name 속성과 이미지 리소스 이름 그리고 플래그 값이 전달된다.

다음의 btnMin_MouseLeave() 이벤트 핸들러는 btnMin 컨트롤을 선택 후 이벤트 목록 창에서 [MouseLeave] 이벤트 항목을 더블클릭하여 생성한 프로시저로, btnMin 컨트롤에서 마우스 커서가 벗어날 때 본래의 최소 버튼 이미지로 변경하는 작업을 수행한다.

```
Private Sub btnMin_MouseLeave(sender As Object, e As EventArgs)
            Handles btnMin.MouseLeave
    FlexibleForm.CreateControlRegion(btnMin, bmpminUp, False)
End Sub
```

다음의 btnMin_Click() 이벤트 핸들러는 btnMin 컨트롤을 더블클릭하여 생성한 프로시저로, 폼의 WindowState 속성을 설정하기 위해 FormWindowState.Minimized 열거형을 대입하여 폼을 최소화한다.

```
Private Sub btnMin_Click(sender As Object, e As EventArgs)
            Handles btnMin.Click
    Me.WindowState = FormWindowState.Minimized
End Sub
```

다음의 btnClose_MouseEnter() 이벤트 핸들러는 btnClose 컨트롤을 선택 후 이벤트 목록 창에서 [mouseEnter] 이벤트 항목을 더블클릭하여 생성한 프로시저로, btnClose 컨트롤에 마우스 커서가 올라가면 다른 닫기 버튼의 이미지를 보이는 작업을 수행한다.

```
Private Sub btnClose_MouseEnter(sender As Object, e As EventArgs)
            Handles btnClose.MouseEnter
    FlexibleForm.CreateControlRegion(btnClose, bmpcloseDown, False)
End Sub
```

다음의 btnClose_MouseLeave() 이벤트 핸들러는 btnClose 컨트롤을 선택 후 이벤트 목록 창에서 [MouseLeave] 이벤트 항목을 더블클릭하여 생성한 프로시저로, btnClose 컨트롤에서 마우스 커서가 벗어날 때 본래의 닫기 버튼 이미지로 변경하는 작업을 수행한다.

```
Private Sub btnClose_MouseLeave(sender As Object, e As EventArgs)
            Handles btnClose.MouseLeave
    FlexibleForm.CreateControlRegion(btnClose, bmpcloseUp, False)
End Sub
```

다음의 btnClose_Click() 이벤트 핸들러는 btnClose 컨트롤을 더블클릭하여 생성한 프로시저로, Application.ExitThread() 메서드를 호출하여 애플리케이션을 완전히 종료하는 작업을 수행한다.

```vb
Private Sub btnClose_Click(sender As Object, e As EventArgs)
                Handles btnClose.Click
    Application.ExitThread()
End Sub
```

5.3.3 'FlexibleForm.vb' 클래스 추가 및 코드 구현

[솔루션 탐색기]에서 프로젝트 이름을 마우스 오른쪽 버튼으로 클릭하여 표시되는 단축 메뉴에서 [추가]–[클래스] 메뉴를 선택하여 'FlexibleForm.vb'를 생성한다.

Imports 키워드를 이용하여 필요한 네임스페이스를 다음과 같이 추가한다.

```vb
Imports System.Drawing.Drawing2D
```

System.Drawing.Drawing2D 네임스페이스는 고급 2D 및 벡터 그래픽을 이용할 수 있도록 하는 클래스와 인터페이스를 제공한다.

다음의 CreateControlRegion() 메서드는 폼과 버튼의 크기와 위치를 설정하는 작업을 수행한다.

```vb
01: Public Shared Sub CreateControlRegion(ByVal control As Control,
               ByVal bitmap As Bitmap, ByVal flag As Boolean)
02:     If control Is Nothing Or bitmap Is Nothing Then
03:         Return
04:     End If
05:     control.Width = bitmap.Width
06:     control.Height = bitmap.Height
07:     If flag Then
08:         Dim form As Form = control
09:         form.Width += 20
10:         form.Height += 80
11:         form.FormBorderStyle = FormBorderStyle.None
12:         form.BackgroundImage = bitmap
13:         Dim graphicsPath As GraphicsPath =
                      CalculateControlGraphicsPath(bitmap)
14:         form.Region = New Region(graphicsPath)
15:     ElseIf Not flag Then
16:         Dim button As Button = control
17:         button.Text = ""
```

```
18:            button.Cursor = Cursors.Hand
19:            button.BackgroundImage = bitmap
20:            Dim graphicsPath As GraphicsPath =
                      CalculateControlGraphicsPath(bitmap)
21:            button.Region = New Region(graphicsPath)
22:      End If
23:  End Sub
```

2행   인자 값으로 넘겨받은 컨트롤 또는 BitMap 개체가 Nothing일 경우 Return 키 워드를 이용하여 작업을 멈추고 Nothing이 아닌 경우 5행과 6행을 통해 컨트롤 의 Width와 Height를 이미지의 Width와 Height로 설정하는 작업을 수행한다.

7-14행   폼의 크기, 폼 스타일, 이미지 등을 설정하는 If 구문이다.

8행   Form 클래스의 개체 form을 생성하며 인자 값으로 받은 control 개체를 저장한다.

9-10행   form 개체의 Width와 Height 설정을 위한 구문으로 본래 이미지의 크기보다 조금 크게 설정한다. 이는 이미지가 잘리는 현상을 방지하기 위한 것이다.

11행   form 개체의 FormBorderStyle 속성을 설정하는 구문으로, None으로 설정한다.

12행   form 개체의 BackgroundImage 속성을 설정하는 구문으로, 인자값으로 받은 비트맵 이미지 리소스를 저장한다.

13행   CalculateControlGraphicsPath() 메서드를 호출하여 그래픽을 생성하고 폼과 연결될 창 영역을 설정하기 위한 작업으로 폼과 연결된 GraphicsPath 개체를 생성한다.

14행   form.Region 속성을 이용하여 컨트롤과 연결된 창의 영역을 설정하는 작업을 수행한다. 이는 비트맵 리소스로 저장된 우산 이미지를 폼 영역과 연결하는 작 업으로 생성자의 인자값으로 graphicsPath를 사용하여 초기화된 새 Region을 개체를 생성하여 저장한다.

15-21행 버튼 컨트롤의 크기, 폼 스타일, 이미지 등을 설정하는 ElseIf 구문이다.

다음의 CalculateControlGraphicsPath() 메서드는 폼과 버튼에 연결된 선, 곡선을 나타 내는 GraphicsPath를 생성하는 작업을 수행한다.

```
01:  Private Shared Function CalculateControlGraphicsPath(
                        ByVal bitmap As Bitmap) As GraphicsPath
02:      Dim graphicsPath As GraphicsPath = New GraphicsPath()
03:      Dim colorTransparent As Color = bitmap.GetPixel(0, 0)
04:      Dim colOpaquePixcel As Integer = 0
05:      For row As Integer = 0 To bitmap.Height - 1
06:          colOpaquePixcel = 0
07:          For col As Integer = 0 To bitmap.Width - 1
08:              colOpaquePixcel = col
09:              Dim colNext As Integer = col
```

```
10:               For colNext = colOpaquePixcel To bitmap.Width - 1
11:                   If bitmap.GetPixel(colNext, row) = colorTransparent Then
12:                       Exit For
13:                   End If
14:               Next
15:               graphicsPath.AddRectangle(New Rectangle(colOpaquePixcel, row,
                                            colNext - colOpaquePixcel, 1))
16:               col = colNext
17:           Next
18:       Next
19:       Return graphicsPath
20: End Function
```

2행   GraphicsPath 클래스의 개체 graphicsPath를 생성하며 초기화하는 작업을 수행한다.

3행   bitmap.GetPixel() 메서드(TIP "GetPixel() 메서드" 참고)를 이용하여 x, y 좌표의 색상을 가져와 colorTransparent Color 개체에 저장하는 작업을 수행한다.

5-18행   For 구문을 이용하여 폼 또는 버튼에 설정될 비트맵의 가로와 세로 좌표에 해당하는 픽셀의 색상을 가져와 graphicsPath.AddRectangle() 메서드를 이용하여 사각형을 만드는 작업을 수행한다.

15행   graphicsPath.AddRectangle() 메서드는 Rectangle 클래스에 해당하는 사각형 영역을 graphicsPath 경로에 추가하는 작업을 수행한다.

> ### TIP
>
> **GetPixel(Int32, Int32) 메서드**
>
> 지정된 된 픽셀의 색을 가져온다.
>
> - x : 검색할 픽셀의 x 좌표
> - y : 검색할 픽셀의 y 좌표

5.3.4 우산 폼 예제 실행

다음 그림은 우산 폼 예제를 F5를 눌러 실행한 화면이다. 우산 폼은 우산 이미지에 맞추어 마우스 커서가 우산 이미지 내부에 위치해야 폼을 선택할 수 있다.

5.4 시스템 성능 보기

이 절에서 살펴보는 시스템 성능 보기 애플리케이션은 작업 관리자에서 전체 CPU 사용량을 초 단위로 모니터링하여 Panel 컨트롤에 색상을 변경하며 표시하는 방법과 텍스트로 나타내어 표시하는 방법을 사용하는 애플리케이션이다. 진행률이나 의미 있는 정량적 값을 컨트롤의 색상을 변경하는 나타내는 방식은 응용 프로그램에서 다양한 방법으로 사용된다. 이 절에서 살펴보는 Panel 컨트롤의 색상 변경은 그래픽으로 Panel에 표시될 영역을 지정하여 색을 나타내는 방식으로 CPU의 사용량을 나타낸다.

다음 그림은 시스템 성능 보기 애플리케이션을 구현하고 실행한 결과 화면이다.

[결과 미리 보기]

5.4.1 시스템 성능 보기 디자인

프로젝트 이름을 'mook_CPUMonitor'로 하여 'C:\vb2017project\Chap05' 경로에 새 프로젝트를 생성한다. 다음 그림과 같이 윈도우 폼에 필요한 컨트롤을 위치시켜 폼을 디자인하고, 각 컨트롤의 속성값을 설정한다.

폼 디자인에 사용된 컨트롤의 주요 속성값은 다음과 같다.

폼 컨트롤	속 성	값
Form1	Name	Form1
	Text	CPU 사용량 보기
	FormBorderStyle	FixedSingle
	MaximizeBox	False
Panel1	Name	plBar
	Size	300, 24
	BackColor	White
	BorderStyle	FixedSingle

5.4.2 시스템 성능 보기 코드 구현

Imports 키워드를 이용하여 필요한 네임스페이스를 다음과 같이 추가한다.

```
Imports System.Threading
Imports System.Diagnostics
```

TIP

System.Diagnostics 네임스페이스

시스템 프로세스, 이벤트 로그 및 성능 카운터에 엑세스할 수 있도록 클래스 및 인터페이스를 제공하며, 하위 네임스페이스에는 ETW(Windows용 이벤트 추적) 하위 시스템을 사용하여 이벤트 데이터를 기록하고, 이벤트 로그를 읽고 쓰고, 성능 데이터를 수집하고, 디버그 기호 정보를 읽고 쓰기 위한 인터페이스를 제공한다.

다음과 같이 멤버 변수 및 개체를 클래스 내부 상단에 추가한다.

```
'시스템 성능 카운터
Dim oCPU As PerformanceCounter =
    New PerformanceCounter("Processor", "% Processor Time", "_Total")
Dim bExit As Boolean = False             '실시간 체크를 위한 While 조건
Dim iCPU As Integer = 0                  'CPU 초기 사용률
Dim F As Font = New Font("굴림", 9)       '폰트 모양
Dim checkThread As Thread = Nothing      '스레드 개체 생성
Private Delegate Sub OnCPUViewDelegate(ByVal c As Integer)   '델리게이트
Private OnCPU As OnCPUViewDelegate = Nothing                 '델리게이트 개체 선언
```

PerformanceCounter(categoryName, counterName, instanceName) 메서드

시스템에 사용자 지정 성능 카운터를 연결하여 값을 가져올 수 있는 인터페이스를 생성한다.

* categoryName : 이 성능 카운터와 관련된 성능 카운터 범주(성능 개체) 이름
* counterName : 성능 카운터 이름
* instanceName : 성능 카운터 범주 인스턴스 또는 빈 문자열의 이름 ("")

다음의 Form1_Load() 이벤트 핸들러는 폼을 더블클릭하여 생성한 프로시저로, 폼이 실행될 때 이벤트를 등록하고 CPU 용량을 감시하는 작업 스레드를 초기화하여 실행한다.

```
01:  Private Sub Form1_Load(ByVal sender As System.Object,
                      ByVal e As System.EventArgs) Handles MyBase.Load
02:      OnCPU = New OnCPUViewDelegate(AddressOf OnCPURun)
03:      checkThread = New Thread(AddressOf getCPU_Info)
04:      checkThread.Start()            'checkThread 스레드 프로세스 시작
05:  End Sub
```

2행   OnCPUViewDelegate 델리게이트 개체 OnCPU를 초기화하는 구문으로 OnCPURun 메서드를 AddressOf 키워드로 대입한다.

3, 4행   CPU 사용량을 모니터링하는 스레드를 초기화하는 구문으로 스레드에서 동작하는 getCPU_Info() 메서드를 AddressOf 키워드를 이용하여 대입한다.

다음의 OnCPURun() 메서드는 Integer형 인자(CPU 사용량)를 받아 폼 캡션에 나타내는 작업을 수행하며, 델리게이트에 의해 동작한다.

```
01:  Private Sub OnCPURun(ByVal c As Integer)
02:      Me.Text = String.Format("CPU 사용: {0} %", c.ToString())
03:  End Sub
```

2행   Me.Text 속성을 이용하여 폼의 제목 표시줄에 CPU 사용량을 나타내는 작업을 수행한다.

다음의 getCPU_Info() 메서드는 작업 스레드에서 동작하며 While 반복문을 이용하여 CPU 사용량을 감시하는 작업을 수행한다.

```
01:  Private Sub getCPU_Info()
02:      While Not bExit
03:          iCPU = oCPU.NextValue()
04:          Invoke(OnCPU, iCPU)
05:          iCPU = iCPU * 3
06:          plBar.Invalidate()
```

```
07:            Thread.Sleep(1000)
08:        End While
09:    End Sub
```

3행   oCPU 개체의 NextValue() 메서드를 이용하여 시스템의 CPU 사용량에 대한 계산 값(각 프로세스당 사용하는 CPU 사용량의 총합계)을 반환하여 나타내는데, 이는 NextValue() 메서드를 주기적으로 호출할 때 권장되는 지연 시간은 1초이며, 권장 지연 시간은 카운터가 다음 값을 계산할 수 있도록 시간적 여유를 부여하는 것이다.

4행   Invoke() 메서드를 호출하여 외부 스레드에서 델리게이트 개체를 호출하여 주 스레드의 컨트롤(Me.Text)에 CPU 사용량을 나타내는 작업을 수행한다.

다음의 plBar_Paint() 이벤트 핸들러는 plBar 컨트롤을 선택하고 이벤트 목록 창에서 [Paint] 이벤트 항목을 더블클릭하여 생성한 프로시저로, CPU 사용량에 따라 사각형의 길이와 색상을 달리하여 plBar 컨트롤을 채우는 작업(CPU 사용량을 시각적으로 보여주기 위함)을 수행한다.

```
01:    Private Sub plBar_Paint(ByVal sender As System.Object,
           ByVal e As System.Windows.Forms.PaintEventArgs) Handles plBar.Paint
02:        Dim G As Graphics = e.Graphics
03:        If (iCPU <= 60) Then
04:            G.FillRectangle(Brushes.BlanchedAlmond, 0, 0, iCPU, plBar.Height)
05:        ElseIf (iCPU <= 120) Then
06:            G.FillRectangle(Brushes.Wheat, 0, 0, iCPU, plBar.Height)
07:        ElseIf (iCPU <= 180) Then
08:            G.FillRectangle(Brushes.NavajoWhite, 0, 0, iCPU, plBar.Height)
09:        ElseIf (iCPU <= 240) Then
10:            G.FillRectangle(Brushes.Orange, 0, 0, iCPU, plBar.Height)
11:        Else
12:            G.FillRectangle(Brushes.DarkOrange, 0, 0, iCPU, plBar.Height)
13:        End If
14:        iCPU = iCPU / 3
15:        G.DrawString(iCPU.ToString() + " %", F, Brushes.DarkRed,
                          plBar.Width / 2 - 17, plBar.Height / 4)
16:    End Sub
```

2행   Graphics 클래스의 개체 G를 생성하는 구문으로 plBar 컨트롤의 속성을 상속받는다.

3행   CPU 사용량을 확인하는 If 구문으로 60 이하의 사용량이라고 할 때 4행을 수행하여 사용량을 시각적으로 나타낸다.

4행   FillRectangle() 메서드(**TIP** "Graphics.FillRectangle() 메서드" 참고)를 이용하여 사각형을 만드는 작업을 수행하는데, 비교적 CPU 사용량이 적어 색상이 흐리고 사각형은 백분율을 적용하여 생성된다. 따라서 사각형도 가로의 길이가 비교적 짧다.

15행   DrawString() 메서드(**TIP** "Graphics.DrawString() 메서드" 참고)를 이용하여 plBar 컨트롤의 정중앙에 CPU 사용률을 문자 형태로 나타내는 작업을 수행한다.

TIP

Graphics.FillRectangle(brush, x, y, width, height) 메서드

좌표 쌍, 너비 및 높이로 지정된 사각형의 내부에 의해 정의되는 사각형의 내부를 채운다.

- brush : 채우기의 특징을 결정하는 Brush
- x : 채울 사각형의 왼쪽 위 모퉁이에 대한 X 좌표
- y : 채울 사각형의 왼쪽 위 모퉁이에 대한 Y 좌표
- width : 채울 사각형의 너비
- height : 채울 사각형의 높이

TIP

Graphics.DrawString(s, font, brush, x, y) 메서드

지정된 위치에 지정된 Brush 및 Font 개체로 지정된 텍스트 문자열을 그린다.

- s : 그릴 문자열
- font : 문자열의 텍스트 형식을 정의하는 Font
- brush : 그려지는 텍스트의 색과 질감을 결정하는 Brush
- x : 그려지는 텍스트의 왼쪽 위 모퉁이에 대한 X 좌표
- y : 그려지는 텍스트의 왼쪽 위 모퉁이에 대한 Y 좌표

다음의 FormClosing() 이벤트 핸들러는 폼을 선택하고 이벤트 목록 창에서 [FormClosing] 이벤트 항목을 더블클릭하여 생성한 프로시저로, 폼이 종료될 때 외부 스레드를 종료하여야 하기 때문에 Abort() 메서드를 사용하여 스레드를 강제 종료시킨다.

```vb
Private Sub Form1_FormClosing(ByVal sender As System.Object,
            ByVal e As System.Windows.Forms.FormClosingEventArgs)
            Handles MyBase.FormClosing
    checkThread.Abort()
End Sub
```

5.4.3 시스템 성능 보기 예제 실행

다음 그림은 시스템 성능 보기 예제를 F5를 눌러 실행한 화면이다.

5.5 화면 캡처

이 절에서 살펴볼 화면 캡처 예제는 화면 전체를 캡처하거나 영역을 지정하여 화면을 캡처하여 파일로 저장하는 애플리케이션이다. 필자도 책을 집필할 때 화면 캡처를 위해 화면 캡처 프로그램을 자주 사용하는데, 상용 화면 캡처 프로그램처럼 정교하고 다양한 기능으로 구성된 애플리케이션은 아니지만, 화면 캡처를 위한 코드 기능을 구현해 보면서 Bitmap 및 그래픽 관련 클래스와 인터페이스에 대해 알아보도록 하자.

다음 그림은 화면 캡처 애플리케이션을 구현하고 실행한 결과 화면이다.

[결과 미리 보기]

5.5.1 화면 캡처(Form1) 디자인

프로젝트 이름을 'mook_ScreenCapture'로 하여 'C:\vb2017project\Chap05' 경로에 새 프로젝트를 생성한다. 다음 그림과 같이 윈도우 폼에 필요한 컨트롤을 위치시켜 폼을 디자인하고, 각 컨트롤의 속성값을 설정한다. 또한, 프로젝트 내부에 사운드(wav) 파일을 저장하기 위한 'wav' 폴더를 생성하고 사용할 사운드 파일을 저장하여 활용하도록 한다.

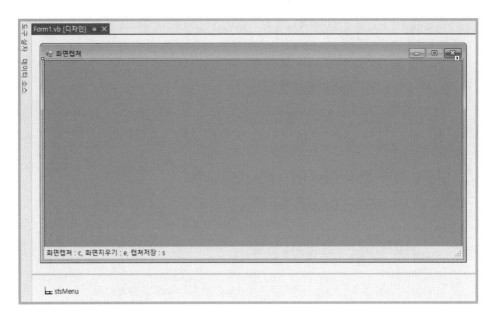

폼 디자인에 사용된 컨트롤의 주요 속성값은 다음과 같다.

폼 컨트롤	속 성	값
Form1	Name	Form1
	Text	화면캡처
	FormBorderStyle	FixedSingle
	ForeColor	DarkGray
	MaximizeBox	False
	MinimizeBox	False
PicturBox1	Name	picbScreen
	BackColor	Silver
	Dock	Fill
	SizeMode	StretchImage
StatusStrip1	Name	stsMenu

폼의 상태행을 나타내는 stsMenu 컨트롤을 선택하고 ▣▾(멤버 추가) 버튼을 클릭하여 StatusLabel 멤버 컨트롤을 추가한다. 추가된 멤버 컨트롤의 속성을 다음과 같이 설정한다.

폼 컨트롤	속 성	값
ToolStripStatusLabel1	Name	tsslText
	Text	화면캡처 : c, 화면지우기 : e, 캡처저장 : s

stsMenu 컨트롤에 멤버 컨트롤을 추가하고 속성을 설정하면 다음 그림과 같은 모습을
나타낸다.

5.5.2 화면 캡처(Form1.vb) 코드 구현

Imports 키워드를 이용하여 이미지 제어를 위한 네임스페이스를 다음과 같이 추가한다.

```
Imports System.Drawing.Imaging
```

다음과 같이 클래스 내부 제일 상단에 멤버 개체와 변수를 생성한다.

```
01: Dim orgLocalPoint As Point          '폼 위치
02: Dim orgLocalSize As Size            '폼 사이즈
03: Dim orgbool As Boolean = True       '폼의 위치 및 사이즈 설정 여부
04: Dim capbool As Boolean = False      '화면 캡처 여부
05: Dim ScreenG As Graphics             '캡처 스크린을 위한 그래픽 클래스 개체
06: Dim CaptWin As Bitmap               '캡처를 위한 비트맵 개체
07: Dim player As New System.Media.SoundPlayer    'wav 파일 실행
```

1–2행   폼의 원래 위치와 사이즈 값을 저장하기 위한 멤버 변수로 화면을 캡쳐한 뒤에
이 값을 이용하여 폼의 위치와 사이즈를 설정한다.

3–4행   화면을 캡처했는지를 확인하는 Boolean 타입의 플래그 변수이다.

5–6행   화면을 캡처한 결과를 이미지로 만들기 위한 Graphics, Bitmap 클래스의 개체
를 생성하는 구문이다.

7행   Wav 파일을 재생하기 위한 SoundPlayer 클래스의 player 개체를 생성하는 구
문이다.

다음의 Form1_Load() 이벤트 핸들러는 폼을 더블클릭하여 생성한 프로시저로, 폼의 위
치와 사이즈를 멤버 변수에 저장하는 작업을 수행한다. 이는 화면 캡처할 때 폼의 위치를
저장하였다가 캡처 작업이 마무리되면 다시 원래 폼의 위치와 사이즈를 설정하기 위한
구문이다.

```
Private Sub Form1_LocationChanged(sender As Object, e As EventArgs)
            Handles MyBase.LocationChanged
    If orgbool = True Then
        orgLocalPoint = Me.Location
        orgLocalSize = Me.Size
    End If
End Sub
```

다음의 이벤트 핸들러는 폼을 선택하고 이벤트 목록 창에서 [KeyPress] 이벤트 항목을 더블클릭하여 생성한 프로시저로, 키보드의 키를 눌렀을 때 발생하는 이벤트를 제어하는 작업을 수행한다.

```
01: Private Sub Form1_KeyPress(sender As Object, e As KeyPressEventArgs)
            Handles MyBase.KeyPress
02:     If e.KeyChar = "c" Then
03:         orgbool = False
04:         capbool = True
05:         Me.Opacity = 0.0
06:         Me.FormBorderStyle = Windows.Forms.FormBorderStyle.None
07:         Me.Location = New Point(0, 0)
08:         Me.Size = New Size(Screen.PrimaryScreen.Bounds.Size)
09:         Dim fullScreen = Screen.PrimaryScreen.Bounds
10:         CaptWin = New Bitmap(fullScreen.Width, fullScreen.Height)
11:         ScreenG = Graphics.FromImage(CaptWin)
12:         ScreenG.CopyFromScreen(PointToScreen(New Point(0, 0)),
                                    New Point(0, 0), fullScreen.Size)
13:         Me.picbScreen.Image = CaptWin
14:         player.SoundLocation = "../../wav/capture.wav"
15:         player.Play()
16:         Me.Opacity = 100.0
17:         Me.FormBorderStyle = Windows.Forms.FormBorderStyle.FixedSingle
18:         Me.Location = orgLocalPoint
19:         Me.Size = orgLocalSize
20:         orgbool = True
21:     ElseIf e.KeyChar = "e" Then
22:         player.SoundLocation = "../../wav/ereser.wav"
23:         player.Play()
24:         capbool = False
25:         Me.picbScreen.Image = Nothing
26:     ElseIf e.KeyChar = "s" Then
27:         If capbool = True Then
28:             Using SFile As New SaveFileDialog
29:                 SFile.OverwritePrompt = True
30:                 SFile.FileName = "화면캡쳐"
31:                 SFile.Filter = "이미지 파일(*.jpg)|*.jpg"
32:                 Dim Rst As DialogResult = SFile.ShowDialog()
33:                 If Rst = DialogResult.OK Then
```

```
34:                        CaptWin.Save(SFile.FileName, ImageFormat.Jpeg)
35:                    End If
36:                End Using
37:            Else
38:                MessageBox.Show("캡처한 화면이 없습니다.", "알림",
                        MessageBoxButtons.OK, MessageBoxIcon.Information)
39:            End If
40:        End If
41:  End Sub
```

2행   e.KeyChar 속성을 이용하여 키보드에서 누른 키에 해당하는 문자를 비교하는 If 구문으로 'c'를 눌렀을 때는 3~20행을 전체 화면을 캡처하는 작업을 수행하고, 'e'를 누르면 22~25행을 수행하여 화면을 지우고, 's'를 누르면 27~36행을 수행하여 캡처한 화면을 이미지 파일로 저장하는 작업을 수행한다.

3-4행   Boolean 타입의 캡처 여부의 플래그 값을 설정하는 구문으로 capbool 변수의 값이 True이면 캡처된 화면을 저장하거나 폼의 위치와 사이즈를 설정하는 작업을 수행한다.

5행   폼의 투명도를 설정하는 구문으로 화면을 캡처하기 위해서는 폼이 투명하여야 하기 때문에 투명도를 0.0으로 설정한다.

6행   폼의 BorderStyle을 설정하는 구문으로 None으로 설정한다.

7행   폼의 위치를 설정하는 구문으로 전체 화면을 캡처하기 위해서는 화면의 첫 Point로 Point 값을 (0, 0)으로 설정한다.

8행   Screen.PrimaryScreen.Bounds.Size 구문을 이용하여 폼의 Size 값을 설정하는 구문이다. Screen.PrimaryScreen.Bounds.Size는 스크린의 기본 디스플레이 범위 즉, 현재 화면의 전체 사이즈 값을 가져오거나 설정하는데 사용하는 구문이다.

9행   12행에서 스크린의 사이즈를 Integer형으로 사용하기 위하여 화면 전체의 가로와 세로 범위를 설정한다.

10행   화면 전체를 캡처하기 위하여 Bitmap 클래스 개체를 생성하는 구문으로 사이즈를 화면 전체 사이즈로 설정한다.

구문	설명
Bitmap(A, B)	A : Bitmap의 너비(픽셀) B : Bitmap의 높이(픽셀)

11행   Graphics.FromImage() 메서드를 이용하여 지정된 Image(CapWin)에서 새 Graphics 개체 ScreenG를 초기화한다. 이는 화면 캡처를 위한 작업을 수행한다.

12행	Graphics.CopyFromScreen() 메서드(**TIP** "Graphics.CopyfromScreen() 메서드" 참고)를 이용하여 범위로 지정된 사각형에 해당하는 색 데이터 즉, 현재 캡처된 화면의 색 데이터를 그리는 작업을 수행한다.
13행	10~12행에서 수행되어 Bitmap 클래스 개체에 저장된 캡처 화면을 picbScreen 컨트롤 Image 속성값에 저장하는 작업을 수행한다.
14행	System.Media.SoundPlayer 클래스의 개체인 player의 SoundLocation 속성에 Wav 파일 경로를 입력하는 작업으로 15행의 Play() 메서드를 호출하면 지정된 Wav 파일이 재생된다.
16-20행	화면 캡처가 완료되면 폼의 투명도와 위치 그리고 사이즈를 원래 상태로 설정하는 구문이다.
21행	e.KeyChar 구문을 이용하여 키보드에서 'e' 키가 눌릴 때 캡처된 화면을 지우는 작업을 수행한다.
22-23행	화면을 지우는데 사용되는 효과음으로 Wav 파일을 재생하는 작업을 수행한다.
24-25행	capbool 변수에 False 값을 저장하고, picbScreen 컨트롤의 Image 속성에 Nothing 값을 입력하여 캡처에 활동을 초기화한다.
26행	키보드에서 's' 키가 눌릴 때 캡처된 화면을 이미지 파일로 저장하는 작업을 수행한다.
27행	capbool 플래그 값이 True일 때 즉, 화면 캡처가 선행되었다면 If 블록 내부 구문을 수행한다.
28행	Using 키워드를 이용하여 SaveFileDialog 클래스의 개체를 생성하고 안전하게 파일을 저장할 수 있도록 한다.
29-31행	SaveFileDialog 클래스의 개체인 SFile의 속성을 설정하는 구문으로 파일 이름과 파일 확장자 등을 설정한다.
32행	SFile.ShowDialog() 메서드를 이용하여 파일을 저장하기 위한 [저장] 대화상자를 호출하고 [저장] 버튼을 누르면 34행을 수행하여 캡처된 결과를 파일로 저장하게 된다.
34행	CapWin.Save() 메서드(**TIP** "Image.Save() 메서드" 참고)를 이용하여 지정된 파일 경로와 이미지 포맷에 따라 캡처된 화면을 이미지 파일로 저장한다.

TIP

Graphics.CopyFromScreen(upperLeftSourcet,
upperLeftDestination, blockRegionSize)

픽셀의 사각형에 해당하는 색 데이터를 화면에서 캡처하여 Graphics 저장한다.

- upperLeftSource : 소스 사각형의 왼쪽 위 모퉁이에 있는 점
- upperLeftDestination : 대상 사각형의 왼쪽 위 모퉁이에 있는 점
- blockRegionSize : 전송할 영역의 크기

TIP

Image.Save(filename, format) 메서드

Image를 지정된 형식으로 지정된 파일에 저장한다.

- filename : Image를 저장할 파일의 이름을 포함하는 문자열
- format : 이 Image의 ImageFormat

ImageFormat 속성

이미지의 파일 형식을 지정한다.

이름	설명
Bmp	비트맵(BMP) 이미지 형식
Emf	확장 메타파일(EMF) 이미지 형식
Exif	Exchangeable Image File(Exif) 형식
Gif	GIF(Graphics Interchange Format) 이미지 형식
Guid	이 ImageFormat 개체를 나타내는 Guid 구조체
Icon	Windows 아이콘 이미지 형식
Jpeg	JPEG(Joint Photographic Experts Group) 이미지 형식
MemoryBmp	메모리의 비트맵 형식
Png	W3C PNG(Portable Network Graphics) 이미지 형식
Tiff	TIFF(Tagged Image File Format) 이미지 형식
Wmf	Windows 메타파일(WMF) 이미지 형식

5.5.3 화면 캡처 실행

다음 그림은 화면 캡처 예제를 F5를 눌러 실행한 화면이다.

다음 그림은 'c'를 눌러 스크린 전체를 캡처한 결과이다.

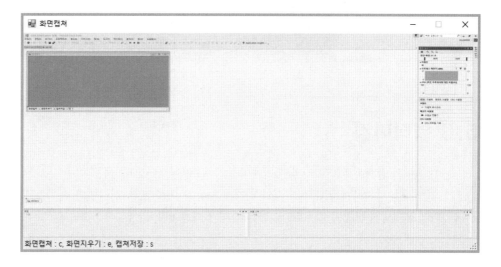

파일로 저장한 캡처 결과를 윈도우의 기본 애플리케이션을 이용하여 확인해 본다.

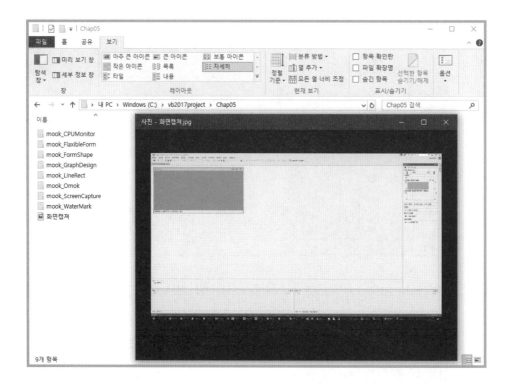

5.6 워터마킹

이 절에서 살펴볼 워터마킹 애플리케이션은 인터넷에서 이미지를 무단 배포하거나 도용하는 것을 방지하기 위해 이미지의 배경에 사용자 이름 또는 회사명의 이미지를 반투명하게 오버랩하여 이미지의 저작권을 나타내는 기능이다.

워터마킹 기능은 최근 들어 상당히 많은 범위에서 사용된다. 인터넷에서 사용되는 이미지를 무단으로 도용하지 못하도록 이미지 파일에 저작권이 있어서 사용이 허락되는 이미지 외에는 무단으로 사용한다면 과태료를 낼 수 있다. 이미지에 자신의 이름이나 회사 이름을 표기하여 이미지의 소유권을 알려 저작권을 보호하는 것이다.

이 절에서 살펴보는 워터마킹은 배경 이미지에 텍스트를 오버랩하여 이미지를 저장하는 기능에 대해 살펴보도록 하자.

다음 그림은 워터마킹 애플리케이션을 구현하고 실행한 결과 화면이다.

[결과 미리 보기]

5.6.1 워터마킹 디자인

프로젝트 이름을 'mook_WaterMark'로 하여 'C:\vb2017project\Chap05' 경로에 새 프로젝트를 생성한다. 다음 그림과 같이 윈도우 폼에 필요한 컨트롤을 위치시켜 폼을 디자인하고, 각 컨트롤의 속성값을 설정한다.

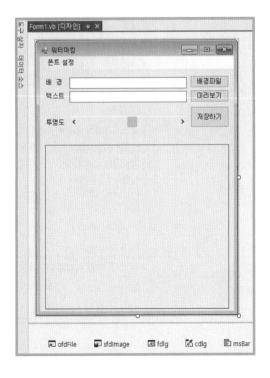

폼 디자인에 사용된 컨트롤의 주요 속성값은 다음과 같다.

폼 컨트롤	속 성	값
Form1	Name	Form1
	Text	워터마킹
	FormBorderStyle	FixedSingle
	MaximizeBox	False
MenuStrip1	Name	msBar
Label1	Name	lblBack
	Text	배 경
Label2	Name	lblMark
	Text	텍스트
Label3	Name	lblOpacity
	Text	투명도
TextBox1	Name	txtBack
TextBox2	Name	txtMark
Button1	Name	btnBack
	Text	배경파일
Button2	Name	btnView
	Text	미리보기
Button3	Name	btnSave
	Text	저장하기
HScrollBar1	Name	hsbOpacity
	Value	50
PictureBox1	Name	picView
	BorderStyle	FixedSingle
	SizeMode	StretchImage
OpenFileDialog1	Name	ofdFile
	Filter	JPEG Images(*.jpg, *.jpeg)|*.jpg;*.jpeg| GIF Image(*.gif)| *.gif|Bitmap(*.bmp)| *.bmp|All Image Format|*.jpg;*.jpeg ;*.gif*.bmp
SaveFileDialog1	Name	sfdImage
	Filter	이미지 파일(*.jpg)|*.jpg
FontDialog1	Name	fdlg
ColorDialog1	Name	cdlg

msBar 컨트롤을 선택하고 직접 메뉴를 추가하여 메뉴를 구성한다.

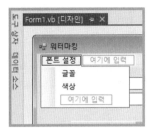

5.6.2 워터마킹 코드 구현

다음과 같이 멤버 변수 및 개체를 클래스 내부 상단에 추가한다.

```
Dim ImageFile As Bitmap = Nothing        '비트맵 이미지 리소스 저장
Dim fnset As Boolean = Nothing           '글꼴
Dim fncol As Boolean = Nothing           '글 색상
```

다음의 btnBack_Click() 이벤트 핸들러는 [배경파일] 버튼을 더블클릭하여 생성한 프로 시저로, 이미지 파일을 선택하는 작업을 수행한다.

```
Private Sub btnBack_Click(sender As Object, e As EventArgs)
             Handles btnBack.Click
    If Me.ofdFile.ShowDialog() = DialogResult.OK Then
        Me.txtBack.Text = Me.ofdFile.FileName
    End If
End Sub
```

다음의 글꼴ToolStripMenuItem_Click() 이벤트 핸들러는 [글꼴] 메뉴를 더블클릭하여 생성한 프로시저로, [글꼴] 대화상자를 호출하여 폰트 설정을 위한 작업을 수행한다.

```
01:  Private Sub 글꼴ToolStripMenuItem_Click(
                   sender As Object, e As EventArgs)
                   Handles 글꼴ToolStripMenuItem.Click
02:      If Me.fdlg.ShowDialog() = DialogResult.OK Then
03:          Mark.fnset = Me.fdlg.Font
04:          fnset = True
05:      End If
06:  End Sub
```

2행 fdlg.ShowDialog() 메서드를 호출하여 [글꼴] 대화상자를 호출하고 글꼴이 선택 되면 3행의 Mark 클래스의 fnSet 프로퍼티 변수에 저장하는 작업을 수행한다.

다음의 색상ToolStripMenuItem_Click() 이벤트 핸들러는 [색상] 메뉴를 더블클릭하여
생성한 프로시저로, [색] 대화상자를 호출하여 글자에 적용할 색상을 설정하는 작업을 수
행한다.

```
01: Private Sub 색상ToolStripMenuItem_Click(sender As Object, e As EventArgs)
                   Handles 색상ToolStripMenuItem.Click
02:    If Me.cdlg.ShowDialog() = DialogResult.OK Then
03:        Mark.fnCol = Me.cdlg.Color
04:        fncol = True
05:    End If
06: End Sub
```

2행   cdlg.ShowDialog() 메서드를 호출하여 [색] 대화상자를 호출하고 폰트의 색상이
        선택되면 3행의 Mark 클래스의 fnCol 프로퍼티 변수에 저장하는 작업을 수행
        한다.

다음의 btnView_Click() 이벤트 핸들러는 [미리보기] 버튼을 더블클릭하여 생성한 프로
시저로, 이미지 선택의 유효성을 검사하고 각 설정값을 Mark 클래스에 전달하는 작업을
수행한다.

```
01: Private Sub btnView_Click(sender As Object, e As EventArgs)
                   Handles btnView.Click
02:    If txtCheck() Then
03:        Mark.BackImgPath = Me.txtBack.Text
04:        Mark.MarkImgText = Me.txtMark.Text
05:        Mark.MarkOpacity = Me.hsbOpacity.Value
06:        Me.picbView.Image = Mark.NewImage().Image
07:    End If
08: End Sub
```

2행   txtCheck() 메서드는 이미지 파일이 선택되었는지를 확인하는 기능으로 배경
        이미지와 워터마킹 이미지 파일이 선택되지 않으면 If 구문 내부 코드를 실행하
        지 않는다.

3-5행   Mark 클래스의 Shared로 선언된 멤버 변수에 이미지 경로와 투명도를 저장하
        는 구문이다. 아직 Mark 클래스를 생성하지 않았기 때문에 코드를 추가하면 에
        러가 발생할 수 있는지만, 이는 뒤에 Mark 클래스를 생성하면 자연스럽게 해결
        되므로 여기서는 코드 추가만을 작업하도록 하자.

6행   picbView.Image 속성에 Mark 클래스의 NewImage() 메서드에서 반환하는 값
        (PictureBox)을 Image 개체로 변환하여 저장한다.

다음의 txtCheck() 메서드는 배경 및 마킹 이미지의 선택 여부를 확인하는 구문으로 선택하지 않았다면 False를 반환한다.

```
Private Function txtCheck() As Boolean
    Dim Flag As Boolean = True
    If Me.txtBack.Text = "" Then
        MessageBox.Show("배경 이미지 파일을 선택하지 않았습니다.",
            "알림", MessageBoxButtons.OK, MessageBoxIcon.Information)
        Flag = False
    End If
    If Me.txtMark.Text = "" Then
        MessageBox.Show("마킹 이미지 파일을 선택하지 않았습니다.",
            "알림", MessageBoxButtons.OK, MessageBoxIcon.Information)
        Flag = False
    End If
    If fnset = False Then
        MessageBox.Show("마킹 글꼴을 선택하지 않았습니다.",
            "알림", MessageBoxButtons.OK, MessageBoxIcon.Information)
        Flag = False
    End If
    If fncol = False Then
        MessageBox.Show("마킹 색상을 선택하지 않았습니다.",
            "알림", MessageBoxButtons.OK, MessageBoxIcon.Information)
        Flag = False
    End If
    Return Flag
End Function
```

다음의 btnSave_Click() 이벤트 핸들러는 [저장하기] 버튼을 더블클릭하여 생성한 프로시저로, 워터마킹된 이미지를 파일로 저장하는 작업을 수행한다.

```
01: Private Sub btnSave_Click(sender As Object, e As EventArgs)
            Handles btnSave.Click
02:     If Me.picbView.Image IsNot Nothing Then
03:         If Me.sfdImage.ShowDialog() = DialogResult.OK Then
04:             ImageFile = New Bitmap(Mark.ImageSize.Width,
                                    Mark.ImageSize.Height)
05:             ImageFile = Me.picbView.Image
06:             Me.ImageFile.Save(sfdImage.FileName,
                            System.Drawing.Imaging.ImageFormat.Jpeg)
07:         End If
08:     End If
09: End Sub
```

4행   Bitmap() 생성자를 이용하여 Bitmap 클래스의 개체 ImageFile을 초기화하는 작업을 수행한다.

5행   picbView.Image 속성을 Bitmap 클래스 개체에 저장하는 작업을 수행한다. 이 작업으로 ImageFile 개체에 이미지가 저장된다.

6행   ImageFile.Save() 메서드를 이용하여 지정한 파일 경로와 ImageFormat.Jpeg 타입으로 이미지 파일을 저장한다.

5.6.4 'Mark.vb' 클래스 생성 및 코드 구현

솔루션 탐색기에서 프로젝트 이름을 마우스 오른쪽 버튼으로 클릭하여 표시되는 단축메뉴에서 [추가]-[클래스] 메뉴를 클릭한 후 [새 항목 추가] 대화상자가 나타나면 [클래스] 항목을 선택하고 [추가] 버튼을 눌러 'Mark.vb' 클래스 파일을 생성한다.

Imports 키워드를 이용하여 필요한 네임스페이스를 다음과 같이 추가한다.

```
Imports System.Drawing.Imaging
Imports System.Windows.Forms
```

다음과 같이 멤버 변수 및 개체를 클래스 내부 상단에 추가한다.

```
01:  Public Shared BackImgPath As String = ""
02:  Public Shared MarkImgText As String = ""
03:  Public Shared MarkOpacity As Single = 50
04:  Public Shared ImageSize As Image = Nothing
05:  Public Shared fnset As Font = Nothing
06:  Public Shared fnCol As Color = Nothing
```

다음의 NewImage() 메서드는 배경 이미지와 입력한 텍스트를 오버랩하여 새로운 이미지 개체를 생성하는 작업을 수행한다.

```
01:  Public Shared Function NewImage() As PictureBox
02:      Dim orgImg As Image = Image.FromFile(BackImgPath)
03:      ImageSize = orgImg
04:      Dim tmpImg As New Bitmap(orgImg.Width, orgImg.Height)
05:      Dim markImg As Bitmap = New Bitmap(100, 100)
06:      markImg.SetResolution(100, 100)
07:      Dim g As Graphics = Graphics.FromImage(markImg)
08:      g.PageUnit = GraphicsUnit.Point
09:      g.Clear(Color.Empty)
10:      Dim fn As Font = fnset
11:      Dim drawBrush As SolidBrush = New SolidBrush(fnCol)
```

```
12:        g.DrawString(markImgText, fn, drawBrush,
                   New RectangleF(0, 0, 100, 100), StringFormat.GenericDefault)
13:        Dim setOpacity As Single = MarkOpacity / 100
14:        Dim newGrp As Graphics = Graphics.FromImage(tmpImg)
15:        Dim SetColorMatrix As Single()() = {
                              New Single() {1, 0, 0, 0, 0},
                              New Single() {0, 1, 0, 0, 0},
                              New Single() {0, 0, 1, 0, 0},
                              New Single() {0, 0, 0, setOpacity, 0},
                              New Single() {0, 0, 0, 0, 1}}
16:        Dim clrMatrix As New ColorMatrix(SetColorMatrix)
17:        Dim setImage As New ImageAttributes()
18:        setImage.SetColorMatrix(clrMatrix, ColorMatrixFlag.Default,
                              ColorAdjustType.Bitmap)
19:        newGrp.DrawImage(orgImg, 0, 0, orgImg.Width, orgImg.Height)
20:        Dim orw As Single = CSng(orgImg.Width * 0.3)
21:        Dim orh As Single = CSng(orgImg.Height * 0.4)
22:        Dim mix As Single = CSng((orgImg.Width / 2) + (orw / 2))
23:        Dim miy As Single = CSng((orgImg.Height / 2) +
                              (orh / 2) + ((orh / 2) / 2))
24:        Dim msw As Single = markImg.Width
25:        Dim msh As Single = markImg.Height


26:        newGrp.DrawImage(markImg,
                   New Rectangle(CInt(mix), CInt(miy), CInt(orw), CInt(orh)),
                       0.0F, 0.0F, msw, msh,
                       GraphicsUnit.Pixel, setImage)
27:        Dim NewMarkImage As PictureBox = New PictureBox()
28:        NewMarkImage.Image = tmpImg
29:        Return NewMarkImage
30:  End Function
```

2-4행   Image 개체를 생성하는 구문으로 Image.FromFile() 메서드에 배경 이미지 파일 경로를 매개 변수로 대입한다. 이는 Bitmap 개체를 생성하기 위한 구문으로 본래의 이미지 크기를 지정하여 Bitmap 개체인 tmpImg를 생성한다.

5행   워터마킹 이미지가 표시될 Bitmap 개체인 markImg를 생성한다.

6행   markImg.SetResolution() 메서드를 이용하여 비트맵 개체의 해상도를 설정하는 구문이다.

7행   Graphics 개체인 g를 생성하는 구문으로 Graphics.FromImage() 메서드에 5행에서 생성한 markImg 개체를 대입한다.

8행   g.PageUnit 속성은 페이지 좌표에 사용되는 측정 단위를 설정하는 구문으로 단위는 Point(프린터의 점(1/72 인치)의 측정 단위)로 설정한다.

9행   g.Clear() 메서드를 이용하여 그래픽 화면을 지우고 배경색의 색상을 무색으로 채운다.

10행   폰트의 글꼴을 설정하는 구문이다.

11행   SolidBrush 개체 drawBrush를 생성하고 초기화하는 구문으로 폰트의 색상을 설정하는 작업을 수행한다.

12행   g.DrawString() 메서드를 이용하여 지정된 사각형에 StringFormat의 서식 특성을 사용하여 Brush 및 Font 개체로 지정된 텍스트 문자열을 그리는 작업을 수행한다.

13행   워터마킹 이미지의 투명도를 설정하기 위한 구문으로, 투명도는 Single 타입이다.

14행   Graphics 개체인 newGrp를 생성하는 구문으로 Graphics.FromImage() 메서드에 4행에서 생성한 tmpImg 개체를 매개 변수로 대입한다. 이는 이미지를 꾸미기 위한 준비 작업이다.

15행   16행의 ColorMatrix() 생성자의 매개 변수인 SetColrMatrix의 요소값을 설정하기 위한 구문이다.

16행   ColorMatrix 클래스의 개체 clrMatrix(TIP "ColorMatrix 클래스" 참고)를 생성하는 구문이다. 이는 이미지의 오버랩을 조절하기 위한 구문이다.

17행   ImageAttributes 클래스의 개체 setImage를 생성하는 구문으로 비트맵을 조작하는 방법에 대한 정보가 포함되어 있어 이미지 조작을 위한 구문이다.

18행   setImage.SetColorMatrix() 메서드(TIP "ImageAttribute.SetColorMatrix() 메서드" 참고)를 이용하여 지정된 범위에 대한 색 조정 매트릭스를 설정한다.

19행   newGrp.DrawImage() 메서드를 이용하여 지정된 orgImg를 지정된 위치에 지정된 크기로 그리는 작업을 수행한다. 이는 배경 이미지를 그리는 작업을 수행한다.

구문	설명
DrawImage(A, B, C, D, E)	A : 그릴 Image B : 그려지는 이미지의 왼쪽 위 모퉁이에 대한 X 좌표 C : 그려지는 이미지의 왼쪽 위 모퉁이에 대한 Y 좌표 D : 그려지는 이미지의 너비 E : 그려지는 이미지의 높이

20-25행 배경 이미지 및 워터마킹될 이미지의 크기에 사용될 변수 선언 구문이다.

26행   newGrp.DrawImage() 메서드를 이용하여 지정된 위치에 지정된 크기로 이미지를 그리는 작업을 수행하는데, 이는 워터마킹 이미지를 그리는 작업을 수행한다.

구문	설명
DrawImage(A, B, C, D, E, F, G, H)	A : 그릴 Image B : 그려지는 이미지의 위치와 크기를 지정하는 Rectangle 구조체 C : 그릴 원본 이미지 부분의 왼쪽 위 모퉁이에 대한 X 좌표 D : 그릴 소스 이미지 부분의 왼쪽 위 모퉁이에 대한 Y 좌표 E : 그릴 원본 이미지 부분의 왼쪽 위 모퉁이에 대한 X 좌표 F : 그릴 소스 이미지의 부분에 대한 높이 G : 소스 사각형을 결정하기 위해 사용하는 측정 단위를 지정하는 GraphicsUnit 열거형 (**TIP** "GraphicsUnit 열거형" 참고)의 멤버 H : image 개체에 대한 다시 칠하기와 감마 정보를 지정하는 ImageAttributes

27-29행 NewImage() 메서드의 반환값으로 PictureBox 클래스의 개체 NewMarkImage를 반환하여 Form1의 picbView.Image 속성에 저장하여 오버랩된 이미지를 출력하는 작업을 수행한다.

TIP

ColorMatrix 클래스

RGBAW 공간의 좌표를 포함하는 5x5 매트릭스를 정의하고, ImageAttributes 클래스의 여러 메서드는 색 매트릭스를 사용하여 이미지 색을 조정한다.

매트릭스 계수는 ARGB 동질 값을 변환하는 데 사용되는 5X5 선형 변환으로 구성된다. 예를 들어, ARGB 벡터는 빨강, 녹색, 파랑, 알파 및 w로 표시되며 여기에서 w는 항상 1이다.

예를 들어, 색 (0.2, 0.0, 0.4, 1.0)에서 시작하여 다음과 같은 변환을 적용한다고 가정한다.

- 빨강 구성 요소를 두 배로 늘린다.
- 빨강, 녹색 및 파랑 구성 요소에 0.2를 더한다.

다음의 매트릭스 곱에서는 나열된 순서대로 변환이 수행된다.

$$\begin{bmatrix} 0.2 & 0.0 & 0.4 & 1.0 & 1.0 \end{bmatrix} \begin{bmatrix} 2 & 0 & 0 & 0 & 0 \\ 0 & 1 & 0 & 0 & 0 \\ 0 & 0 & 1 & 0 & 0 \\ 0 & 0 & 0 & 1 & 0 \\ 0.2 & 0.2 & 0.2 & 0 & 1 \end{bmatrix} = \begin{bmatrix} 0.6 & 0.2 & 0.6 & 1.0 & 1.0 \end{bmatrix}$$

색 매트릭스의 요소에는 0부터 시작되는 인덱스가 행과 열의 순으로 부여된다. 예를 들어, 매트릭스 M에서 다섯 번째 행과 세 번째 열에 있는 엔트리는 M[4][2]이다.

다음 그림에서 5×5 항등 매트릭스의 대각선에는 1이 있고, 그 외 위치에는 0이 있다. 색 벡터에 항등 매트릭스를 곱하는 경우 색 벡터는 변경되지 않는다. 항등 매트릭스에서 시작하여 원하는 변환이 이루어질 때까지 조금씩 변경하면 색 변환의 매트릭스를 간편하게 구성할 수 있다.

항등 매트릭스

더 자세히 알아보려면 다음의 MSDN을 참고하기 바란다.
http://msdn.microsoft.com/ko-kr/library/3zxbwxch(v=vs.110).aspx

---

TIP

ImageAttributes.SetColorMatrix
(ColorMatrix, ColorMatrixFlag, ColorAdjustType) 메서드

지정된 범위에 대하여 색 조정 매트릭스를 설정한다.

- ColorMatrix : 색 조정 매트릭스
- ColorMatrixFlag : 색 조정 매트릭스의 영향을 받을 색과 이미지의 형식을 지정하는 ColorMatrixFlag의 요소

ColorMatrixFlag 요소

멤버 이름	설명
Default	회색조를 포함한 모든 색상 값이 동일한 색 조정 매트릭스에 의해 조정됨
SkipGrays	모든 색은 조정되지만 회색조는 조정되지 않음
AltGrays	회색조만 조정됨

- ColorAdjustType : 색 조정 매트릭스가 설정되는 범주를 지정하는 ColorAdjustType의 요소

ColorAdjustType 요소

멤버 이름	설명
Default	자신의 색 조정 정보를 포함하지 않는 모든 GDI+ 개체가 사용하는 색 조정 정보
Bitmap	Bitmap 개체에 대한 색 조정 정보
Brush	Brush 개체에 대한 색 조정 정보
Pen	Pen 개체에 대한 색 조정 정보
Text	텍스트에 대한 색 조정 정보
Count	지정된 형식의 개수
Any	지정된 형식의 개수

TIP

GraphicsUnit 열거형

멤버 이름	설명
Display	디스플레이 장치의 측정 단위를 지정함
Document	1/300 인치의 문서 단위를 측정 단위로 지정함
Inch	인치를 측정 단위로 지정함
Millimeter	밀리미터를 측정 단위로 지정함
Pixel	장치 픽셀을 측정 단위로 지정함
Point	프린터의 점(1/72인치)을 측정 단위로 지정함
World	영역 좌표계 단위를 측정 단위로 지정함

5.6.5 워터마킹 예제 실행

다음 그림은 워터마킹 예제를 F5를 눌러 실행한 화면이다. [배경파일] 버튼을 클릭하여 배경 이미지 파일을 설정한 뒤에, 텍스트 입력란에 임의의 텍스트를 입력하고 [미리보기] 버튼을 클릭하여 워터마킹 처리된 결과를 확인해 본다.

[저장하기] 버튼을 눌러 워터마킹된 이미지를 저장하고, 윈도우 기본 애플리케이션을 이용하여 이미지를 열어보면 다음 그림과 같이 배경 이미지와 글자가 오버랩된 것을 확인할 수 있다.

워터마킹 결과

5.7 그래프 그리기

이 절에서는 네트워크나 CPU의 성능을 그래프로 나타내는 기능을 갖는 사용자 정의 컨트롤을 구현하면서 그래프 그리기 프로그램에 대해 살펴본다.

네트워크 프로그램에서 빠지지 않고 구현되는 그래프는 네트워크나 시스템의 상태 등을 한눈에 확인할 수 있도록 데이터를 정량화해서 나타내는 방식인데 윈도우 작업 관리자에서는 CPU, 메모리, 네트워킹의 현황을 나타낼 때 이와 같은 방법으로 표현한다.

이 절의 그래프 그리기의 특징은 사용자 정의 컨트롤을 만들어 그래프를 표현하는 것인데 사용자 정의 컨트롤은 개발자 나름의 컨트롤을 만들어 놓고 해당 컨트롤을 프로그램의 핵심 부품으로 활용하여 구현하는 방식이다. 물론 VS2017에서 기본적으로 제공되는 컨트롤을 이용하여 구현할 수도 있다. 하지만 사용자 정의 컨트롤을 생성해 놓으면 개발자가 필요할 때 컴포넌트처럼 해당 컨트롤을 가져다 사용할 수 있다.

VS2017에서 기본적으로 제공되는 컨트롤은 각각의 기능으로 구성되지만, 사용자 정의 컨트롤은 여러 개의 컨트롤을 그룹으로 만들어 사용할 수 있으므로 더욱 편하게 사용할 수 있다. 또한, 이는 라이브러리 형태(*.dll) 또는 실행 파일 형태(*.exe)로 만들어 레퍼런스로 참조 추가하여 사용되기 때문에 컨트롤 관리가 편리해진다.

다음 그림은 그래프 그리기 애플리케이션을 구현하고 실행한 결과 화면이다.

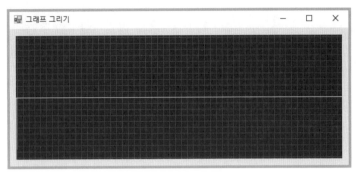

[결과 미리 보기]

5.7.1 그래프 그리기 프로젝트 생성

프로젝트 이름을 'mook_GraphDesign'으로 하여 'C:\vb2017project\Chap05' 경로에 새 프로젝트를 생성한다. 새 프로젝트를 생성한 뒤에 사용자 정의 컨트롤을 만들기 위해 솔루션에 새 프로젝트를 추가해야 한다. 솔루션 이름을 마우스 오른쪽 버튼으로 클릭하여 표시되는 단축메뉴에서 [추가]-[새 프로젝트] 메뉴를 클릭한다. 다음 그림과 같이 [새 프로젝트 추가] 대화상자가 나타나면 [Visual Basic]-[클래스 라이브러리]를 차례로 누르고 'mook_GraphCore' 이름으로 새로운 프로젝트를 생성한다.

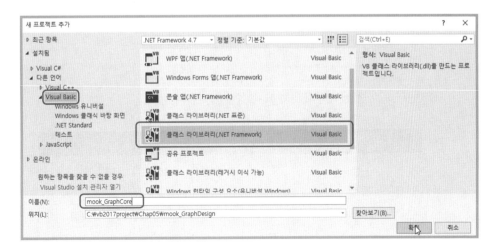

위 작업이 완료되면 [솔루션 탐색기] 창에 'mook_GraphCore' 새로운 프로젝트가 추가된 것을 확인할 수 있다. 사용자 정의 컨트롤을 생성하기 위해 추가된 'mook_GraphCore' 프로젝트를 마우스 오른쪽 버튼을 클릭하여 [추가]-[새 항목] 메뉴를 차례로 클릭한다.

다음과 같이 [새 항목 추가] 대화상자가 나타나면 [Visual Basic 항목]−[사용자 정의 컨 트롤] 메뉴를 선택하고 'mook_GraphCore.vb'이름으로 새 항목을 추가한다.

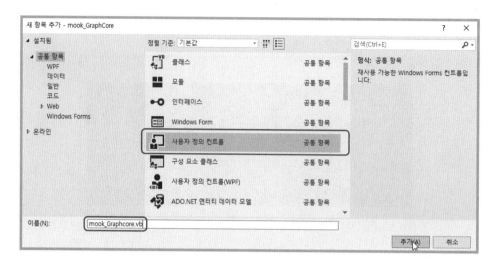

5.7.2 그래프 그리기 사용자 정의 컨트롤 디자인

'mook_GraphCore' 프로젝트에 추가된 'mook_GraphCore.vb'를 더블클릭하여 다음 그 림과 같이 윈도우 폼에 필요한 컨트롤을 위치시켜 폼을 디자인하고, 컨트롤의 속성값을 설정한다.

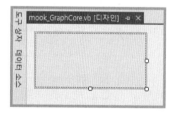

폼 디자인에 사용된 컨트롤의 주요 속성값은 다음과 같다.

폼 컨트롤	속 성	값
UserControl1	Name	mook_GraphCore
	Size	192, 91 ※ 사이즈 설정 중요(그리 드 라인 그릴 때 사용
Panel1	Name	plChart
	Dock	Fill

5.7.3 그래프 그리기 사용자 정의 컨트롤 코드 구현

Imports 키워드를 이용하여 필요한 네임스페이스를 다음과 같이 추가한다.

```
Imports System.Drawing
```

다음과 같이 클래스 내부 전체에서 사용할 수 있도록 멤버 변수 및 개체를 추가한다.

```
01:  Dim PixelsPer As Integer
02:  Dim LineDifference As Integer
03:  Dim ValueMultiplier As Single
04:  Dim Maximum, Minimum As Single
05:  Dim AboveColor, UnderColor, GridColor, _
         ChartBackColor, AxesColor As Color
06:  Dim g As Graphics
07:  Dim Values As Single()
08:  Dim CurrentYGridStart As Integer
09:  Dim CurrentNumberOfValues As Integer
10:  Dim currentSize As Size = New Size(0, 0)
```

1행	그래프를 그리는 가로/세로의 선의 간격을 나타내기 위한 Integer 타입의 변수이다.
2행	그래프를 그리는 가로/세로의 선의 간격을 나타내기 위한 Integer 타입의 변수이다.
3-4행	그래프를 그리는 진행률과 진행상태를 나타내기 위한 Single 타입의 변수이다.
5행	그래프를 그리기 위한 선과 백그라운드 색상을 저장하기 위한 Color 개체 선언 구문이다.

다음의 New() 함수는 클래스가 초기화되면서 우선적으로 반영되어야 하는 멤버 변수의 값과 우선적으로 실행되어야 할 메서드를 추가한다.

```
01:  Public Sub New()
02:      InitializeComponent()
03:      LoadDefaultValues()
04:      InitChart()
05:  End Sub
```

3-4행	그래프를 그리기 위한 배경색과 멤버 변수의 초기값 등을 설정하는 메서드를 호출하는 작업을 수행한다.

다음의 LoadDefaultValues() 메서드는 멤버 변수를 초기값으로 설정하는 작업을 수행한다.

```
01:  Private Sub LoadDefaultValues()
02:      g = plChart.CreateGraphics()
03:      PixelsPer = 10
04:      ChartBackColor = Color.Black
05:      GridColor = Color.Green
06:      AboveColor = Color.Chartreuse
07:      UnderColor = Color.Red
08:      AxesColor = Color.White
09:      CurrentYGridStart = 0
10:      ValueMultiplier = 1
11:      Maximum = plChart.Size.Height / 2
12:      Minimum = (-1) * (plChart.Size.Height / 2)
13:      LineDifference = 1
14:      Values = New Single(plChart.Size.Width - 1) { }
15:      For i As Integer = 0 To Values.Length - 1
16:          Values(i) = 0
17:      Next
18:      CurrentNumberOfValues = 0
19:  End Sub
```

2행   plChart.CreateGraphics() 메서드를 이용하여 그래픽 개체를 생성하는 구문으로
       컨트롤에 배경 화면과 그래픽을 그리기 위한 작업을 수행하는 기반이 된다.

3행   PixelsPer 멤버 변수는 그래프를 그리기 위한 10픽셀 단위의 라인을 그리기 위
       한 설정값이다.

4-8행   그래프 라인과 배경 화면의 색상을 설정하는 멤버 변수를 초기화하는 작업을 수
       행한다. 4행은 그래프 배경 색상, 5행은 그리드의 선 색상, 6행은 그래프 윗부
       분의 선 색상, 7행은 그래프 아랫부분의 선 색상, 8행은 그래프 중간의 선 색상
       이다.

11-12행 막대그래프에서 막대의 높이를 설정하는 작업을 수행하는데 11행은 그래프의 최
       대 높이의 값을 나타내고 12행은 그래프의 최소 높이 값을 나타낸다.

14-17행 그래프의 넓이 값을 Single형 배열에 저장하는 작업을 수행하며, For 문을 이용
       하여 초기 배열 값으로 모두 0으로 저장한다.

다음의 InitChart()와 PostInitChart() 메서드는 화면의 초기 배경 화면을 그리는 작업
을 수행하는 메서드이다.

```
01:  Private Sub InitChart()
02:      CurrentYGridStart = 0
03:      PostInitChart()
04:  End Sub

05:  Private Sub PostInitChart()
06:      If (plChart.Height <> 0) And (plChart.Width <> 0) Then
07:          g.Clear(ChartBackColor)
08:          DrawGrid()
09:      End If
10:  End Sub
```

2행   CurrentYGridStart 변수를 초기화해서 그리드의 세로 선을 그릴 때 초기 위치
      를 잡는 작업을 수행한다.

6행   plChart 컨트롤의 가로/세로 길이가 0이 아닐 때 7행은 화면의 배경색상을 검
      은색으로 설정하고, DrawGrid() 메서드를 호출하여 그리드 스타일의 라인을 그
      리는 작업을 수행한다.

다음의 DrawGrid() 메서는 배경 화면에 가로/세로의 줄을 나타내는 작업을 수행한다.

```
01:  Private Sub DrawGrid()
02:      For i As Integer = (plChart.Size.Height / 2) +
                              (PixelsPer * LineDifference)
          To plChart.Size.Height - 1 Step PixelsPer * LineDifference
03:          g.DrawLine(New Pen(GridColor), 0, i, plChart.Size.Width, i)
04:      Next
05:      For i As Integer = (plChart.Size.Height / 2) -
                              (PixelsPer * LineDifference)
          To 1 Step -(PixelsPer * LineDifference)
06:          g.DrawLine(New Pen(GridColor), 0, i, plChart.Size.Width, i)
07:      Next
08:      For i As Integer = CurrentYGridStart To plChart.Size.Width - 1
                              Step PixelsPer * LineDifference
09:          g.DrawLine(New Pen(GridColor), i, 0, i, plChart.Size.Height)
10:      Next
11:      g.DrawLine(New Pen(AxesColor), 0, CInt(plChart.Size.Height / 2),
                      plChart.Size.Width, CInt(plChart.Size.Height / 2))
12:  End Sub
```

2-4행   화면의 세로 중간을 나누어 아래쪽의 가로 라인을 그리는 작업을 수행하는 작업
        을 수행한다. 이는 For 문을 이용하여 10픽셀 간격으로 세로 중간 아래쪽의 가
        로 라인을 그린다. 라인을 그리는 작업을 g.DrawLine() 메서드를 이용한다.

5-7행   화면의 세로 중간을 나누어 위쪽의 가로 라인을 그리는 작업을 수행하는 For 구
        문으로 10픽셀 간격으로 세로 상단의 가로 라인을 그린다.

8-10행 10픽셀 간격으로 세로 라인을 그리는 작업을 수행하는데 세로 라인은 CurrentYGridStart부터 plChart.Size.width 크기만큼 10픽셀 간격으로 그려진다.

10행 세로 중간의 가로 라인을 그리는 작업을 수행하는 g.DrawLine() 메서드로 그래 프의 세로 중간 0을 의미한다. 라인의 색상은 Color.White로 그려진다.

다음의 DrawChart() 메서드는 화면에 차트를 그리는 작업을 수행한다.

```vbnet
01:  Private Sub DrawChart()
02:      PostInitChart()
03:      Dim AbovePen As Pen = New Pen(AboveColor)
04:      Dim UnderPen As Pen = New Pen(UnderColor)
05:      For i As Integer = Values.Length - CurrentNumberOfValues
                          To Values.Length - 1
06:          If Values(i) >= 0 Then
07:              g.DrawLine(AbovePen, Values.Length - i - 1,
                      CInt(plChart.Size.Height / 2) - 1,
                      Values.Length - i - 1,
                      CInt(plChart.Size.Height / 2) - Values(i))
08:          End If
09:          If Values(i) < 0 Then
10:              g.DrawLine(UnderPen, Values.Length - i - 1,
                      CInt(plChart.Size.Height / 2) + 1,
                      Values.Length - i - 1,
                      CInt(plChart.Size.Height / 2) - Values(i))
11:          End If
12:      Next
13:      UnderPen.Dispose()
14:      AbovePen.Dispose()
15:  End Sub
```

3-4행 Pen 개체를 생성하는 구문으로 생성하는 Pen 개체의 색상을 AboveColor(= Color.Chartreuse), UnderColor(= Color.Red)로 설정하여 초기화한다. 이는 세 로 중간에서 상위와 하위 그래프의 색상을 설정하기 위한 구문이다.

5-12행 For 구문을 이용하여 그래프를 그리는 작업을 수행한다. 범위는 Values 배열의 길이에 따라 그린다.

6-8행 AboveColor(= Color.Chartreuse) 색상으로 그래프의 세로 중간 위쪽의 그래프 를 그리는 작업을 수행한다.

9-11행 UnderColor(= Color.Red) 색상으로 그래프의 세로 중간 아래쪽의 그래프를 그 리는 작업을 수행한다.

13-14행 Dispose() 메서드를 호출하여 Pen 개체의 리소스를 해제하는 작업을 수행한다.

다음의 plChart_Paint() 이벤트 핸들러는 plChart 컨트롤을 선택하고 이벤트 목록 창에서 [Paint] 이벤트 항목을 더블클릭하여 생성한 프로시저로, plChart 컨트롤이 그려질 때 발생하는 이벤트를 처리하는 작업을 수행한다.

```
01:  Private Sub plChart_Paint(sender As Object,
                e As Windows.Forms.PaintEventArgs) Handles plChart.Paint
02:      If Me.plChart IsNot Nothing Then
03:          OnResize(New EventArgs())
04:      End If
05:  End Sub
```

3행   OnResize() 오버라이드를 통해 plChart 컨트롤이 그려질 때 사용자 정의 컨트롤인 'mook_GraphCore'의 사이즈를 재구성(주기적으로 그래프가 그려지도록 하기 위함)하기 위한 작업을 수행한다.

다음의 OnResize() 메서드는 override 키워드를 이용하여 부모 클래스로부터 받은 메서드를 재정하는 자식 메서드로 사용자 정의 컨트롤인 'mook_GraphCore'의 사이즈를 설정하는 작업을 수행한다.

```
01:  Protected Overrides Sub OnResize(e As EventArgs)
02:      MyBase.OnResize(e)
03:      If plChart IsNot Nothing Then
04:          If (Size.Height = 0) Or (Size.Width = 0) Then
05:              Return
06:          End If
07:          If (currentSize.Height = 0) And (currentSize.Width = 0) Then
08:              currentSize = Size
09:              Return
10:          End If
11:          RecalculateSize()
12:          currentSize = Size
13:      End If
14:  End Sub
```

2행   상속하는 컨트롤의 이벤트를 실제로 수신할 수 있도록 대기하기 위해 MyBase.OnResize() 메서드를 사용한다. plChart 컨트롤이 그려질 때 사용자 정의 컨트롤인 'mook_GraphCore'의 전체 영역이 그려질 수 있도록 이벤트를 발생시키는 작업을 수행한다.

11-12행 RecalculateSize() 메서드 호출과 폼의 Size를 설정을 통해 사용자 정의 컨트롤을 Form1에 나타낼 수 있도록 한다.

다음의 RecalculateSize() 메서드는 사용자 정의 컨트롤을 정상적으로 그려질 수 있도록 가로/세로의 사이즈를 설정하는 작업을 수행한다.

```
01:   Private Sub RecalculateSize()
02:       If (currentSize.Height <> 0) And (currentSize.Width <> 0) Then
03:           Maximum = plChart.Size.Height / 2
04:           Minimum = (-1) * (plChart.Size.Height / 2)
05:           Dim SizeChange As Single = CSng(Size.Height) /
                                          CSng(currentSize.Height)
06:           If Size.Height <> 0 Then
07:               ValueMultiplier += SizeChange
08:           End If
09:           Dim i, j As Integer
10:           Dim NewValues As Single() = New Single(Size.Width - 1) { }
11:           If Values.Length <= NewValues.Length Then
12:               j = NewValues.Length - 1
13:               For i = Values.Length - 1 To 0 Step -1
14:                   If SizeChange <> 0 Then
15:                       NewValues(j) = Values(i) * SizeChange
16:                   End If
17:                   j -= 1
18:               Next
19:           Else
20:               j = Values.Length - 1
21:               For i = NewValues.Length - 1 To 0 Step -1
22:                   If SizeChange <> 0 Then
23:                       NewValues(i) = Values(j) * SizeChange
24:                   End If
25:                   j -= 1
26:               Next
27:           End If
28:           Values = NewValues
29:           g.Dispose()
30:           g = plChart.CreateGraphics()
31:           DrawChart()
32:       End If
33:   End Sub
```

3-4행   그래프 차트의 세로 중간의 위아래 높이를 구하는 구문이다.

5-8행   사용자 정의 컨트롤이 주기적으로 좌에서 우로 움직이며 그래프 차트를 그려주어야 하기 때문에 이 주기에 맞춰 plCart 및 사용자 정의 컨트롤의 가로/세로 사이즈를 재정의하는 작업을 수행한다.

7행   움직인 그래프 차트 사이즈에 맞추어 ValueMultiplier 값도 변경하여 저장한다.

11-27행 For 문과 If 문을 이용하여 그래프를 그릴 때 그래프의 높이가 plChart 세로 중
간 위아래 높이 보다 커지지 않도록 높이를 재정의하는 구문으로 높이를 한정하
기 위해서 5행에서 지정한 높이 사이즈를 가져와 For 구문 15행과 23행에서 새
로운 Single 배열 변수에 그래프 높이 값을 저장하며 31행을 통해 그래프를 출
력하는 작업을 수행한다.

31행 DrawChar() 메서드를 호출하여 그래프 차트가 그려질 수 있도록 작업을 수행
한다.

다음의 RefreshControl() 메서드는 그래프가 다시 그려질 수 있도록 RefreshControl(),
RefreshControl() 메서드를 호출하여 그래프를 출력하는 작업을 수행한다.

```
Public Sub RefreshControl()
    PostInitChart()
    DrawChart()
End Sub
```

다음의 AddValue() 메서드는 Form1에서 그래프 높이 값을 인자 값으로 설정하여 호출
하면 그래프를 그리기 위해 Values 배열 변수에 값을 저장하는 작업을 수행한다.

```
01:  Public Sub AddValue(ByVal val As Single)
02:      If (Minimum <> 0) And (Maximum <> 0) Then
03:          If (val * ValueMultiplier > Maximum) Or
                 (val * ValueMultiplier < Minimum) Then
04:              Return
05:          End If
06:      End If
07:      For i As Integer = 0 To Values.Length - 2
08:          Values(i) = Values(i + 1)
09:      Next
10:      Values(Values.Length - 1) = val * ValueMultiplier
11:      If (CurrentNumberOfValues < Values.Length) Then
12:          CurrentNumberOfValues += 1
13:      End If
14:      If CurrentYGridStart < (PixelsPer * LineDifference - 1) Then
15:          CurrentYGridStart += 1
16:      Else
17:          CurrentYGridStart = 0
18:      End If
19:      DrawChart()
20:  End Sub
```

2-6행 그려진 그래프의 세로 사이즈가 그래프 최대 크기 범위를 넘으면 Return 키워
드를 호출하여 함수 실행을 종료하는 작업을 수행한다.

7-8행 시간의 흐름에 따라 그래프는 오른쪽에서 왼쪽으로 이동하기 때문에 For 문을 이용하여 Values() 배열 값을 하나씩 이동하여 저장하는 작업을 수행한다.

10행 Values() 배열에 최신 val * ValueMultiplier 즉, 최신 그래프가 그려질 점(위치, 숫자)을 저장한다.

11-18행 그래프를 그리기 위해서 CurrentNumberOfValues와 CurrentYGridStart의 값을 1씩 가산한다.

5.7.4 그래프 그리기 사용자 정의 컨트롤 빌드

그래프 그리기 사용자 정의 컨트롤은 빌드 결과가 '*.dll'로 만들어 지기 때문에 Ctrl+F5 또는 F5를 이용해서 빌드하지 않는다. 빌드하기 위해 먼저 솔루션 탐색기에서 'mook_GraphCore' 프로젝트를 마우스 오른쪽 버튼으로 클릭하여 표시되는 단축메뉴에서 [시작 프로젝트 설정] 메뉴를 선택한 뒤에 VS2017의 [빌드(B)]-[mook_GraphCore 빌드] 메뉴를 클릭하여 빌드하면 다음과 같이 'mook_GraphCore.dll' 파일이 생성된 것을 확인할 수 있을 것이다.

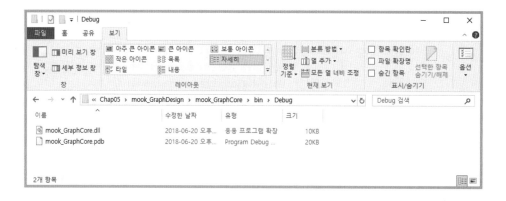

5.7.5 그래프 그리기 메인 폼 디자인

그래프 그리기 메인 폼을 디자인하기에 앞서 위에서 생성한 'mook_GraphCore.dll' 파일을 레퍼런스로 추가하기 위해 참조 추가해야 한다. [솔루션 탐색기]에서 'mook_GraphDesign' 프로젝트의 [참조] 항목을 마우스 오른쪽 버튼으로 클릭하여 표시되는 단축메뉴에서 [참조 추가] 메뉴를 선택하여 [참조 관리자] 대화상자를 연다. [참조 관리자] 대화상자에서 'mook_GraphCore.dll' 파일을 찾아서 추가한다.

'mook_GraphDesign'을 시작 프로젝트 설정한 뒤에 다음 그림과 같이 윈도우 폼에 각 컨트롤을 위치시켜 폼을 디자인하고, 각 컨트롤의 속성값을 설정한다.

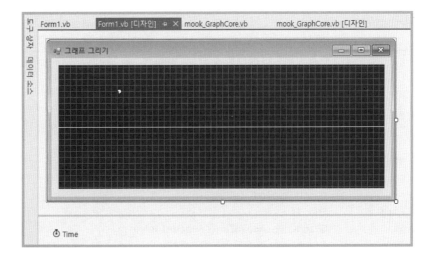

폼 디자인에 사용된 컨트롤의 주요 속성값은 다음과 같다.

폼 컨트롤	속 성	값
Form1	Name	Form1
	Text	그래프 그리기
	FormBorderStyle	FixedSingle
	TopMost	True
mook_GraphCore1	Name	GraphCore
Timer1	Name	Timer
	Interval	1000

5.7.6 그래프 그리기 메인 폼 코드 구현

다음과 같이 멤버 개체를 클래스 내부 상단에 추가한다.

```
Dim r As Random = New Random()        '랜덤 수 생성을 위한 클래스 생성
```

다음의 Form1_Load() 이벤트 핸들러는 폼을 더블클릭하여 생성한 프로시저로, 폼이 실행될 때 그래프의 기본 형태를 설정하는 구문으로 막대그래프를 기본으로 설정한다.

```
Private Sub Form1_Load(sender As Object, e As EventArgs)
            Handles MyBase.Load
    Me.Time.Enabled = True
End Sub
```

다음의 Time_Tick() 이벤트 핸들러는 1초마다 주기적으로 호출하여 그래프를 높이를 설정하는 작업을 수행한다.

```
01:  Private Sub Time_Tick(sender As Object, e As EventArgs) Handles Time.Tick
02:      Dim ValueAdd As Double
03:      Dim n As Integer = r.Next(1, 45)
04:      Dim s As Integer = r.Next(1, 3)
05:      Try
06:          If (s Mod 2) = 0 Then
07:              ValueAdd = CDbl(n)
08:          Else
09:              ValueAdd = CDbl(-n)
10:          End If
11:          GraphCore.AddValue(CSng(ValueAdd))
12:          GraphCore.RefreshControl()
13:      Catch ex As Exception
14:          Return
15:      End Try
16:  End Sub
```

3-4행   그래프를 그리기 위한 랜덤 숫자를 얻는 구문으로 3행은 그래프의 높이를 구하며, 4행은 그래프 모양이 위 또는 아래가 될지 결정하는 작업을 수행한다.

6-10행   세로 중간 위쪽 그리고 아래쪽으로 랜덤하게 그래프가 그려지도록 변수 s의 값을 Mod 연산자를 이용하여 구하는 나머지에 따라 If 구문이 수행되도록 한다.

7행   세로 중간 위쪽에 그래프가 형성되도록 값을 설정하는 구문이고, 9행은 세로 중간 아래쪽에 그래프가 형성되도록 값을 설정하여 값은 CDbl() 메서드를 이용하여 Double 타입으로 변환하여 ValueAdd 변수에 저장한다.

11행   AddValue() 메서드에 그래프 높이를 인자 값으로 설정하고 호출하여 그래프를 그리는 작업을 수행한다.

5.7.6 그래프 그리기 실행

다음 그림은 그래프 그리기 예제를 F5를 눌러 실행한 화면이다.

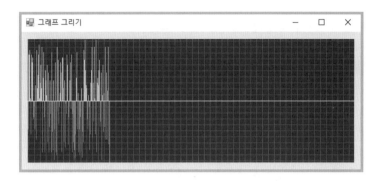

5.8 오목판

이 절에서 살펴볼 오목판 예제는 오목판 바탕에 검정 및 흰색 바둑알을 놓을 수 있도록
구현한 애플리케이션이다. 앞 절에서 살펴본 그래프 그리기의 그리드 라인 그리기를 활
용하여 오목판 바탕을 그리고 이미지 버튼 만들기를 응용하여 바둑알이 놓일 수 있도록
구현한다. 이를 응용하여 실제 오목 게임 알고리즘 적용하면 오목 게임 애플리케이션을
구현할 수 있을 것이다.

다음 그림은 오목판 애플리케이션을 구현하고 실행한 결과 화면이다.

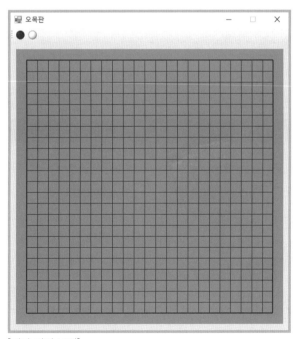

[결과 미리 보기]

5.8.1 오목판 디자인

프로젝트 이름을 'mook_Omok'으로 하여 'C:\vb2017project\Chap05' 경로에 새 프로
젝트를 생성한다. 다음 그림과 같이 윈도우 폼에 필요한 컨트롤을 위치시켜 폼을 디자인
하고, 각 컨트롤의 속성값을 설정한다.

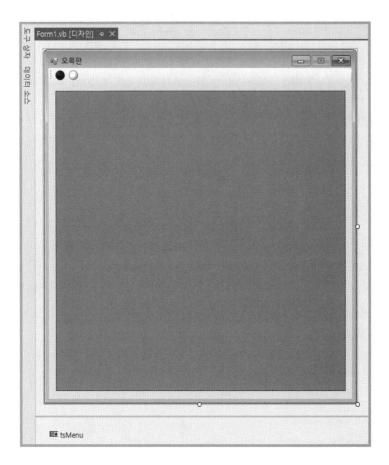

폼 디자인에 사용된 컨트롤의 주요 속성값은 다음과 같다.

폼 컨트롤	속 성	값
Form1	Name	Form1
	Text	오목판
	FormBorderStyle	FixedSingle
	MaximizeBox	False
ToolStrip1	Name	tsMenu
Panel1	Name	plOmok
	BackColor	Peru
	Size	500, 500

이 예제에서 사용할 이미지 파일을 저장하기 위해서 솔루션 탐색기 창에서 프로젝트 이름을 마우스 오른쪽 버튼으로 클릭하여 표시되는 단축메뉴에서 [추가]-[새 폴더] 메뉴를 선택하여 새로운 폴더를 추가하고 새 폴더의 이름은 'img'로 한다. 'img' 폴더에 이미지를 저장하여 활용한다.

tsMenu 컨트롤을 선택하고 (멤버 추가) 버튼을 클릭하여 두 개의 Button 멤버를 추가하고, 추가된 멤버 버튼 컨트롤의 속성을 다음과 같이 설정한다.

폼 컨트롤	속 성	값
ToolStripButton1	Name	tsbBlack
	DisplayStyle	Image
	Image	[설정]
	Tag	0
	Text	black
ToolStripButton2	Name	tsbWhite
	DisplayStyle	Image
	Image	[설정]
	Tag	1
	Text	white

추가된 멤버 버튼의 Image 속성에 바둑돌 이미지를 설정한 결과 tsMenu 컨트롤은 다음과 같은 모습이 된다.

5.8.2 오목판 코드 구현

다음과 같이 클래스 개체를 클래스 상단에 추가한다.

```
01:  Dim g As Graphics
02:  Dim gColor As Color
03:  Dim p As Pen
04:  Dim mouseX, mouseY As Integer
05:  Dim Drag = False
```

1행   plOmok 컨트롤에 대해 오목판 그리드를 그리기 위해 Graphics 개체를 선언하는 구문이다.

2행   오목판 그리드를 그리기 위한 Color 개체를 선언하는 구문이다.

3행   오목판 그리드를 그리기 위한 Pen 개체를 선언하는 구문이다.

4행   마우스를 드래그할 때 바둑알의 위치를 나타내기 위한 변수이다.

5행   마우스 드래그 여부를 체크하는 플래그 변수이다.

다음의 생성자 함수는 Form1 클래스가 시작될 때 실행되며 plOmok에 오목판의 그리드를 그리기 위한 Graphic, Pen, Color 등의 개체를 초기화하는 작업을 수행한다.

```
01:  Public Sub New()
02:      InitializeComponent()
03:      g = plOmok.CreateGraphics()
04:      gColor = Color.Black
05:      p = New Pen(gColor)
06:      p.Width = 2
07:  End Sub
```

3행   plOmok.CreateGraphics() 메서드를 이용하여 plOmok 컨트롤에 대한 Graphics 개체 g를 생성한다.

4-6행   Pen 개체 p에 대한 색상과 굵기를 지정하는 구문이다.

다음의 plOmok_Paint() 이벤트 핸들러는 plOmok 컨트롤을 선택하고 이벤트 목록 창에서 [Paint] 이벤트 항목을 더블클릭하여 생성한 프로시저로, plOmok 컨트롤이 다시 그려질 때 발생하는 이벤트를 처리하며 DrawGrid() 메서드를 호출하여 오목판 바탕을 그리는 작업을 수행한다.

```
Private Sub plOmok_Paint(sender As Object, e As PaintEventArgs)
            Handles plOmok.Paint
    DrawGrid()
End Sub
```

다음의 DrawGrid() 메서드는 g.DrawLine() 메서드를 이용하여 오목판의 그리드를 그리는 작업을 수행한다.

```
01:  Private Sub DrawGrid()
02:      g.DrawLine(p, 20, 20, plOmok.Size.Width - 20, 20)
03:      g.DrawLine(p, 20, plOmok.Size.Height - 20, plOmok.Size.Width - 20,
                            plOmok.Size.Height - 20)
04:      g.DrawLine(p, 20, 20, 20, plOmok.Size.Height - 20)
05:      g.DrawLine(p, plOmok.Size.Width - 20, 20, plOmok.Size.Width - 20,
                            plOmok.Size.Height - 20)

06:      For i As Integer = 40 To plOmok.Size.Width - 40 Step 20
07:          g.DrawLine(New Pen(gColor), i, 20, i, plOmok.Height - 20)
08:      Next
09:      For i As Integer = 40 To plOmok.Size.Height - 40 Step 20
10:          g.DrawLine(New Pen(gColor), 20, i, plOmok.Width - 20, i)
11:      Next
12:  End Sub
```

2행   g.DrawLine() 메서드(TIP "Graphics.DrawLine() 메서드" 참고)를 이용하여 상위 가로 선을 그리는 작업을 수행한다.

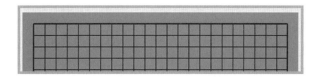

3행   g.DrawLine() 메서드를 이용하여 하위 가로 선을 그리는 작업을 수행한다.

4행   g.DrawLine() 메서드를 이용하여 좌측 세로 선을 그리는 작업을 수행한다.

5행   g.DrawLine() 메서드를 이용하여 우측 세로 선을 그리는 작업을 수행한다.

6-8행   For ~ Next 문을 이용하여 테두리 선 안쪽의 세로 선을 왼쪽에서 오른쪽으로 20픽셀 너비로 그린다.

9-11행 For ~ Next 문을 이용하여 테두리선 안쪽의 가로 선을 위에서 아래로 20픽셀 너비로 그린다.

TIP

Graphics.DrawLine(Pen, x1, y1, x2, y2) 메서드

좌표 쌍에 의해 지정된 두 개의 점을 연결하는 선을 그린다.

- pen : 선의 색, 너비 및 스타일을 결정하는 Pen
- x1 : 첫째 점의 x-좌표
- y1 : 첫째 점의 y-좌표
- x2 : 둘째 점의 x-좌표
- y2 : 둘째 점의 y-좌표

다음의 tsMenu_ItemClicked() 이벤트 핸들러는 tsMenu 컨트롤을 선택하고 이벤트 목록 창에서 [ItemClicked] 이벤트 항목을 더블클릭하여 생성한 프로시저로, 이미지 아이콘을 클릭했을 때 이벤트를 처리하며, 바둑알을 클릭할 때 바둑알을 나타내는 PictureBox를 동적으로 생성하고 이벤트 핸들러와 속성 등을 설정하는 작업을 수행한다.

```
01:    Private Sub tsMenu_ItemClicked(sender As Object,
                    e As ToolStripItemClickedEventArgs)
                    Handles tsMenu.ItemClicked
02:        If Me.tsMenu.Items.Count > 0 Then
03:            Dim myPic As PictureBox = New PictureBox()
04:            AddHandler myPic.MouseDown, AddressOf MyMouseClick
05:            AddHandler myPic.MouseMove, AddressOf MyMouseMove
06:            AddHandler myPic.MouseUp, AddressOf MyMouseUp
07:            Me.plOmok.Controls.Add(myPic)
08:            myPic.Location = New Point(myPic.Location.X, myPic.Location.Y)
09:            myPic.BringToFront()
10:            myPic.BackgroundImageLayout = ImageLayout.Stretch

11:            Dim tagId As Integer = Convert.ToInt32(e.ClickedItem.Tag)
12:            myPic.BackgroundImage = tsMenu.Items(tagId).Image
13:            myPic.Name = tsMenu.Items(tagId).ToolTipText
14:            myPic.Tag = tsMenu.Items(tagId).Tag
15:            myPic.Size = New System.Drawing.Size(15, 15)
16:            myPic.Invalidate()
17:        End If
18:    End Sub
```

3행   오목 알을 나타내기 위해 PictureBox 개체 myPic을 생성한다.

4-6행   AddHandler 키워드를 이용하여 myPic 개체에 마우스 클릭, 이동, 마우스 해제 이벤트를 추가한다.

7행   plOmok.Controls.Add() 메서드를 이용하여 myPic 컨트롤을 plOmok 컨트롤에 추가한다.

8-10행   myPic 컨트롤의 위치와, 이미지 BackgroundImageLayout 속성을 설정하는 구문이다.

11행   e.ClickedItem.Tag 속성을 이용하여 선택한 오목돌이 검정(0)인지 흰색(1)인지 구별하는 작업을 수행한다.

12행   tsMenu.Items(0 또는 1).Image 속성에 따라 myPic 컨트롤의 BackgroundImage 속성을 설정하는 작업을 수행한다.

13-15행 myPic 컨트롤의 Name, Tag, Size 속성을 설정하는 작업을 수행한다.

16행   myPic.Invalidate() 메서드를 이용하여 화면에 나타낸다.

다음의 MyMouseClick()은 바둑알을 생성할 때 발생하는 이벤트를 처리하기 위해 추가한 이벤트 핸들러로 바둑알을 마우스 왼쪽 버튼으로 클릭할 때 좌표를 저장하며 바둑알을 옮기기 위한 작업을 수행한다.

```
01: Private Sub MyMouseClick(sender As Object, e As MouseEventArgs)
02:     Dim Pic As PictureBox = CType(sender, PictureBox)
03:     If e.Button = MouseButtons.Left Then
04:         mouseX = -e.X
05:         mouseY = -e.Y
06:         Drag = True
07:         Pic.Invalidate()
08:     End If
09: End Sub
```

3행   오목 돌을 왼쪽 버튼으로 클릭하였을 때 4~7행을 수행하는 If 구문이다.

4-5행   −e.X, −e.Y를 이용하여 오목 돌의 위치를 Integer 변수에 저장한다.

다음의 MyMouseMove() 바둑알을 옮길 때 발생하는 이벤트 처리를 위해 추가한 이벤트 핸들러로 바둑알을 마우스로 드래그하였을 때 바둑알을 옮기는 작업을 수행한다.

```
01: Private Sub MyMouseMove(sender As Object, e As MouseEventArgs)
02:     Dim Pic As PictureBox = CType(sender, PictureBox)
03:     If Drag Then
04:         Dim mPoint As Point = New Point()
05:         mPoint = Me.plOmok.PointToClient(MousePosition)
06:         mPoint.Offset(mouseX, mouseY)
07:         Pic.Location = mPoint
08:     End If
09: End Sub
```

2행   CType() 메서드를 이용하여 myPic 컨트롤 Pic 개체로 변환한다.

3행   Drag 변수가 True일 때 즉, 마우스기 클릭된 상태로 드래드될 때 If 구문 내부 블록 코드를 수행한다.

5행   plMap.PointToClient() 메서드를 이용하여 특정화면 위치를 클라이언트 좌표로 계산하는 구문이다.

7행   이미지의 위치를 5에서 얻은 좌표대로 설정하여 오목 돌이 이동하는 작업을 구현한다.

다음의 MyMouseUp() 바둑알을 놓을 때 발생하는 이벤트를 처리하기 위해 추가한 이벤트 핸들러로 바둑알에서 마우스 클릭이 해제될 때 이벤트를 처리하는 작업을 수행한다.

```
01:    Private Sub MyMouseUp(sender As Object, e As MouseEventArgs)
02:        Dim Pic As PictureBox = CType(sender, PictureBox)
03:        If Drag Then
04:            Drag = False
05:            Pic.Invalidate()
06:        End If
07:    End Sub
```

4행   Drag 변수의 값을 False로 설정하여 드래그 기능을 해제하는 작업을 수행한다.

5행   Pic.Invalidate() 메서드를 이용하여 이미지 개체를 다시 그리는 작업을 수행한다.

5.8.3 오목판 예제 실행

다음 그림은 오목판 예제를 F5를 눌러 실행한다.

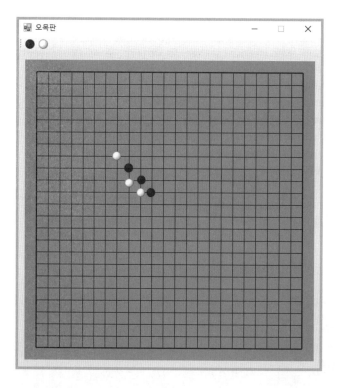

이 장의 설명은 오목판 예제를 살펴보는 것을 끝으로 마치고 다음 장에서는 프로세스 관리, 포스트 잇, 타자 게임, 압축 프로그램, MP3 플레이어 등 다양한 예제를 구현하면서 자주 사용하는 응용 프로그램의 기능에 대해 살펴보도록 한다.

이 장에서는 프로세스 관리, 포스트 잇, 타자 게임, 기본 및 응용 압축, MP3 플레이어를 구현하면서 일반적으로 또는 필요에 따라 자주 사용되는 응용프로그램의 기능에 대해 살펴본다. 일반적으로 자주 사용하는 응용프로그램이라고 하더라도 실제 구현하고자 하면 매우 복잡한 로직과 기능으로 구성되어 있다. 따라서 이 모든 기능에 대해 상세히 살펴보거나 설명을 본 책에 빠짐없이 담는다는 것은 제한된다. 따라서 이 장에서는 응용프로그램에서 대표적인 기능에 대해 구현하면서 관련 클래스와 메서드 그리고 인터페이스 등에 대해 살펴보도록 한다.

이 절에서 살펴보는 예제는 다음과 같다.

- 프로세스 관리
- 포스트잇
- 타자 게임
- 기본 압축 프로그램
- 응용 압축 프로그램
- MP3 플레이어

6.1 프로세스 관리

이 절에서 알아볼 프로세스 관리 예제는 프로세스를 강제로 종료하거나 시스템 사용량을 모니터링할 때 자주 사용하는 유틸리티로 프로세스 사용 목록과 시스템의 자원 사용량 정보를 나타내는 애플리케이션이다.

필자도 프로세스를 관리할 때 또는 문제가 있는 프로세스를 강제 종료할 때 자주 사용하는 윈도우의 기본 유틸리티로 개발자 또는 시스템 관리자에게는 상당히 중요하면서 유용하게 사용되는 유틸리티이다.

실제 윈도우에 포함된 프로세스 관리(작업관리자)는 다음 그림과 같이 프로세스, 성능, 앱 히스토리 등의 여러 가지 기능을 가지고 있지만, 이 절에서 구현할 프로세스 관리 예제는 프로세스와 시스템 성능을 모니터링하는 대표적인 기능만 구현한다.

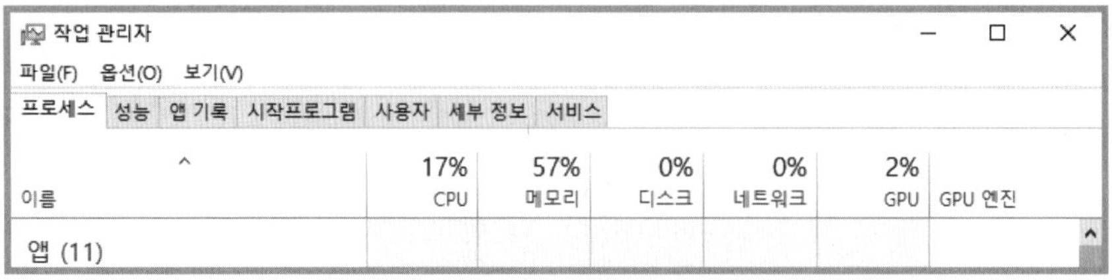

다음 그림은 프로세스 관리 애플리케이션을 구현하고 실행한 결과 화면이다.

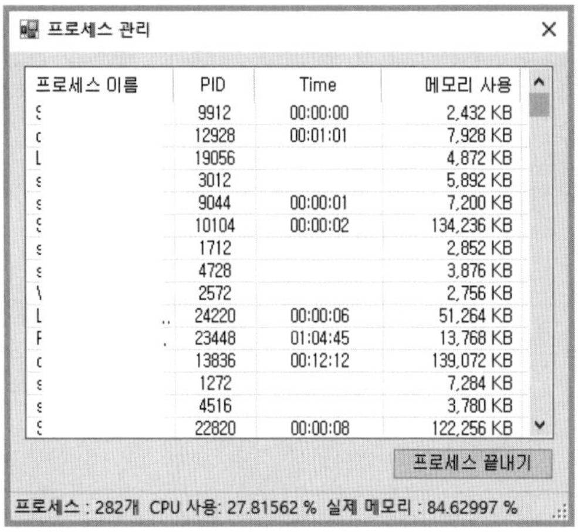

[결과 미리 보기 : 실페 프로세스 이름은 삭제하였음]

6.1.1 프로세스 관리 디자인

프로젝트 이름을 'mook_ProcessMgr'로 하여 'C:\vb2017project\Chap06' 경로에 새 프로젝트를 생성하고 다음 그림과 같이 윈도우 폼에 필요한 컨트롤을 위치시켜 폼을 디자인하고, 각 컨트롤의 속성값을 설정한다.

폼 디자인에 사용된 컨트롤의 주요 속성값은 다음과 같다.

폼 컨트롤	속 성	값
Form1	Name	Form1
	Text	프로세스 관리
	FormBorderStyle	FixedSingle
	MaximizeBox	False
	MinimizeBox	False
ListView1	Name	lvView
	FullRowSelect	True
	GridLines	True
	View	Details
Button1	Name	btnKill
	Text	프로세스 끝내기
StatusStrip1	Name	ssBar

lvView 컨트롤에 칼럼을 설정하기 위해 lvView 컨트롤의 선택하고 속성 목록 창에서 [Columns] 속성의 ▦(컬렉션) 버튼을 눌러 [ColumnHeader 컬렉션 편집기] 대화상자를 표시하고 해당 대화상자에서 [추가] 버튼을 클릭하여 네 개의 ColumnHeader 멤버를 추가하고 추가된 멤버의 속성을 다음과 같이 설정한다.

폼 컨트롤	속 성	값
ColumnHeader1	Name	chName
	Text	프로세스 이름
	TextAlign	left
	Width	108
ColumnHeader2	Name	chPid
	Text	PID
	TextAlign	Center
	Width	60
ColumnHeader3	Name	chCPU
	Text	Time
	TextAlign	Center
	Width	94
ColumnHeader4	Name	chMemor
	Text	메모리 사용
	TextAlign	Right
	Width	102

ColumnHeader 멤버를 추가하고 속성을 설정하면 lvView 컨트롤은 다음과 같은 모습이 된다.

프로세스 이름	PID	Time	메모리 사용

ssBar 컨트롤을 선택하고 ▣▾(멤버 추가) 버튼을 클릭하여 세 개의 StatusLabel 멤버를 추가하고 속성을 설정한다.

폼 컨트롤	속 성	값
ToolStripStatusLabel1	Name	tsslProcess
	Text	프로세스 : 0개
ToolStripStatusLabel2	Name	tsslCpu
	Text	CPU 사용 : 0%
ToolStripStatusLabel3	Name	tsslMem
	Text	실제 메모리 : 0%

멤버를 추가하고 속성을 설정하면 ssBar 컨트롤은 다음과 같은 모습이 된다.

프로세스 : 0개 CPU 사용 : 0% 실제 메모리 : 0% ▣▾

6.1.2 프로세스 관리 코드 구현

Imports 키워드를 이용하여 다음과 같이 스레드 생성 및 프로세스 제어를 위한 네임스페이스를 클래스 외부의 제일 상단에 추가한다.

```
Imports System.Threading                '스레드 개체 생성
```

다음과 같이 클래스 내부 제일 상단에 멤버 개체와 변수를 생성한다. 추가된 멤버 개체와 변수에 대한 설명은 주석으로 대신한다.

```
'시스템 CPU 성능 카운터
Dim oCPU As PerformanceCounter =
        New PerformanceCounter("Processor", "% Processor Time", "_Total")
'시스템 Mem 성능 카운터
 Dim oMem As PerformanceCounter =
        New PerformanceCounter("Memory", "% Committed Bytes In Use")
'프로세스 CPU 성능 카운터
Dim pCPU As PerformanceCounter = New PerformanceCounter()
Dim bExit As Boolean = False            '실시간 체크를 위한 While 조건
Dim cp As Integer = 0
Dim checkThread As Thread               '스레드 개체 생성
Dim ProcessCheckThread As Thread        '스레드 개체 생성
'lvView 입력 델리게이트
Delegate Sub OnProcDelegate(
                    ByVal lvt As List(Of String()), ByVal cp As String)
Dim OnProc As OnProcDelegate = Nothing
'tsslCpu, tsslMem 입력 델리게이트
Delegate Sub OnCPUMEMDelegate(ByVal c As String, ByVal m As String)
Dim OnCPUMEM As OnCPUMEMDelegate = Nothing
'Process 정보 리스트
Dim ProcList As List(Of String()) = New List(Of String())()
```

다음의 Form1_Load() 이벤트 핸들러는 폼을 더블클릭하여 생성한 프로시저로, 폼을 로드할 때 프로세스를 목록화하기 위한 메서드를 호출하고 외부 스레드를 생성하고 델리게이트를 초기화하는 작업을 수행한다.

```
01:  Private Sub Form1_Load(ByVal sender As System.Object,
                    ByVal e As System.EventArgs) Handles MyBase.Load
02:      '델리게이트 초기화
03:      OnProc = New OnProcDelegate(AddressOf OnProcRun)
04:      OnCPUMEM = New OnCPUMEMDelegate(AddressOf OnCPUMEMRun)

05:      ProcessView()
06:      checkThread = New Thread(AddressOf getCPU_Info)
07:      checkThread.Start()                 'checkThread 스레드 프로세스 시작
```

```
08:        ProcessCheckThread = New Thread(AddressOf getProcessMem_Info)
09:        ProcessCheckThread.Start()        'ProcessCheckThread 스레드 프로세스 시작
10:  End Sub
```

3행   프로세스 정보를 나타내기 위한 델리게이트를 초기화하는 구문이다.

4행   CPU와 Memory의 총 사용량을 나타내기 위한 델리게이트를 초기화하는 구문이다.

5행   ProcessView() 메서드를 호출하여 시스템에서 구동되는 프로세스 정보를 가져오는 작업을 수행한다.

6-9행   스레드 멤버 개체에 메서드를 대입하여 외부 스레드에서 업데이트된 프로세스 정보와 메모리 정보를 최신화하는 작업을 수행한다.

다음의 OnProcRun() 메서드는 OnProc 델리게이트에 의해 호출되며 lvView 컨트롤과 tsslProcess 컨트롤에 프로세스 정보를 나타내는 작업을 수행한다.

```
01:        Private Sub OnProcRun(ByVal arr As List(Of String()),
                           ByVal cp As String)
02:        Me.lvView.Items.Clear()
03:        For Each strarr As String() In arr
04:            Me.lvView.Items.Add(New ListViewItem(strarr))
05:        Next
06:        Me.tsslProcess.Text = "프로세스 : " & cp & "개"
07:  End Sub
```

3-5행   List(Of String()) 타입의 인자 값 즉, 프로세스 정보를 가진 List 개체를 For Each 구문을 이용하여 순차적으로 String 배열을 추출하여 ListViewItem 개체를 생성하고 lvView.Items.Add() 메서드를 이용하여 ListViewItem 개체의 정보를 lvView 컨트롤에 나타내는 작업을 수행한다.

다음의 OnCPUMEMRun() 메서드는 OnCPUMEM 델리게이트에 의해 호출되며 tsslCpu, tsslMem 컨트롤에 CPU와 Memory의 총 사용량을 나타내는 작업을 수행한다.

```
Private Sub OnCPUMEMRun(ByVal c As String, ByVal m As String)
    Me.tsslCpu.Text = String.Format("CPU 사용: {0} %", c)
    Me.tsslMem.Text = String.Format("실제 메모리 : {0} %", m)
End Sub
```

다음의 ProcessView() 메서드는 시스템에서 구동되고 있는 프로세스 정보를 가져와 lvView 컨트롤에 나타내는 작업을 수행한다.

```
01:  Private Sub ProcessView()
02:      cp = 0
03:      ProcList.Clear()
04:      For Each proc In Process.GetProcesses()
05:          pCPU = New PerformanceCounter(
                    "Process", "% Processor Time", proc.ProcessName)
06:          Dim str As String()
07:          Try
08:              str = proc.TotalProcessorTime.ToString().Split(".")
09:          Catch ex As Exception
10:              str = New String() {""}
11:          End Try
12:          ProcList.Add(New String() {
                  proc.ProcessName.ToString(), proc.Id.ToString(), str(0),
                  (proc.WorkingSet64 / 1024).ToString("#,#") + " KB"})
13:          cp = cp + 1
14:      Next
15:      Invoke(OnProc, ProcList, cp.ToString())
16:  End Sub
```

2행   변수 cp는 프로세스의 개수를 나타내는 멤버 변수로 프로세스 정보를 최신화를 판단하기 위한 변수이다.

3행   ProcList.Clear() 메서드를 이용하여 ProcList 개체를 초기화하는 작업을 수행한다.

4-14행 For Each 구문과 Process.GetProcesses() 구문을 이용하여 실행 중인 프로세스 정보를 추출하는 작업을 수행한다.

5행   PerformanceCounter 클래스의 생성자(**TIP** "PerformanceCounter 생성자" 참고)를 이용하여 개체 해당 프로세스의 정보를 가져오는 작업을 수행한다.

6-11행 Try ~ Catch 구문과 Proc.TotalProcessorTime 속성값을 이용하여 프로세스가 실행된 시간을 가져오는 작업을 수행한다.

12행   각 프로세스의 정보를 가져와 String 타입의 배열 변수를 생성하고 ProcList. Add() 메서드에 대입한다.

구문	설명
proc.ProcessName.ToString()	프로세스 이름
proc.Id.ToString()	PID
String.Format("{0:00}", pCPU.NextValue()	프로세스별 CPU 이용률
(proc.WorkingSet64 / 1024).ToString("#,#") + " KB"	프로세스별 메모리 사용률

13행 　　　프로세스 개수를 계산하여 멤버 변수 cp에 저장하는 작업을 한다. 이 구문은 최신 프로세스 정보를 가져오기 위한 작업이다.

15행 　　　Invoke() 메서드를 이용하여 OnProc 델리게이트를 호출하는 구문이다.

TIP

PerformanceCounter(categoryName, counterName, instanceName) 생성자

PerformanceCounter 클래스의 새 읽기 전용 인스턴스를 초기화하여 로컬 컴퓨터의 지정 시스템이나 사용자 지정 성능 카운터 및 범주 인스턴스에 연결하여 정보를 가져온다.

- categoryName : 이 성능 카운터와 연결된 성능 카운터 범주(성능 개체)의 이름
- counterName : 성능 카운터의 이름
- instanceName : 성능 카운터 범주 인스턴스의 이름

예1) 단일 프로세스 정보
PerformanceCounter("Process", "% Processor Time", proc.ProcessName)

예2) 전체 프로세스 정보
PerformanceCounter("Processor", "% Processor Time", "_Total")

예3) 전체 메모리 정보
PerformanceCounter("Memory", "% Committed Bytes In Use")

PerformanceCounter(categoryName, counterName, readOnly) 생성자

PerformanceCounter 클래스의 새 읽기 전용 인스턴스 또는 읽기/쓰기 인스턴스를 초기화하여 로컬 컴퓨터의 지정 시스템이나 사용자 지정 성능 카운터에 연결하여 시스템 정보를 가져온다.

- categoryName : 이 성능 카운터와 연결된 성능 카운터 범주(성능 개체)의 이름
- counterName : 성능 카운터의 이름
- readOnly : 카운터 자체는 읽기/쓰기가 가능할 수도 있지만 읽기 전용 모드로 카운터에 액세스하려면 True를 설정하고, 읽기/쓰기 모드로 카운터에 액세스하려면 False를 설정한다.

다음의 getCPU_Info() 메서드는 외부 스레드 checkThread에서 수행되는 구문으로 실시간 CPU 사용률을 계산하기 위한 구문이다.

```
01: Private Sub getCPU_Info()
02:     While Not bExit
03:         Invoke(OnCPUMEM, oCPU.NextValue().ToString(),
                              oMem.NextValue().ToString())
04:         Thread.Sleep(1000)
05:     End While
06: End Sub
```

2행   While 구문으로 조건문의 결과가 False 값이 될 때까지 반복하여 수행되며, 4행
의 Thread.Sleep() 메서드를 통해 1초 단위로 스레드를 일시 중지시킨다.

3행   PerformanceCounter.NextValue() 메서드를 이용하여 카운터 샘플을 가져와
계산된 값을 반환하는 작업을 수행한다. oCPU 개체는 CPU 전체 성능 카운터를
계산하며, oMem 개체의 NextValue() 메서드를 이용하여 메모리 전체 성능 카
운터를 계산한다. 계산된 CPU, Memory 총 사용량은 Invoke() 메서드를 이용하
여 OnCPUMEM 델리게이트를 호출한다.

다음의 getProcessMem_Info() 메서드는 프로세스와 메모리 사용에 대해 최신화하기 위
한 구문으로 외부 스레드 ProcessCheckThread에서 실시간 수행된다.

```
01:   Private Sub getProcessMem_Info()
02:       While Not bExit
03:           Thread.Sleep(500)
04:           If Not cp = Process.GetProcesses.Length Then
05:               ProcessView()
06:           End If
07:       End While
08:   End Sub
```

7행   멤버 변수 cp의 값(폼 로드시 프로세스 개수)과 Process.GetProcesses.Length
속성을 이용하여 현재 시점에서 프로세스 개수를 비교하여 두 값이 같지 않으면
ProcessView() 메서드를 호출하여 프로세스 정보를 다시 가져오는 작업을 수행
한다.

다음의 btnKill_Click() 이벤트 핸들러는 [프로세스 끝내기] 버튼을 더블클릭하여 생성한
프로시저로, 선택한 프로세스를 강제로 종료하는 작업을 수행한다.

```
01:   Private Sub btnKill_Click(ByVal sender As System.Object,
                  ByVal e As System.EventArgs) Handles btnKill.Click
02:       Try
03:           If Me.lvView.SelectedItems.Count > 0 Then
04:               Dim PName = Me.lvView.SelectedItems(0).SubItems(0).Text
05:               Dim tProcess = Process.GetProcessesByName(PName)
06:               If tProcess.Length = 1 Then
07:                   Dim dlr = MessageBox.Show(
                              PName + " 프로세스를 끝내시겠습니까?", "알림",
                              MessageBoxButtons.YesNo,
                              MessageBoxIcon.Warning)
08:                   If dlr = DialogResult.Yes Then
09:                       tProcess(0).Kill()
10:                       ProcessView()
11:                   End If
12:               Else
```

```
09:                    MessageBox.Show(
                          Me.lvView.SelectedItems(0).SubItems(0).Text +
                          "프로세스는 존재하지 않습니다", "알림",
                          MessageBoxButtons.OK, MessageBoxIcon.Error)
10:                    ProcessView()
11:             End If
12:        End If
13:    Catch
14:        Return
15:    End Try
16: End Sub
```

4행 lvView.SelectedItems(0).SubItems(0).Text 속성값을 변수에 저장하는 구문으로 선택한 프로세스 정보(프로세스 이름)을 가져오는 작업을 수행한다.

5행 실제 시스템에서 인자로 지정된 프로세스가 존재하는지를 확인하기 위하여 Process.GetProcessesByName() 메서드를 이용하여 프로세스를 확인하고 결과를 tProcess에 저장한다.

6행 If 구문을 이용하여 tProcess.Length 속성값이 1인지를 비교하는 구문으로, 1이면 선택된 프로세스가 정상으로 구동되고 있음을 나타내는 구문이다.

7행 알림 메시지 박스를 이용하여 프로세스를 종료 여부를 확인하여 'Yes'를 선택했을 때 9행을 수행하여 선택된 프로세스를 종료한다.

9행 tProcess(0).Kill() 메서드를 이용하여 현재 선택된 프로세스를 종료하는 작업을 수행한다.

10행 프로세스 종료 후 ProcessView() 메서드를 호출하여 시스템의 프로세스의 정보를 최신화한다.

다음의 Form1_FormClosing() 이벤트 핸들러는 폼을 선택하고 이벤트 목록 창에서 [FormClosing] 이벤트 항목을 더블클릭하여 생성한 프로시저로, [닫기] 버튼을 눌렀을 때 외부 스레드 종료 및 애플리케이션을 종료하는 작업을 수행한다.

```
Private Sub Form1_FormClosing(sender As Object, e As FormClosingEventArgs)
            Handles MyBase.FormClosing
    If Not checkThread Is Nothing Then
        Me.Dispose()
        checkThread.Abort()          'checkThread 외부 스레드 강제 종료
    End If
    If Not ProcessCheckThread Is Nothing Then
        Me.Dispose()
        ProcessCheckThread.Abort() 'ProcessCheckThread 외부 스레드 강제 종료
    End If
    Application.Exit()                   '애플리케이션 종료
End Sub
```

6.1.3 프로세스 관리 예제 실행

다음 그림은 프로세스 관리 예제를 F5를 눌러 실행한 화면이다.

프로세스 이름	PID	Time	메모리 사용
ç	9912	00:00:00	2,160 KB
c	12928	00:01:01	6,504 KB
L	19056		4,296 KB
L	3012		5,380 KB
ç	9044	00:00:01	6,420 KB
ç	1712		2,700 KB
ç	4728		3,004 KB
\	2572		1,984 KB
L	24220	00:00:06	33,400 KB
F	23448	01:18:46	8,648 KB
c	13836	00:12:12	69,792 KB
c	1272		6,908 KB
ç	4516		3,712 KB
ç	24112		5,216 KB
L	7104	00:00:08	11,444 KB

프로세스 끝내기

프로세스 : 278개 CPU 사용: 37.21532 % 실제 메모리 : 81.90021 %

6.2 포스트잇

이 절에서 알아볼 포스트잇 예제는 한컴오피스 패키지에 유틸리티로 포함되어 있던 쪽지 애플리케이션의 기능을 구현한 것이다. 이 애플리케이션은 사용이 쉽고 간단히 설치할 수 있어 필자도 자주 사용하였다. 한컴 쪽지의 모든 기능을 구현하지는 않았지만, 한컴 쪽지의 핵심 기능을 구현하였기 때문에 이 예제에 사용된 구현 알고리즘에 대해 살펴보기 바란다.

다음 그림은 포스트잇 애플리케이션을 구현하고 실행한 결과 화면이다.

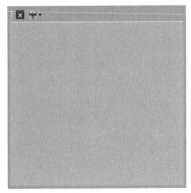

[결과 미리 보기]

6.2.1 포스트잇 디자인

프로젝트 이름을 'mook_PostIt'로 하여 'C:\vb2017project\Chap06' 경로에 새 프로젝트를 생성한다. 다음 그림과 같이 윈도우 폼에 필요한 컨트롤을 위치시켜 폼을 디자인하고, 각 컨트롤의 속성값을 설정한다.

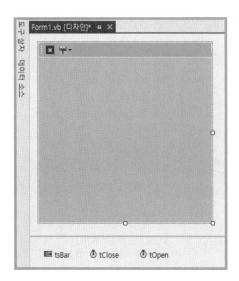

폼 디자인에 사용된 컨트롤의 주요 속성값은 다음과 같다.

폼 컨트롤	속 성	값
Form1	Name	Form1
	BackColor	LightBlue
	FormBorderStyle	None
	ShowInTaskbar	False
	TopMost	True
RichTextBox1	Name	rtbMemo
	BackColor	LightBlue
	BorderStyle	None
	Dock	Fill
ToolStrip1	Name	tsBar
	BackColor	LightSteelBlue
Timer1	Name	tOpen
	Interval	5
Timer2	Name	tClose
	Interval	5

tsBar 컨트롤을 선택하고 ▣▾(멤버 추가) 버튼을 클릭하여 Button과 DropDownButton 멤버 컨트롤을 추가한다. 추가된 멤버 컨트롤의 속성을 다음과 같이 설정한다.

폼 컨트롤	속 성	값
ToolStripButton1	Name	tsbtnColse
	Text	닫기
	ToolTipText	닫기
	Image	[설정]
	DisplayStyle	Image
ToolStripDropDownButton1	Name	tsddbtnOption
	Text	환경설정
	ToolTipText	환경설정
	Image	[설정]
	DisplayStyle	Image

멤버를 추가하고 속성 설정을 마치면 tsBar 컨트롤의 모습은 다음과 같은 모습을 나타낸다.

tsBar 컨트롤에 추가된 DropDownButton 멤버 컨트롤을 선택하여 다음 그림과 같이 메뉴를 추가한다.

예제에서 사용할 이미지 파일을 저장하기 위해서 솔루션 탐색기 창에서 프로젝트 이름을 마우스 오른쪽 버튼으로 클릭하여 표시되는 단축메뉴에서 [추가]−[새 폴더] 메뉴를 선택하여 새 폴더를 만들고 폴더 이름을 'img'로 한다. 생성된 폴더에 사용할 이미지를 저장하고 활용한다.

6.2.2 포스트잇 코드 구현

Imports 키워드를 이용하여 클래스 외부 제일 상단에 필요한 네임스페이스를 다음과 같이 추가한다.

```
Imports System.IO                    '파일 클래스 사용
'serialize 및 deserialize 사용
Imports System.Runtime.Serialization.Formatters.Binary
Imports Microsoft.Win32              '레지스트리 사용
```

다음과 같이 멤버 개체 및 멤버 변수를 클래스 내부 제일 상단에 추가한다.

```
01:  Dim SizeY As Integer = 300              '세로 사이즈
02:  Dim COCheck As Boolean = True           '열고 숨기기 메뉴 체크
03:  Dim FormReSize = True
04:  Dim ptMouseCurrentPos As Point          '마우스 클릭 좌표 지정
05:  Dim ptMouseNewPos As Point              '이동시 마우스 좌표
06:  Dim ptFormCurrentPos As Point           '폼 위치 좌표 지정
07:  Dim ptFormNewPos As Point               '이동시 폼 위치 좌표
08:  Dim bFormMouseDown As Boolean = False
09:  '레지스트리 기본 키값 엑세스
10:  Dim regKey As RegistryKey = Registry.CurrentUser
```

10행   레지스트리(TIP "RegistryKey 클래스" 참고)의 기본 키값을 액세스하기 위한
        클래스의 개체를 생성하는 구문이다.

TIP

RegistryKey 클래스

Windows 레지스트리 키에 접근 및 이용할 수 있도록 속성과 메서드 등의 인터페이스를 제공한다.

RegistryKey 속성

이름	설명
Handle	현재 RegistryKey 개체가 나타내는 SafeRegistryHandle 개체를 가져온다.
Name	키 이름을 검색한다.
SubKeyCount	현재 키의 하위 키 개수를 검색한다.
ValueCount	키의 값 개수를 검색한다.
View	레지스트리 키를 만드는 데 사용된 뷰를 가져온다.

RegistryKey 메서드

이름	설명
CreateSubKey(String)	새 하위 키를 만들거나 쓰기 권한으로 기존 하위 키를 연다.
DeleteSubKey(String)	지정된 하위 키를 삭제한다.
DeleteValue(String)	지정된 값을 이 키에서 삭제한다.
GetSubKeyNames	모든 하위키 이름이 포함된 문자열의 배열을 검색한다.
GetValue(String)	지정된 이름과 연결된 값을 검색한다.

OpenSubKey(String)	하위 키를 읽기 전용으로 검색한다.
SetValue(String, Object)	지정된 이름/값 쌍을 설정한다.
ToString	이 키의 문자열 표현을 검색한다.

TIP

Registry 클래스

Windows 레지스트리의 루트 키를 나타내는 RegistryKey 개체와 키/값 쌍에 액세스하는 인터페이스를 제공한다.

Registry 속성

이름	설명
ClassesRoot	해당 형식과 관련된 속성 및 문서의 형식 또는 클래스를 정의하며, 이 필드는 Windows 레지스트리 기본 키 HKEY_CLASSES_ROOT를 읽는다.
CurrentConfig	사용자와 관련되지 않은 하드웨어에 대한 구성 정보가 들어 있으며, 이 필드는 Windows 레지스트리 기본 키 HKEY_CURRENT_CONFIG를 읽는다.
CurrentUser	현재 사용자 기본 설정에 대한 정보가 들어 있으며, 이 필드는 Windows 레지스트리 기본 키 HKEY_CURRENT_USER를 읽는다.
LocalMachine	로컬 컴퓨터에 대한 구성 데이터가 들어 있으며, 이 필드는 Windows 레지스트리 기본 키 HKEY_LOCAL_MACHINE을 읽는다.
PerformanceData	소프트웨어 구성 요소의 성능 정보를 포함하며, 이 필드는 Windows 레지스트리 기본 키 HKEY_PERFORMANCE_DATA를 읽는다.
Users	기본 사용자 구성에 대한 정보가 들어 있으며, 이 필드는 Windows 레지스트리 기본 키 HKEY_USERS를 읽는다.

다음의 Form1_Load() 이벤트 핸들러는 폼을 더블클릭하여 생성한 프로시저로, 레지스트리 값을 읽고, 저장된 메모를 읽고 폼 위치의 설정을 위한 사용자 메서드 호출 작업을 수행한다.

```
01:  Private Sub Form1_Load(ByVal sender As System.Object,
                  ByVal e As System.EventArgs) Handles MyBase.Load
02:      Try
03:          regKey =
      regKey.CreateSubKey("Software\\Microsoft\\Windows\\CurrentVersion\\Run")
04:          If Not regKey.GetValue("Memo").ToString() Is Nothing Then
05:              Me.자동실행ToolStripMenuItem.Checked = True
06:          End If
07:      Catch
08:      End Try
09:      DataView()              '데이터 출력 함수 호출
10:      FormShow()             'Form1 Loaction 맞춤
11:  End Sub
```

3행 RegistryKey.CreateSubKey() 메서드를 이용하여 설정된 하위 키를 여는 작업을 수행한다. 이는 'Software\\Microsoft\\Windows\\CurrentVersion\\Run' 레지스트리를 열어 자동실행 여부에 따라 4~6행의 If 구문을 수행한다.

4행 regKey.GetValue("Memo") 메서드를 이용하여 3행의 레지스트리 경로에서 키 이름 "Memo"가 있는지를 확인하는 If 구문이다. 다음과 같이 "Memo" 레지스트리 키가 존재하면 5행을 수행하여 체크 버튼을 Checked 속성을 True로 설정한다.

9행 메모가 저장되어 있다면 데이터를 가져와 rtbMemo 컨트롤에 나타내는 작업을 수행한다.

10행 FormShow() 메서드를 호출하여 기존에 저장된 폼의 위치값을 가져와 폼의 위치를 설정하는 작업을 수행한다.

다음의 DataView() 메서드는 입력된 메모 존재 여부를 판단하여 저장된 데이터가 있다면 "Memo.dat" 파일에서 읽어와 rtbMemo 컨트롤에 나타내는 작업을 수행한다. 이 메서드에 사용하는 Hashtable과 BinaryFormatter 클래스는 이 기능을 구현하기 위해 반드시 사용해야 하는 클래스는 아니다. 이 클래스가 자주 이용되는 분야는 스트림에 읽고 쓰면서 네트워크 전송 기능을 구현하는 데 사용된다.

```vb
01:  Private Sub DataView()
02:      Try
03:          Dim addresses As Hashtable = Nothing
04:          Dim fs As New FileStream("Memo.dat", FileMode.Open)
05:          Dim formatter As New BinaryFormatter
06:          addresses = DirectCast(formatter.Deserialize(fs), Hashtable)

07:          For Each de As DictionaryEntry In addresses
08:              If de.Key.ToString() <> "" Then
09:                  Me.rtbMemo.AppendText(de.Key.ToString())
10:                  Me.rtbMemo.AppendText(vbNewLine)
11:                  Me.rtbMemo.AppendText(de.Value.ToString())
12:              End If
13:          Next
14:          fs.Close()
15:      Catch
16:      End Try
17:  End Sub
```

3행   Hashtable 클래스의 개체 addresses를 생성하는 구문이며, Hashtable 클래스의 Key, Value 속성을 이용하여 메모 데이터의 날짜와 문자 데이터를 쌍으로 매칭하여 저장될 수 있도록 한다.

4행   FileStream 클래스 생성자를 이용하여 지정된 경로 및 생성 모드들 사용하여 FileStream 클래스의 개체를 생성하는 구문이다. 파일 이름은 'Memo.dat'이고, FileMode 열거형은 'Open'으로(TIP "FileMode 열거형" 참고) 지정된 파일을 열기 위한 작업을 수행한다.

5행   BinaryFormatter 클래스의 개체를 생성하는 구문으로 개체나 연결된 개체의 전체 그래프를 이진 형식으로 serialize 및 deserialize 하는 인터페이스를 제공한다.

6행   DirectCast 키워드를 이용하여 formatter.Deserialize(fs)를 Hashtable 타입으로 변환하여 address 개체에 저장한다. 첫 번째 인수의 formatter.Deserialize(fs) 구문은 메모를 읽는 부분이고, 이를 저장하기 위해서는 formatter.serialize 구문을 사용한다.

7-13행   For Each ~ Next 구문을 이용하여 address 개체에 저장된 정보를 가져와 rtbMemo 컨트롤에 나타내는 작업을 수행한다.

9-11행   rtbMemo.AppendText() 메서드를 이용하여 메모 데이터를 읽어와 rtbMemo 컨트롤에 나타내는 작업을 수행한다. vbNewLine 키워드는 엔터키를 누른 효과와 같다

9행   de.Key 속성은 DictionaryEntry 클래스 개체의 Key 속성값을 나타내는 구문으로 저장된 날짜 데이터를 나타내는 구문이다.

11행   de.Value 속성을 이용하여 DictionaryEntry 클래스 개체의 Value 속성값(메모 데이터)을 가져와 rtbMemo 컨트롤에 나타내는 작업을 수행한다.

TIP

FileMode 열거형

멤버 이름	설명
CreateNew	운영체제에서 새 파일을 만들도록 지정
Create	운영체제에서 새 파일을 만들도록 지정
Open	운영체제에서 기존 파일을 열도록 지정
OpenOrCreate	파일이 있으면 운영체제에서 파일을 열고 그렇지 않으면 새 파일을 만들도록 지정
Truncate	운영체제에서 기존 파일을 열도록 지정
Append	해당 파일이 있으면 파일을 열고 파일의 끝까지 검색하거나 새 파일을 만듦

다음의 FormShow() 메서드는 폼의 위치를 설정하는 작업을 수행하기 위해 "sys.ini" 파일에 저장된 정보를 가져와 폼의 위치를 설정한다.

```
01:  Private Sub FormShow()
02:     Dim f As FileInfo = New FileInfo(Application.StartupPath & "\sys.ini")
03:     If f.Exists <> True Then
04:         Dim fullScreen As System.Drawing.Rectangle =
                    System.Windows.Forms.Screen.PrimaryScreen.Bounds
05:         Me.Location = New System.Drawing.Point(fullScreen.Width - 300, 0)
06:         SysFileSave()
07:     Else
08:         Dim sr As StreamReader = New StreamReader(
                                    Application.StartupPath & "\sys.ini")
09:         Dim LocationXY =
                sr.ReadLine().Split(
                    New Char() {"="})(1).ToString().Split(New Char() {","})
10:         Me.Location = New Point(Convert.ToInt32(LocationXY(0)),
                                    Convert.ToInt32(LocationXY(1)))
11:         sr.Close()
12:     End If
13:  End Sub
```

2행   FileInfo 클래스의 생성자를 이용하여 개체 f를 생성한다.

3-6행   "sys.ini" 파일이 존재하지 않을 때 폼을 오른쪽 위에 자리하도록 설정하고 위치 값을 저장하는 작업을 수행한다.

4행   System.Drawing.Rectangle의 개체 fullScreen을 생성하는 구문으로 Screen. Bounds 속성(TIP "Screen 클래스의 속성" 참고)을 이용하여 디스플레이의 범위를 가져와 개체에 저장한다.

5행   폼의 위치를 오른쪽 위에 위치될 수 있도록 Me.Location 속성을 설정하는 구문
       이다.

8-11행 StreamReader 클래스 개체를 생성하고 "sys.ini" 파일의 정보를 가져와 폼의
       위치를 설정하는 작업을 한다. Split 함수를 이용하여 '='와 ','를 구분하여 폼의
       X, Y값을 가져와 String 타입 배열 LocationXY에 저장한다. 저장된 정보의 형
       식은 다음과 같다.

```
FormLocation=842,188
```

TIP

Screen 클래스의 속성

멤버 이름	설명
AllScreens	시스템에서 모든 디스플레이의 배열을 가져온다.
BitsPerPixel	1 픽셀의 데이터와 연결 된 메모리의 비트 수를 가져온다.
Bounds	디스플레이의 범위를 가져온다.
DeviceName	디스플레이와 연결 된 장치 이름을 가져온다.
Primary	특정 디스플레이 기본 장치인지를 나타내는 값을 가져온다.
PrimaryScreen	기본 디스플레이 가져온다.
WorkingArea	디스플레이의 작업 영역을 가져온다. 작업 영역을 작업 표시줄, 도킹 된 창 및 도킹 된 도구 모음을 제외한 디스플레이의 바탕 화면 영역을 가져온다.

다음의 SysFileSave() 메서드는 폼의 위치 정보를 "sys.ini" 파일에 저장하는 작업을 수
행한다.

```
01:  Private Sub SysFileSave()
02:      Dim sw As StreamWriter =
                    File.CreateText(Application.StartupPath & "\sys.ini")
03:      sw.WriteLine("FormLocation=" & Me.Location.X & "," & Me.Location.Y)
04:      sw.Close()
05:  End Sub
```

2행   File.CreateText() 메서드를 이용하여 파일을 새로 생성하고 StreamWriter 개
       체에 저장한다.

3행   sw.WriteLine() 메서드를 이용하여 2행에서 생성한 파일에 문자 데이터를 저장
       하는 작업을 수행한다. 저장된 정보의 형식은 다음과 같다.

```
FormLocation=842,188
```

다음의 메모저장ToolStripMenuItem_Click() 이벤트 핸들러는 [메모저장] 메뉴를 더블 클릭하여 생성한 프로시저로, SaveData() 메서드를 호출하여 현재 날짜 정보를 저장하 는 SaveData() 메서드를 호출한다.

```
01:   Private Sub 메모저장ToolStripMenuItem_Click(sender As Object,
                      e As EventArgs) Handles 메모저장ToolStripMenuItem.Click
02:       SaveData(String.Format("{0}월 {1}일 메모",
                  DateTime.Now.Month.ToString(),
                  DateTime.Now.Day.ToString()) & vbNewLine)
03:   End Sub
```

2행   SaveData() 메서드를 호출하여 HashTable의 Key 값을 저장하는 작업을 수행 하며, Key 값에는 날짜정보가 저장된다.

다음의 SaveData() 메서드는 날짜정보를 "Memo.dat" 파일에 저장하는 작업을 수행한다.

```
01:   Private Sub SaveData(ByVal StrDate As String)
02:       Dim addresses As Hashtable = New Hashtable()
03:       addresses.Add(StrDate, Me.rtbMemo.Text)
04:       Dim fs As FileStream = New FileStream("Memo.dat", FileMode.Create)
05:       Dim formatter As BinaryFormatter = New BinaryFormatter()
06:       formatter.Serialize(fs, addresses)
07:       fs.Close()
08:   End Sub
```

2행   Hashtable 클래스의 개체 addresses를 생성하는 구문이다.

3행   addresses.Add() 메서드를 이용하여 날짜정보와 메모 데이터를 Key와 Value 속성에 저장하는 작업을 수행한다.

4행   "Memo.dat" 파일을 생성하기 위해서 FileStream 클래스의 생성자를 이용하여 개체 fs를 생성하는 작업을 수행한다.

5-6행   5행에서 BinaryFormatter 클래스의 개체 formatter를 생성하고, 6행의 formatter.Serialize() 메서드를 이용하여 fs 개체("Memo.dat")에 addresses 개 체의 그래프를 serialize하는 작업을 수행한다.

다음의 종료ToolStripMenuItem_Click() 이벤트 핸들러와 FormClose() 메서드는 [종 료] 메뉴를 클릭할 때 폼을 종료하기 위한 구문으로 메모 데이터 및 위치 정보를 저장하 거나 삭제하는 작업을 수행한다.

```
01:   Private Sub 종료ToolStripMenuItem_Click(ByVal sender As System.Object,
              ByVal e As System.EventArgs) Handles 종료ToolStripMenuItem.Click
02:       FormClose()
03:   End Sub
```

```
04:   Private Sub FormClose()
05:       Dim dlr = MessageBox.Show("저장된 데이터 및 설정을 초기화 합니다.",
                      "알림", MessageBoxButtons.YesNo,
                      MessageBoxIcon.Question)
06:       If dlr = DialogResult.Yes Then
07:           If File.Exists("Memo.dat") Then
08:               File.Delete("Memo.dat")
09:           End If
10:           If File.Exists("Sys.ini") Then
11:               File.Delete("Sys.ini")
12:           End If
13:           Me.Close()
14:       Else
15:           Me.Close()
16:       End If
17:   End Sub
```

5행   메시지 박스를 호출하여 데이터 설정 초기화 질의 결과값을 dlr 개체에 저장한다.

6-13행   데이터 설정 초기화하고자 할 때 수행하며, 8행과 11행의 File.Delete() 메서드를
호출하여 "Memo.dat"와 "Sys.ini" 파일을 삭제하여 설정을 초기화한다.

다음의 메모숨김ToolStripMenuItem_Click() 이벤트 핸들러는 [메모숨김] 메뉴를 더블
클릭하여 생성한 프로시저로, 폼을 서서히 줄이거나 늘리는 작업을 수행한다.

```
Private Sub 메모숨김ToolStripMenuItem_Click(
            sender As Object, e As EventArgs)
            Handles 메모숨김ToolStripMenuItem.Click
    If COCheck = True Then
        Me.tClose.Enabled = True
        Me.메모숨김ToolStripMenuItem.Text = "메모열기"
        COCheck = False
    Else
        Me.tOpen.Enabled = True
        Me.메모숨김ToolStripMenuItem.Text = "메모숨김"
        COCheck = True
    End If
End Sub

Private Sub tClose_Tick(ByVal sender As System.Object,
            ByVal e As System.EventArgs) Handles tClose.Tick
    If SizeY > 25 Then           'Form1 사이즈를 줄임
        SizeY -= 5               'Form1 사이즈를 -5씩 줄임
        Me.Size = New System.Drawing.Point(300, SizeY)     'Form1 사이즈를 설정
    Else
        Me.tClose.Enabled = False
    End If
End Sub
```

```
Private Sub tOpen_Tick(ByVal sender As System.Object,
            ByVal e As System.EventArgs) Handles tOpen.Tick
    If SizeY <= 300 Then        'Form1 사이즈를 늘림
        SizeY += 10             'Form1 사이즈를 10씩 늘림
        Me.Size = New System.Drawing.Point(300, SizeY)    'Form1 사이즈를 설정
    Else
        Me.tOpen.Enabled = False
    End If
End Sub
```

다음의 자동실행ToolStripMenuItem_Click() 이벤트 핸들러는 애플리케이션이 자동 실
행될 수 있도록 레지스트리에 값을 설정하는 작업을 수행한다.

```
01:  Private Sub 자동실행ToolStripMenuItem_Click(
            ByVal sender As System.Object,
            ByVal e As System.EventArgs)
            Handles 자동실행ToolStripMenuItem.Click
02:      Dim regKey As RegistryKey = Registry.CurrentUser
03:      regKey =
    regKey.CreateSubKey("Software\\Microsoft\\Windows\\CurrentVersion\\Run")
04:      Dim keyExist As Boolean = False

05:      For Each str As String In regKey.GetValueNames()
06:          If str = "Memo" Then keyExist = True
07:      Next

08:      If Not Me.자동실행ToolStripMenuItem.Checked Then
09:          If Not keyExist Then
10:              Dim path As String = Directory.GetCurrentDirectory() +
                                        "\mook_Memo.exe"
11:              regKey.SetValue("Memo", path)
12:          End If
13:          Me.자동실행ToolStripMenuItem.Checked = True
14:      Else
15:          If keyExist Then regKey.DeleteValue("Memo")
16:          Me.자동실행ToolStripMenuItem.Checked = False
17:      End If
18:  End Sub
```

2행   RegistryKey 클래스의 개체를 생성하여 레지스트리 CurrentUser 필드를 열고
       쓸 수 있도록 한다.

3행   CreateSubKey() 메서드를 이용하여 쓰기 권한으로 하위 키를 여는 작업을 수
       행한다.

5-7행 regKey 개체의 정보에서 모든 값 이름이 포함된 문자열의 배열을 검색할 수 있
도록 For Each ~ Next 이용하여 "Memo"를 찾는 구문이다. 만약, 이름 "Memo"
가 존재한다면 6행에서 keyExist 변수의 값을 True로 설정한다.

8-13행 애플리케이션 자동실행을 설정을 위한 구문으로 regKey.SetValue() 메서드를
이용하여 다음 그림과 같이 이름 및 파일 경로를 레지스트리에 쓰는 작업을 수
행한다.

14-16행 애플리케이션을 자동실행하지 않기 위해 regKey.DeleteValue("Memo") 메서드
를 이용하여 Memo 레지스트리의 값을 삭제한다.

다음의 tsbtnClose_Click() 이벤트 핸들러는 ⊠ 버튼을 더블클릭하여 생성한 프로시저
로, 폼을 종료하기 위해 FormClose() 메서드를 호출하여 폼을 종료한다.

```
Private Sub tsbtnClose_Click(ByVal sender As System.Object,
            ByVal e As System.EventArgs) Handles tsbtnClose.Click
    FormClose()                '폼 종료 메서드 호출
End Sub
```

다음의 tsBar_DoubleClick() 이벤트 핸들러는 tsBar 컨트롤을 선택하고 이벤트 목록 창
에서 [DoubleClick] 이벤트 항목을 더블클릭하여 생성한 프로시저로, tsBar 컨트롤을 더
블클릭하면 폼을 최소화하거나 최대화하는 작업을 수행한다.

```
Private Sub tsBar_DoubleClick(sender As Object, e As EventArgs)
                Handles tsBar.DoubleClick
    If FormReSize = True Then
        Me.Size = New System.Drawing.Size(60, 25)
        FormReSize = False        '폼 최소화
    Else
        Me.Size = New System.Drawing.Size(300, 300)
        FormReSize = True         '폼 최대화
    End If
End Sub
```

다음의 tsBar_MouseDown() 등 이벤트 핸들러는 폼의 tsBar 컨트롤을 클릭하고 드래그
할 때 폼을 움직이도록 하는 작업을 수행한다. 이 구문은 여러 예제에서 자세히 다루었으
므로 추가 설명은 주석으로 대신한다.

```vb
Private Sub tsBar_MouseDown(sender As Object, e As MouseEventArgs)
              Handles tsBar.MouseDown
    If e.Button = MouseButtons.Left Then
        bFormMouseDown = True                    '왼쪽 마우스 클릭 체크
        ptMouseCurrentPos = Control.MousePosition    '마우스 클릭 좌표
        ptFormCurrentPos = Me.Location            '폼의 위치 좌표
    End If
End Sub

Private Sub tsBar_MouseUp(sender As Object, e As MouseEventArgs)
              Handles tsBar.MouseUp
    bFormMouseDown = False                    '왼쪽 마우스 클릭 해제 체크
    SysFileSave()
End Sub

Private Sub tsBar_MouseMove(sender As Object, e As MouseEventArgs)
              Handles tsBar.MouseMove
    If bFormMouseDown = True Then              '왼쪽 마우스 클릭시
        ptMouseNewPos = Control.MousePosition
        ptFormNewPos.X = ptMouseNewPos.X - ptMouseCurrentPos.X +
                  ptFormCurrentPos.X        '마우스 이동시 가로 좌표
        ptFormNewPos.Y = ptMouseNewPos.Y - ptMouseCurrentPos.Y +
                  ptFormCurrentPos.Y        '마우스 이동시 세로 좌표
        Me.Location = ptFormNewPos
        ptFormCurrentPos = ptFormNewPos
        ptMouseCurrentPos = ptMouseNewPos
    End If
End Sub
```

6.2.3 포스트잇 예제 실행

다음 그림은 포스트잇 예제를 F5 를 눌러 실행한 화면이다.

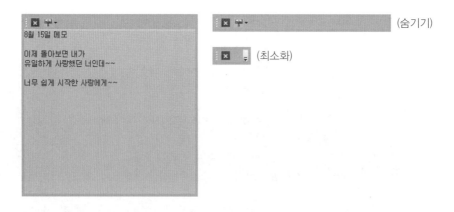

6.3 타자 게임

이 절에서 살펴보는 타자 게임 예제는 한컴오피스를 사용한 독자라면 한 번 정도는 사용해 본 경험이 있을 것이다. 한글 자판에 익숙해지기 위한 연습용 게임으로 한컴오피스에 패키지 소프트웨어로 포함된 게임 프로그램이다. 타자 게임 예제를 통해 다양한 기능을 구현에 대해 살펴보기로 한다.

다음 그림은 타자 게임 애플리케이션을 구현하고 실행한 결과 화면이다.

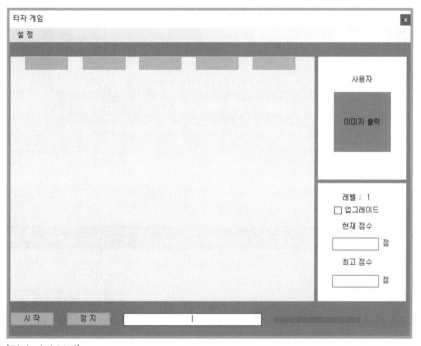

[결과 미리 보기]

6.3.1 타자 게임(Form1) 디자인

프로젝트 이름을 'mook_Typing'으로 하여 'C:\vb2017project\Chap06' 경로에 새 프로젝트를 생성한다. 다음 그림과 같이 윈도우 폼에 필요한 컨트롤을 위치시켜 폼을 디자인하고, 각 컨트롤의 속성값을 설정한다.

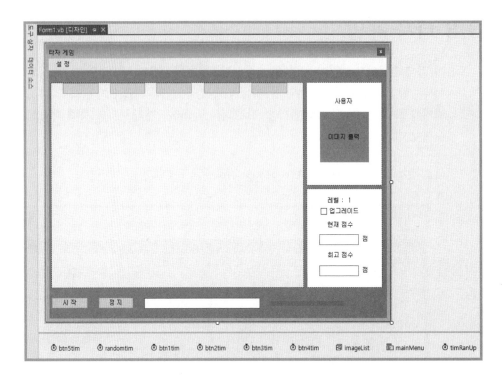

폼 디자인에 사용된 컨트롤의 주요 속성값은 다음과 같다.

폼 컨트롤	속 성	값
Form1	Name	Form1
	Text	타이핑 게임
	BackColor	ControlDarkDark
	FormBorderStyle	FixedToolWindow
Label1	Name	lblName
	Text	사용자 이름
Label2	Name	lblImg
	Text	이미지 출력
	BackColor	Tomato
	ImageList	imageList
	Size	100, 100
Label3	Name	lblLevel
	Text	레벨 :
Label4	Name	lblGrade
	Text	1
Label5	Name	lblCurJumsu
	Text	현재 점수
Label6	Name	lbljum01
	Text	점

Label7	Name	lbljum02
	Text	점
Label8	Name	lbljumsu
	Text	최고 점수
Label9	Name	lblLife
	Text	
	BackColor	Red
	Size	150, 10
Panel1	Name	pl01
	Text	
Panel2	Name	pl02
	Text	
Panel3	Name	MainPan
	Text	
TextBox1	Name	txtJumsu
	Text	
TextBox2	Name	txtMaxJumsu
	Text	
TextBox3	Name	txtInsert
	TextAlign	
CheckBox1	Name	chUpgrade
	Text	업그레이드
	AutoSize	True
Button1	Name	button1
	Text	
	Enabled	false
Button2	Name	button2
	Text	
	Enabled	false
Button3	Name	button3
	Text	
	Enabled	false
Button4	Name	button4
	Text	
	Enabled	false
Button5	Name	button5
	Text	
	Enabled	false

Button6	Name	btnStart
	Text	시 작
Button7	Name	btnStop
	Text	정 지
MenuStrip1	Name	mainMenu
	Text	
ImageList1	Name	imageList
	Images	[설정]
	ImageSize	100, 100
Timer1	Name	randomtim
Timer2	Name	btn1tim
	Interval	1000
Timer3	Name	btn2tim
	Interval	1000
Timer4	Name	btn3tim
	Interval	1000
Timer5	Name	btn4tim
	Interval	1000
Timer6	Name	btn5tim
	Interval	1000
Timer7	Name	timeRanUp
	Interval	1000

mainMenu 컨트롤을 선택하고 다음 그림과 같이 메뉴를 추가한다.

이 예제에서 사용할 이미지를 저장하기 위해서 솔루션 탐색기 창에서 프로젝트 이름을
마우스 오른쪽 버튼으로 클릭하여 표시되는 단축메뉴에서 [추가]-[새 폴더] 항목을 눌러
새 폴더를 생성하고 이름을 'img'로 한다. 생성된 'img' 폴더에 사용할 이미지를 저장하
여 활용한다.

imageList 컨트롤을 선택하고 속성 창에서 [Images] 속성의 ▣(컬렉션) 버튼을 클릭하
여 [이미지 컬렉션 편집기] 대화상자를 열어 이미지를 [추가] 버튼을 클릭하여 다음 그림
과 같이 두 개의 멤버를 추가하고 이미지를 설정한다.

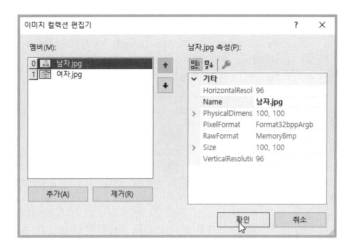

6.3.2 타자 게임(Form1.vb) 코드 구현

Imports 키워드를 이용하여 클래스 외부 제일 상단에 다음과 같이 네임스페이스를 추가한다.

```
Imports System.IO
```

다음과 같이 클래스 전체에서 활용하기 위한 멤버 변수를 선언한다. 각 멤버 변수에 대한 설명을 주석으로 대체한다.

```
Dim kind As String = String.Empty            '한글 또는 영어
Dim array = 0                                '랜덤 수 지정
Dim jumsu = 0                                '점수
Dim selectlbl                                '1~6 랜덤 수(랜덤벽돌 지정)
Dim maxjumsu = 0                             '최종점수
Dim word As String()                         '단어를 나타낼 배열
'배열에 한글과 영어 단어 저장
Dim TempKorword As String() =
        New String() { "가나다", "라마바", "아자차",
                       "카파하", "도레미", "파솔라" }
Dim TempEnword As String() =
        New String() {"abc", "def", "ghi", "jkl", "mno", "pqr"}
```

다음의 환경설정ToolStripMenuItem_Click() 이벤트 핸들러는 [환경 설정] 메뉴를 더블클릭하여 생성한 프로시저로, 타자 게임을 환경설정을 위해 Form2를 실행하여 Form2에 디자인된 cbGrade, cbKind 컨트롤의 Text 속성값 즉, 게임의 단계와 단어 종류(영어, 한글)를 설정하는 작업을 수행한다.

```
01:  Private Sub 환경설정ToolStripMenuItem_Click(
                 ByVal sender As System.Object, ByVal e As System.EventArgs)
                 Handles 환경설정ToolStripMenuItem.Click
02:      If Form2.ShowDialog() = DialogResult.OK Then
03:          Me.lblGrade.Text = Form2.ReturnStep
04:          kind = Form2.ReturnKind
05:      End If
06:  End Sub
```

2-4행 Form2를 호출하고 설정이 끝나면 접근자를 통해 게임 단계와 단어 종류 정보를 가져오는 작업을 수행한다.

2행 ShowDialog() 메서드를 이용하여 Form2를 호출하여 Form2가 종료될 때까지 포커스를 잃지 않으며, DialogResult 설정값이 'OK'일 때 3행과 4행을 수행한다.

3-4행 Private 액세스 타입이 설정된 cbGrade와 cbKind 컨트롤의 Text 속성값을 얻기 위한 구문으로, 읽기 전용인 Property 변수인 ReturnStep,과 ReturnKind에 접근하여 설정값을 가져온다.

구문	액세스 구문	설명
Form2.ReturnStep	Return Me.cbGrade.Text	Form1에서 Form2에 속한 cbGrade 컨트롤의 Text 속성(게임 레벨)을 가져옴
Form2.ReturnKind	Return Me.cbKind.Text	Form1에서 Form2에 속한 cbKind 컨트롤의 Text 속성(단어 언어 종류)을 가져옴

다음의 사용자설정ToolStripMenuItem_Click() 이벤트 핸들러는 [사용자 설정] 메뉴를 더블클릭하여 생성한 프로시저로, [환경 설정] 메뉴 이벤트 핸들러와 동일하게 Form3에서 설정한 값을 가져오는 작업을 수행한다.

```
Private Sub 사용자설정ToolStripMenuItem_Click(
             ByVal sender As System.Object, ByVal e As System.EventArgs)
             Handles 사용자설정ToolStripMenuItem.Click
    If Form3.ShowDialog() = DialogResult.OK Then
        Me.lblName.Text = Form3.ReturnName          '사용자 이름 설정
        If Form3.checkNum = 1 Then
            Me.lblImg.ImageIndex = 0                '이미지 설정(남자)
        Else
            Me.lblImg.ImageIndex = 1                '이미지 설정(여자)
        End If
        Me.lblImg.Text = ""
        Me.btnStart.Enabled = True                  '[시작] 버튼 활성화
        Me.btnStop.Enabled = True                   '[정지] 버튼 활성화
    End If
End Sub
```

다음의 btnStart_Click() 이벤트 핸들러는 [시작] 버튼을 더블클릭하여 생성한 프로시저로, "setup.txt" 파일에 문자열로 저장된 단어를 읽어 배열에 저장하거나, 기본으로 배열에 저장된 단어를 랜덤 클래스를 이용하여 무작위로 단어를 추출해 Button 컨트롤의 Text 속성에 입력한다.

```
01:  Private Sub btnStart_Click(
             ByVal sender As System.Object, ByVal e As System.EventArgs)
             Handles btnStart.Click
02:      Dim Rekind = 0
03:      If File.Exists("setup.txt") = False Then
04:          MessageBox.Show("단어가 없어 기본 게임으로 시작합니다.", "알림",
                 MessageBoxButtons.OK, MessageBoxIcon.Information)
05:          If kind = "한글" Then
                      word = TempKorword Else word = TempEnword
06:          array = word.Length
07:      Else
08:          If kind = "한글" Then Rekind = 1 Else If kind = "영어" Then
                 Rekind = 2 Else Rekind = 1

09:      Dim sr = File.OpenText("setup.txt")
10:      While True
11:          Dim str = sr.ReadLine()
12:          If str Is Nothing Then Exit While
13:          If str.Split("&")(0) =
                      Convert.ToString(Rekind) Then array += 1
14:      End While
15:      word = New String(array) {}
16:      sr.Close()

17:      If array < 5 Then
18:          MessageBox.Show("단어가 적절하지 않아 기본 게임으로 시작합니다.",
19:                  "알림", MessageBoxButtons.OK, MessageBoxIcon.Information)
20:          If kind = "한글" Then word = TempKorword
                          Else word = TempEnword
21:                          array = word.Length
22:          Else
23:              Dim srt = File.OpenText("setup.txt")
24:              Dim k = 0
25:              While True
26:                  Dim str = srt.ReadLine()
27:                  If str Is Nothing Then Exit While
28:                  If str.Split("&")(0) = Convert.ToString(Rekind) Then
                                  word(k) = str.Split("&")(1) : k += 1
29:              End While
30:              srt.Close()
31:          End If
32:      End If
```

```
33:        Me.lblLife.Width = 200
34:        Me.txtJumsu.Text = "0"
35:        MessageBox.Show("제 " + lblGrade.Text + "단계입니다.", "알림",
                           MessageBoxButtons.OK, MessageBoxIcon.None)
36:        Me.txtInsert.Focus()
37:        If randomtim.Enabled = False Then
38:            randomtim.Enabled = True
39:            Dim r = New Random()
40:            Dim i = r.Next(0, array - 4)
41:            Me.button1.Text = word(i)
42:            Me.button2.Text = word(i + 1)
43:            Me.button3.Text = word(i + 2)
44:            Me.button4.Text = word(i + 3)
45:            Me.button5.Text = word(i + 4)
46:        End If
47:    End Sub
```

2행   변수는 게임 언어의 종류(한글: 1, 영어: 2)를 선택하기 위한 구문이다.

3행   File.Exists() 메서드를 이용하여 경로에 "setup.txt" 파일의 존재 여부를 판단하는 구문이다.

5행   3행의 파일 경로에 "setup.txt" 파일이 없을 때 수행되는 구문으로 게임 언어의 종류인 한글과 영어를 구분하여 기본 배열(TempKorword, TempEnword)에 저장된 단어를 String 타입의 배열 변수 word에 저장하는 작업을 수행한다.

6행   변수 array에 word 배열의 길이를 저장하는 구문이다.

8행   "setup.txt" 파일이 존재할 때 수행되는 구문으로 한글(1)과 영어(2)를 분류하여 Rekind 변수에 저장한다.

9행   File.OpenText() 메서드를 이용하여 지정된 파일 경로에서 파일 내용을 읽어와 StreamReader의 개체 sr에 저장하는 작업을 수행한다.

10-14행 While 구문으로 반복 루프를 수행하면서 "setup.txt" 파일의 내용을 행 단위로 읽어 단어의 개수를 구하는 작업을 수행한다.

11행   sr.ReadLine() 메서드를 이용하여 "setup.txt" 파일에서 행 단위로 문자열을 읽어와 String 타입의 변수 str에 저장한다.

구문	저장 되는 값(예시)	
	한글	영어
Dim str = sr.ReadLine()	1&조호묵	2&Chohomook

12행   변수 str의 값이 Nothing일 때 While 문을 종료하는 구문(Exit While)이다.

13행   str.Split() 메서드를 이용하여 구분자인 문자 '&'를 기준으로 문자열을 분리하고 array 변수의 카운트를 하나 증가하여 단어의 개수를 계산한다.

구문	설명
Dim word = "가&나&다" word.Split("&")	word(0) : 가 word(1) : 나 word(2) : 다

15행   String 배열 타입의 배열 변수 word를 초기화하는 구문으로 6행에서 얻는 단어의 수를 이용하여 배열 크기를 설정한다.

16행   sr.Close() 메서드를 이용하여 개체의 리소스를 해제하는 작업을 수행한다.

17–21행   "setup.txt" 파일에 저장된 단어 개수가 5개 미만일 때 수행되는 구문으로 기본 배열에 저장된 단어를 활용하여 게임을 진행하는 작업을 수행한다.

23–30행   "setup.txt" 파일에 저장된 단어를 word 배열 변수에 저장하는 작업을 수행한다.

28행   [환경 설정] 폼인 Form2에서 설정한 단어 종류에 따라 한글과 영어를 구분하고, str.Split('&')(1) 구문을 이용하여 단어를 추출하고 word(k) 배열 변수에 저장하는 작업을 수행한다.

str.Split("&")(0) = Rekind	word(k) = str.Split("&")(1)	k += 1
1 ※ str.Split("&")(0) : 1, Rekind : 1	work(0) = 홍길동 ※ str.Split("&")(1) : 홍길동	1
1	work(1) = 심춘향	2
1	work(2) = 컴퓨터	3

33–34행 게임의 에너지를 나타내는 에너지 길이와 점수를 초기화하는 구문이다.

37행   randomtim 컨트롤의 Enabled 속성값을 확인하는 구문으로 만약 활성화되지 않았다면 randomtim 컨트롤을 활성화하고, 39~45행을 실행하는 구문이다. 게임이 시작되지 않았다면 38행을 실행하여 게임을 진행하기 위한 구문이다.

39행   Random 클래스의 개체 r을 생성하는 구문이다. Random 클래스를 사용하는 이유는 랜덤수를 이용하여 배열에 저장된 단어를 무작위로 추출하여 버튼 컨트롤의 Text 속성에 대입하여 단어를 맞출 수 있게 하기 위함이다.

40행   r.Next() 메서드를 이용하여 0에서 (array – 4)까지 숫자 중에서 하나를 반환받아 각 버튼에 배열 변수의 값 즉, 한글 또는 영어 단어를 지정하는 작업을 수행한다.

구문	설명
r.Next(0, array – 4) array.Length : 5 (0~4)	만약 단어가 5개일 경우 랜덤수는 0 값만 가질 수 있다. 따라서 의미는 다음과 같다. button1 = word(i) : word(0) button2 = word(i+1) : word(1) button3 = word(i+2) : word(2)

다음의 randomtim_Tick() 이벤트 핸들러는 randomtim 컨트롤을 더블클릭하여 생성한
프로시저로, 주기적으로 랜덤하게 Timer 컨트롤을 활성화하는 작업을 수행하여 각 버튼
을 랜덤하게 아래로 떨어뜨리는 작업을 수행한다.

```
01:  Private Sub randomtim_Tick(
                    ByVal sender As System.Object, ByVal e As System.EventArgs)
                    Handles randomtim.Tick
02:      Dim r = New Random()
03:      selectlbl = r.Next(1, 6)
04:      Select Case selectlbl
05:          Case 1
06:              Me.btn1tim.Enabled = True
07:          Case 2
08:              Me.btn2tim.Enabled = True
09:          Case 3
10:              Me.btn3tim.Enabled = True
11:          Case 4
12:              Me.btn4tim.Enabled = True
13:          Case 5
14:              Me.btn5tim.Enabled = True
15:      End Select
16:  End Sub
```

3행   버튼 컨트롤과 대응하고 있는 Timer 컨트롤이 5개이기 때문에 랜덤 추출 정수
가 1~5 값을 가져야 한다. 따라서 r.Next(1, 6) 코드를 구성하며 1~5의 임의 수
에 대응하는 Select ~ Case 문에 대응하여 Timer 컨트롤을 수행한다.

| Random.Net(1, 10) | 임의 수 : 1~9 |
| Random.Net(-100, 10) | 임의 수 : -100 ~ 9 |

4-15행   Select ~ End Select 구문으로 랜덤 함수에서 추출된 정수값과 대응되는 Timer
컨트롤의 Enabled 속성값을 Ture로 설정한다

다음의 btn1tim_Tick() 이벤트 핸들러는 btn1tim 컨트롤을 더블클릭하여 생성한 프로
시저로, 이 컨트롤과 대응하는 버튼 컨트롤의 위치를 아래로 내리는 작업을 수행한다.

```
01:  Private Sub btn1tim_Tick(ByVal sender As System.Object,
                    ByVal e As System.EventArgs) Handles btn1tim.Tick
02:      Dim r = New Random()
03:      Dim txt = r.Next(0, array)
04:      If Me.MainPan.Controls(0).Top <=
             Me.MainPan.Height - (Me.MainPan.Controls(0)).Height Then
05:              Me.MainPan.Controls(0).Top += 20
06:      Else
07:          Me.MainPan.Controls(0).Top = -0
08:          Me.MainPan.Controls(0).Text = word(txt)
```

```
09:            If lblLife.Width <> 0 Then lblLife.Width -= 20
10:        End If
11: End Sub
```

3행   랜덤 함수를 이용하여 배열의 첨자를 생성하는 구문이다. 즉, 임의의 첨자를 이용하여 랜덤하게 배열에 저장된 단어를 가져오기 위한 구문이다.

4행   버튼 컨트롤(button1)이 화면에서 가장 하단에 내려왔는지를 판단하는 구문으로 만약 하단으로 다 떨어지지 않았다면, 5행에서 Top 속성에 20을 추가하여 아래로 떨어뜨리는 작업을 수행한다.

구문	설명
Me.MainPan.Controls(0)	Me.MainPan.Controls의 구문은 MainPan 컨트롤에 위치한 컨트롤이 모두 포함된다. MainPan 컨트롤에 Button1~Button5가 있기 때문에 Controls(0)~Controls(4)로 나타낼 수 있으며, Controls(0)는 Button1 컨트롤을 나타낸다.

7-9행   만약 버튼 컨트롤이 화면의 하단에 떨어졌다면 버튼 컨트롤을 화면의 가장 위로 올리는 작업(7행)과 랜덤 함수에 가져온 정수 txt를 이용하여 배열에 저장된 단어(word(k))를 저장(8행)하는 작업과 게임의 에너지 사이즈를 줄이는(-20) 작업 (9행)을 수행한다.

다음의 이벤트 핸들러는 btn1tim_Tick() 이벤트 핸들러와 같은 구조로 구성되어 있기 때문에 코드에 대한 추가 설명은 생략하도록 한다.

```
btn2tim_Tick() : MainPan.Controls(1) : button2
btn3tim_Tick() : MainPan.Controls(2) : button3
btn4tim_Tick() : MainPan.Controls(3) : button4
btn5tim_Tick() : MainPan.Controls(4) : button5
```

다음의 lblLife_SizeChanged() 이벤트 핸들러는 lblLife 컨트롤을 선택하고 이벤트 목록 창에서 [SizeChange] 이벤트 항목을 더블클릭하여 생성한 프로시저로, lblLife 컨트롤의 크기가 변경될 때 발생하는 이벤트를 처리한다.

```
01: Private Sub lblLife_SizeChanged(ByVal sender As System.Object,
                ByVal e As System.EventArgs) Handles lblLife.SizeChanged
02:     If lblLife.Width = 0 Then
03:         randomtim.Enabled = False
04:         btn1tim.Enabled = False
05:         btn2tim.Enabled = False
06:         btn3tim.Enabled = False
07:         btn4tim.Enabled = False
08:         btn5tim.Enabled = False
```

```
09:            If Convert.ToInt32(Me.txtJumsu.Text) > maxjumsu Then
                   Me.txtMaxJumsu.Text = Me.txtJumsu.Text
10:            For i = 0 To Me.MainPan.Controls.Count - 1
11:                Me.MainPan.Controls(i).Top = 0
12:            Next
13:            Me.txtJumsu.Text = "0"
14:            MessageBox.Show("게임 아웃!!", "알림", MessageBoxButtons.OK,
                          MessageBoxIcon.Warning)
15:            Me.btnStart.Focus()
16:        End If
17:  End Sub
```

2행 lblLife.Width 속성이 0이 되었을 때 즉, 게임의 에너지가 모두 고갈되었다면 게임을 종료해야 한다. 따라서 3~8행을 수행하여 각 Timer 컨트롤의 Enabled 속성값을 False로 설정하여 Timmer 컨트롤을 비활성화한다.

9행 현재 점수가 최고점이라면 txtMaxJumsu 컨트롤 Text 속성에 저장한다.

10-12행 각 버튼 컨트롤의 Top 속성값을 0으로 설정하여 위치를 초기화한다. 즉, 화면(MainPan)의 제일 상단에 위치시킨다.

13행 txtJumsu 컨트롤의 Text 속성값을 0으로 초기화한다.

다음의 txtJumsu_TextChanged() 이벤트 핸들러는 txtJumsu 컨트롤을 선택하고 이벤트 목록 창에서 [TextChanged] 이벤트 항목을 더블클릭하여 생성한 프로시저로, txtJumsu 컨트롤의 Text 속성값이 변경될 때 점수를 체크하여 게임의 레벨을 상향(level up) 조정하는 작업을 한다.

```
01:  Private Sub txtJumsu_TextChanged(
                ByVal sender As System.Object, ByVal e As System.EventArgs)
                Handles txtJumsu.TextChanged
02:        If Convert.ToInt32(Me.txtJumsu.Text) <> 0 Then
03:          If Convert.ToInt32(Me.txtJumsu.Text) Mod 100 = 0 Then
04:              lblGrade.Text = Convert.ToString(Convert.ToInt32(lblGrade.Text) + 1)
05:              For i = 0 To Me.MainPan.Controls.Count - 1
06:                  Me.MainPan.Controls(i).Top = -0
07:              Next i
08:              btn1tim.Enabled = False
09:              btn2tim.Enabled = False
10:              btn3tim.Enabled = False
11:              btn4tim.Enabled = False
12:              btn5tim.Enabled = False
13:              Me.txtInsert.Text = ""
14:              Me.txtInsert.Focus()
15:          End If
16:        End If
17:  End Sub
```

3행   게임의 점수를 100으로 나누어 몫이 0이 될 때 즉, 단어 100개를 맞출 때마다 게임의 레벨을 상향 조정하기 위한 구문이다. 만약, 몫이 0이라면 각 버튼의 위치를 화면의 가장 상단에 위치(5~7행)시키고 각 Timer 컨트롤을 비활성화(8~12행)한다.

4행   lblGrade 컨트롤의 Text 속성값을 변경하는 작업을 수행하는 구문으로 이는 게임의 레벨을 올리는 작업을 수행한다.

다음의 lblGrade_TextChanged() 이벤트 핸들러는 lblGrade 컨트롤을 선택하고 이벤트 목록 창에서 [TextChanged] 이벤트 항목을 더블클릭하여 생성한 프로시저로, 게임의 레벨에 맞추어 Timer 컨트롤의 Interval 속성값을 줄여 버튼이 움직이는 주기를 빠르게 조정한다. 이는 게임의 진행 속도를 높여 레벨을 상향 조절하는 작업을 수행한다.

```vb
Private Sub lblGrade_TextChanged(
            ByVal sender As System.Object, ByVal e As System.EventArgs)
            Handles lblGrade.TextChanged
    Select Case Convert.ToInt32(lblGrade.Text)
        Case 1
            btn1tim.Interval = 1000
            btn2tim.Interval = 1000
            btn3tim.Interval = 1000
            btn4tim.Interval = 1000
           btn5tim.Interval = 1000
        Case 2
            btn1tim.Interval = 900
            btn2tim.Interval = 900
            btn3tim.Interval = 900
            btn4tim.Interval = 900
            btn5tim.Interval = 900


        ....... 중 간       생 략 .......


        Case 10
            btn1tim.Interval = 110
            btn2tim.Interval = 110
            btn3tim.Interval = 110
            btn4tim.Interval = 110
            btn5tim.Interval = 110
        Case Else
            btn1tim.Interval = 50
            btn2tim.Interval = 50
            btn3tim.Interval = 50

            btn4tim.Interval = 50
            btn5tim.Interval = 50
    End Select
Ens Sub
```

다음의 txtInsert_KeyDown() 이벤트 핸들러는 txtInsert 컨트롤을 선택하고 이벤트 목록 창에서 [KeyDown] 이벤트 항목을 더블클릭하여 생성한 프로시저로, 입력한 단어가 버튼에 나타난 단어와 같은지를 판단하여 점수를 가산하는 작업을 수행한다.

```
01:  Private Sub txtInsert_KeyDown(
                    ByVal sender As System.Object,
                    ByVal e As System.Windows.Forms.KeyEventArgs)
                    Handles txtInsert.KeyDown
02:      Dim r = New Random()
03:      Dim randomtxt
04:      If e.KeyCode = Keys.Enter Then
05:          For i = 0 To Me.MainPan.Controls.Count - 1
06:              If Me.txtInsert.Text = Me.MainPan.Controls(i).Text Then
07:                  randomtxt = r.Next(0, array)
08:                  Me.MainPan.Controls(i).Text = Me.word(randomtxt)
09:                  jumsu += 10
10:                  Me.MainPan.Controls(i).Top = 0
11:                  Me.txtJumsu.Text = Convert.ToString(jumsu)
12:              End If
13:          Next i
14:          Me.txtInsert.Text = ""
15:      End If
16:  End Sub
```

4행   엔터키가 눌러졌는지 확인하여, Enter 키가 입력되었을 때 5~14행을 수행하는 If 구문이다.

5-12행   For ~ Next 구문으로 MainPan 컨트롤에 포함된 Button 개수만큼 반복하면서 Button 컨트롤의 Text 속성값(타자 게임의 단어)과 비교(6행)하고, 값이 일치하면 랜덤 함수를 이용(7행)하여, 해당 버튼의 Text 속성값을 임의의 수를 이용하여 단어가 저장된 배열에서 랜덤하게 추출하여 변경하는 작업(8행)을 수행한다.

9행   일치하는 단어가 있다면(단어를 맞췄다면) 점수를 10만큼 가산한다.

10행   일치한 Button 컨트롤의 위치를 초기화하여 화면 맨 위로 올리는 작업을 수행한다.

다음의 chbUpgrade_CheckedChanged() 이벤트 핸들러는 chbUpgrade 컨트롤을 선택하고 이벤트 목록 창에서 [CheckedChanged] 이벤트 항목을 더블클릭하여 생성한 프로시저로, 게임의 규칙을 업그레이드할 것인지를 판단하는 구문이다. 다음 timRanUp_Tick() 이벤트 핸들러 소스 코드와 연계하여 살펴보자.

```
Private Sub chbUpgrade_CheckedChanged(
                sender As Object, e As EventArgs)
                Handles chbUpgrade.CheckedChanged
    If Me.chbUpgrade.Checked = True Then
        Me.timRanUp.Enabled = True
    Else
        Me.timRanUp.Enabled = False
    End If
End Sub
```

다음의 timRanUp_Tick() 이벤트 핸들러는 timRanUp 컨트롤을 더블클릭하여 생성한
프로시저로, 주기적으로 랜덤하게 Button 컨트롤의 Text 속성값을 변경하여 게임의 규
칙을 업그레이드하는 작업을 수행한다.

```
01:  Private Sub timRanUp_Tick(sender As Object, e As EventArgs)
                Handles timRanUp.Tick
02:      If Me.chbUpgrade.Checked = True And
                Me.MainPan.Controls(0).Text <> "" And
                Me.MainPan.Controls(1).Text <> "" And
                Me.MainPan.Controls(2).Text <> "" And
                Me.MainPan.Controls(3).Text <> "" And
                Me.MainPan.Controls(4).Text <> "" Then
03:          Dim r = New Random()
04:          Dim btnSelect = r.Next(1, 6)
05:          Dim txt = r.Next(0, array)
06:          Select Case btnSelect
07:              Case 1
08:                  Me.MainPan.Controls(0).Text = word(txt)
09:              Case 2
10:                  Me.MainPan.Controls(1).Text = word(txt)
11:              Case 3
12:                  Me.MainPan.Controls(2).Text = word(txt)
13:              Case 4
14:                  Me.MainPan.Controls(3).Text = word(txt)
15:              Case 5
16:                  Me.MainPan.Controls(4).Text = word(txt)
17:          End Select
18:      End If
19:  End Sub
```

2행   게임의 규칙을 업그레이드하는 여부를 판단하는 구문이다.

4행   랜덤 함수를 이용하여 변경할 Button을 선택하는 구문으로 매칭 정수를 랜덤하
       게 추출하는 구문이다.

5행   랜덤 함수를 이용하여 변경할 배열 첨자 정수를 랜덤하게 추출하여 단어를 변경
       할 수 있도록 한다.

6-17행　Select ~ Case 구문으로 랜덤하게 버튼 컨트롤을 선택하고, 5행에서 추출된 첨
　　　　　자 정수를 이용하여 단어를 입력하는 작업을 수행하면서 게임을 규칙을 업그레
　　　　　이드한다.

다음의 btnStop_Click() 이벤트 핸들러는 [정지] 버튼을 더블클릭하여 생성한 프로시저
로, 게임을 중단하는 작업을 수행한다.

```
01:  Private Sub btnStop_Click(ByVal sender As System.Object,
                     ByVal e As System.EventArgs) Handles btnStop.Click
02:      Me.randomtim.Enabled = False
03:      Me.btn1tim.Enabled = False
04:      Me.btn2tim.Enabled = False
05:      Me.btn3tim.Enabled = False
06:      Me.btn4tim.Enabled = False
07:      Me.btn5tim.Enabled = False
08:      Me.array = 0
09:      Try
10:          If Convert.ToInt32(Me.txtJumsu.Text) > maxjumsu Then
                     Me.txtMaxJumsu.Text = Me.txtJumsu.Text
11:              Me.txtJumsu.Text = "0"
12:              For i = 0 To Me.MainPan.Controls.Count - 1
13:                  Me.MainPan.Controls(i).Top = -0
14:              Next i
15:      Catch
16:      End Try
17:  End Sub
```

2-8행　게임을 중단하기 위해 Timer 컨트롤의 Enabled 속성을 False로 설정하여 비활
　　　　성화하며, 배열 크기를 나타내는 변수 array를 0으로 초기화한다.

10행　최고 점수를 달성하였다면 점수를 txtMaxJumsu 컨트롤에 대입하는 작업을 수
　　　　행한다.

12-14행　For ~ Next 구문을 이용하여 MainPan 컨트롤에 추가된 Button 컨트롤의 위치
　　　　를 MainPan 컨트롤의 맨 위로 위치시키는 작업을 수행한다.

다음의 종료ToolStripMenuItem_Click() 이벤트 핸들러는 [종료] 메뉴를 더블클릭하여
생성한 프로시저로 폼을 닫는 작업을 수행하고, Form1_Closing() 이벤트 핸들러는 폼을
선택하고 이벤트 목록 창에서 [FormClosing] 이벤트 항목을 더블클릭하여 생성한 프로
시저로, 애플리케이션 종료 의사 여부를 질의하는 작업을 수행한다.

```
Private Sub 종료ToolStripMenuItem_Click(
            ByVal sender As System.Object, ByVal e As System.EventArgs)
            Handles 종료ToolStripMenuItem.Click
    Me.Close()
End Sub
```

```
Private Sub Form1_FormClosing(
            ByVal sender As System.Object,
            ByVal e As System.Windows.Forms.FormClosingEventArgs)
            Handles MyBase.FormClosing
    e.Cancel = True
    Dim dlr = MessageBox.Show("게임을 완전히 종료합니다.", "끝내기",
        MessageBoxButtons.YesNo, MessageBoxIcon.None)
    Select Case dlr
        Case DialogResult.Yes
            Application.ExitThread()      '폼 종료
        Case DialogResult.No
    End Select
End Sub
```

6.3.3 환경설정 폼(Form2) 디자인

VS2017의 메뉴 [파일]–[추가]–[새 프로젝트]–[Windows Form 응용프로그램]을 클릭하여 Form2를 생성한다. Form2의 디자인 창에 필요한 컨트롤을 위치시켜 폼을 디자인하고, 각 컨트롤의 속성값을 수정한다.

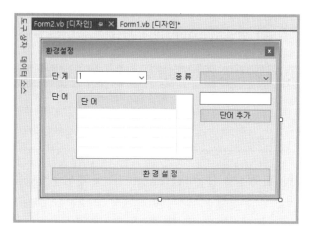

폼 디자인에 사용된 컨트롤의 주요 속성은 다음과 같다.

폼 컨트롤	속 성	값
Form2	Name	Form2
	Text	환경설정
	FormBorderStyle	FixedToolWindow
Label1	Name	lblGrade
	Text	단 계
Label2	Name	lblKind
	Text	종 류
Label3	Name	lblWord
	Text	단어
ComboBox1	Name	cbGrade
ComboBox2	Name	cbKind
	DropDownStyle	DropDownList
ListView1	Name	lvWord
	GridLines	True
	View	Details
TextBox1	Name	txtInsert
Button1	Name	btnInsert
	Text	단어 추가
Button2	Name	btnOk
	Text	환 경 설 정

lvWord 컨트롤을 선택하고 속성 목록 창에서 [Colimns] 속성의 ▦(컬렉션) 버튼을 클릭하여 [ColumnHeader 컬렉션 편집기] 대화상자를 연다. [ColumnHeader 컬렉션 편집기] 대화상자에서 [추가] 버튼을 클릭하여 멤버를 추가하고 다음과 같이 속성을 설정한다.

폼 컨트롤	속 성	값
ColumnHeader1	Name	chWord
	Text	단어
	Width	180

하나의 칼럼 멤버를 추가한 뒤 속성을 설정하면 lvWord 컨트롤의 모습은 다음과 같다.

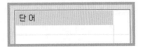

6.3.4 환경설정 폼(Form2.vb) 코드 구현

파일을 읽고 쓰기 위한 클래스를 사용하기 위해서 클래스 외부 상단에 다음과 같은 네임
스페이스를 Imports 키워드를 이용하여 선언한다.

```
Imports System.IO
```

Form1에서 Form2에 설정된 레벨과 언어 종류 정보를 가져가기 위해 Property 접근자
를 이용하여 cbGrade.Text, cbKind.Text 속성값에 접근한다.

```
Public ReadOnly Property ReturnStep() As String
    Get
        Return Me.cbGrade.Text
    End Get
End Property
```

```
Public ReadOnly Property ReturnKind() As String
    Get
        Return Me.cbKind.Text
    End Get
End Property
```

다음의 Form2_Load() 이벤트 핸들러는 폼을 더블클릭하여 생성한 프로시저로,
lvWordAdd() 메서드를 호출하여 "setup.txt" 파일에서 게임에 사용할 단어를 추출해
lvWord 컨트롤에 출력하는 작업을 수행한다.

```
01:  Private Sub Form2_Load(ByVal sender As System.Object,
                    ByVal e As System.EventArgs) Handles MyBase.Load
02:      lvWordAdd("한글")
03:  End Sub

04:  Private Sub lvWordAdd(ByVal kind As String)
05:      Me.lvWord.Items.Clear()
06:      Dim f = New FileInfo("setup.txt")
07:      If f.Exists = True Then
08:          Dim sr = File.OpenText("setup.txt")
09:          While True
10:              Dim str = sr.ReadLine()
11:              If str Is Nothing Then Exit While
12:              Dim a_str = str.Split("&")
13:              If kind = "한글" Then
14:                  If str.Split("&")(0) = "1" Then
                        Me.lvWord.Items.Add(str.Split("&")(1))
15:                  Else
```

```
16:                    If str.Split("&")(0) = "2" Then
                            Me.lvWord.Items.Add(str.Split("&")(1))
17:               End If
18:          End While
19:          sr.Close()
20:     End If
21: End Sub
```

6행   파일을 다루기 위한 FileInfo 개체 f를 생성하는 구문이다.

7행   f.Exists 속성을 이용하여 파일 존재 여부를 확인하여 파일이 존재하면 8~20행
         을 수행하면서 단어를 lvWord 컨트롤에 나타내는 작업을 수행한다.

8행   File.OpenText() 메서드로 "setup.txt" 파일을 열고 StreamReader 개체 sr에
         저장하는 작업을 수행한다.

14행   str.Split("&")(0) 구문을 이용하여 한글 단어를 추출하고, 추출된 단어를 lvWord
         컨트롤에 출력하는 작업을 수행한다.

구문	설명
Me.lvWord.Items.Add(str.Split("&")(1))	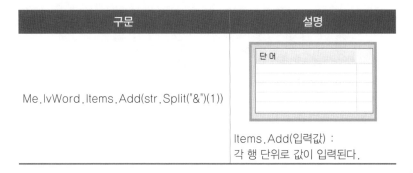 Items.Add(입력값) : 각 행 단위로 값이 입력된다.

다음의 btnInsert_Click() 이벤트 핸들러는 [단어추가] 버튼을 더블클릭하여 생성한 프
로시저로, 입력된 단어를 파일에 저장하는 작업을 수행한다.

```
01: Private Sub btnInsert_Click(ByVal sender As System.Object,
                   ByVal e As System.EventArgs) Handles btnInsert.Click
02:     If Me.txtInsert.Text = "" Then
03:         Me.txtInsert.Focus()
04:     Else
05:         Dim str = Me.txtInsert.Text
06:         Dim dlr = MessageBox.Show("[" + str + "]을 저장합니다..", "저장하기",
                   MessageBoxButtons.YesNo, MessageBoxIcon.Information)
07:         Select Case dlr
08:            Case DialogResult.Yes
09:                Dim f = New FileInfo("setup.txt")
10:                If f.Exists = True Then
11:                    Dim sw =
                           New StreamWriter(New FileStream("setup.txt",
                                   FileMode.Append))
```

```
12:                        Dim s = ""
13:                        If Me.cbKind.Text = "영어" Then
14:                            s = "2" + "&" + Me.txtInsert.Text
15:                        Else
16:                            s = "1" + "&" + Me.txtInsert.Text
17:                        End If
18:                        sw.WriteLine(s)
19:                        sw.Close()
20:                        Me.lvWord.Items.Add(Me.txtInsert.Text)
21:                    Else
22:                        Dim sw = File.CreateText("setup.txt")
23:                        Dim s = ""
24:                        If Me.cbKind.Text = "영어" Then
25:                            s = "2" + "&" + Me.txtInsert.Text
26:                        Else
27:                            s = "1" + "&" + Me.txtInsert.Text
28:                        End If
29:                        sw.WriteLine(s)
30:                        sw.Close()
31:                        Me.lvWord.Items.Add(Me.txtInsert.Text)
32:                    End If
33:                Case DialogResult.No
34:            End Select
35:            Me.txtInsert.Text = ""
36:            Me.txtInsert.Focus()
37:        End If
38:  End Sub
```

9행   FileInfo() 생성자를 이용하여 "setup.txt" 파일을 만들고, 수정하고 이동하는 등의 작업을 하기 위한 개체 f를 생성한다.

10행   파일이 존재하는지를 판단하기 위한 If 구문이다.

11행   StreamWriter 개체를 생성하고 FileStream 클래스의 모드를 지정하여 파일을 생성한다. FileMode가 Append로 설정하였기 때문에 해당 파일이 이미 존재하고 있을 때는 파일에 추가해서 쓰기 위하여 파일의 끝을 검색하거나, 존재하지 않을 때는 새 파일을 만든다.

Mode	설명
CreateNew	운영체제에서 새 파일을 만들도록 지정
Create	운영체제에서 새 파일을 만들도록 지정
Open	운영체제에서 기존 파일을 열도록 지정
OpenOrCreate	파일이 있으면 운영체제에서 파일을 열고 그렇지 않으면 새 파일을 만들도록 지정
Truncate	운영체제에서 기존 파일을 열도록 지정
Append	해당 파일이 있는 경우 파일을 열고 파일의 끝까지 검색하거나 새 파일을 생성

18행   sw.WriteLine() 메서드를 이용하여 생성한 파일에 추가할 문자를 행 단위로 쓰는 작업을 수행한다.

20행   추가한 단어를 lvWord.Items.Add() 메서드를 이용하여 lvWord 컨트롤에 추가하여 나타내 준다.

21-31행 "setup.txt" 파일이 존재하지 않는다면 CreateText() 메서드를 이용하여 파일에 기록하기 위해 지정한 파일명을 이용하여 파일을 생성하는 작업을 수행한다.

다음의 cbKind_SelectedIndexChanged() 이벤트 핸들러는 cbKind 컨트롤을 선택하고 이벤트 목록 창에서 [SelectedIndexChanged] 이벤트 항목을 더블클릭하여 생성한 프로시저로, 단어 분류(한글 또는 영어)에 따라 "setup.txt" 파일에서 선택한 단어를 lvWord 컨트롤에 출력하는 작업을 수행한다.

```
Private Sub cbKind_SelectedIndexChanged(
                ByVal sender As System.Object,
                ByVal e As System.EventArgs)
                Handles cbKind.SelectedIndexChanged
    If Me.cbKind.SelectedItem.ToString() = "한글" Then
        lvWordAdd("한글")
    Else
        lvWordAdd("영어")
    End If
End Sub
```

다음의 btnOk_Click() 이벤트 핸들러는 [환경설정] 버튼을 더블클릭하여 생성한 프로시저로, Form2를 종료하고 Form1에 포커스를 전달하기 위한 작업을 수행한다.

```
Private Sub btnOk_Click(ByVal sender As System.Object,
                ByVal e As System.EventArgs) Handles btnOk.Click
    DialogResult = DialogResult.OK
End Sub
```

6.3.5 사용자 설정 폼(Form3) 디자인

VS2017의 메뉴에서 [파일]-[추가]-[새 프로젝트]-[Windows Form 응용프로그램] 항목을 클릭하여 Form3을 생성한다. 다음 그림과 같이 Form3의 디자인 창에 필요한 컨트롤을 위치시켜 폼을 디자인하고, 각 컨트롤의 속성값을 수정한다.

폼 디자인에 사용된 컨트롤의 주요 속성값은 다음과 같다.

폼 컨트롤	속 성	값
Form3	Name	Form3
	Text	사용자 설정
	FormBorderStyle	FixedToolWindow
Label1	Name	lblName
	Text	이 름
TextBox1	Name	txtName
GroupBox1	Name	groupBox
	Text	얼굴선택
RadioButton1	Name	rb01Img
	ImageKey	남자.jpg
	ImageList	imageList
RadioButton2	Name	rb02Img
	ImageKey	여자.jpg
	ImageList	imageList
Button1	Name	btnOk
	Text	사 용 자 설 정
ImageList1	Name	imageList
	Images	[설정]
	ImageSize	100, 100

imageList 컨트롤을 선택하여 속성 목록 창에서 [Images] 속성의 ▦(컬렉션) 버튼을 클릭하여 [이미지 컬렉션 편집기] 대화상자를 열고 [추가] 버튼을 클릭하여 다음 그림과 같이 두 개의 이미지를 추가한다.

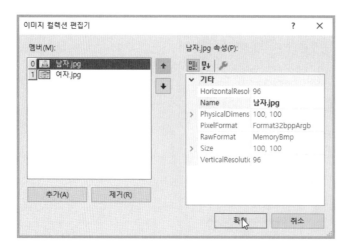

6.3.6 사용자 설정 폼(Form3.vb) 코드 구현

Form3에서 사용되는 멤버 변수를 설정하고, Form1에서 Form3에 설정된 사용자 정보를 가져가기 위해 Property 접근자를 이용하여 txtName 속성값에 접근할 수 있도록 한다.

```vb
Public checkNum As Integer = 1
Public ReadOnly Property ReturnName() As String
    Get
        Return Me.txtName.Text
    End Get
End Property
```

다음의 btnOk_Click() 이벤트 핸들러는 Form3의 [사용자 설정] 버튼을 더블클릭하여 생성한 프로시저로, Form3의 설정값을 Form1에 전달하기 위해 DialogResult.OK 값으로 폼을 종료한다.

```vb
Private Sub btnOk_Click(ByVal sender As System.Object,
                ByVal e As System.EventArgs) Handles btnOk.Click
    If Me.rb01Img.Checked = True Then
        Me.checkNum = 1
    Else
        Me.checkNum = 2
    End If
    DialogResult = DialogResult.OK
End Sub
```

6.3.7 타자 게임 예제 실행

다음 그림은 타자 게임 예제를 F5를 눌러 실행한 화면이다.

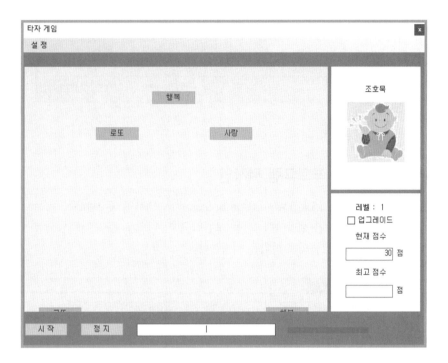

6.4 기본 압축 프로그램

이 절에서 살펴볼 기본 압축 프로그램 예제는 .Net Framework에서 제공하는 클래스를 이용하여 압축 및 해제 기능을 구현하는 간단한 애플리케이션이다. 다음 절에서 압축 기능을 구현해 놓은 라이브러리를 이용하는 좀 더 복잡하고 기능이 다양한 압축 애플리케이션을 구현하기에 앞서 압축/해제 핵심기능에 대한 이해를 돕기 위해 살펴본다. .NET Framework에서 제공하는 클래스이기 때문에 쉽고 빠르게 구현할 수 있으며 안정적으로 기능이 수행된다. 만약 압축/해제 기능만을 구현한다면 압축 성능도 좋고 빠르게 구현할 수 있는 이 절의 압축 기능을 활용하기 권장한다.

다음 그림은 기본 압축 프로그램 애플리케이션을 구현하고 실행한 결과 화면이다.

[결과 미리 보기]

6.4.1 기본 압축 프로그램 디자인

프로젝트 이름을 'mook_DefaultCompression'으로 하여 'C:\vb2017project\Chap06' 경로에 새 프로젝트를 생성한다. 다음 그림과 같이 윈도우 폼에 컨트롤을 위치시켜 폼을 디자인하고, 각 컨트롤의 속성값을 설정한다.

폼 디자인에 사용된 컨트롤의 주요 속성값은 다음과 같다.

폼 컨트롤	속 성	값
Form1	Name	Form1
	Text	기본 압축
	FormBorderStyle	FixedSingle
	MaximizeBox	False
ListView1	Name	lvList
	GridLines	True
	View	Details

Button1	Name	btnPath
	Text	대상
Button2	Name	btnComp
	Text	압축
Button3	Name	btnDeComp
	Text	해제
OpenFileDialog1	Name	ofdFile
	Filter	모든 파일(*.*)|*.*
	Multiselect	True
SaveFileDialog1	Name	sfdFile
	Filter	ZIP 파일(*.zip)|*.zip
FolderBrowserDialog1	Name	fbdFolder

lvList 컨트롤을 선택하여 속성 목록 창에서 [Columns] 항목의 ▦(컬렉션) 버튼을 클릭하여 [ColumnHeader 컬렉션 편집기] 대화상자를 연다. [ColumnHeader 컬렉션 편집기] 대화상자에서 [추가] 버튼을 클릭하여 두 개의 멤버를 추가하고 다음과 같이 추가된 멤버의 속성값을 설정한다.

폼 컨트롤	속 성	값
ColumnHeader1	Name	chPath
	Text	경로
	Width	490
ColumnHeader2	Name	chSize
	Text	크기
	Width	80

lvList 컨트롤에 멤버를 추가하고, 속성을 설정하면 다음과 같은 모습을 확인할 수 있다.

경로	크기

압축 파일을 생성하거나 압축을 해제하기 위하여 다음 그림과 같이 솔루션 탐색기에서 [참조]-[참조 추가] 메뉴를 눌러 사용할 라이브러리를 선택하고 추가한다.

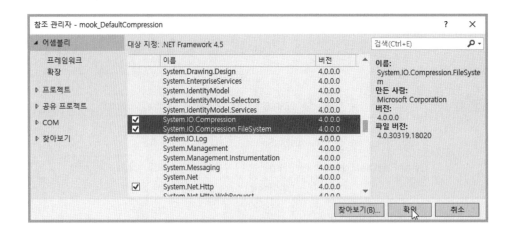

6.4.2 기본 압축 프로그램 코드 구현

Imports 키워드를 필요한 네임스페이스를 다음과 같이 추가한다.

```
Imports System.IO
Imports System.IO.Compression
```

System.IO.Compression 네임스페이스는 스트림에 대한 기본적인 압축과 압축 풀기 서비스를 제공하는 클래스와 메서드 인터페이스를 제공한다.

다음의 Form1_Load() 이벤트 핸들러는 폼을 더블클릭하여 생성한 프로시저로, 압축할 파일을 임시로 저장할 디렉터리를 생성하는 작업을 수행한다.

```
01:  Private Sub Form1_Load(sender As Object, e As EventArgs)
                  Handles MyBase.Load
02:      If Not Directory.Exists("temp") Then
03:          Directory.CreateDirectory("temp")
04:      End If
05:  End Sub
```

2행   Directory.Exists() 메서드를 이용하여 애플리케이션이 실행되는 경로에 "temp" 디렉터리의 존재 여부를 판단하며, 존재하지 않는 경우 3행의 Directory. CreateDirectory() 메서드를 이용하여 "temp" 디렉터리를 생성한다.

다음의 btnPath_Click() 이벤트 핸들러는 [대상] 버튼을 더블클릭하여 생성한 프로시저로, 선택한 파일들의 정보를 lvList 컨트롤에 출력하는 작업을 수행한다.

```
01:  Private Sub btnPath_Click(sender As Object, e As EventArgs)
                Handles btnPath.Click
02:      If Me.ofdFile.ShowDialog() = DialogResult.OK Then
03:          For Each p As String In Me.ofdFile.FileNames
04:              Dim fi As FileInfo = New FileInfo(p)
05:              Me.lvList.Items.Add(New ListViewItem(New String()
                                {fi.FullName, fi.Length.ToString()}))
06:          Next
07:      End If
08:  End Sub
```

2행
ofdFile.ShowDialog() 메서드를 이용하여 [열기] 대화상자를 호출하여 파일을 선택할 수 있도록 한다.

3-6행
For Each ~ Next 구문을 이용하여 lvList 컨트롤에 선택된 파일의 정보를 저장하는 작업을 수행한다. ofdFile 컨트롤의 Multiselect 속성을 True로 설정했기 때문에 ofdFile.FileNames 속성을 이용하여 중복해서 파일을 선택할 수 있다.

5행
lvList.Items.Add() 메서드를 이용하여 선택된 파일의 전체 경로와 파일 크기를 lvList 컨트롤에 나타내는 작업을 수행한다.

다음의 btnComp_Click() 이벤트 핸들러는 [압축] 버튼을 더블클릭하여 생성한 프로시저로, 선택한 파일을 압축하는 작업을 수행한다.

```
01:  Private Sub btnComp_Click(sender As Object, e As EventArgs)
                Handles btnComp.Click
02:      If Me.lvList.Items.Count > 0 Then
03:          If Me.sfdFile.ShowDialog() = DialogResult.OK Then
04:              For i As Integer = 0 To Me.lvList.Items.Count - 1
05:                  Dim fi As FileInfo =
                        New FileInfo(Me.lvList.Items(i).SubItems(0).Text)
06:                  fi.CopyTo(Application.StartupPath & "\temp\" & fi.Name)
07:              Next
08:              ZipFile.CreateFromDirectory(Application.StartupPath & "\temp\",
                    Me.sfdFile.FileName, CompressionLevel.Fastest, False)
09:              Dim di As DirectoryInfo =
                    New DirectoryInfo(Application.StartupPath & "\temp\")
10:              For Each ffi As FileInfo In di.GetFiles()
11:                  ffi.Delete()
12:              Next
13:              MessageBox.Show("압축을 완료하였습니다.", "알림",
                    MessageBoxButtons.OK, MessageBoxIcon.Information)
14:              Me.lvList.Items.Clear()
15:          Else
16:              MessageBox.Show("압축 파일 이름을 입력하세요.", "알림",
                    MessageBoxButtons.OK, MessageBoxIcon.Error)
17:          End If
```

```
18:         Else
19:             MessageBox.Show("압축할 대상 파일이 없습니다.", "알림",
                      MessageBoxButtons.OK, MessageBoxIcon.Error)
20:         End If
21:   End Sub
```

3행	sfdFile.ShowDialog() 메서드를 호출하여 압축 결과 파일 저장을 위한 작업을 수행한다.
4-7행	fi.CopyTo() 메서드를 이용하여 압축 대상 파일을 "temp" 폴더에 복사하여 저장하는 작업을 수행한다.
8행	ZipFile.CreateFromDirectory() 메서드(**TIP** "ZipFile.CreateFromDirectory() 메서드" 참고)를 이용하여 "temp" 폴더의 파일을 압축하는 작업을 수행한다.
9-12행	DirectoryInfo 클래스를 이용하여 임시 파일이 저장된 경로에서 파일의 컬렉션을 구하고, 11행의 ffi.Delete() 메서드를 이용하여 "temp" 디렉터리에 저장된 임시 파일을 삭제하는 작업을 수행한다.

TIP

ZipFile.CreateFromDirectory(sourceDirectoryName, destinationArchiveFileName, compressionLevel, includeBaseDirectory)

지정된 디렉터리의 파일 및 디렉터리를 포함하고 지정된 압축 수준을 사용하며 기본 디렉터리를 선택적으로 포함하는 Zip 파일을 생성한다.

- sourceDirectoryName : 생성되는 디렉터리 경로(상대 또는 절대 경로로 지정)
- destinationArchiveFileName : 생성할 파일의 경로(상대 또는 절대 경로로 지정)
- compressionLevel : 압축 파일을 생성할 때 속도 또는 압축 효율을 강조할지를 나타내는 열거형 값 중 하나
- includeBaseDirectory : True(디렉터리 이름 포함), False(디렉터리의 내용만 포함)

CompressionLevel 열거형
압축 작업에서 속도 또는 압축 크기를 강조하는지 여부를 나타내는 값을 지정한다.

멤버 이름	설명
Fastest	압축 작업을 최대한 빨리 완료한다.
Optimal	압축 작업을 최적으로 완료한다.

다음의 btnDeComp_Click() 이벤트 핸들러는 [해제] 버튼을 더블클릭하여 생성한 프로시저로, 선택한 압축 파일의 압축을 해제하는 작업을 수행한다.

```
01:  Private Sub btnDeComp_Click(sender As Object, e As EventArgs)
                    Handles btnDeComp.Click
02:     If Me.ofdFile.ShowDialog() = DialogResult.OK Then
03:        If Me.fbdFolder.ShowDialog() = DialogResult.OK Then
04:           ZipFile.ExtractToDirectory(Me.ofdFile.FileName,
                                 Me.fbdFolder.SelectedPath)
05:           MessageBox.Show("압축 해제를 완료하였습니다.", "알림",
                    MessageBoxButtons.OK, MessageBoxIcon.Information)
06:           Process.Start(Me.fbdFolder.SelectedPath)
07:        End If
08:     Else
09:        MessageBox.Show("압축을 해제할 경로를 입력하세요.", "알림",
                    MessageBoxButtons.OK, MessageBoxIcon.Error)
10:     End If
11:  End Sub
```

3행   fdbFolder.ShowDialog() 메서드를 이용하여 [폴더 찾아보기] 대화상자를 호출
        하여 압축 해제 경로를 설정한다.

4행   ZipFile.ExtractToDirectory(해제 대상 파일, 압축을 해제할 경로) 메서드를 이
        용하여 압축 파일을 해제하는 작업을 수행한다.

6행   Process.Start() 메서드를 이용하여 압축을 해제한 결과를 확인할 수 있도록 파
        일 탐색기를 실행하여 압축 해제된 파일 목록을 나타낸다.

6.4.3 기본 압축 프로그램 예제 실행

다음 그림은 기본 압축 프로그램 예제를 F5 를 눌러 실행한다. [대상] 버튼을 클릭하여
임의의 파일을 선택한 뒤에 [압축] 버튼을 클릭하여 선택된 파일을 압축한다.

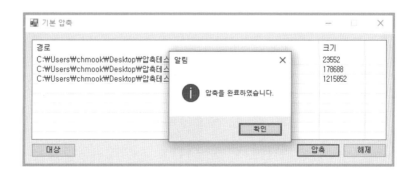

파일 탐색기를 이용하여 압축 파일을 확인한다.

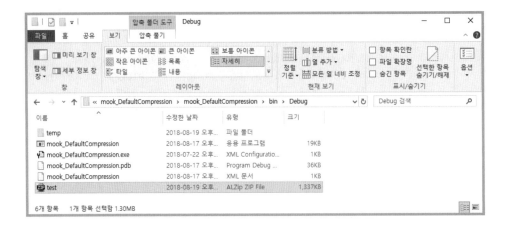

[대상] 버튼을 클릭하여 압축 파일을 선택한 뒤에 [해제] 버튼을 클릭하여 압축 파일의 압축을 해제한다.

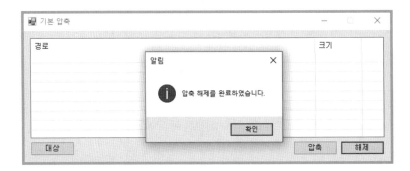

자동으로 파일 탐색기가 실행되어 압축이 해제된 파일 목록을 확인할 수 있다.

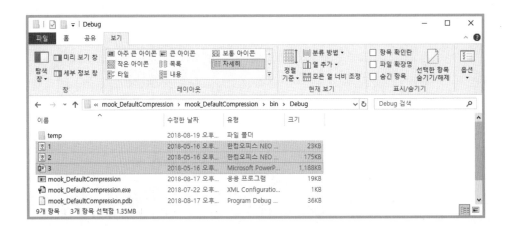

6.5 응용 압축 프로그램

이 절에서 살펴볼 응용 압축 프로그램 예제는 앞에서 알아본 기본 압축 프로그램보다 기능이 다양하고 압축을 위한 오픈 소스 ICSharpCode.SharpZipLib.Zip 라이브러리를 이용한 응용 압축 프로그램이다. ICSharpCode.SharpZipLib.Zip 라이브러리를 이용하면 비밀번호, 압축률, 압축 진행률 등 다양한 기능을 구현할 수 있는데 이 예제에서는 비밀번호 설정과 압축 진행률을 나타내는 기능에 대해 구현해 보도록 한다.

다음 그림은 응용 압축 프로그램 애플리케이션을 구현하고 실행한 결과 화면이다.

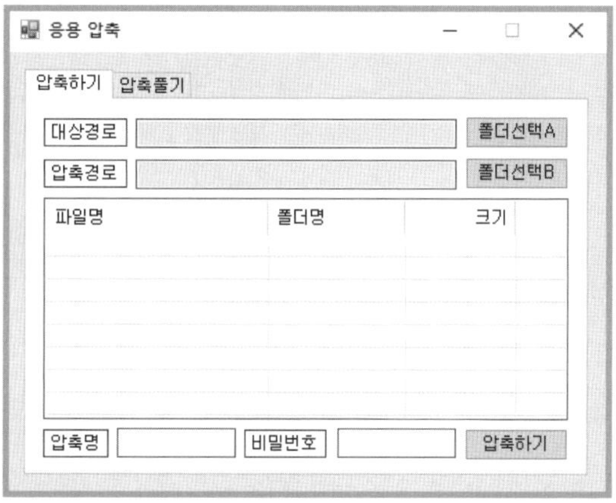

[결과 미리 보기 : 압축하기]

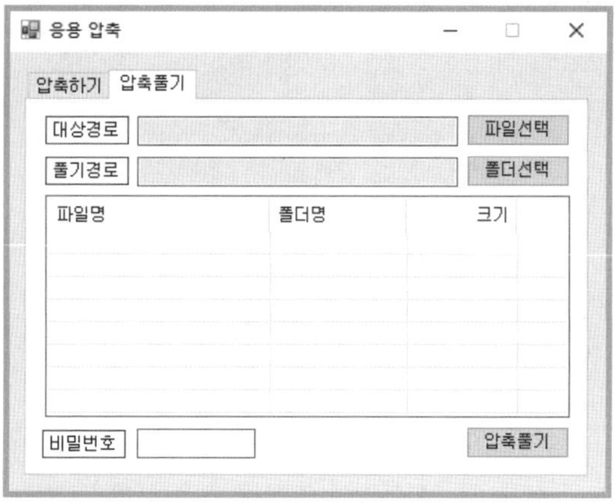

[결과 미리 보기 : 압축 풀기]

6.5.1 응용 압축 프로그램 디자인

프로젝트 이름을 'mook_CompressionZip'으로 하여 'C:\vb2017project\Chap06' 경로에 새 프로젝트를 생성한다. 다음 그림과 같이 윈도우 폼에 필요한 컨트롤을 위치시켜 폼을 디자인하고, 각 컨트롤의 속성값을 설정한다.

먼저 폼에 TabControl과 FolderBrowserDialog 그리고 OpenFileDialog 컨트롤을 위치
시키고 각 컨트롤의 속성값을 다음과 같이 설정한다.

폼 디자인에 사용된 컨트롤의 주요 속성값은 다음과 같다.

폼 컨트롤	속 성	값
Form1	Name	Form1
	Text	응용 압축
	FormBorderStyle	FixedSingle
	MaximizeBox	False
TabControl1	Name	TabMenu
FolderBrowserDialog1	Name	fbdFolder
OpenFileDialog1	Name	ofdFile
	Filter	ZIP(*.zip)|*.zip

TabMenu 컨트롤을 선택하고 속성 목록 창에서 [TabPages] 속성의 ▦(컬렉션) 버튼을
클릭하여 [TabPage 컬렉션 편집기] 대화상자를 연다. [TabPage 컬렉션 편집기] 대화상
자에서 [추가] 버튼을 클릭하여 두 개의 멤버를 추가한다. 참고로 TabControl을 폼에 배
치하면 기본으로 두 개의 탭 멤버를 갖는다.

TabMenu 컨트롤의 멤버 컨트롤인 TabPage 컨트롤의 속성은 다음과 같이 설정한다.

폼 컨트롤	속 성	값
TabPage1	Name	tpZip
	Text	압축하기
	UseVisualStyleBackColor	True
TabPage2	Name	tpUnZip
	Text	압축풀기
	UseVisualStyleBackColor	True

TabMenu 컨트롤에서 [압축하기] 탭을 선택하고 필요한 컨트롤을 위치시켜 탭을 디자인하고, 각 컨트롤의 속성값을 설정한다.

[압축하기] 탭의 디자인에 사용된 컨트롤의 주요 속성값은 다음과 같다.

폼 컨트롤	속 성	값
Label1	Name	lblPath
	Text	대상경로
	BorderStyle	FixedSingle
	Size	60, 20
	TextAlign	MiddleCenter
Label2	Name	lblZipPath
	Text	압축경로
	BorderStyle	FixedSingle
	Size	60, 20
	TextAlign	MiddleCenter
Label3	Name	lblZipName
	Text	압축명
	BorderStyle	FixedSingle
	Size	60, 20
	TextAlign	MiddleCenter
Label4	Name	lblZipPwd
	Text	비밀번호
	BorderStyle	FixedSingle
	Size	60, 20
	TextAlign	MiddleCenter
TextBox1	Name	txtPath
	ReadOnly	True
TextBox2	Name	txtZipPath
	ReadOnly	True
TextBox3	Name	txtZipName
TextBox4	Name	txtZipPwd
	PasswordChar	*
Button1	Name	btnPath
	Text	폴더선택A
Button2	Name	btnZipPath
	Text	폴더선택B
Button3	Name	btnZip
	Text	압축하기
ListView1	Name	lvZipFile
	GridLines	True
	View	Details

ProgressBar1	Name	ProgressBarZip
	ForeColor	Highlight
	Visible	False

[압축하기] 탭에 위치한 lvZipFile 컨트롤을 선택하고 속성 목록 창에서 [Columns] 속성의 ▦(컬렉션) 버튼을 클릭하여 [ColumnHeader 컬렉션 편집기] 대화상자를 연다. [ColumnHeader 컬렉션 편집기]에서 3개의 멤버를 추가하고 추가된 멤버의 속성을 다음과 같이 설정한다.

폼 컨트롤	속 성	값
ColumnHeader1	Name	chFileName
	Text	파일명
	Width	169
ColumnHeader2	Name	chFolderName
	Text	폴더명
	Width	100
ColumnHeader3	Name	chSize
	Text	크기
	Width	80
	TextAlign	Right

lvZipFile 컨트롤은 멤버를 추가하고 속성값을 설정하면 다음과 같은 모습을 나타낸다.

TabMenu 컨트롤에서 [압축풀기] 탭을 선택하고 필요한 컨트롤을 위치시켜 탭을 디자인하고, 각 컨트롤의 속성값을 설정한다.

[압축풀기] 탭의 디자인에 사용된 컨트롤의 주요 속성값은 다음과 같다.

폼 컨트롤	속 성	값
Label5	Name	lblUnPath
	Text	대상경로
	BorderStyle	FixedSingle
	Size	60, 20
	TextAlign	MiddleCenter
Label6	Name	lblUnZipPath
	Text	풀기경로
	BorderStyle	FixedSingle
	Size	60, 20
	TextAlign	MiddleCenter
Label7	Name	lblUnZipPwd
	Text	비밀번호
	BorderStyle	FixedSingle
	Size	60, 20
	TextAlign	MiddleCenter
TextBox5	Name	txtUnPath
	ReadOnly	True
TextBox6	Name	txtUnZipPath
	ReadOnly	True
TextBox7	Name	txtUnZipPwd
	PasswordChar	*

Button4	Name	btnUnPath
	Text	파일선택
Button5	Name	btnUnZipPath
	Text	폴더선택
Button6	Name	btnUnZip
	Text	압축풀기
ListView2	Name	lvUnZipFile
	GridLines	True
	View	Details
ProgressBar2	Name	ProgressBarUnZip
	ForeColor	Highlight
	Visible	False

[압축풀기] 탭에 위치한 lvUnZip 컨트롤을 선택하고 [압축하기] 탭의 lvZipFile 컨트롤과 같은 방법으로 멤버를 추가하고 추가된 멤버의 속성값을 다음과 같이 설정한다.

폼 컨트롤	속 성	값
ColumnHeader4	Name	chUnZipFileName
	Text	파일명
	Width	169
ColumnHeader5	Name	chUnZipFolderName
	Text	폴더명
	Width	100
ColumnHeader6	Name	chUnZipSize
	Text	크기
	Width	80
	TextAlign	Right

멤버를 추가하고 속성값을 설정하면 lvUnZip 컨트롤은 다음과 같은 모습을 나타낸다.

이 절에서 사용할 'ICSharpCode.SharpZipLib.Zip.dll' 파일은 출판사에서 다운로드한 예제 파일에서 'Chap06' 폴더를 참고하여 현재 프로젝트의 [솔루션 탐색기] 창에서 [참조]-[참조 추가] 메뉴를 눌러 [참조 관리자] 대화상자를 통해 추가한다.

6.5.2 응용 압축 프로그램 코드 구현

Imports 키워드를 이용하여 필요한 네임스페이스를 다음과 같이 추가한다.

```
Imports System.IO                      '파일 클래스 사용
Imports ICSharpCode.SharpZipLib.Zip    '압축 클래스 기능 사용
```

다음과 같이 멤버 변수를 클래스 내부 상단에 추가한다.

```
Dim NewZipFileName As String = ""      '새로 압축할 파일 명
```

다음의 btnPath_Click() 이벤트 핸들러는 [폴더선택A] 버튼을 더블클릭하여 생성한 프로시저로, 압축할 파일을 선택하는 작업을 수행한다.

```
01:  Private Sub btnPath_Click(sender As Object, e As EventArgs)
                    Handles btnPath.Click
02:      Dim folderDialog As FolderBrowserDialog = New FolderBrowserDialog()
03:      If folderDialog.ShowDialog() = DialogResult.OK Then
04:          Me.txtPath.Text = folderDialog.SelectedPath
05:          ListFiles()
06:      End If
07:  End Sub
```

3행   folderDialog.ShowDialog() 메서드를 이용하여 [폴더 찾아보기] 대화상자를 호출하고 폴더를 선택하는 If 구문이다.

5행   ListFiles() 메서드를 호출하여 선택한 폴더의 하위 폴더 및 파일을 lvZipFile 컨트롤에 나타낸다.

다음의 ListFiles() 메서드는 선택된 경로의 파일 정보를 lvZipFile 컨트롤에 나타내는 작업을 수행한다.

```
01:  Private Sub ListFiles()
02:      Try
03:          lvZipFile.Items.Clear()              'lvZipFile.Items 클리어
04:          Dim strDir = Me.txtPath.Text         '압축 폴더 경로 저장
05:          '폴더 경로 유효성 검사
06:          If strDir = "" Or Not Directory.Exists(strDir) Then Return

07:          Dim TmpDir = ""
08:          Dim files As String() = Directory.GetFiles(strDir, "*.*",
                            System.IO.SearchOption.AllDirectories)
09:          For Each file As String In files
10:              Dim fi As FileInfo = New FileInfo(file)
```

```
11:                    TmpDir =
                         Path.GetDirectoryName(fi.FullName).Replace(strDir, "")
12:                    Me.lvZipFile.Items.Add(New ListViewItem(New String() {
                              fi.Name, TmpDir, String.Format("{0:N0}",
                              fi.Length.ToString())}))
13:            Next
14:        Catch
15:        End Try
16: End Sub
```

| 6행 | 압축 폴더 경로를 지정하지 않았거나, 지정한 폴더가 지정되지 않았을 경우 Return 문을 수행하는 구문이다. |

8행   Directory.GetFiles() 메서드를 이용하여 String 타입의 배열 변수에 지정된 경로의 모든 파일 및 폴더 정보를 저장한다.

구문	설명
strDir	압축할 폴더 경로
.	모든 폴더 및 파일
AllDirectories	현재 디렉터리와 모든 하위 디렉터리 포함

9–13행   For Each ~ Next 구문을 이용하여 지정된 폴더 경로에서 폴더 및 파일을 lvZipFile 컨트롤에 나타내는 구문이다.

10행   FileInfo 클래스의 개체 fi를 생성하여 폴더 이름 및 크기 정보를 가져올 준비를 한다.

11행   지정된 경로 하위의 폴더 내에 있는 파일을 압축하는 경우에만 수행되는 구문으로 Path.GetDirectoryName(fi.FullName) 메서드를 이용하여 압축 대상 파일의 전체 경로에서 Replace(strDir, "") 메서드를 이용하여 지정한 경로 및 상위 경로는 나타낼 필요가 없으므로 삭제하는 작업을 수행한다.

12행   String.Format("{0:N0}", fi.Length) 메서드를 이용하여 fi 개체에 할당

다음의 btnZipPath_Click() 이벤트 핸들러는 [폴더선택B] 버튼을 더블클릭하여 생성한 프로시저로, 압축 파일이 생성될 경로를 지정하는 작업을 수행한다.

```
Private Sub btnZipPath_Click(sender As Object, e As EventArgs)
              Handles btnZipPath.Click
    '[폴더 찾아보기] 대화상자 호출
    If Me.fbdFolder.ShowDialog() = DialogResult.OK Then
        '지정된 폴더 경로 설정
        Me.txtZipPath.Text = fbdFolder.SelectedPath
    End If
End Sub
```

다음의 btnZip_Click() 이벤트 핸들러는 [압축하기] 버튼을 더블클릭하여 생성한 프로시저로, 각 입력 컨트롤의 입력 데이터 유효성을 검사하는 If 구문으로 입력이 정상적이라면 FileCompress() 메서드를 호출하여 파일을 압축한다.

```vb
Private Sub btnZip_Click(sender As Object, e As EventArgs)
                        Handles btnZip.Click
    If Me.txtPath.Text = "" Then
        MessageBox.Show("압축할 파일의 대상경로가 지정되지 않았습니다.", "알림",
                MessageBoxButtons.OK, MessageBoxIcon.Information)
        Me.txtPath.Focus()
        Return
    End If
    If Me.txtZipPath.Text = "" Then
        MessageBox.Show("압축파일 저장경로가 지정되지 않았습니다.", "알림",
                MessageBoxButtons.OK, MessageBoxIcon.Information)
        Me.txtZipPath.Focus()
        Return
    End If
    If Me.txtZipName.Text = "" Then
        MessageBox.Show("압축명을 입력하세요", "알림",
                MessageBoxButtons.OK, MessageBoxIcon.Information)
        Me.txtZipName.Focus()
    Else
        NewZipFileName = Me.txtZipName.Text
        If FileNameCheck(Me.txtZipPath.Text & "\" &
                        Me.txtZipName.Text) Then
            FileCompress()
        End If
    End If
End Sub
```

다음의 FileNameCheck() 메서드는 압축 파일이 저장되는 폴더에 같은 이름의 압축 파일이 존재하는지를 체크하는 구문으로 새로운 압축 파일명을 생성하거나, 기존 파일을 삭제하고 파일을 생성하는 작업을 수행한다.

```vb
01: Private Function FileNameCheck(ByVal fiPath As String) As Boolean
02:     Dim i As Integer = 1
03:     If File.Exists(fiPath) Then
04:         Dim dlr = MessageBox.Show("이미 압축할 동일한 파일이 존재합니다." &
                vbNewLine & "파일명을 수정하시려면 Yes를 누르시고" &
                vbNewLine & "파일을 삭제하고 생성하려면 No를 누르세요", "알림",
                MessageBoxButtons.YesNoCancel, MessageBoxIcon.Information)
05:         If dlr = DialogResult.Yes Then
06:             Dim NewfiPath As String = ""
07:             Do
```

```
17:                      NewfiPath = String.Format("{0}\{1}({2}).zip",
                              Path.GetDirectoryName(fiPath),
                              Path.GetFileNameWithoutExtension(fiPath), i)
18:                 i = i + 1
19:           Loop While (File.Exists(NewfiPath))
20:           NewZipFileName = Path.GetFileName(NewfiPath)
21:           Return True
22:       ElseIf dlr = DialogResult.No Then
23:           If File.Exists(fiPath) Then File.Delete(fiPath)
24:               Return True
25:           Else
26:               Return False
27:           End If
28:       End If
29:    Return True
30: End Function
```

3행   동일한 파일명이 존재할 경우 파일명을 변경하기 위한 If 구문으로 7~10행의 Do ~ Loop While 구문을 이용하여 파일 이름을 변경하여 저장될 수 있도록 한다. 조건 File.Exists(NewFilePath)가 거짓 즉, 존재하는 파일이 없도록 파일 이름 뒤에 '(i)'를 붙여 새로운 파일명을 만든다.

8행   새로운 파일명을 생성하도록 파일 경로와 파일명에 숫자를 붙여주는 작업을 수행한다.

11행   Path.GetFileName() 메서드(TIP "Path 클래스의 메서드" 참고)를 이용하여 새로운 파일명을 NewZipFileName 변수에 저장하는 작업을 수행한다.

13-15행 기존 파일을 삭제하고 새로 파일을 생성하는 위한 ElseIf 구문으로 기존 파일을 File.Delete(fiPath) 메서드를 이용하여 해당 파일을 삭제한다.

TIP

Path 클래스의 메서드

이름	설명
Path.ChangeExtension(String, String)	경로 문자열의 확장명 변경 예) Path.ChangeExtension(@"C:\test\tes.csc", ".old")
Path.Combine(String, String)	두 문자열을 한 경로로 결합 예) Path.Combine("c:\test", "test\test.txt")
Path.GetDirectoryName(String)	지정된 경로 문자열에 대한 디렉터리 정보를 반환
Path.GetExtension(String)	지정된 경로 문자열에서 확장명을 반환
Path.GetFileName(String)	지정된 경로 문자열에서 파일 이름과 확장명을 반환

Path.GetFileNameWithoutExtension(String)	확장명 없이 지정된 경로 문자열의 파일 이름을 반환
Path.GetFullPath(String)	지정된 경로 문자열에 대한 절대 경로를 반환
Path.GetInvalidFileNameChars()	파일 이름에 사용할 수 없는 문자가 포함된 배열을 가져옴
Path.GetInvalidPathChars()	경로 이름에 사용할 수 없는 문자가 포함된 배열을 가져옴
Path.GetPathRoot(String)	지정된 경로의 루트 디렉터리 정보를 가져옴
Path.GetRandomFileName()	임의의 폴더 이름 또는 파일 이름을 반환
Path.GetTempFileName()	디스크에 크기가 0바이트인 고유한 이름의 임시 파일을 만들고 해당 파일의 전체 경로를 반환
Path.GetTempPath()	현재 사용자의 임시 폴더 경로를 반환
Path.HasExtension(String)	경로에 파일 확장명이 포함되었는지 확인함
Path.IsPathRooted(String)	지정된 경로 문자열에 루트가 포함되었는지를 나타내는 값을 가져옴

다음의 FileCompress() 메서드는 선택한 폴더 하위의 폴더 및 파일을 압축하는 작업을 수행한다.

```
01:  Private Sub FileCompress()
02:      Dim strOrgDir = Me.txtPath.Text              '압축할 폴더
03:      Dim strDir = Me.txtZipPath.Text              '압축파일 저장 폴더
04:      Dim FileListCnt = Me.lvZipFile.Items.Count()    '압축할 파일 및 폴더 개수
05:      If FileListCnt <= 0 Then Return   '압축할 파일 및 폴더가 없으면 메서드 종료
06:      Dim strDestPathFile = strDir & "\" & NewZipFileName '새로운 압축 파일 경로
07:      Me.ProgressBarZip.Visible = True             'ProgressBarZip 컨트롤 초기화
08:      Me.ProgressBarZip.Value = 0                  'ProgressBarZip 컨트롤 초기화
09:      Me.ProgressBarZip.Minimum = 0                'ProgressBarZip 컨트롤 초기화
10:      Me.ProgressBarZip.Maximum = FileListCnt      'ProgressBarZip 컨트롤 초기화
11:          Try
12:              Cursor = Cursors.WaitCursor
13:              Using s As ZipOutputStream =
                     New ZipOutputStream(File.Create(strDestPathFile))
14:              s.SetLevel(9)                        '압축률 0~9
15:              s.Password = Me.txtZipPwd.Text
16:              Dim buffer(4096) As Byte
17:              Dim strOrgFile = ""
18:              Dim strOrgPathFile = ""
19:              Dim strOrgPath = ""
20:              For i As Integer = 0 To FileListCnt - 1
21:                  strOrgFile = Me.lvZipFile.Items(i).Text
22:                  strOrgPath = Me.lvZipFile.Items(i).SubItems(1).Text
23:                  If strOrgPath = "" Then
24:                      strOrgPathFile = strOrgDir & "\" & strOrgFile
```

```
25:                        Else
26:                            strOrgPathFile = strOrgDir & strOrgPath & "\"
                                                        & strOrgFile
27:                        End If
28:                        Dim entry As ZipEntry =
                                New ZipEntry(Path.GetFileName(strOrgPathFile))
29:                        entry.Comment = strOrgPath        '폴더생성
30:                        s.PutNextEntry(entry)
31:                        Using fs As FileStream = File.OpenRead(strOrgPathFile)
32:                            Dim sourceBytes As Integer
33:                            Do
34:                              sourceBytes = fs.Read(buffer, 0, buffer.Length)
35:                              s.Write(buffer, 0, sourceBytes)
36:                            Loop While (sourceBytes > 0)
37:                        End Using
38:                        Me.ProgressBarZip.Value = i + 1
39:                    Next i
40:                    s.Finish()
41:                    s.Close()
42:                    Cursor = Cursors.Default              '기본 커서 설정
43:                    MessageBox.Show("정상적으로 압축을 하였습니다.", "알림",
                            MessageBoxButtons.OK,
                            MessageBoxIcon.Information)
44:                    Me.ProgressBarZip.Visible = False     '진행바 숨김
45:                End Using
46:            Catch
47:                Cursor = Cursors.Default                  '기본 커서 설정
48:                Me.ProgressBarZip.Visible = False         '진행 바 숨김
49:                MessageBox.Show("압축과정에서 오류가 발생하였습니다.", "알림",
                        MessageBoxButtons.OK, MessageBoxIcon.Error)
50:            End Try
51:    End Sub
```

12행   압축이 진행되는 동안 기존 마우스 커서 아이콘을 기다리는 표시 아이콘으로 바꾸는 작업을 수행한다.

13행   ICSharpCode.SharpZipLib.Zip 네임스페이스 하위의 ZipOutputStream 클래스 생성자를 이용하여 개체 s를 생성하는 구문이다. 이 구문은 파일을 압축하기 위한 압축 파일 스트림을 쓰기 위한 준비 작업이다. 매개 변수에 File.Create(strDestPathFile)를 입력하여 지정된 압축 파일의 경로를 전달하여 파일을 생성한다.

14행   s.SetLevel() 메서드를 이용하여 압축률을 설정하는 구문으로 0~9단계로 설정할 수 있으며, 9단계가 최대 압축률을 나타낸다.

15행   s.Password 속성을 이용하여 압축 파일에 비밀번호를 설정하는 구문이다.

16행   파일 압축을 위한 버퍼를 생성하기 위해서 4,096바이트 크기의 Byte 타입의 배열을 생성한다.

20-39행   For ~ Next 구문을 이용하여 lvZipFile 컨트롤 Items 속성에 추가된 폴더 및 파일 개수만큼 반복 수행하면서 압축 파일에 파일을 추가하는 작업을 수행한다.

28행   ZipEntry 클래스의 개체 entry를 생성하는 구문으로 지정된 압축 파일에 lvZipFile 컨트롤에 나타난 파일을 추가하는 작업을 수행하는데, 29행의 entry. Comment 속성을 이용하여 압축 대상 최상위 디렉터리 하위의 디렉터리 경로를 표시해 두었다가 압축을 풀 때 폴더를 생성한다.

30행   s.PutNextEntry() 메서드를 이용하여 28행에서 생성한 개체 entry를 대입하고, 이름(선택된 파일 이름) 13행에서 생성한 압축 파일 스트림에 추가하는 작업을 수행한다.

31행   File.OpenRead() 메서드를 이용하여 지정된 경로의 파일을 읽기 전용으로 읽어 FileStream 클래스의 개체 fs에 저장한다.

33-36행   Do ~ Loop While 구문을 이용하여 선택(lvZipFile 컨트롤에 추가된 파일)된 파일을 4,096바이트 크기로 읽어와(34행) 스트림에 쓰는 작업(35행)을 수행한다.

34행   fs.Read() 메서드(TIP "FileStream.Read() 메서드" 참고)를 이용하여 개체 fs에 저장된 스트림을 버퍼 크기(4,096바이트) 단위로 읽어 버퍼에 쓰는 작업을 수행한다.

35행   s.Write() 메서드를 이용하여 ZipOutputStream 클래스의 개체 s에 buffer 바이트 배열에 저장된 스트림 값을 쓰는 작업을 수행하여 압축 파일을 생성한다.

38행   ProgressBarZip 컨트롤의 진행률을 설정하는 위한 구문으로 1씩 증가하면서 진행률을 나타낸다.

40-41행   s.Finish()와 s.Close() 메서드를 이용하여 압축 파일 스트림의 쓰기를 종료하는 작업을 수행한다.

TIP

FileStream.Read(array, offset, count) 메서드

스트림에서 바이트 블록을 읽어서 해당 데이터를 제공된 버퍼에 쓰고, 버퍼로 읽어온 총 바이트 수(Integer)를 반환한다.

- array : 지정된 바이트 배열(버퍼)
- offset : 읽은 바이트를 넣을 array의 바이트 오프셋
- count : 읽을 최대 바이트 수입

다음의 btnUnPath_Click() 이벤트 핸들러는 [파일선택] 버튼을 더블클릭하여 생성한 프로시저로, 압축 파일을 선택하기 위한 작업을 수행한다.

```
Private Sub btnUnPath_Click(sender As Object, e As EventArgs)
                Handles btnUnPath.Click
    If Me.ofdFile.ShowDialog() = DialogResult.OK Then    '압축 풀기 파일 선택
        Me.txtUnPath.Text = ofdFile.FileName              '압축 풀기 파일 경로 설정
    End If
End Sub
```

다음의 btnUnZipPath_Click() 이벤트 핸들러는 [폴더선택] 버튼을 더블클릭하여 생성한 프로시저로, 압축을 풀기 할 폴더를 선택하는 작업을 수행한다.

```
Private Sub btnUnZipPath_Click(sender As Object, e As EventArgs)
                Handles btnUnZipPath.Click
    If Me.fbdFolder.ShowDialog() = DialogResult.OK Then   '압축 풀기 폴더선택
        Me.txtUnZipPath.Text = Me.fbdFolder.SelectedPath  '압축 풀기 폴더 경로 설정
    End If
End Sub
```

다음의 btnUnZip_Click() 이벤트 핸들러는 [압축풀기] 버튼을 더블클릭하여 생성한 프로시저로, 입력 컨트롤에 데이터가 정상적으로 입력되었는지 확인하는 If 구문으로 정상적인 데이터가 입력되면 FileUnCompress() 메서드를 호출하여 파일의 압축을 해제하는 작업을 수행한다.

```
Private Sub btnUnZip_Click(sender As Object, e As EventArgs)
                Handles btnUnZip.Click
    If Me.txtUnPath.Text = "" Then
        MessageBox.Show("압축풀기 파일 대상경로가 지정되지 않았습니다.", "알림",
                MessageBoxButtons.OK, MessageBoxIcon.Information)
        Me.txtUnPath.Focus()
        Return
    End If
    If Me.txtUnZipPath.Text = "" Then
        MessageBox.Show("압축풀기 저장경로가 지정되지 않았습니다.", "알림",
                MessageBoxButtons.OK, MessageBoxIcon.Information)
        Me.txtUnZipPath.Focus()
        Return
    End If
    FileUnCompress()      '선택한 압축 파일을 지정한 경로에 압축 풀기
End Sub
```

다음의 FileUnCompress() 메서드는 선택한 압축 파일을 지정한 경로에 압축을 푸는 작업을 수행한다.

```vb
01:  Private Sub FileUnCompress()
02:      Me.lvUnZipFile.Items.Clear()              'lvUnZipFile 컨트롤의 Items 클리어
03:      Me.ProgressBarUnZip.Visible = True        'ProgressBarUnZip 초기화
04:      Me.ProgressBarUnZip.Value = 0             'ProgressBarUnZip 초기화
05:      Me.ProgressBarUnZip.Minimum = 0           'ProgressBarUnZip 초기화
06:      Dim strUnZipDir As String = ""            '압축 풀 폴더 경로 저장 변수
07:      Try
08:          Dim FList As New List(Of String)()
09:          Using zFile As ZipFile = New ZipFile(txtUnPath.Text)
10:              For Each e As ZipEntry In zFile
11:                  If e.IsFile Then
12:                      FList.Add(e.Comment)
13:                  End If
14:              Next
15:          End Using
16:          Dim TotCnt As Integer = FList.Count
17:          Me.ProgressBarUnZip.Maximum = TotCnt
18:          Dim FNum As Integer = 0
19:          Using s As ZipInputStream =
                        New ZipInputStream(File.OpenRead(txtUnPath.Text))
20:              s.Password = Me.txtUnZipPwd.Text
21:              Dim i As Integer = 0
22:              Dim theEntry As ZipEntry = s.GetNextEntry()
23:              While Not theEntry Is Nothing
24:                  Dim fileName As String = theEntry.Name
25:                  Dim FolderName As String = FList(FNum)
26:                  strUnZipDir = Me.txtUnZipPath.Text
27:                  If Not FolderName Is Nothing Then
28:                      If FolderName.Length > 0 Then
29:                          strUnZipDir = Me.txtUnZipPath.Text + FolderName
30:                          Dim di As DirectoryInfo =
                                    New DirectoryInfo(strUnZipDir)
31:                          If Not di.Exists Then
32:                              Directory.CreateDirectory(strUnZipDir)
33:                          End If
34:                          di = Nothing
35:                      End If
36:                  End If
37:                  If fileName <> "" Then
38:                      Dim struz As String = strUnZipDir & "\" & fileName
39:                      Me.lvUnZipFile.Items.Add(fileName)
40:                      Using streamWriter As FileStream = File.Create(struz)
41:                          Dim Size As Integer = 4096
42:                          Dim UnZipData(4096) As Byte
43:                          While True
44:                              Size = s.Read(UnZipData, 0, UnZipData.Length)
45:                              If Size > 0 Then
46:                                  streamWriter.Write(UnZipData, 0, Size)
47:                              Else
```

```
48:                              Exit While
49:                          End If
50:                      End While
51:                  End Using
52:                  Dim fi As FileInfo = New FileInfo(struz)
53:                  If FList(FNum) = "" Then
54:                      Me.lvUnZipFile.Items(i).SubItems.Add("")
55:                  Else
56:                      Me.lvUnZipFile.Items(i).SubItems.Add
                                            (FList(FNum))
57:                  End If
58:                  Me.lvUnZipFile.Items(i).SubItems.Add(String.Format(
                                        "{0:N0}", fi.Length))
59:              End If
60:              i = i + 1
61:              FNum = FNum + 1
62:              Me.ProgressBarUnZip.Value = FNum
63:              theEntry = s.GetNextEntry()
64:          End While
65:          s.Close()
66:      End Using
67:      Cursor = Cursors.Default        '커서 기본 설정
68:      Dim dlr = MessageBox.Show("압축풀기가 정상적으로 완료되었습니다." &
                    vbNewLine & "압축이 풀린 디렉터리를 열려면 Yes를 누르세요.",
                    "알림", MessageBoxButtons.YesNo,
                    MessageBoxIcon.Information)
69:      Me.ProgressBarUnZip.Visible = False 'ProgressBarUnZip 숨김
70:      If dlr = Windows.Forms.DialogResult.Yes Then
71:          Dim myprocess = New Process()
72:          myprocess.StartInfo.FileName = Me.txtUnZipPath.Text
73:          myprocess.Start()
74:      Else
75:          Return
76:      End If
77:  Catch
78:      Cursor = Cursors.Default        '커서 기본 설정
79:      Me.ProgressBarUnZip.Visible = False 'ProgressBarUnZip 숨김
80:      MessageBox.Show("압축풀기 중 오류가 발생하였습니다.", "알림",
                    MessageBoxButtons.OK, MessageBoxIcon.Error)
81:  End Try
82: End Sub
```

8행   List(Of String)() 형식의 FList 개체를 생성하는 구문으로 폴더의 경로를 저장한다.

9-15행 Using 키워드를 이용하여 압축된 파일의 정보를 갖는 ZipFile 클래스의 개체 zFile를 생성한다. ZipFile 생성자의 매개 변수에는 압축된 파일의 경로를 대입한다.

10-14행 For Each 구문을 이용하여 12행의 zFile 개체에서 폴더의 정보(e.Comment)를 가져와 List 제너릭 개체 FList에 Add() 메서드를 이용하여 저장한다. 파일의 경우는 아무런 정보가 저장되지 않으며, 폴더 하위에 파일이 존재하는 경우는 "\폴더" 형태의 정보가 저장되어 압축을 해제할 때 폴더를 생성하여 파일을 위치할 수 있도록 하기 위함이다.

16-17행 FList 개체에 저장된 폴더 정보의 개수를 설정하는 구문으로 ProgressBar UnZip 컨트롤의 진행 상황을 설정하기 위함이다.

19행 ZipInputStream 클래스의 개체 s를 생성하는 구문으로 File.OpenRead() 메서드를 이용하여 압축 파일에서 열고 압축 파일 스트림을 읽는 작업을 준비한다.

20행 비밀번호가 걸려있는 압축 파일을 해제하기 위해 s.Password 속성에 비밀번호는 입력한다.

22행 s.GetNextEntry() 메서드를 이용하여 압축 파일의 스트림에서 각 파일 및 폴더 정보를 가져와 theEntry 개체에 저장하는 작업을 수행한다.

23-64행 While ~ End While 구문을 수행하면서 반복적으로 압축 파일의 압축된 파일 및 폴더를 해제하는 작업을 수행한다.

24-25행 파일의 이름(24행), 폴더의 이름(25행)을 구해 변수에 저장하는 작업을 수행한다.

28-35행 FolderName.Length 속성값을 이용하여 폴더 이름이 존재하면(e.Comment 값이 존재하면) 30행 Directory.CreateDirectory() 메서드를 이용하여 폴더를 생성하는 작업을 수행한다.

37행 파일 이름이 존재하면 38~59행을 수행하면서 압축 파일 스트림에서 읽어와 파일로 생성하며, 파일 및 폴더, 파일 크기를 lvUnZipFile 컨트롤에 출력하는 작업을 수행한다.

40행 File.Create() 메서드를 이용하여 파일을 생성하고 FileStream 개체 streamWriter를 생성하는 구문이다.

43-50행 While 구문으로 s.Read() 메서드를 이용하여 압축 파일에서 바이트 단위(4,096)로 스트림을 읽어 streamWriter.Write() 메서드를 이용하여 파일에 스트림을 쓰는 작업을 수행하여 압축을 해제한다.

52행 FileInfo 클래스 생성자를 이용하여 개체 fi를 생성하고 파일에 대한 이름 및 크기 정보를 가져오기 위한 준비 구문이다.

53-58행 압축이 풀리는 폴더 및 파일의 정보에 대해 lvUnZipFile 컨트롤에 나타내는 작업을 수행한다.

61-62행 ProgressBarUnZip.Value 속성에 1씩 가산하여 프로그레스 바에 압축 풀기 진행률을 나타낸다.

63행   While 루프를 반복적으로 실행하면서 s.GetNextEntry() 메서드를 이용하여 압축 해제를 위해 다음 대상에 대한 파일 및 폴더 정보를 개체에 저장하는 작업을 수행한다.

65행   s.Close() 메서드를 이용하여 개체 s의 리소스를 해제하는 작업을 수행한다.

71-73행 압축이 해제된 폴더를 자동으로 열어 압축 해제 작업을 확인할 수 있도록 Process.Start() 메서드를 이용하여 압축이 해제된 폴더의 내용을 파일 탐색기에 표시한다.

6.5.3 응용 압축 프로그램 예제 실행

다음 그림은 응용 압축 프로그램 예제를 F5를 눌러 실행한 화면이다.

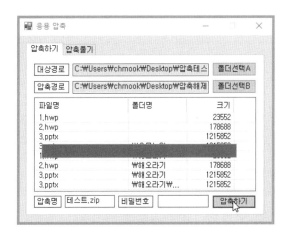

다음 그림과 같이 지정된 경로에 "테스트.zip" 압축 파일이 생성된 것을 확인할 수 있다.

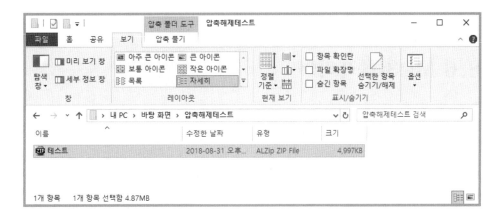

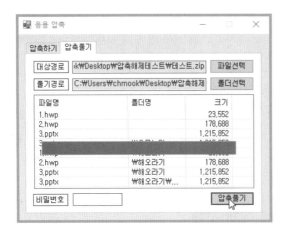

다음 그림과 같이 지정된 경로에 압축된 파일이 정상적으로 해제되어 파일과 폴더가 생성된 것을 확인할 수 있다.

6.6 MP3 플레이어

이 절에서 알아볼 MP3 플레이어 예제는 스마트폰이 보편화 되기 전에 필자가 자주 사용하는 애플리케이션의 기능을 구현한 것이다. 지금은 스마트폰을 통해 음악을 듣는 것이 일반적이지만 스마트폰이 보편화 되기 전에는 MP3 플레이어(하드웨어) 또는 PC의 MP3 플레이어(소프트웨어)를 이용하여 음악을 들었다. 독자들도 MP3 플레이어를 자주 이용하였으리라 생각된다.

이 절의 예제는 Interop.QuartzTypeLib.dll 라이브러리를 이용하여 MP3를 구동하고 음악을 재생하는 기능을 구현할 것이다. 이 예제를 활용하여 자신에게 맞는 멋진 MP3 플레이어를 만들어 보자.

다음 그림은 MP3 플레이어 애플리케이션을 구현하고 실행한 결과 화면이다.

[결과 미리 보기]

6.6.1 MP3 플레이어(Form) 디자인

프로젝트 이름을 'mook_MP3Player'로 하여 'C:\vb2017project\Chap06' 경로에 새 프로젝트를 생성한다. 다음 그림과 같이 윈도우 폼에 필요한 컨트롤을 위치시켜 폼을 디자인하고, 각 컨트롤의 속성값을 설정한다.

폼 디자인에 사용된 컨트롤의 주요 속성값은 다음과 같다.

폼 컨트롤	속 성	값
Form1	Name	Form1
	Text	MP3 플레이어
	FormBorderStyle	Fixedsingle
	MaximizeBox	False
Label1	Name	lblPlayResult
	Text	STATUS
	AutoSize	True
Label2	Name	lblCurPos
	Text	00:00:00/00:00:00
	AutoSize	True
Label3	Name	lblBalance
	Text	Balance
	AutoSize	True
Label4	Name	lbVolume
	Text	Volume
	AutoSize	True
Button1	Name	btnPlay
	Text	재생
Button2	Name	btnPause
	Text	일시정지
Button3	Name	btnStop
	Text	정지
Button4	Name	btnFileOpen
	Text	파일
TrackBar1	Name	PlayBar
	AutoSize	False
	Maximum	200
	Minimum	0
	TicStyle	None
	Value	0
TrackBar2	Name	BalanceBar
	AutoSize	False
	Maximum	100
	Minimum	0
	TicStyle	None
	Value	50

	Name	VolumeBar
	AutoSize	False
	Maximum	100
TrackBar3	Minimum	0
	TicStyle	None
	Value	100
	Name	lvMp3List
	FullRowSelect	True
	GridLines	True
ListView1	HideSelection	False
	MultiSelect	False
	View	Details
	Name	opdMp3File
OpenFileDialog1	Filter	음악파일(mp3,wav)|*.mp3;*.wav|All Files|*.*
	Name	Timer
Timer1	Enabled	True
	Interval	1000

lvMp3List 컨트롤을 선택하여 칼럼 헤더를 설정한다.

추가된 3개의 칼럼 헤더에 대한 속성값은 다음과 같이 설정한다.

폼 컨트롤	속 성	값
	Name	chNum
ColumnHeader1	Text	NO
	Width	40
	Name	chTitle
ColumnHeader2	Text	TITLE
	Width	170
	TextAlign	Center
	Name	chTime
ColumnHeader3	Text	TIME
	Width	60
	TextAlign	Center

6.6.2 MP3 플레이어 코드 구현

다음과 같이 파일을 관리하기 위하여 Imports 키워드를 이용하여 System.IO 네임스페이스를 클래스 외부의 제일 상단에 추가한다.

```
Imports System.IO
```

다음과 같이 멤버 변수 및 멤버 개체를 클래스 내부 제일 상단에 추가한다. 코드에 대한 설명은 주석으로 대신한다.

```
Private strCurPos = ""              '재생 시간(시점)
Private strMP3Title = ""           'MP3 제목
Private strMP3FilePath = ""        'MP3 파일 경로
Private strMP3FileName = ""        'MP3 파일 이름
Private strMP3Length = ""          'MP3 재생 길이
Private intCurListPos = 0          'MP3 재생 리스트 인덱스 번호
Dim Mp3 As MP3Play = New MP3Play()        'MP3Play 클래스 개체
'MP3 파일 경로 저장, List 클래스 개체
Dim MusicNamePath As New List(Of String)
```

다음의 btnFileOpen_Click() 이벤트 핸들러는 [파일] 버튼을 더블클릭하여 생성한 프로시저로, 파일의 경로, 이름, 재생 길이 정보를 가져오는 작업을 수행한다.

```
01:  Private Sub btnFileOpen_Click(sender As Object, e As EventArgs)
                    Handles btnFileOpen.Click
02:      If Me.ofdMp3File.ShowDialog() = DialogResult.OK Then
03:          strMP3FilePath = ofdMp3File.FileName
04:          strMP3FileName = Path.GetFileName(ofdMp3File.FileName)
05:          strMP3Length = Mp3.OpenFile(strMP3FilePath)
06:          AddFileList(strMP3FileName, strMP3FilePath, strMP3Length)
07:      End If
08:  End Sub
```

3-4행   파일의 전체 경로와 파일(확장자 포함)명의 정보를 가져와 멤버 변수에 저장하는 작업을 수행한다.

5행   Mp3.OpenFile() 메서드에 파일 경로를 인자 값으로 대입하여 음악 파일의 재생 길이 정보를 얻는 작업을 수행한다. MP3Play 클래스의 Mp3 개체는 뒤에서 자세히 살펴볼 것이다.

구문	설명
ofdMp3File.FileName	C:\VB2013\Chap06\s.wav
Path.GetFileName(ofdMp3File.FileName)	s.wav
Mp3.OpenFile(strMP3FilePath)	00:00:05

6행   AddFileList() 메서드를 호출하여 lvMp3List 컨트롤에 음악 파일 정보를 출력하
            는 작업을 수행한다.

다음의 AddFileList() 사용자 메서드는 매개 변수로 파일의 이름, 파일의 경로, 파일의
재생 길이를 입력받아 lvMp3List 컨트롤에 출력하는 작업을 수행한다.

```
01:  Private Sub AddFileList(strMP3FileName As String,
                    strMP3FilePath As String, strMP3Length As String)
02:      Dim strCount = (lvMp3List.Items.Count + 1).ToString()
03:      Dim Musicinfo = New String(2) {strCount, strMP3FileName, strMP3Length}
04:      MusicNamePath.Add(strMP3FilePath)
05:      lvMp3List.Items.Add(New ListViewItem(Musicinfo))
06:  End Sub
```

2행   lvMp3List 컨트롤에 음악 파일의 정보를 입력하기 위해서 먼저 파일의 순서 인
            덱스 번호를 가져온다. 초기값은 1부터 시작한다.

3, 5행   사용할 배열 개체를 생성하는 구문으로 파일 순서 인덱스 번호, 파일 이름, 파일
            재생 길이를 배열 값으로 설정하여 생성한다.

4행   MusicNamePath.Add() 메서드를 이용하여 List 클래스의 개체에 파일 경로를
            저장하는 구문이다. 이는 파일을 재생할 때 필요한 파일 경로 정보가 저장되어
            있고, 추가된 인덱스 번호는 strCount 변수의 번호와 대응된다.

5행   lvMp3List.Items.Add() 메서드를 이용하여 lvMp3List 컨트롤에 파일의 정보를
            나타내 주는 작업을 수행한다.

구문	설명
Dim Musicinfo = 　New String(2) { 　　strCount, strMP3FileName, 　　strMP3Length } lvMp3List.Items.Add(　New ListViewItem(Musicinfo))	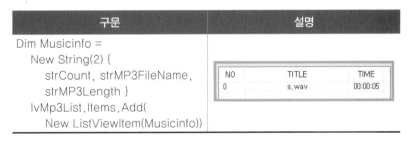

다음의 btnPlay_Click() 이벤트 핸들러는 [재생] 버튼을 더블클릭하여 생성한 프로시저
로, lvMp3List 컨트롤에 추가된 MP3 파일을 재생하는 작업을 수행한다.

```
01:  Private Sub btnPlay_Click(sender As Object, e As EventArgs)
                Handles btnPlay.Click
02:      If lvMp3List.Items.Count = 0 Then Return
03:      If Me.lvMp3List.SelectedItems.Count = 0 Then
04:          intCurListPos = 0
05:      End If
06:      If Mp3.playStatus = Player_Status.Paused Then
07:          Dim trackCurPosition As Double
```

```
08:              trackCurPosition = Convert.ToDouble(Me.PlayBar.Value /
                     Convert.ToDouble(PlayBar.Maximum)) * Mp3.Get_TotalDuration()
09:              strMP3FilePath = strMP3FilePath = MusicNamePath.Item(intCurListPos)
10:              Mp3.Play(strMP3FilePath, trackCurPosition)
11:          ElseIf Mp3.playStatus = Player_Status.Stopped Or
                     Mp3.playStatus = Player_Status.None Then
12:              strMP3FilePath = strMP3FilePath = MusicNamePath.Item(intCurListPos)
13:              Mp3.Play(strMP3FilePath, 0)
14:          Else
15:              Return
16:          End If
17:          Me.lblPlayResult.Text = "재   생"
18:      End Sub
```

2행   lvMp3List.Items.Count 속성의 값이 0일 때 즉, 재생할 음악 파일 리스트가 없
        을 때 Return 문을 통해 재생 작업을 중지한다.

3-5행 If 구문은 lvMp3List.SelectedItems.Count 속성의 값이 0일 때 즉, 재생할 특정
        음악 MP3를 선택하지 않았을 때 첫 번째의 음악을 재생하기 위하여 4행과 같이
        intCurListPos 멤버 변수의 값을 0으로 설정한다.

6-15행 재생/일시정지/정지 상황에 따라 음악을 재생하는 If ~ ElseIf ~ End If 구문으
        로, 6~9은 일시정지 후 음악을 재생하기 때문에 음악 재생 시점을 지정하여
        MP3를 재생한다. 10~12행은 정지 또는 처음 음악을 재생할 때 처음부터 MP3
        를 재생한다.

8행   MP3 파일이 재생되다 일시정지 중이므로 일시정지 시점에서 다시 재생되어야
        한다. 따라서 MP3 재생 중 일시정지 시점을 찾기 위해 재생된 시간(PlayBar.
        Value)을 MP3의 전체 시간(PlayBar.Maximum)으로 나누고 전체 시간(Mp3.
        Get_TotalDuration())을 곱하면 현재 재생률을 구할 수 있다.

9행   MusicNamePath.Item() 메서드를 이용하여 MusicNamePath 리스트 제네릭
        타입의 멤버 변수에 저장된 MP3 파일의 절대 경로를 얻어 strMP3FilePath 변
        수에 저장하는 작업을 수행한다.

구분	식	값
	intCurListPos	0
	MusicNamePath.Item(intCurListPos)	D:\노래.mp3

10행   Mp3.Play() 메서드에 파일의 경로와 재생 시점을 매개 변수로 대입하여 MP3가
        재생하는 작업을 수행한다.

12행 　　intCurListPos 변수 즉, lvMp3List 컨트롤의 인덱스와 대응하는 MP3의 경로를 strMP3FilePath 멤버 변수에 저장한다.

13행 　　MP3를 처음부터 재생하기 위해 Mp3.Play() 메서드의 매개 변수로 MP3의 경로와 시작 위치 0을 대입한다. 이는 lvMp3List 컨트롤에 저장된 인덱스 번호를 이용하여 List 클래스의 개체인 MusicNamePath에 저장된 파일 경로를 가져온다.

lvMp3List 입력 값 예

NO	TITLE	TIME
0	a.mp3	00:01:33
1	b.mp3	00:02:23
2	c.mp3	00:03:16

MP3 리스트 예(MusicNamePath 컬렉션 값)

순번	저장 값
0	C:\VB\Chap06\a.mp3
1	C:\VB\Chap06\b.mp3
2	C:\VB\Chap06\c.mp3

결과값(intCurListPost : 1)

구문	결과값
intCurListPost	1
MusicNamePath.Item(intCurListPos)	C:\VB\Chap06\b.mp3

다음의 btnPause_Click() 이벤트 핸들러는 [일시정지] 버튼을 더블클릭하여 생성한 프로시저로, MP3 재생 중 클릭하면 재생이 일시 정지된다.

```
01:  Private Sub btnPause_Click(sender As Object, e As EventArgs)
                  Handles btnPause.Click
02:      If lvMp3List.Items.Count = 0 Then Return
03:      Mp3.PlayPause()
04:      Me.lblPlayResult.Text = "일시정지"
05:  End Sub
```

2행 　　재생될 음악 파일 리스트가 있는지를 판단하는 If 구문으로 재생 목록이 없다면 Return 키워드를 이용하여 이벤트 행위를 종료한다.

3행 　　Mp3.PlayPause() 메서드를 호출하여 MP3 재생을 일시 정지한다.

다음의 btnStop_Click() 이벤트 핸들러는 [정지] 버튼을 더블클릭하여 생성한 프로시저로, 음악 파일의 재생이 정지된다.

```
01:  Private Sub btnStop_Click(sender As Object, e As EventArgs)
                    Handles btnStop.Click
02:      If lvMp3List.Items.Count = 0 Then Return
03:      Mp3.PlayStop()
04:      Me.PlayBar.Value = 0
05:      Me.lblPlayResult.Text = "정    지"
06:  End Sub
```

3행   Mp3.PlayStop() 메서드를 호출하여 음악 파일 재생을 정지한다.

다음의 lvMp3List_SelectedIndexChanged() 이벤트 핸들러는 lvMp3List 선택 후 이벤트 목록 창에서 [SelectedIndexChanged] 이벤트 항목을 더블클릭하여 생성한 프로시저로, lvMp3List 컨트롤에 추가된 음악 파일 목록 선택이 변경될 때 이벤트를 처리한다.

```
01:  Private Sub lvMp3List_SelectedIndexChanged(sender As Object,
                    e As EventArgs) Handles lvMp3List.SelectedIndexChanged
02:      If Me.lvMp3List.SelectedItems.Count > 0 Then
03:          intCurListPos = Me.lvMp3List.SelectedItems(0).Index
04:      End If
05:  End Sub
```

2행   재생 목록이 있는지를 판단하는 If 구문으로 재생 목록이 있다면 3행을 수행한다.

3행   lvMp3List.SelectedItems(0).Index 속성을 이용하여 선택된 음악 파일 항목의 인덱스 번호를 가져온다.

lvMp3List 입력값의 예

NO	TITLE	TIME
0	a.mp3	00:01:33
1	b.mp3	00:02:23
2	c.mp3	00:03:16

결과값(선택 : c.mp3)

구문	결과값
lvMp3List.SelectedItems(0).Index	2

다음의 lvMp3List_DoubleClick() 이벤트 핸들러는 lvMp3List 컨트롤을 선택하고 이
벤트 목록 창에서 [DoubleClick] 이벤트 항목을 더블클릭하여 생성한 프로시저로,
lvMp3List_SelectedIndexChanged() 이벤트 핸들러와 같이 음악 목록 중 더블클릭하여
선택한 MP3를 재생하는 작업을 수행한다.

```
01:  Private Sub lvMp3List_DoubleClick(sender As Object, e As EventArgs)
                  Handles lvMp3List.DoubleClick
02:      Mp3.PlayStop()
03:      If Me.lvMp3List.SelectedItems.Count > 0 Then
04:          intCurListPos = Me.lvMp3List.SelectedItems(0).Index
05:          btnPlay_Click(sender, e)
06:      End If
07:  End Sub
```

2행   Mp3.PlayStop() 메서드를 호출하여 이전에 재생되고 있는 음악을 정지하는 작
        업을 수행한다.

3-6행   선택(재생할)된 음악이 있는지를 판단하는 If 구문이다.

4행   lvMp3List.SelectedItems(0).Index 속성을 이용하여 선택된 음악 목록의 인덱
        스 즉, MusicNamePath 리스트의 인덱스를 구하는 작업을 수행한다.

5행   btnPlay_Click() 메서드를 호출하여 선택된 음악 파일에 대해 재생을 수행한다.

다음의 Timer_Tick() 이벤트 핸들러는 Timer 컨트롤을 더블클릭하여 생성한 프로시저
로, 주기적으로 호출되어 음악 파일이 재생하며 볼륨 및 좌우 밸런스를 설정하는 작업을
수행한다.

```
01:  Private Sub Timer_Tick(sender As Object, e As EventArgs)
                  Handles Timer.Tick
02:      If Mp3.playStatus = Player_Status.Running Then
03:          If Me.PlayBar.Value > PlayBar.Maximum - 1 Then
04:              intCurListPos = intCurListPos + 1
05:              If intCurListPos >= lvMp3List.Items.Count Then intCurListPos = 0
06:              lvMp3List.Items(intCurListPos).Selected = True
07:              btnPlay_Click(sender, e)
08:              Mp3.Set_AudioVolume(-10000 + Me.VolumeBar.Value * 100)
09:              Mp3.Set_AudioBalance(-10000 + Me.BalanceBar.Value * 200)
10:          End If
11:          TrackBarRun()
12:      End If
13:  End Sub
```

2행   Mp3.playStatus 열거형 상태에 따라 아래 구문을 수행할 수 있도록 하는 If 구
        문이다. 이 If 구문은 Player_Status 열거형 상태가 Running일 때 즉, 음악 파
        일이 재생될 때를 의미한다.

3행　　PalyBar 컨트롤인 트랙바의 위치가 끝의 위치에 있을 때를 의미하는 If 구문으로 음악 재생이 완료되면 다음 음악을 재생할 수 있도록 4~9행을 수행한다.

4행　　intCurListPos 변수의 값에 1을 가산하여 다음 음악 파일이 재생하도록 한다.

5행　　intCurListPos 변수의 값이 현재 lvMp3List 컨트롤의 음악 파일 리스트 개수와 같다면 intCurListPos 변수의 값을 0으로 초기화하여 처음부터 음악을 재생한다.

6행　　4행과 5행의 intCurListPos 변수의 값을 이용하여 lvMp3List 컨트롤의 같은 인덱스의 MP3를 선택하는 작업을 수행한다.

구문	결과값
lvMp3List.Items(intCurListPos). Selected = True	<table><tr><td>NO</td><td>TITLE</td><td>TIME</td></tr><tr><td>0</td><td>s.wav</td><td>00:00:05</td></tr></table> ※ 그림과 같이 재생되는 항목이 선택됨

7행　　btnPlay_Click() 메서드를 호출하여 선택된 음악 파일을 재생한다.

8행　　Mp3.Set_AudioVolume() 메서드를 호출하여 음량을 조절한다. 기본 음량은 0부터 시작한다.

9행　　Mp3.Set_AudioBalance() 메서드를 호출하여 좌우 발란스를 조절한다. 기본 발란스는 0부터 시작한다.

11행　　TrackBarRun() 메서드를 호출하여 현재 재생되는 음악 파일이 종료되기 전까지 트랙바 및 재생시간 흐름을 나타내는 작업을 수행한다.

다음의 TrackBarRun() 사용자 메서는 현재 재생되는 음악 파일이 종료되기 전까지 트랙바 및 재생시간 흐름을 나타내는 작업을 수행한다.

```
01: Public Sub TrackBarRun()
02:     strCurPos = String.Format("{0}/{1}", _
            Mp3.Convert_Position_To_Time(
                    Convert.ToInt32(Mp3.Get_CurPosition())), _
            Mp3.Convert_Position_To_Time(
                    Convert.ToInt32(Mp3.Get_TotalDuration())))
03:     Me.lblCurPos.Text = strCurPos
04:     PlayBar.Value = Convert.ToInt32((Mp3.Get_CurPosition() *
                            PlayBar.Maximum / Mp3.Get_TotalDuration()))
05: End Sub
```

2-3행　　String.Format() 메서드 이용하여 음악 파일 재생 시간을 lblCurPos 컨트롤에 저장하는 작업을 수행한다.

> 형식 : 00:00:00/00:00:00
> 현재 재생 시간 :
>   Mp3.Convert_Position_To_Time(Convert.ToInt32(Mp3.Get_CurPosition()))
> 총 재생 시간 :
>   Mp3.Convert_Position_To_Time(Convert.ToInt32(Mp3.Get_TotalDuration()))

4행   Mp3.Set_CurPosition() 메서드에 매개 변수로 3행의 재생 위치를 대입하여 현재 위치를 설정한다.

다음의 PlayBar_Scroll() 이벤트 핸들러는 PlayBar 컨트롤을 선택하고 이벤트 목록 창에서 [Scroll] 이벤트 항목을 더블클릭하여 생성한 프로시저로, 진행의 시점을 설정하는 작업을 수행한다.

```
01:   Private Sub PlayBar_Scroll(sender As Object, e As EventArgs)
                      Handles PlayBar.Scroll
02:      Dim trackCurPosition As Double
03:      trackCurPosition = Convert.ToDouble(Me.PlayBar.Value /
      Convert.ToDouble(PlayBar.Maximum)) * Mp3.Get_TotalDuration()
04:      Mp3.Set_CurPosition(trackCurPosition)
05:   End Sub
```

3행   PlayBar 컨트롤의 바를 움직일 때 위치를 구해 trackCurPosition 변수에 저장하는 작업을 수행한다.

4행   Mp3.Set_CurPosition() 메서드에 매개 변수로 3행의 재생 위치를 대입하여 현재 위치를 설정한다.

다음의 VolumeBar_Scroll() 이벤트 핸들러는 VolumeBar 컨트롤을 선택하고 이벤트 목록 창에서 [Scroll] 이벤트 항목을 더블클릭하여 생성한 프로시저로, 볼륨 크기를 설정하는 작업을 수행한다.

```
Private Sub VolumeBar_Scroll(sender As Object, e As EventArgs)
                  Handles VolumeBar.Scroll
   If Mp3.playStatus = Player_Status.Running Then
       Mp3.Set_AudioVolume(-10000 + Me.VolumeBar.Value * 100)
   End If
End Sub
```

다음의 BalanceBar_Scroll() 이벤트 핸들러는 BalanceBar 컨트롤을 선택하고 이벤트 목록 창에서 [Scroll] 이벤트 항목을 더블클릭하여 생성한 프로시저로, 좌우 밸런스를 설정하는 작업을 수행한다.

```
01:  Private Sub BalanceBar_Scroll(sender As Object, e As EventArgs)
                        Handles BalanceBar.Scroll
02:      If Mp3.playStatus = Player_Status.Running Then
03:          Mp3.Set_AudioBalance(-10000 + Me.BalanceBar.Value * 200)
04:          If (-10000 + Me.BalanceBar.Value * 200) < 0 Then
05:              Me.lblBalance.Text = "Left : " &
                        CInt(-10000 + Me.BalanceBar.Value * 200) / 100
06:          ElseIf (-10000 + Me.BalanceBar.Value * 200) = 0 Then
07:              Me.lblBalance.Text = "L = R "
08:          ElseIf (-10000 + Me.BalanceBar.Value * 200) > 0 Then
09:              Me.lblBalance.Text = "Right " &
                        CInt(-10000 + Me.BalanceBar.Value * 200) / 100
10:          End If
11:      End If
12:  End Sub
```

2행   음악 파일이 재생되는지를 판단하는 If 구문으로 재생될 때 3~10행을 수행한다.

3행   현재 Me.BalanceBar.Value 속성값을 이용하여 좌우 밸런스의 값을 구한 후 Mp3.Set_AudioBalance() 메서드의 매개 변수로 대입하여 좌우 밸런스를 조절한다.

4~10행   좌우 밸런스가 어떻게 되는지 수치화하여 lblBalance 컨트롤에 나타내 주는 작업을 수행한다.

6.6.3 'MP3Play.vb' 클래스 생성 및 코드 구현

솔루션 탐색기에서 프로젝트 이름을 마우스 오른쪽 마우스로 클릭하여 표시되는 단축메뉴에서 [추가]-[클래스] 메뉴를 선택하여 'MP3Play.vb'의 클래스를 생성하고, MP3 파일을 재생하는 데 필요한 Interop.QuartzTypeLib.dll 라이브러리를 [참조 관리자]를 통해 추가한다.

Interop.QuartzTypeLib.dll 라이브러리를 코드에서 사용하기 위해서 다음과 같이 Imports 키워드를 이용하여 네임스페이스를 클래스 외부 제일 상단에 추가한다.

```
Imports QuartzTypeLib
```

다음과 같이 Player_Status 열거형을 MP3Play 클래스 외부에 추가한다.

```
Public Enum Player_Status
    None
    Stopped
    Paused
    Running
End Enum
```

다음과 같이 클래스 내부 상단에 개체 및 멤버 변수를 추가한다.

```
Private Filtergraph As FilgraphManager      '재생을 위한 경로 및 준비 멤버 개체
Private FiltergraphTemp As FilgraphManager
'재생 길이를 구하기 위한 경로 및 준비 멤버 개체
Private MediaControl As IMediaControl
'음악 재생, 정지, 일시 정지 제어 멤버 개체
Private MediaPosition As IMediaPosition
'음악 재생을 위한 재생 시점 제어 멤버 개체
Private MediaPositionTemp As IMediaPosition '재생 길이를 구하기 위한 멤버 개체
Private BasicAudio As IBasicAudio '음악 재생 음량, 좌우 밸런스 제어 멤버 개체
Public playStatus = Player_Status.None    '음악 재생 상태 열거형
```

다음의 OpenFile() 메서드는 음악 파일 경로를 매개 변수의 값으로 입력받아 재생 길이
(00:00:00)를 반환하는 작업을 수행한다.

```
01: Public Function OpenFile(strFilePath As String) As String
02:     Dim strFileLen = ""
03:     FiltergraphTemp = New FiltergraphManager()
04:     FiltergraphTemp.RenderFile(strFilePath)
05:     MediaPositionTemp = CType(FiltergraphTemp, IMediaPosition)
06:     strFileLen =
            Convert_Position_To_Time(Convert.ToInt32(MediaPositionTemp.Duration))
07:     If Not (MediaPositionTemp Is Nothing) Then
08:         MediaPositionTemp = Nothing
09:     End If
10:     If Not (FiltergraphTemp Is Nothing) Then
11:         FiltergraphTemp = Nothing
12:     End If
13:     Return strFileLen
14: End Function
```

3행   FiltergraphManager() 생성자를 이용하여 개체 FiltergraphTemp를 생성하는
        구문이다.

4행   FiltergraphTemp.RenderFile() 메서드를 이용하여 음악 파일 경로를 매개 변수
        에 입력하여 음악 재생을 위한 준비를 하는 구문이다.

5행 음악 재생을 위해 랜더링된 FiltergraphTemp 개체를 CType 함수(TIP "CType() 함수" 참고)를 이용하여 IMediaPosition 클래스로 명시적으로 변환하여 MediaPositionTemp 개체에 저장한다.

6행 MediaPositionTemp.Duration 속성을 이용하여 음악 파일의 재생 길이를 얻는 작업을 수행한다. 이때 반환 길이를 명시적으로 정수형으로 변경하여 Convert_Position_To_Time() 메서드의 인자 값으로 대입하여 음악 재생 타입의 결과값을 저장한다.

파일 대입(s.wav : C:\VB\Chap06\s.wav)

구문	결과값
MediaPositionTemp.Duration	4.6048527
Convert.ToInt32(MediaPositionTemp.Duration)	5
Convert_Position_To_Time(Convert.ToInt32(MediaPositionTemp.Duration))	00:00:05

7-9행 MediaPositionTemp 개체가 초기화되어 있다면 즉, 초기화되어 리소스가 있다면 Nothing 키워드를 이용하여 리소스를 해제한다.

13행 Return 문을 이용하여 6행에서 얻은 음악 재생 타입(00:00:00)의 결과값을 반환한다.

TIP

CType 함수

특정식을 지정된 데이터 형식, 개체, 구조, 클래스 또는 인터페이스로 명시적으로 변환한 결과를 반환한다.

CType(expression, typename)
- expression : 임의의 유효한 식
- typename : Dim 문의 As 절에서 유효한 임의의 식, 즉 임의의 데이터 형식, 개체, 구조체, 클래스 또는 인터페이스 이름

사용 예 :
Dim testNumber As Long = 1000
Dim testNewType As Single = CType(testNumber, Single)
결과 : 1000.0

다음의 Convert_Position_To_Time() 메서드는 정수형의 인자 값을 전달받아 음악 재생 타입(00:00:00)으로 변경하는 작업을 수행한다.

```
01:  Public Function Convert_Position_To_Time(iPostion As Integer)
02:      Dim strTimeLen = ""
03:      Dim iHour As Integer = iPostion / 3600
04:      Dim iMinute As Integer = Int((iPostion - (iHour * 3600)) / 60)
05:      Dim iSecond As Integer = Int(iPostion - (iHour * 3600 + iMinute * 60))
06:      strTimeLen = String.Format("{0:D2}:{1:D2}:{2:D2}", iHour,
                                                      iMinute, iSecond)

07:      Return strTimeLen
08:  End Function
```

3행	'시'를 나타내기 위하여 3600으로 나눈다. 이는 iPostion 값이 초 단위의 값이기 때문이다.
4-5행	4행은 '분'을 나타내기 위한 구문이고, 5행은 '초'를 나타내기 위한 구문이다.
6행	String.Format() 메서드를 이용하여 음악 재생 타입으로(00:00:00)으로 변환하여 변수에 저장한다.

다음의 Play() 메서드는 매개 변수의 값으로 음악 파일 경로를 받아 음악을 재생하는 작업을 수행한다.

```
01:  Public Sub Play(strMP3FilePath As String, setPosition As Double)
02:      Try
03:          Filtergraph = New FilgraphManager()
04:          Filtergraph.RenderFile(strMP3FilePath)
05:          MediaPosition = CType(Filtergraph, IMediaPosition)
06:          MediaPosition.CurrentPosition = setPosition
07:          MediaControl = CType(Filtergraph, IMediaControl)
08:          playStatus = Player_Status.Running
09:          MediaControl.Run()
10:      Catch ex As Exception
11:      End Try
12:  End Sub
```

3-4행	음악 재생을 위하여 파일 경로를 대입 받아 Filtergraph 개체에 랜더링 작업을 수행한다.
5행	CType 함수를 이용하여 Filtergraph 개체를 명시적으로 IMediaPosition 클래스로 변환하여 재생 시점을 제어할 수 있도록 MediaPosition 개체에 저장한다.
6행	MediaPosition.CurrentPosition 속성에 현재 재생 위치를 설정하는 작업을 수행한다.
7행	CType 함수를 이용하여 Filtergraph 개체를 명시적으로 IMediaControl 클래스로 변환하여 재생, 정지, 일시 정지 등을 제어할 수 있도록 MediaControl 개체에 저장한다.

8행   Player_Status.Running 열거형을 선택하여 현재 상태를 설정한다.

9행   MediaControl.Run() 메서드를 이용하여 랜더링된 음악 파일을 재생하는 작업을 수행한다.

다음의 PlayStop() 메서드는 음악 재생을 정지하는 작업을 수행한다.

```
01:  Public Sub PlayStop()
02:      If MediaControl Is Nothing Then Return
03:      MediaControl.Stop()
04:      playStatus = Player_Status.Stopped
05:  End Sub
```

2행   MediaControl 개체가 초기화되어 있지 않다면 메서드를 종료하는 If 구문이다.

3행   MediaControl.Stop() 메서드를 이용하여 음악 재생을 정지한다.

4행   Player_Status.Stopped 열거형을 선택하여 재생 상태를 정지로 설정한다.

다음의 PlayPause() 음악 재생을 일시 정지하는 작업을 수행한다.

```
01:  Public Sub PlayPause()
02:      If MediaControl Is Nothing Then Return
03:      MediaControl.Pause()
04:      playStatus = Player_Status.Paused
05:  End Sub
```

3행   MediaControl.Pause() 메서드를 이용하여 음악 재생을 정지한다.

4행   Player_Status.Paused 열거형을 선택하여 재생 상태를 일시 정지로 설정한다.

다음의 Get_CurPosition() 메서드는 음악 파일이 재생 될 때 재생 포지션을 반환받는 작업을 수행하는데, 재생 포지션은 MediaPosition.CurrentPosition 속성을 이용하여 반환한다.

```
Public Function Get_CurPosition()
    If playStatus <> Player_Status.Running Then    '음악 파일이 재생되지 않을 때
        Return 0
    Else
        Return MediaPosition.CurrentPosition    '현재 재생 포지션 반환
    End If
End Function
```

다음의 Set_CurPosition() 메서드는 음악 파일 재생 위치를 설정하는 작업을 수행한다.

```
Public Sub Set_CurPosition(trackCurPosition As Double)
    '트랙 바 위치와 재생 시점을 동기화함
    If playStatus = Player_Status.Running Or
            playStatus = Player_Status.Paused Then
        MediaPosition.CurrentPosition = trackCurPosition
    Else
        Return              '음악 파일이 재생되지 않을 때
    End If
End Sub
```

다음의 Get_TotalDuration() 메서드는 음악 파일의 재생 길이를 반환하는데, 재생 길이는 MediaPosition.Duration 속성을 이용하여 반환한다.

```
Public Function Get_TotalDuration() As Double
    If playStatus = Player_Status.Running Or
            playStatus = Player_Status.Paused Then '음악 파일 재생 길이
        Return MediaPosition.Duration
    Else
        Return 0                                    '음악 파일 재생 길이
    End If
End Function
```

다음의 Set_AudioVolume() 메서드는 BasicAudio.Volume 속성 설정을 이용하여 볼륨을 설정하는 작업을 수행한다.

```
Public Sub Set_AudioVolume(vol As Long)
    BasicAudio = Filtergraph
    BasicAudio.Volume = vol          '볼륨 설정
End Sub
```

다음의 Set_AudioBalance() 메서드는 BasicAudio.Balance 속성 설정을 이용하여 좌우 밸런스를 설정하는 작업을 수행한다.

```
Public Sub Set_AudioBalance(vol As Long)
    BasicAudio = Filtergraph
    BasicAudio.Balance = vol       '좌우 밸런스 설정
End Sub
```

6.6.4 MP3 플레이어 예제 실행

다음 그림은 MP3 플레이어 예제를 F5를 눌러 실행한 화면이다.

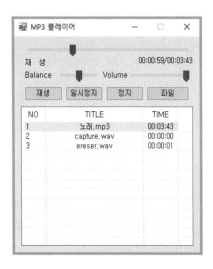

이 장의 설명은 MP3 플레이어 예제를 살펴보는 것을 끝으로 마치고 다음 장에서는 COM과 WinAPI 사용하기에서는 COM Interop, Windows API 등에 대해 살펴보면서 WAV 파일 재생기, 폼 깜박임, 네트워크 드라이버, 프로세스 간 메시지 전송, 브라우저 프록시 설정 등의 예제를 구현한다.

CHAPTER 07

COM과 Windows API 사용

COM(Component Object Model)은 개체의 기능을 다른 구성 요소 및 응용프로그램에 활용될 수 있도록 라이브러리를 제공한다. 오늘날 대부분 소프트웨어에는 COM 개체가 포함되어 개발되며, 응용프로그램에 .NET 어셈블리를 사용하는 것이 보편적이고 안정적으로 애플리케이션을 구현하는 것이지만, 필요에 따라 COM 개체를 이용하여 구현해야 할 기능이 다수 존재한다.

응용프로그램을 구현할 때 .NET Framework만을 이용하여 프로젝트를 개발할 수도 있지만, 꼭 COM 개체를 이용하여 구현해야 할 기능들이 있는데, 이 부분은 점차적으로 .NET Framework만을 이용하여 완전히 개발할 수 있게 될 것으로 생각한다. 그때까지 Visual Studio를 이용하여 기존의 COM 개체를 이용하거나 새롭게 COM을 구현하여 사용하여야 한다. COM과의 상호 운용(또는 COM interop) 기능은 기존 COM 개체를 계속 사용하면서 .NET Framework과 연동할 수 있도록 한다. 이는 .NET Framework를 이용하여 COM 구성 요소를 연동하기 위해 별도로 등록이 필요 없이 COM interop를 사용할 수 있다.

이 장에서 살펴볼 응용프로그램은 다음과 같다.

- 메시지 알림
- WAV 파일 재생기 만들기
- 폼 깜빡임
- 네트워크 드라이브
- 프록시 연결 브라우저
- 프로세스 간 데이터 전달
- CMD 제어

7.1 COM 개체 참조

VS2017에서 형식 라이브러리가 있는 COM 개체에 대한 참조를 추가하는 방법은 [참조 관리자] 대화상자를 이용하여 간단히 추가할 수 있다.

(1) COM 개체 참조 추가

프로젝트 이름을 'mook_ComExam'으로 하여 'C:\vb2017project\Chap07' 경로에 새 프로젝트를 생성한다. 다음 그림과 같이 윈도우 폼에 필요한 컨트롤을 위치켜 폼을 디자인하고, 각 컨트롤의 속성값을 설정한 뒤에 순서에 따라 COM 개체에 대한 참조 추가를 진행한다.

폼 디자인에 사용된 컨트롤의 주요 속성값은 다음과 같다.

폼 컨트롤	속 성	값
Form1	Name	Form1
	Text	Com 예제
	FormBorderStyle	FixedSingle
	MaximizeBox	False
TextBox1	Name	txtView
	Multiline	True
Button1	Name	btnView
	TextBox	보기

다음 순서에 따라 COM 개체에 대한 참조 추가를 진행한다.

① [프로젝트]-[참조 추가] 메뉴를 클릭하여 [참조 관리자] 대화상자를 호출한다.

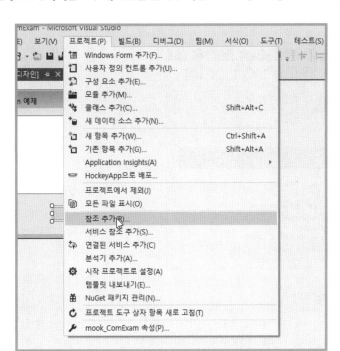

② [참조 관리자] 대화상자에서 [COM] 항목을 열고 [형식 라이브러리] 메뉴를 선택하여 COM 개체 목록에서 참조할 COM 개체를 선택하고 [확인] 버튼을 클릭하여 COM 개체에 대한 참조를 추가한다. 참조 추가해야할 COM 개체는 다음과 같다.

```
Adobe acrobat 7.0 Browser Control Type Library 1.0
gomtvx 1.0 Type Library
※ Acrobat Reader와 Gom 플레이어가 설치되어 있어야 참조할 수 있다.
```

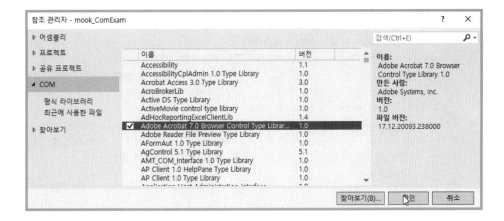

같은 방법으로 "gomtvx 1.0 Type Library" 또한 참조 추가한다.

③ [솔루션 탐색기]에서 [참조] 항목을 열면 다음과 같이 앞서 추가한 'AcroPDFLib', 'GOMTVXLib'가
추가된 것을 확인할 수 있다.

(2) COM 개체 사용

Interop 어셈블리에 대한 액세스를 단순화하여 사용하기 위해서는 다음과 같이 Imports
문을 이용하여 네임스페이스를 추가한다.

```
Imports AcroPDFLib
Imports GOMTVXLib
```

다음의 btnView_Click() 이벤트 핸들러는 [보기] 버튼을 더블클릭하여 생성한 프로시저
로, 네임스페이스 하위에 있는 클래스를 사용하여 개체를 생성한 뒤에 메서드 및 속성을
활용할 수 있다.

```
01:  Private Sub btnView_Click(sender As Object, e As EventArgs)
                Handles btnView.Click
02:      Dim gom = New Launcher
03:      Me.txtView.AppendText(String.Format(
                         "곰TV 버전 : {0}", gom.GomTVXVersion) &
                         Environment.NewLine)
04:      Dim abt = New AcroPDF
05:      Me.txtView.AppendText(String.Format(
                         "Acrobat 버전 : {0}", abt.GetVersions) &
                         Environment.NewLine)
06:  End Sub
```

2행 Launcher 클래스의 개체를 생성하여 GOMTVXLib 네임스페이스의 인터페이스
를 사용할 수 있도록 한다.

3행 gom.GomTVXVersion 속성을 이용하여 곰TV의 버전을 txtView 컨트롤에 나타
내는 작업을 수행한다.

4행   AcroPDF 클래스의 개체를 생성하여 AcroPDFLib 네임스페이스의 인터페이스를 사용할 수 있도록 한다.

5행   abt.GetVersions 속성을 이용하여 Acrobat 애플리케이션의 버전 정보를 txtView 컨트롤에 나타내는 작업을 수행한다.

다음 그림은 Com 개체 예제를 F5를 눌러 실행한 화면으로, [보기] 버튼을 눌러 곰TV와 Acrobat 프로그램의 버전 정보를 txtView 컨트롤에 나타낸다.

7.2 Windows API 호출

Windows API는 Windows 운영 체제의 일부인 DLL(동적 연결 라이브러리)이다. 직접 프로시저를 작성하기 어려울 때 Windows API를 참조하여 사용할 수 있다. 예를 들면, Windows API로 제공되는 FlashWindowEx 함수를 사용하여 응용프로그램의 제목 표시줄을 밝은 음영과 어두운 음영 중에서 선택적으로 표시할 수 있다.

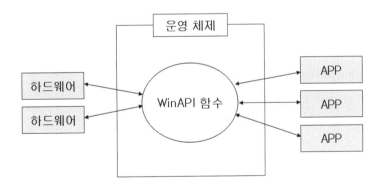

Windows API에는 윈도우 기능을 바로 사용할 수 있는 여러 가지 유용한 함수가 포함되어 있기 때문에 이를 코드 작성에 사용하면 개발 시간을 절약할 수 있다는 장점이 있다. 하지만, Windows API 자체적으로 문제가 발생하는 경우 Windows API를 수정하지 않는 한 문제의 해결이 쉽지 않다는 단점이 있다.

Windows API는 관리 코드를 사용하지 않고 형식 라이브러리가 기본 제공되지 않으며 Visual Studio에서 사용되는 것과 다른 데이터 형식을 사용한다. 따라서 Windows API 함수 호출은 코드가 DLL로 구현되어 관리되지 않는 함수를 호출할 수 있는 서비스이다. 이 호출은 Declare 문을 사용하거나, DllImport 특성을 빈 프로시저에 적용하는 방법으로 Visual Basic에서는 사용한다.

과거 윈도우 프로그램을 구현하기 위해서 Windows API를 활용하는 것이 Visual Basic 프로그래밍에서 가장 중요한 부분이었으나, Visual Basic 2005부터는 반드시 필요하지 않은 경우 Windows API 호출 대신 .NET Framework에서 관리 코드를 사용하여 개발하도록 권고하고 있다.

7.2.1 Win API 종류

Windows API는 크게 Kernel API, User API, GDI API, 멀티미디어 API 등의 4개로 분류할 수 있다. 각각의 기능에 대해서 자세한 설명은 생략하고, Visual Basic에서 WinAPI를 어떻게 이용하는지에 대해 설명하는 수준에서 간단히 정의만 알아보도록 하자.

(1) Kernel API (정의파일 : Kernel32.dll)
메모리와 외부 기억장치 등 OS의 가장 하단부에 있는 메서드로 하드웨어적인 접근과 제어를 위해 사용하며, 파일과 폴더 등에 관련된 작업도 담당한다.

(2) User API (정의파일 : User32.dll)
창, 버튼, 메뉴 등을 다루는 메서드를 제공하며, GDI API와 함께 사용한다.

(3) GDI API (정의파일 : GDI32.dll)
선을 그리거나 색을 칠하는 등의 그리기 메서드가 정의되어 있으며, 그래픽에 관련된 메서드를 관리한다.

(4) 멀티미디어 API (정의파일 : Winmm.dll)
동영상, 소리 등을 다룰 수 있는 메서드가 정의되어 있다.

7.2.2 Declare를 사용한 API 호출

Windows API를 호출하는 가장 일반적인 방법은 Declare 문을 사용하는 것으로 사용하는 이유는 다음과 같다.

DLL 또는 코드 리소스와 같은 프로젝트 외부 파일에 정의된 프로시저를 호출해야 하는 때도 있는데, 이 경우 Visual Basic 컴파일러는 프로시저의 위치, 식별 방법, 호출 시퀀스와 반환 형식 및 사용되는 문자열 문자 집합 등 프로시저를 정확하게 호출하여야 하는 데 필요한 정보에 접근할 수 없다. 따라서 Declare 문을 이용하여 외부 프로시저에 대한 참조를 만들어 필요한 정보를 제공한다.

(1) Declare 선언문 형식

```
[ ⟨attributelist⟩ ] [ accessmodifier ] [ Shadows ] [ Overloads ] _
Declare [ charsetmodifier ] [ Sub ] name Lib "libname" _
[ Alias "aliasname" ] [ ([ parameterlist ]) ]
' − 또는 −
[ ⟨attributelist⟩ ] [ accessmodifier ] [ Shadows ] [ Overloads ] _
Declare [ charsetmodifier ] [ Function ] name Lib "libname" _
[ Alias "aliasname" ] [ ([ parameterlist ]) ] [ As returntype ]
```

- **attributelist** : 특성 목록
- **accessmodifier** : 액세스 수준으로 Public, Protected, Friend, Private, Protected Friend로 구분
- **charsetmodifier** : 문자 집합과 파일 검색 정보를 지정(Ansi(기본값), Unicode(Visual Basic), Auto
- **Sub/Function** : Sub나 Function 중 하나
- **name** : 이 외부 참조의 이름
- **Lib** : 선언할 프로시저가 포함된 파일을 지정하는 Lib 절 정의
- **libname** : 선언된 프로시저가 포함된 파일의 이름
- **Alias** : 선언할 프로시저를 name에 지정된 이름
- **aliasname** : Alias 키워드를 사용하는 경우 필수적 요소(해당 파일 내에서 프로시저의 진입점 이름을 따옴표("")로 묶은 것)
- **parameterlist** : 프로시저에서 매개 변수를 사용하는 경우 필수적 요소
- **returntype** : Function을 지정하고 Option Strict가 On일 때 필수적 요소로 프로시저에서 반환되는 값의 데이터 형식

(2) DLL 프로시저 선언

① 호출할 함수의 이름, 관련 인수, 인수 형식 및 반환 값, 함수가 포함된 DLL의 이름 및 위치를 결정한다.

② VS의 [파일]-[새 프로젝트] 메뉴를 클릭하여 [새 프로젝트] 대화상자가 나타나면 프로젝트 이름을 "mook_DeclareExam"으로 하여 'C:\vb2017project\Chap07\' 경로에 새 프로젝트를 생성한다. 다음 그림과 같이 윈도우 폼에 필요한 컨트롤을 위치시켜 폼을 디자인하고, 각 컨트롤의 속성값을 설정한다.

폼 디자인에 사용된 컨트롤의 주요 속성값은 다음과 같다.

폼 컨트롤	속 성	값
Form1	Name	Form1
	Text	Declare 예제
	FormBorderStyle	FixedSingle
	MaximizeBox	False
Button1	Name	btnRun
	TextBox	메시지 박스 실행

③ 다음 표와 그림과 같이 클래스 내부에 DLL을 이용하여 메시지를 출력하기 위해 플랫폼 호출을 위한 Declare 함수를 추가한다.

```
Declare Auto Function MBox Lib "user32.dll" Alias "MessageBox" (
        ByVal hWnd As Integer,
        ByVal txt As String,
         ByVal caption As String,
        ByVal Typ As Integer)
    As Integer
```

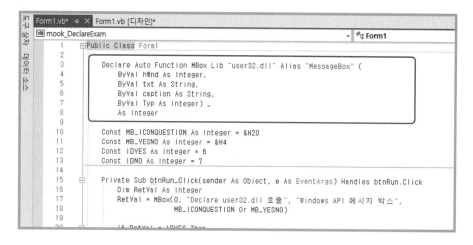

- **Auto 한정자** : 런타임(runtime)에 공용 언어 런타임 규칙에 따라 메서드 이름(또는 지정된 경우 별칭 이름)을 기준으로 문자열을 변환하도록 지시한다.
- **Lib 및 Alias 키워드** : Function 키워드 다음에 오는 이름은 사용자 프로그램에서 DLL 내 함수를 호출할 때 사용되는 이름이다. 이는 사용자가 호출하는 함수의 실제 이름과 같은 이름일 수도 있고, 올바른 프로시저 이름을 사용한 다음 Alias 키워드를 사용하여 호출하는 함수의 실제 이름을 지정할 수 있다.

Lib 키워드 및 그 뒤에 호출하는 함수가 포함된 DLL의 이름과 위치를 차례로 지정한다. Windows 시스템 디렉터리에 있는 파일의 경로는 지정하지 않아도 된다. 호출하는 함수의 이름이 올바른 Visual Basic 프로시저 이름이 아니거나 사용자 응용프로그램의 다른 항목 이름과 충돌할 때 Alias 키워드를 사용한다. Alias는 호출되는 함수의 실제 이름을 나타낸다.

(2) Windows API 상수

일부 인수는 여러 개의 상수로 구성된다. 예를 들어, 위의 예제에서 MessageBox API는 메시지 상자의 표시 방법을 제어하는 정수 인수를 사용한다.

> **TIP**
>
> **Windows API와 상수 : WinUser.h 파일에서 #define 문의 상수 숫자 값**
>
> 숫자 값은 일반적으로 16진수로 표시되므로 계산기를 사용하여 값을 모두 더한 뒤 10진수로 변환하면 된다. 예를 들어, '!' 스타일의 MB_ICONEXCLAMATION 0x00000030과 예/아니요(Yes/No) 스타일의 MB_YESNO 0x00000004의 상수를 결합하려는 경우 두 숫자를 더하여 0x00000034(또는 10진수로 52)를 구할 수 있다.
>
> 10진수 결과를 직접 사용할 수도 있지만, 응용프로그램에서 값을 상수로 선언한 다음 'Or' 연산자를 사용하여 결합하는 것이 성능상 더 좋은 방법이다.

(3) Windows API 호출에 사용할 상수 선언

① 사용자가 호출하는 Windows 함수에 대한 문서를 참조하여 사용되는 상수 이름과 해당 상수에 대한 숫자 값이 들어 있는 '*.h' 파일의 이름을 확인한다.

② 메모장 등의 텍스트 편집기를 사용하여 헤더(.h) 파일의 내용을 검토하고 사용 중인 상수와 연관된 값을 찾는다. 예를 들어, MessageBox API는 MB_ICONQUESTION 상수를 사용하여 메시지 상자에 물음표를 표시한다. MB_ICONQUESTION에 대한 정의는 WinUser.h에 다음과 같이 나타난다.

```
#define MB_ICONQUESTION 0x00000020L
```

③ 해당하는 Const 문을 클래스나 모듈에 추가하여 응용프로그램에서 이러한 상수를 사용할 수 있도록 다음과 같이 코드를 작성한다.

```
Const MB_ICONQUESTION As Integer = &H20
Const MB_YESNO As Integer = &H4
Const IDYES As Integer = 6
```

(4) DLL 프로시저 호출 코드

① [메시지 박스 실행] 버튼을 더블클릭하여 btnRun_Click() 이벤트 핸들러 프로시저를 생성한다.

② 추가된 이벤트 핸들러 프로시저에 DLL 프로시저 호출을 위한 코드를 다음과 같이 추가한다.

```
Private Sub btnRun_Click(sender As Object, e As EventArgs)
              Handles btnRun.Click
    Dim RetVal As Integer
    RetVal = MBox(0, "Declare user32.dll 호출", "Windows API 메시지 박스",
                    MB_ICONQUESTION Or MB_YESNO)
    If RetVal = IDYES Then
        MessageBox.Show("예 버튼을 눌렀습니다.")
    Else
        MessageBox.Show("아니오 버튼을 눌렀습니다.")
    End If
End Sub
```

③ 다음 그림은 F5 키를 눌러 프로젝트를 실행한 결과 화면([그림1])으로 [메시지 박스 실행] 버튼을 누르
면 Declare 함수를 호출하여 [그림 2]와 같이 메시지가 나타난다. [그림 2]에서 [예]와 [아니오] 버튼
을 클릭하면 클릭된 버튼에 따라 [그림 3]과 [그림 4] 메시지가 출력된다.

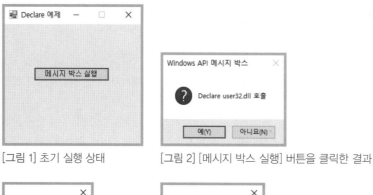

[그림 1] 초기 실행 상태   [그림 2] [메시지 박스 실행] 버튼을 클릭한 결과

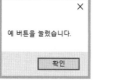   

[그림 3] [예] 버튼이 클릭된 결과   [그림 4] [아니오] 버튼이 클릭된 결과

7.2.3 DllImport를 사용한 API 호출

DllImport 특성을 사용하는 것은 형식 라이브러리 없이 DLL에서 함수를 호출하는 방법
으로 앞에서 알아본 Declare 함수 호출보다 좀 더 간단하게 구현할 수 있다. DllImport는
함수의 호출 방법을 좀 더 간단하고 관리를 쉽게 한다는 것 외에는 앞서 알아본 Declare
문과 거의 유사하다.

```
<DllImport("정의 DLL 파일")> _
Public Shared Function 정의 DLL 파일의 메서드() As 반환 타입

    ...
End Function
```

예제 프로젝트를 통해 DllImport를 이용하여 WinAPI를 사용해 보자.

① [파일]-[새 프로젝트] 메뉴를 클릭하여 "mook_DllImportExam" 프로젝트를 'C:\
vb2017project\Chap07\' 경로에 생성하고, 다음 그림과 같이 윈도우 폼에 필요한 컨트롤을 위치
시켜 폼을 디자인하고, 각 컨트롤의 속성값을 설정한다.

폼 디자인에 사용된 컨트롤의 주요 속성값은 다음과 같다.

폼 컨트롤	속 성	값
Form1	Name	Form1
	Text	DllImport 예제
	FormBorderStyle	FixedSingle
	MaximizeBox	False
Button1	Name	btnMove
	TextBox	파일 옮기기 실행

② DllImport 문을 쉽게 액세스할 수 있게 하려면, 다음과 같이 클래스 블록 외부에 Imports 키워드를
이용하여 필요한 네임스페이스를 추가한다.

```
Imports System.Runtime.InteropServices
```

③ 다음과 같이 Public Shared 한정자(modifier)를 갖는 MoveFile 함수를 선언한다.

```
<DllImport("KERNEL32.DLL", EntryPoint:="MoveFileW",
    SetLastError:=True,
    CharSet:=CharSet.Unicode, ExactSpelling:=True,
    CallingConvention:=CallingConvention.StdCall)>
Public Shared Function MoveFile(
        ByVal src As String,
        ByVal dst As String) _
    As Boolean
End Function
```

④ [파일 옮기기 실행] 버튼을 더블클릭하여 btnMove_Click() 이벤트 핸들러 프로시저를 생성한 다음
프로시저 내부에 MoveFile 함수를 호출하는 구문을 추가한다.

```
Private Sub btnMove_Click(sender As Object, e As EventArgs)
            Handles btnMove.Click
    Dim RetVal As Boolean = MoveFile("SrcTest.txt", "DstTest.txt")
    If RetVal = True Then
        MsgBox("이동 성공")
    Else
        MsgBox("이동 실패")
    End If
End Sub
```

⑧ 파일 이름을 'SrcTest.txt'로 하여 새로운 파일을 만들어 다음의 경로에 저장한다.
 'C:\vb2017project\Chap07\mook_DllImportExam\mook_DllImportExam\bin\Debug'

⑨ F5 키를 눌러 응용프로그램을 실행한다. [btnMove] 버튼을 클릭하면 파일이 정상적으로 이동되어
"이동 성공"이라는 메시지가 표시된다.

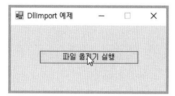

다음 그림과 같이 앞서 만들어 두었던 'SrcTest.txt' 파일의 경로를 확인하면 'SrcTest.txt' 파일이 이동되어 'DstTest.txt' 파일로 파일의 이름이 변경된 것을 확인할 수 있다. 같은 경로 내에서 이동하면서 파일의 이름만이 변경된 것이다.

[이동 전]

[이동 후]

7.3 WAV 파일 재생기 만들기

이 절에서 살펴보는 WAV 파일 재생기 예제는 이름에서 쉽게 알 수 있듯이 WAV 파일을 재생하는 애플리케이션이다. 예제의 디자인은 아주 간단하지만, Thread 클래스를 이용하여 DLL 파일을 참조하고 DLL 파일의 DllImport 키워드를 이용하여 비관리 코드를 호출하여 'winmm.DLL' 라이브러리에서 가져온 Wav 파일 재생 기능을 참조하는 구조를 갖는다.

> **TIP**
>
> **DLL(Dynamic Linking Library)이란?**
>
> DLL은 작은 프로그램들의 집합으로 컴퓨터 내에서 실행되고 있는 프로그램에서 필요로 할 때 그중 어떤 것이라도 호출될 수 있다. 예를 들어 어떤 프로그램이 프린터나 스캐너 등과 같은 특정 장치와 통신을 할 수 있게 하는 프로그램을 쉽게 참조할 수 있도록 DLL 프로그램으로 구성된다.
>
> DLL 파일들의 장점은 주프로그램과 함께 메모리에 적재되지 않기 때문에 메모리 공간을 절약하는 데 있으며, DLL 파일은 필요한 경우에만 적재되어 실행된다. 예를 들어 마이크로소프트 워드 이용하여 사용자가 문서를 편집하고 있는 동안에 프린터의 DLL 파일은 메모리에 적재될 필요가 없다. 만약 사용자가 문서를 출력하려고 할 때 워드 프로그램은 그 시점에서 프린터 DLL 파일을 메모리에 적재하고 실행하기 때문에 메모리 공간을 절약할 수 있다.

이 절에서 구현할 Wav 재생기 애플리케이션을 구현하기 위해서는 디자인 부분의 외형 구성을 담당하는 'mook_APIWavPlayer' 프로젝트와 실제 Wav 파일을 재생하는 'PlayWav' 프로젝트로 구성되어 있다. 'mook_APIWavPlayer' 프로젝트는 'PlayWav' 프로젝트를 컴파일하여 생성된 DLL 파일을 참조하여 Wav 파일을 재생한다.

다음 그림은 Wav 파일 재생기 애플리케이션을 구현하고 실행한 결과 화면이다.

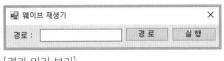

[결과 미리 보기]

7.3.1 Wav 파일 재생기 DLL 프로젝트(PlayWav) 생성

Wav 파일을 재생하기 위한 'PlayWav' 프로젝트를 생성하기에 앞서 Wav 재생기 애플리케이션의 외형을 담당할 'mook_APIWavPlayer' 이름으로 윈도우 프로젝트를 먼저 생성하고, 이 프로젝트 하위에 'PlayWav' 이름의 DLL 프로젝트를 생성한다.

프로젝트 이름을 'mook_APIWavPlayer'로 하여 'C:\vb2017project\Chap07\' 경로에 새 프로젝트를 생성한다. 생성된 프로젝트에서 VS의 메뉴 [파일]-[추가]-[새 프로젝트] 메뉴 항목을 클릭하고, 다음 그림과 같이 DLL 파일을 생성하기 위한 작업으로 [클래스 라이브러리(.NET Framework)] 형식의 새 프로젝트를 추가한다. 프로젝트 이름은 'PlayWav'로 한다.

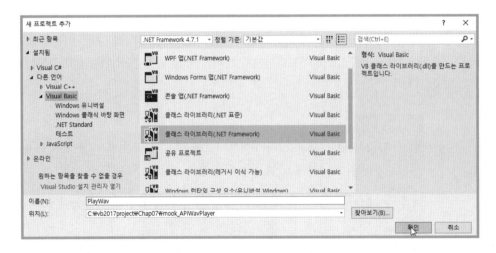

솔루션 내부에 두 프로젝트가 추가되어 있기 때문에 시작 프로젝트를 선택해야 한다. 현재는 첫 번째 프로젝트인 'mook_APIWavPlayer'가 시작 프로젝트로 설정되어 있다. 다음 그림과 같이 'PlayWav' 프로젝트 이름을 마우스 오른쪽 버튼으로 클릭하고 표시되는 단축메뉴에서 [시작 프로젝트로 설정] 메뉴를 클릭하여 시작 프로젝트로 설정한다.

클래스 라이브러리 프로젝트는 실제 디자인이 필요하지 않기 때문에 프로젝트를 생성하면 디자인 창이 존재하지 않으며 프로젝트를 생성할 때 바로 코드 구현 모드가 나타난다.

다음 그림과 같이 'PlayWav' 프로젝트 하위에 있는 클래스 파일의 이름을 'Class1.vb'에서 'Player.vb'로 수정한다.

7.3.2 Wav 파일 재생기 DLL 프로젝트(Player.vb) 코드 구현

다음과 같이 DllImport 키워드를 쉽게 사용할 수 있도록 코드의 맨 위에 Imports 키워드를 이용하여 System.Runtime.InteropServices 네임스페이스를 추가한다.

```
Imports System.Runtime.InteropServices          '네임스페이스 추가
```

다음과 같이 DllImport 특성을 PlaySoundStart 메서드에 적용하는 것으로 각각의 매개 변수는 파일 경로와 핸들을 나타내는 플랫폼 형식과 PlaySoundFlags 값을 의미한다.

```
01:  <DllImport("winmm.DLL", EntryPoint:="PlaySound", SetLastError:=True)>
02:  Public Shared Function PlaySoundStart(
         ByVal szSound As String, ByVal
         hMod As System.IntPtr,
         ByVal flags As PlaySoundFlags)
      As Boolean
03:  End Function
```

2행   Public Shared 액세스 수준의 PlaySoundStart() 함수를 선언하는 구문으로 매개 변수는 다음과 같다.

구문	설명
PlaySoundStart(A, B, C)	A : Wav 파일을 경로 B : 핸들을 나타내는데 사용되는 플랫폼별 형식 C : DLL 지정된 Player 메서드를 참조하기 위한 지정된 값으로 API 레퍼런스에 지정된 값

다음의 PlaySoundFlags 값은 PlaySoundStart 메서드를 참조하기 위한 지정된 값으로 API 레퍼런스에 지정된 값이다. 이 값들에 대한 자세한 설명은 MSDN이나 API 레퍼런스를 참고하길 바란다.

```
Public Enum PlaySoundFlags As Integer
    SND_SYNC = 0
    SND_ASYNC = 1
    SND_NODEFAULT = 2
    SND_LOOP = 8
    SND_NOSTOP = 10
    SND_NOWAIT = 2000
    SND_FILENAME = 20000
    SND_RESOURCE = 40004
End Enum
```

7.3.3 Wav 파일 재생기 DLL 프로젝트 빌드

Wav 파일 재생기 DLL 프로젝트를 F5 키를 누르는 방법으로 컴파일하면 다음과 그림과 같이 "라이브러리 프로젝트는 직접 실행할 수 없습니다."는 에러 메시지가 나타난다. 이는 DLL 프로젝트는 코드에 시작 메서드가 없기 때문에 나타나며, 참조되는 형식으로만 실행되기 때문이다.

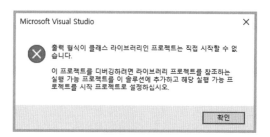

클래스 라이브러리 프로젝트는 윈도우 애플리케이션 프로젝트와 다르게 폼과 시작점을 갖고 있지 않기 때문에 단독으로 실행할 수 없다. VS2017의 메뉴 [빌드]-[PlayWav 빌드] 메뉴('PlayWav'는 프로젝트 이름)를 선택하여 솔루션 빌드만을 진행하면 다음 그림에서와 같이 DLL 파일이 생성된 것을 확인할 수 있다.

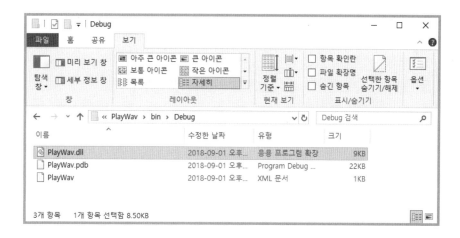

7.3.4 Wav 파일 재생기 폼 디자인

실제 Wav 파일 실행을 담당할 DLL 프로젝트를 앞서 만들었다면 이제는 이 DLL 파일을 참조하는 Wav 파일 재생기 즉, 예제의 외형을 담당할 프로젝트를 구현한다. 시작 프로젝트를 다시 설정하기 위해서 솔루션 탐색기에서 'mook_APIWavPlayer' 프로젝트명을 마우스 오른쪽 버튼으로 클릭하고 표시되는 단축메뉴에서 [시작 프로젝트로 설정] 메뉴를 클릭하여 시작 프로젝트로 설정한다.

다음 그림과 같이 윈도우 폼에 필요한 컨트롤을 위치시켜 폼을 디자인하고, 컨트롤의 속성값을 설정한다.

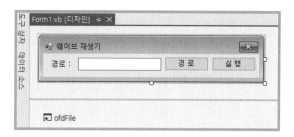

폼 디자인에 사용된 컨트롤의 주요 속성값은 다음과 같다.

폼 컨트롤	속 성	값
Form1	Name	Form1
	Text	웨이브 재생기
	FormBorderStyle	FixedSingle
	MaximizeBox	False
	MinimizeBox	False
Label1	Name	lblPath
	Text	경로 :
TextBox1	Name	txtPath
Button1	Name	btnPath
	Text	경 로
Button2	Name	btnPlay
	Text	실 행
OpenFileDialog1	Name	ofdFile
	Filter	웨이브 파일(*.wav)|*.wav

앞에서 생성한 'PlayWav' DLL을 참조하기 위해서 다음 그림과 같이 [솔루션 탐색기] 창에서 프로젝트 하위의 [참조] 항목을 마우스 오른쪽 버튼으로 클릭하여 표시되는 단축메뉴에서 [참조 추가(R)] 메뉴를 클릭한다.

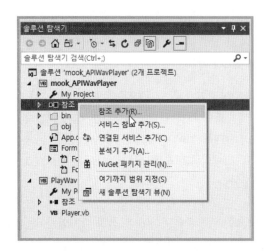

다음 그림과 같이 [참조 관리자] 대화상자가 나타나면 왼쪽 메뉴에서 [찾아보기] 항목을 선택하고, 다시 [찾아보기] 버튼을 클릭한다..

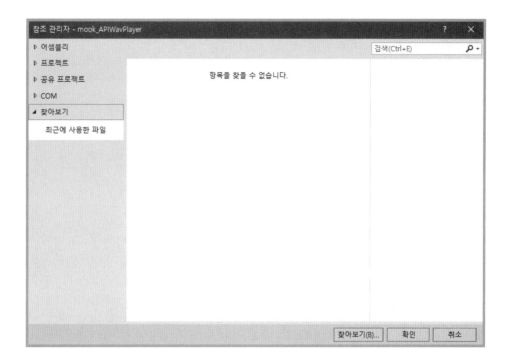

[참조할 파일 선택] 대화상자에서 앞에서 생성한 'PlayWav.dll' 파일을 찾아 추가하고 [확인] 버튼을 눌러 참조 추가를 완료한다.

위 작업으로 다음 그림과 같이 [mook_WavPlayer]-[참조] 항목 하위에 'PlayWav' 참조 개체가 추가된 것을 확인할 수 있다.

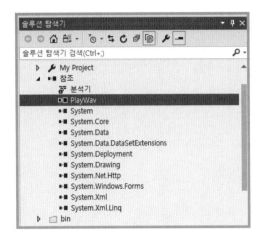

7.3.5 Wav 파일 재생기 코드 구현

다음과 같이 Thread 클래스를 이용하기 위해서 System.Threading 네임스페이스와 'PlayWav.dll' 파일을 사용하기 위하여 앞서 참조 추가한 'PlayWav' 네임스페이스를 추가한다.

```
Imports System.Threading          '스레드 개체 사용
Imports PlayWav                   'Wav 재생을 위한 DllImport 사용
```

다음과 같이 클래스 전체에서 참조할 수 있도록 멤버 개체와 변수를 설정한다.

```
Private WavPlayThread As Thread   '스레드 개체 생성
Private FilePath = ""             'Wav 파일 경로 저장
```

다음의 btnPath_Click() 이벤트 핸들러는 [경로] 버튼을 더블클릭하여 생성한 프로시저로, Wav 파일 경로를 얻는 작업을 수행한다.

```
01:  Private Sub btnPath_Click(sender As Object, e As EventArgs)
                     Handles btnPath.Click
02:      If Me.ofdFile.ShowDialog() = Windows.Forms.DialogResult.OK Then
03:          Me.txtPath.Text = Me.ofdFile.FileName
04:          Me.FilePath = Me.ofdFile.FileName
05:      End If
06:  End Sub
```

2행　　　ofdFile.ShowDialog() 메서드를 이용하여 [열기] 대화상자를 호출하고 결과값에 따라 If 블록을 실행하여 Wav 파일을 선택하면 3행과 4행이 실행된다.

3-4행　　ofdFile.FileName 속성을 이용하여 파일의 전체 경로가 들어 있는 문자열을 가져와 txtPath 컨트롤의 Text 속성과 FilePath 변수에 저장한다.

다음의 btnPlay_Click() 이벤트 핸들러는 [실행] 버튼을 더블클릭하여 생성한 프로시저로, 생성한 스레드 개체 WavPlayThread에 수행할 SoundPlay() 메서드를 대입하고 Start() 메서드를 이용하여 스레드를 실행한다.

```vb
Private Sub btnPlay_Click(sender As Object, e As EventArgs)
                Handles btnPlay.Click
    If Me.txtPath.Text <> "" Then
        WavPlayThread = New Thread(AddressOf SoundPlay)
        WavPlayThread.Start()
    End If
End Sub
```

다음의 SoundPlay() 메서드는 외부 스레드에서 실행될 메서드로 DLL 클래스 라이브러리의 PlaySoundStart 메서드를 호출하는 작업을 수행한다.

```vb
01:  Private Sub SoundPlay()
02:      Player.PlaySoundStart(Me.ofdFile.FileName,
                    New System.IntPtr(),
                    Player.PlaySoundFlags.SND_SYNC)
03:      WavPlayThread.Abort()
04:  End Sub
```

2행   다음 그림과 같이 바깥쪽 범주에서 안쪽의 범주로 즉, 네임스페이스–클래스–메서드 순으로 호출할 수 있기 때문에 클래스와 메서드를 키워드 '.'으로 연결하여 호출한다.

네임스페이스 : mook_PlayWav
클래스 : Player
메서드 : PlaySoundStart

구문	설명
PlaySoundStart(A, B, C)	A : Wav 파일을 경로 B : 핸들을 나타내는데 사용되는 플랫폼별 형식 C : DLL 지정된 Player 메서드를 참조하기 위한 지정된 값으로 API 레퍼런스에 지정된 값

3행   WavPlayThread.Abort() 메서드를 이용하여 생성한 스레드 개체를 강제 종료
시키는 구문이다.

다음의 Form1_FormClosing() 이벤트 핸들러는 폼을 선택하고 이벤트 목록 창에서
[FormClosing] 이벤트 항목을 더블클릭하여 생성한 프로시저로, 폼과 생성한 스레드 개
체를 종료하는 작업을 수행한다.

```
Private Sub Form1_FormClosing(sender As Object, e As FormClosingEventArgs)
            Handles MyBase.FormClosing
    If Not WavPlayThread Is Nothing Then
        WavPlayThread.Abort()
        Application.ExitThread()
    End If
End Sub
```

7.3.6 Wav 파일 재생기 예제 실행

다음 그림은 Wav 파일 재생기 예제를 F5를 눌러 실행한 화면이다. [경 로] 버튼을 클릭
하여 Wav 파일을 선택하고, [실 행] 버튼을 클릭하면 Wav 파일이 실행되는 것을 확인할
수 있다.

7.4 폼 깜박임

이 절에서 살펴볼 폼 깜박임 예제는 FlashWindow라는 Windows API를 이용하여 설정
된 주기에 따라 폼이 하이라이트(포커스)되었다가 하이라이트를 잃는 작업을 반복하는
예제이다. 이러한 기능은 메신저 또는 채팅 애플리케이션에서 메시지가 수신되었을 때
폼이 하이라이트 되거나 윈도우의 작업 표시줄의 프로그램이 깜박이는 효과를 구현한 것
이다. 이 예제는 실제 깜박임이 표현되는 'mook_Formflicker'와 깜박임을 설정 및 실행
하는 'mook_FormFlickerRun' 프로젝트로 구현된다.

다음 그림은 폼 깜박임 애플리케이션을 구현하고 실행한 결과 화면이다.

mook_Formflicker   mook_FormFlickerRun

[결과 미리 보기]

7.4.1 폼 깜박임(mook_Formflicker) 디자인

프로젝트 이름을 'mook_Formflicker'로 하여 'C:\vb2017project\Chap07' 경로에 새 프로젝트를 생성한다. 다음 그림과 같이 윈도우 폼에 필요한 컨트롤을 위치시켜 폼을 디자인하고, 각 컨트롤의 속성값을 설정한다.

폼 디자인에 사용된 컨트롤의 주요 속성값은 다음과 같다.

폼 컨트롤	속 성	값
Form1	Name	Form1
	Text	폼 깜박
	FormBorderStyle	FixedToolWindow
	MaximizeBox	False
TextBox1	Name	txtHandle
	ReadOnly	True

7.4.2 폼 깜박임(mook_Formflicker) 코드 구현

다음의 Form1_Load() 이벤트 핸들러는 폼을 더블클릭하여 생성한 프로시저로, 폼이 실행될 때 애플리케이션의 핸들 값을 구하는 작업을 수행한다.

```
01:  Private Sub Form1_Load(sender As Object, e As EventArgs)
                    Handles MyBase.Load
02:      Me.txtHandle.Text = String.Format
                                ("Handle : {0}", Me.Handle.ToString())
03:  End Sub
```

2행   Me.Handle 속성을 이용하여 폼의 핸들 값을 가져와 txtHandle 컨트롤에 나타내는 작업을 수행한다.

7.4.3 실행 모듈(mook_FormFlickerRun) 디자인

[솔루션 탐색기]에서 솔루션 이름을 마우스 오른쪽 버튼을 눌러 표시되는 단축메뉴에서 [추가]-[새 프로젝트] 메뉴를 눌러 'mook_FormFlickerRun'라는 프로젝트를 추가로 생성한다. 다음 그림과 같이 윈도우 폼에 필요한 컨트롤을 위치시켜 폼을 디자인하고, 각 컨트롤의 속성값을 설정한다.

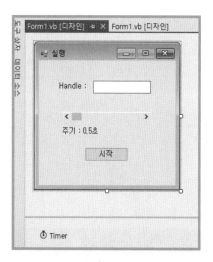

폼 디자인에 사용된 컨트롤의 주요 속성값은 다음과 같다.

폼 컨트롤	속 성	값
Form1	Name	Form1
	Text	실행
	FormBorderStyle	FixedSingle
	MaximizeBox	False

Label1	Name	lblHandle
	Text	Handle :
Label2	Name	lblInterval
	Text	주기 : 0.5초
TextBox1	Name	txtHandle
HScrollBar1	Name	hsbFlash
	Maximum	10000
	Minimum	500
	Value	500
Button1	Name	btnRun
	Text	시작
Timer	Name	Timer
	Interval	100

7.4.4 실행 모듈(mook_FormFlickerRun) 코드 구현

DllImport 구문을 사용하기 위해서 클래스 외부 상단에 Imports 키워드를 이용하여 다음과 같이 네임스페이스를 추가한다.

```
Imports System.Runtime.InteropServices    'DllImportAttribute 클래스 이용
```

다음과 같이 클래스 상단에 폼 깜빡임을 위해 FlashWindow API를 DllImport 문으로 선언하고 멤버 변수를 추가한다.

```
01:  <DllImport("user32.dll")> _
02:  Shared Function FlashWindow(ByVal hwnd As IntPtr,
                              ByVal bInvert As Boolean) As Boolean
03:  End Function

04:  Dim flashbool = False
05:  Dim Hwnd As IntPtr
```

1~3행   폼의 깜박임 기능을 구현하기 위한 Win API 호출 구문이다. 폼의 깜박임은 윈도우 창에 대한 속성을 변경하여 구현하기 때문에 User API를 이용한다. 이 기능을 위한 정의 파일은 'User32.dll'을 사용한다. DllImport 문을 이용하여 정의 파일을 대입하고 FlashWindow 함수를 호출하여 기능을 구현한다.

4행   폼이 깜박임을 판단하기 위한 Boolean 타입 변수이다.

5행   핸들 값을 저장하기 위한 멤버 변수이다.

다음의 Form1_Load() 이벤트 핸들러는 폼을 더블클릭하여 생성한 프로시저로, 폼이 실행될 때 애플리케이션의 핸들 값을 구하는 작업을 수행한다.

```
01:  Private Sub Form1_Load(sender As Object, e As EventArgs)
                    Handles MyBase.Load
02:      Me.txtHandle.Text = String.Format("Handle : {0}",
                                        Me.Handle.ToString())
03:  End Sub
```

2행   Me.Handle 속성을 이용하여 애플리케이션의 핸들 값을 가져와 txtHandle 컨트롤에 나타내는 작업을 수행한다.

다음의 btnRun_Click() 이벤트 핸들러는 [시작] 버튼을 더블클릭하여 생성한 프로시저로, 폼을 깜박이는 작업을 수행한다.

```
01:  Private Sub btnRun_Click(sender As Object, e As EventArgs)
                    Handles btnRun.Click
02:      Hwnd = CType(Convert.ToInt32(Me.txtHandle.Text), IntPtr)
03:      If flashbool = False Then
04:          flashbool = True
05:          With Me.Timer
06:              .Interval = Me.hsbFlash.Value
07:              .Enabled = True
08:          End With
09:      Else
10:          flashbool = False
11:          With Me.Timer
12:              .Interval = Me.hsbFlash.Value
13:              .Enabled = False
14:          End With
15:      End If
16:  End Sub
```

2행   txtHandle 컨트롤에 입력된 문자열(핸들 값)을 CType 메서드를 이용하여 Hwnd 변수에 저장하는 작업을 수행한다.

3행   폼의 깜박임 수행 여부를 판단하는 flashbool 멤버 변수의 값에 따라 코드를 수행하는 If 구문이다.

5-8행   With ~ End With 구문(TIP "With ~ End With 문" 참고)으로 Timer 컨트롤의 Interval과 Enabled 속성값을 설정하여 폼의 깜박임을 수행하도록 설정하는 구문이다.

TIP

With ~ End With 문

With ~ End With 문의 블록 내에서 사용할 기본 개체를 설정한다. 일반적으로 With 문은 특정 조건에서 작성해야 할 코드의 양을 줄이기 위해 사용한다.

형식 :
With object
　　statement
End With
- object : 새로운 기본 개체
- statement : 해당 object가 기본 개체가 되는 문

사용 예 :
기본 구문을 사용할 때의 코드 예

```
Dim x, y
x = Math.cos(3 * Math.PI) + Math.sin(Math.LN10)
y = Math.tan(14 * Math.E)
```

With ~ End With 문을 사용할 때의 코드 예

```
Dim x, y
With Math
   x = .cos(3 * .PI) + .sin (.LN10);
   y = .tan(14 * .E);
End With
```

다음의 hsbFlash_Scroll() 이벤트 핸들러는 hsbFlash 컨트롤을 더블클릭하여 생성한 프로시저로, 폼 깜박임의 주기를 설정하는 작업을 수행한다.

```
01:  Private Sub hsbFlash_Scroll(sender As Object, e As ScrollEventArgs)
                Handles hsbFlash.Scroll
02:      Dim tmp As Integer = Me.hsbFlash.Value
03:      Dim tmps As Single = CSng(tmp / 1000)
04:      Me.lblInterval.Text = String.Format("주기 : {0}초", tmps)
05:  End Sub
```

2행　　　hsbFlash.Value 속성값을 이용하여 주기를 tmp 변수에 저장하는 작업을 수행한다.

3행　　　CSng 메서드를 이용하여 Single 타입으로 tmps 변수의 값을 변경하는 작업을 수행한다.

4행　　　Single 타입의 폼 깜박임 주기를 lblInterval 컨트롤에 나타내는 작업을 수행한다.

다음의 Timer_Tick() 이벤트 핸들러는 Timer 컨트롤을 더블클릭하여 생성한 프로시저로, 주기적으로 FlashWindow Windows API를 호출하는 작업을 수행한다.

```
01:  Private Sub Timer_Tick(sender As Object, e As EventArgs)
                         Handles Timer.Tick
02:      FlashWindow(Hwnd, True)
03:  End Sub
```

2행   FlashWindow() 메서드를 호출하여 폼의 깜박임을 설정하는 구문으로, 매개 변수로 Form 컨트롤의 핸들 값과 True 값을 대입하여 폼 깜박임 기능을 구현한다.

7.4.5 폼 깜박임 예제 실행

다음 그림은 폼 깜박임 예제를 F5를 눌러 실행한 화면이다.

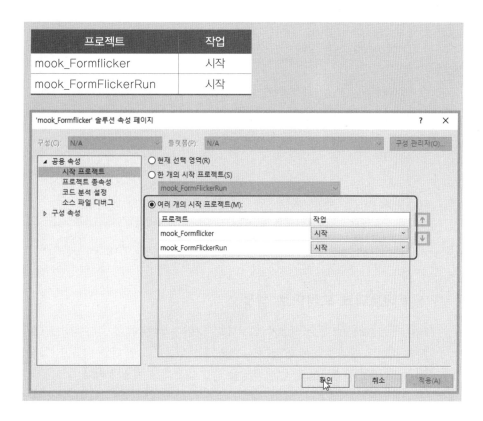

프로젝트	작업
mook_Formflicker	시작
mook_FormFlickerRun	시작

7.5 네트워크 드라이브

이 절에서 살펴볼 네트워크 드라이브 예제는 'mpr.dll' 라이브러리에 정의된 WNetCancelConnection 함수와 WNetCancelConnection2 함수를 이용하여 네트워크 드라이브 연결하고 해제하는 애플리케이션이다. WNetCancelConnection 함수는 네트 워크 드라이브를 연결하는 작업을 수행하고, WNetCancelConnection2 함수는 연결된 네트워크 드라이브를 해제하는 데 사용된다. 또한, 네트워크 드라이브 연결 전에 인터넷 연결이 정상인지를 판단하는 작업을 수행하는 InternetGetConnectedState 함수를 사용 한다.

다음 그림은 네트워크 드라이브 애플리케이션을 구현하고 실행한 결과 화면이다.

[결과 미리 보기]

7.5.1 네트워크 드라이브 설정

네트워크 드라이브를 설정하기 위해서 필자의 경우에는 "D:\" 드라이브(로컬 드라이브 하위 어디든 상관없음)에 'NetDriveTest'라는 이름으로 폴더를 만들고, 폴더의 공유 속성을 열어 [공유] 및 [고급 공유] 버튼을 눌러 다음과 같이 설정한다.

- 사용 권한 : 모든 권한
- 사용자 아이디/비밀번호 : chmook/p12345 (기본 윈도우 계정으로 사용 가능)

7.5.2 네트워크 드라이브 디자인

프로젝트 이름을 'mook_NetDrive'로 하여 'C:\vb2017project\Chap07\' 경로에 새 프로 젝트를 생성한다. 다음 그림과 같이 윈도우 폼에 필요한 컨트롤을 위치시켜 폼을 디자인 하고, 각 컨트롤의 속성값을 설정한다.

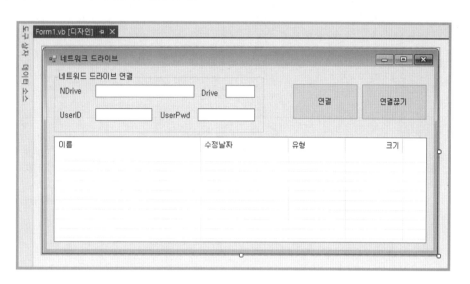

폼 디자인에 사용된 컨트롤의 주요 속성값은 다음과 같다.

폼 컨트롤	속 성	값
Form1	Name	Form1
	Text	네트워크 드라이브
	FormBorderStyle	FixedSingle
	MaximizeBox	False
GroupBox1	Name	gbConfig
	Text	네트워크 드라이브 연결
Label1	Name	lblNDrive
	Text	NDrive
Label2	Name	lblDrive
	Text	Drive
Label3	Name	lblId
	Text	UserID
Label4	Name	lblPwd
	Text	UserPwd
TextBox1	Name	txtNDrive
TextBox2	Name	txtDrive
TextBox3	Name	txtUserID

TextBox4	Name	txtUserPwd
	PasswordChar	*
Button1	Name	btnConnector
	Text	연결
Button2	Name	btnDisConn
	Text	연결 끊기
ListView1	Name	lvFile
	FullRowSelect	True
	GridLines	True
	View	Details

lvFile 컨트롤을 선택하여 속성 목록 창에서 [Columns] 속성의 ▦(컬렉션) 버튼을 클릭하여 [ColumnHeader 컬렉션 편집기] 대화상자를 열어 4개의 멤버를 추가한다.

이름	수정날짜	유형	크기

lvFile 컨트롤에 추가된 멤버 컨트롤의 주요 속성값은 다음과 같이 설정한다.

폼 컨트롤	속 성	값
ColumnHeader1	Name	chName
	Text	이름
	Width	250
ColumnHeader2	Name	chDate
	Text	수정날짜
	Width	150
ColumnHeader3	Name	chType
	Text	유형
	Width	100
ColumnHeader4	Name	chSize
	Text	크기
	Width	100
	TextAlign	Right

7.5.3 네트워크 드라이브 코드 구현

Imports 키워드를 이용하여 필요한 네임스페이스를 다음과 같이 추가한다.

```
Imports System.IO
Imports System.Threading
Imports System.Text
```

네트워크 드라이브를 연결하거나 연결된 네트워크 드라이브 끊기를 구현하기 위해서는 윈도우에서 제공하는 'mpr.dll' 라이브러리에 정의된 WNetUseConnection 함수와 WNetUseConnection2 함수를 사용해야 한다. 해당 함수를 사용하기 위해서 함수 호출 구문을 선언한다.

```
01:  Private Structure NETRESOURCE
            Public dwScope As UInt32
            Public dwType As UInt32
            Public dwDisplayType As UInt32
            Public dwUsage As UInt32
            Public lpLocalName As String
            Public lpRemoteName As String
            Public lpComment As String
            Public lpProvider As String
02:  End Structure

03:  Private Declare Function WNetUseConnection Lib "mpr.dll" _
            Alias "WNetUseConnectionA" (
            ByVal hwndOwner As IntPtr,
            ByRef lpNetResource As NETRESOURCE,
            ByVal lpPassword As String,
            ByVal lpUsername As String,
            ByVal dwFlags As UInt32,
            ByVal lpAccessName As StringBuilder,
            ByRef lpBufferSize As IntPtr,
            ByRef lpResult As IntPtr) _
        As UInt32

04:  Declare Function WNetCancelConnection2 Lib "mpr.dll" _
            Alias "WNetCancelConnection2A" (
            ByVal lpName As String,
            ByVal dwFlags As Int32,
            ByVal fForce As Int32)
        As Long

05:  Public Const CONNECT_UPDATE_PROFILE = &H1

06:  Private Declare Function InternetGetConnectedState Lib "wininet.dll" ( _
            ByRef lpdwFlags As Long,
            ByVal dwReserved As Int32) As Boolean
```

```
07:    Private Enum ConnectionStates
              Modem = &H1
              LAN = &H2
              Proxy = &H4
              RasInstalled = &H10
              Offline = &H20
              Configured = &H40
08:    End Enum
```

1-2행   네트워크 드라이브 연결을 위한 구조체 형식의 NETRESOURCE를 지정하는 구문이다.

3행   'mpr.dll' 라이브러리에 선언된 WNetUseConnection() 함수로, 네트워크 드라이브를 연결하기 위한 함수이다.

4행   'mpr.dll' 라이브러리에 선언된 WNetCancelConnection2() 함수로, 네트워크 드라이브의 연결을 해제하는 작업을 수행하는 함수이다.

6행   'wininet.dll' 라이브러리에 선언된 InternetGetConnectedState() 함수로 네트워크 연결이 정상적인지 확인하는 작업을 수행한다.

7-8행   네트워크 연결 상태를 나타내는 열거형 ConnectionStates를 선언하는 구문이다.

다음과 같이 멤버 변수 및 개체를 클래스 내부 상단에 추가한다.

```
Dim ConnThre As Thread = Nothing            '네트워크 드라이브 연결 스레드
'네트워크 드라이브 연결 델리게이트
Private Delegate Sub OnConnDelegate(ByVal Flag As Boolean)
Private OnConn As OnConnDelegate = Nothing

Dim FileThre As Thread = Nothing            '파일 정보 확인 스레드
Private Delegate Sub OnFileDelegate(
    ByVal fn As String, ByVal fd As String,
    ByVal ft As String, ByVal fs As Double)
Private OnFile As OnFileDelegate = Nothing   '파일 정보 뷰어 델리게이트

Dim NetDrive As String = String.Empty        '네트워크 드라이브 (D:\)
Dim NDrive As String = String.Empty          '네트워크 드라이브
Dim UserID As String = String.Empty          '사용자 아이디
Dim UserPwd As String = String.Empty         '사용자 비밀번호
Dim Drive As String = String.Empty           '드라이브
```

다음의 Form1_Load() 이벤트 핸들러는 폼을 더블클릭하여 생성한 프로시저로, 델리게이트 개체를 초기화하는 작업을 수행한다.

```
01:  Private Sub Form1_Load(sender As Object, e As EventArgs)
                    Handles MyBase.Load
02:      OnConn = New OnConnDelegate(AddressOf OnDelConn)
03:      OnFile = New OnFileDelegate(AddressOf OnDelFile)
04:      While True
05:          If (IsConnected()) Then Exit While
06:          Thread.Sleep(1000)
07:      End While
08:  End Sub
```

4-7행 폼을 로드할 때 While 구문을 이용하여 1초마다 IsConnected() 메서드를 호출하여 네트워크 연결을 체크하고, 연결이 완료되면 Exit While 문을 수행하여 While 구문을 종료하는 작업을 수행한다.

다음의 IsConnected() 구문은 네트워크 연결 체크를 위한 WinAPI인 InternetGet ConnectedState() 메서드를 호출한다.

```
Private Function IsConnected()
    Return InternetGetConnectedState(ConnectionStates.Configured, 0)
End Function
```

다음의 btnConnector_Click() 이벤트 핸들러는 [연결] 버튼을 더블클릭하여 생성한 프로시저로, 입력된 네트워크 드라이브 설정 정보를 멤버 변수에 저장하고 ConnThre 스레드를 초기화하여 네트워크 드라이브를 연결하는 작업을 수행한다.

```
01:  Private Sub btnConnector_Click(sender As Object,
                    e As EventArgs) Handles btnConnector.Click
02:      Me.lvFile.Items.Clear()
03:      NDrive = Me.txtNDrive.Text
04:      UserID = Me.txtUserID.Text
05:      UserPwd = Me.txtUserPwd.Text
06:      Drive = Me.txtDrive.Text
07:      NetDrive = Drive & "\"
08:      ConnThre = New Thread(AddressOf NetDriveCheck)
09:      ConnThre.Start()
10:  End Sub
```

3-7행 네트워크 드라이브 설정을 위한 정보를 멤버 변수에 저장하는 작업을 수행한다.

8-9행 ConnThre 스레드 개체를 초기화하는 작업으로 네트워크 드라이브가 연결될 때까지 스레드를 실행한다.

다음의 NetDriveCheck() 메서드는 WNetUseConnection 함수를 호출하여 네트워크 드라이브를 연결하는 작업을 수행한다.

```
01:  Private Sub NetDriveCheck()
02:      Dim capcity As Integer = 64
03:      Dim resultFlags As UInteger = 0
04:      Dim flags As UInteger = 0
05:      Dim strRemoteConnectString As String = NDrive
06:      Dim strRemoteUserID As String = UserID
07:      Dim strRemotePWD As String = UserPwd
08:      Dim buffer As New StringBuilder(capcity)
09:      Dim ns As NETRESOURCE = New NETRESOURCE()
10:      ns.dwType = 1
11:      ns.lpLocalName = Drive
12:      ns.lpRemoteName = strRemoteConnectString
13:      ns.lpProvider = vbNullString
14:      Dim result As Integer = 100
15:      While True
16:          result = WNetUseConnection(0, ns, strRemotePWD, strRemoteUserID,
                                         flags, buffer, capcity, resultFlags)
17:          If result = 0 Then Exit While
18:          Thread.Sleep(100)
19:      End While
20:      Invoke(OnConn, True)
21:      ConnThre.Abort()
22:  End Sub
```

2-14행 네트워크 드라이브를 연결하는 위한 네트워크 드라이브 이름, 아이디, 비밀번호 등의 정보를 변수에 설정하는 구문이다.

11행 ns.lpLocalName 속성에 드라이브 명(예 : D:)을 대입한다.

12행 ns.lpRemoteName 속성에 네트워크 드라이브 연결문(예 : "\\127.0.0.1\\test") 을 대입한다.

15-19행 While ~ End While 구문을 이용하여 네트워크 드라이브 연결이 완료될 때까지 WNetUseConnection() 함수(TIP "WNetUseConnection() Win API 함수" 참조)를 호출하여 네트워크 드라이브를 연결하는 작업을 수행한다.

16행 WNetUseConnection() 함수를 호출하여 네트워크 드라이브를 연결하는 함수를 호출하는 구문이다. WNetUseConnection() 함수를 결과가 값이 0일 때 네트워크 드라이브가 연결된 것으로 17행의 Exit While 구문을 이용하여 While 구문을 벗어난다.

20행 Invoke 메서드를 통해 OnConn 델리게이트를 호출하여 네트워크 드라이브에 존재하는 파일의 정보를 lvFile 컨트롤에 나타내는 작업을 수행한다.

21행 ConnThre 스레드를 Abort() 메서드를 호출하여 스레드를 종료하는 작업을 수행한다.

WNetUseConnection(a, b, c. d. e. f. g, h) Win API 함수

- a(소유자 윈도우 핸들) : IntPtr.Zero
- b(네트워크 리소스) : 구조체 NETRESOURCE
- c : 비밀번호
- d : 아이디
- e(플래그) : 0
- f(액세스명) : StringBuilder
- g(버퍼크기) : 64
- h(결과 코드) : 0

다음의 OnDelConn() 메서드는 델리게이트에서 호출하며 네트워크 드라이브가 연결되면 FileThre 스레드를 실행하여 연결된 네트워크 드라이브에 있는 파일 정보를 lvFile 컨트롤에 나타내는 작업을 수행한다.

```
Private Sub OnDelConn(ByVal Flag As Boolean)
    If Flag Then
        FileThre = New Thread(AddressOf FileList)
        FileThre.Start()
    Else
        MessageBox.Show("네트워크 드라이브 연결에 실패하였습니다.", "알림",
                MessageBoxButtons.OK, MessageBoxIcon.Error)
    End If
End Sub
```

다음의 FileList() 메서드는 연결된 네트워크 드라이브의 파일 속성을 lvFile 컨트롤에 나타내는 작업을 수행한다.

```
01: Private Sub FileList()
02:     Dim di As DirectoryInfo = New DirectoryInfo(NetDrive)
03:     For Each fs As FileInfo In di.GetFiles()
04:         Invoke(OnFile, fs.Name.Split(".")(0), fs.LastAccessTime.ToString(),
                fs.Extension.Replace(".", ""), CType(fs.Length, Double))
05:     Next
06:     FileThre.Abort()
07: End Sub
```

2행   디렉터리에 존재하는 파일의 정보를 가져오기 위해서 DirectoryInfo 클래스의 개체 di를 생성하고 NetDrive 변수 즉, 네트워크 드라이브 경로를 지정하여 개체 di를 초기화한다.

3-5행   For Each 구문을 이용하여 개체 di에 포함된 파일의 속성값을 가져오는 작업을 수행한다. di.GetFiles() 메서드를 이용하여 FileInfo의 개체 fs에 정보를 저장한다.

4행   Invoke() 메서드를 이용하여 델리게이트를 호출하고 매개 변수에 fs.Name, fs.LastWriteTime, fs.Extension, fs.Length 속성을 이용하여 파일의 이름과 수정날짜, 확장자, 파일 사이즈 정보를 가져와 lvFile 컨트롤에 나타내는 작업을 수행한다.

다음의 OnDelFile() 메서드는 델리게이트에서 호출되며, lvFile.Items.Add() 메서드를 호출하여 파일 정보를 lvFile에 추가하는 작업을 수행한다.

```
Private Sub OnDelFile(ByVal fn As String, ByVal fd As String,
                      ByVal ft As String, ByVal fs As Double)
    Dim FSize As String = GetFileSize(fs)
    Me.lvFile.Items.Add(New ListViewItem(
                            New String() {fn, fd, ft, FSize}))
End Sub
```

다음의 GetFileSize() 메서드는 파일의 사이즈를 정규화하는 구문으로 String.Format() 메서드를 이용하여 파일의 사이즈 범위에 맞춰 정규화한다.

```
Private Function GetFileSize(ByVal byteCount As Double) As String
    Dim Size As String = "0 Bytes"
    If byteCount >= 1073741824.0 Then
        Size = String.Format("{0:##.##}", byteCount / 1073741824.0) & " GB"
    ElseIf (byteCount >= 1048576.0) Then
        Size = String.Format("{0:##.##}", byteCount / 1048576.0) & " MB"
    ElseIf (byteCount >= 1024.0) Then
        Size = String.Format("{0:##.##}", byteCount / 1024.0) & " KB"
    ElseIf (byteCount > 0 And byteCount < 1024.0) Then
        Size = byteCount.ToString() & " Bytes"
    End If
    Return Size
End Function
```

다음의 btnDisConn_Click() 이벤트 핸들러는 [연결끊기] 버튼을 더블클릭하여 생성한 프로시저로, WNetCancelConnection2 함수를 호출하여 연결된 네트워크 드라이브의 연결을 끊는 작업을 수행한다.

```
01:  Private Sub btnDisConn_Click(sender As Object, e As EventArgs)
                    Handles btnDisConn.Click
02:      Drive = Me.txtDrive.Text
03:      Try
04:          WNetCancelConnection2(Drive, CONNECT_UPDATE_PROFILE, 0)
05:      Catch ex As Exception
06:          Return
07:      End Try
```

```
08:     Me.lvFile.Items.Clear()
09:     MessageBox.Show("네트워크 드라이브가 정상적으로 끊어졌습니다.", "알림",
                MessageBoxButtons.OK, MessageBoxIcon.Information)
10: End Sub
```

4행   'wininet.dll' 라이브러리에 선언된 WNetCancelConnection2() 함수를 호출하여 연결된 네트워크 드라이브를 해제하는 작업을 수행한다. 결과는 Integer 타입으로 반환되며, 결과가 0일 경우는 네트워크 드라이브 연결을 해제하는 작업을 수행하며, 0이 아닐 경우 네트워크 드라이브 해제 작업에 에러가 발생한 것이다.

7.5.4 네트워크 드라이브 예제 실행

다음 그림은 네트워크 드라이브 예제를 F5 를 눌러 실행한 화면이다.

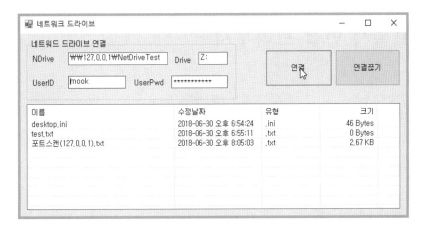

다음과 같이 네트워크 드라이브 연결이 정상적으로 되어 있는 것을 확인할 수 있다.

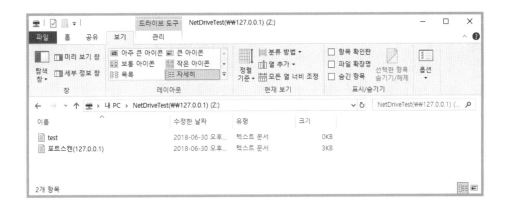

다음과 같이 [연결끊기] 버튼을 누르면 연결된 네트워크 드라이브가 해제된 것을 확인할
수 있다.

7.6 프록시 연결 브라우저

이 절에서 살펴볼 프록시 연결 브라우저 예제는 브라우저의 Proxy 연결 도구에 포함된
기능으로 프록시 서버 연결을 위해 IP 주소와 포트(port)를 설정하는 기능이다.

윈도우 환경에서 Proxy 설정하기 위해서는 제어판의 [인터넷 옵션]을 열어 다음 그림과
같이 프록시 서버와 포트 정보의 입력을 통해 설정해야 한다.

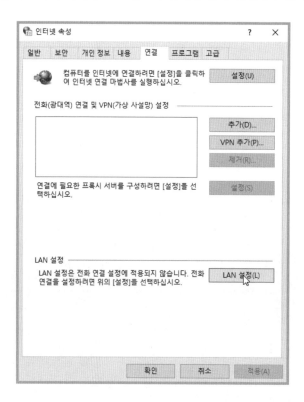

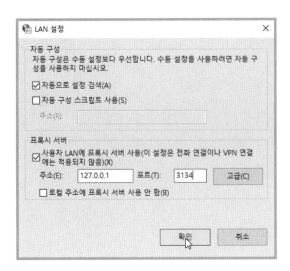

이 절에서 살펴보는 프록시 연결 브라우저 예제는 Proxy 설정을 쉽고 간단히 할 수 있으
며 웹 브라우징을 할 수 있도록 프록시 연결 브라우저를 구현한다.

다음 그림은 프록시 연결 브라우저 애플리케이션을 구현하고 실행한 결과 화면이다.

[결과 미리 보기]

7.6.1 프록시 연결 브라우저(Form1) 디자인

프로젝트이름을 'mook_ProxyWebBrowser'로 하여 'C:\vb2017project\Chap07' 경로에
새 프로젝트를 생성한다. 다음 그림과 같이 윈도우 폼에 필요한 컨트롤을 위치시켜 폼을
디자인하고, 각 컨트롤의 속성값을 설정한다.

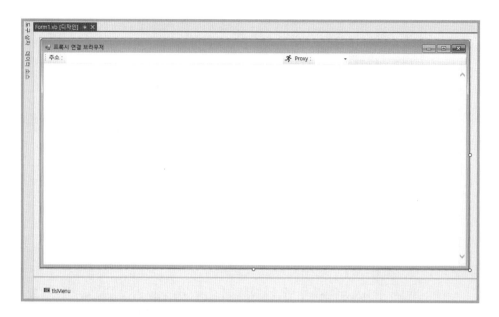

폼 디자인에 사용된 컨트롤의 주요 속성값은 다음과 같다.

폼 컨트롤	속 성	값
Form1	Name	Form1
	Text	프록시 연결 브라우저
ToolStrip1	Name	tlsMenu
WebBrowser1	Name	webBrowser
	Dock	Fill

tlsMenu 컨트롤을 선택한 뒤 🔲▾(멤버 추가) 버튼을 이용하여 Label, Button, TextBox, ComboBox 등 멤버 컨트롤을 다음 그림과 같은 순서로 추가하고 각 멤버의 속성을 설정한다.

tlsMenu 컨트롤에 추가된 멤버 컨트롤의 주요 속성값은 다음과 같다.

폼 컨트롤	속 성	값
ToolStripLabel1	Name	tlslblAddress
	Text	주소 :
ToolStripLabel2	Name	tlsProxy
	Text	Proxy :

ToolStripButton	Name	tlsbtnGo
	Image	[설정]
ToolStripTextBox1	Name	tlstxtUrl
ToolStripComboBox1	Name	tlscbOn
	DropDownStyle	DropDownList

7.6.2 프록시 연결 브라우저(Form1.vb) 코드 구현

Imports 키워드를 이용하여 필요한 네임스페이스를 다음과 같이 추가한다.

```
Imports System.Runtime.InteropServices
Imports Microsoft.Win32
```

다음과 같이 클래스 내부 제일 상단에 멤버 개체와 변수를 생성한다.

```
01:  '프록시 정보 레지스트리 저장
02:  Dim registry As RegistryKey =
     Microsoft.Win32.Registry.CurrentUser.OpenSubKey(
     "Software\\Microsoft\\Windows\\CurrentVersion\\Internet Settings", True)

03:  <DllImport("wininet.dll", SetLastError:=True, CharSet:=CharSet.Auto)>
04:  Public Shared Function InternetSetOption(hInternet As IntPtr,
         dwOption As Integer, lpBuffer As IntPtr,
         dwBufferLength As Integer) As Boolean
05:  End Function

06:  Dim ProxyIP As String = String.Empty      '프록시 서버 아이피
07:  Dim ProxyPort As String = String.Empty    '프록시 포트
```

2행 　프록시 서버를 설정하면 이 레지스트리 하위에 프록시 서버 및 포트 정보가 기록된다. 따라서 이 레지스트리 값을 수정하여 프록시 서버를 설정하는 기능을 구현하기 위해 Registry.CurrentUser.OpenSubKey() 메서드를 이용하여 지정된 하위 키를 검색하고 키에 쓰기 액세스를 적용하는데, 두 번째 매개 변수의 값을 True로 지정하여 쓰기 권한을 얻는다.

3-5행 　'wininet.dll' 어셈블리를 DllImport 구문으로 추가하여 이 어셈블리에 포함된 InternetSetOption() 메서드를 호출하여 프록시 서버 설정(레지스트리에 적용된 값)이 수정되었을 때 즉각적으로 [인터넷 옵션] 시스템에 반영될 수 있도록 한다.

다음의 Form1_Load() 이벤트 핸들러는 폼을 더블클릭하여 생성한 프로시저로, 폼이 로드될 때 tlscbOn 컨트롤의 Text 속성을 설정하기 위한 구문이다.

```
Private Sub Form1_Load(sender As Object, e As EventArgs)
            Handles MyBase.Load
    Me.tlscbOn.Text = "OFF"
End Sub
```

다음의 tlscbOn_SelectedIndexChanged() 이벤트 핸들러는 tlscbOn 컨트롤을 더블클릭
하여 생성한 프로시저로, 'ON', 'OFF' 선택 시 Form2를 호출하여 프록시 서버를 설정하
거나 해제하는 작업을 수행한다.

```
01:   Private Sub tlscbOn_SelectedIndexChanged(sender As Object,
                    e As EventArgs) Handles tlscbOn.SelectedIndexChanged
02:       If Me.tlscbOn.Text = "ON" Then
03:           Dim frm2 As Form2 = New Form2()
04:           If frm2.ShowDialog() = DialogResult.OK Then
05:             ProxyIP = frm2.ProxyIP
06:             ProxyPort = frm2.ProxyPort
07:             frm2.Close()
08:             registry.SetValue("ProxyServer", ProxyIP & ":" & ProxyPort)
09:             registry.SetValue("ProxyEnable", 1)
10:             InternetSetOption(IntPtr.Zero, 39, IntPtr.Zero, 0)
11:             InternetSetOption(IntPtr.Zero, 37, IntPtr.Zero, 0)
12:           End If
13:       Else
14:           registry.SetValue("ProxyServer", "")
15:           registry.SetValue("ProxyEnable", 0)
16:           InternetSetOption(IntPtr.Zero, 39, IntPtr.Zero, 0)
17:           InternetSetOption(IntPtr.Zero, 37, IntPtr.Zero, 0)
18:       End If
19:   End Sub
```

2~12행   tlscbOn 컨트롤에서 'ON' 값이 선택되었을 때 Form2를 호출하고 프록시 서버
         를 설정하는 작업을 수행한다.

8행   registry.SetValue() 메서드(**TIP** "Registrykey.SetValue() 메서드" 참고)를 이
         용하여 앞서 선언한 레지스트리 키 하위에 문자열(ProxyServer)와 데이터 값
         (http://127.0.0.1:3134)를 추가한다. 이렇게 추가된 문자열과 데이터는 다음 그
         림과 같이 레지스트리에 저장된다.

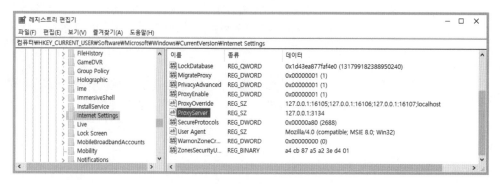

9행 　프록시 서버 기능을 활성화하는 것으로 DWORD(32비트값)을 추가한다. 값 이름(ProxyEnabled)과 값 데이터(1)를 설정한다. 값 데이터가 1이면 프록시 서버가 설정되고 0이 아니면 프록시 서버가 해제된다.

10-11행 'wininet.dll' 어셈블리에 포함된 InternetSetOptio() 메서드를 호출하여 레지스트리 변경에 대해 시스템에 반영하는 작업을 수행한다.

14-17행 프록시 서버 설정을 해제하는 작업을 수행한다.

TIP

RegistryKey.SetValue(Name, Value) 메서드

레지스트리에 지정된 이름/값 쌍을 설정한다.

- Name : 저장할 값의 이름
- Value : 저장할 데이터

다음의 tlsbtnGo_Click() 이벤트 핸들러는 🏃 버튼을 더블클릭하여 생성한 프로시저로, webBrowser.Navigate() 메서드를 이용하여 설정된 도메인에 접속하는 작업을 수행한다.

```
Private Sub tlsbtnGo_Click(sender As Object, e As EventArgs)
                Handles tlsbtnGo.Click
    Me.webBrowser.Navigate(Me.tlstxtUrl.Text)
End Sub
```

7.6.3 설정(Form2) 디자인

[파일]-[추가]-[새 프로젝트]-[Windows Form 응용프로그램] 항목을 클릭하여 Form2를 생성한 뒤에 다음 그림과 같이 Form2 디자인 창에 각 컨트롤을 위치시켜 폼을 디자인하고, 각 컨트롤의 속성값을 수정한다.

폼 디자인에 사용된 컨트롤의 주요 속성값은 다음과 같다.

폼 컨트롤	속 성	값
Form2	Name	Form2
	Text	설정
	FormBorderStyle	FixedSingle
	MaximizeBox	False
	StartPosition	CenterParent
Label1	Name	lblIp
	Text	아이피
Label2	Name	lblPort
	Text	포트
TextBox1	Name	txtIp
TextBox2	Name	txtPort
Button1	Name	btnSet
	Text	설정

7.6.4 설정(Form2.vb) 코드 구현

다음과 같이 클래스 내부 상단에 프록시 서버의 IP와 포트 정보를 저장하기 위한 프로퍼티를 추가한다.

```
Public Property ProxyIP As String       '프록시 아이피 정보 접근자
Public Property ProxyPort As String     '프록시 포트 정보 접근자
```

다음의 btnSet_Click() 이벤트 핸들러는 [설정] 버튼을 더블클릭하여 생성한 프로시저로, 아이피와 포트 정보를 프로퍼티에 저장하고 폼을 종료한다.

```
Private Sub btnSet_Click(sender As Object, e As EventArgs)
            Handles btnSet.Click
    ProxyIP = txtIp.Text              '아이피 정보 프로퍼티 설정
    ProxyPort = txtPort.Text          '포트 정보 프로퍼티 설정
    DialogResult = DialogResult.OK '폼 종료
End Sub
```

7.6.4 프록시 연결 브라우저 예제 실행

다음 그림은 프록시 연결 브라우저 예제를 F5를 눌러 실행하여 프록시 서버를 설정하고 네이버에 접속한 화면이다.

다음 그림과 같이 레지스트리에 프록시 서버 설정 정보가 정상적으로 생성된 것을 확인할 수 있다.

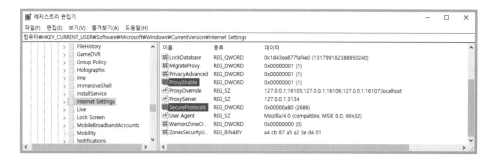

다음 그림과 같이 [인터넷 옵션] 시스템 설정 화면의 프록시 서버 설정 또한 정상적으로 적용된 것을 확인할 수 있다.

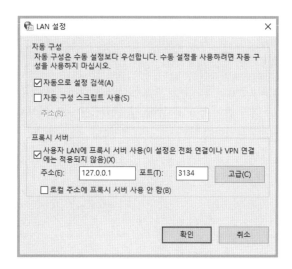

7.7 프로세스 간 데이터 전달

이 절에서 살펴볼 프로세스 간 메시지 전달 예제는 두 개의 프로세스가 실행되는 구조로 구현되며, 프로세스 간에 COPYDATASTRUCT 구조체를 이용하여 Window Message를 전달하는 기능으로 구성된다.

'mook_DataSender' 프로세스는 'mook_DataReceiver' 프로세스에 애플리케이션의 핸들 값을 통해 COPYDATASTRUCT 구조체를 이용하여 데이터를 전송한다. 이러한 기능은 문자뿐만 아니라 파일, 이미지 등을 전송할 수도 있다.

다음 그림은 프로세스 간 메시지 전달 애플리케이션을 구현하고 실행한 결과 화면이다.

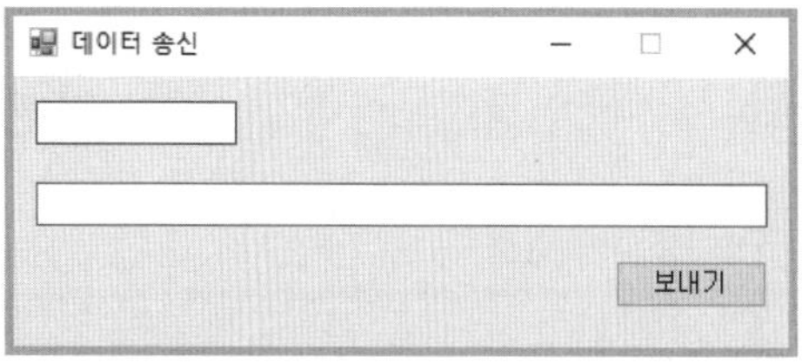

mook_DataSender

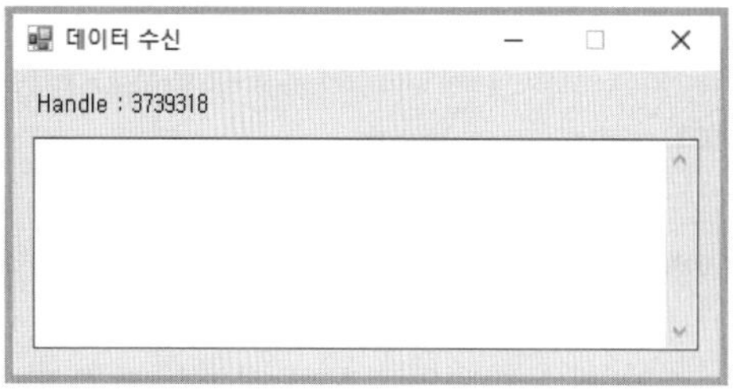

mook_DataSender

[결과 미리 보기]

7.7.1 데이터 수신 디자인

프로젝트 이름을 'mook_DataReceiver'로 하여 'C:\CSharpProject\Chap07' 경로에 새 프로젝트를 생성한다. 다음 그림과 같이 윈도우 폼에 필요한 컨트롤을 위치시켜 폼을 디자인하고, 각 컨트롤의 속성값을 설정한다.

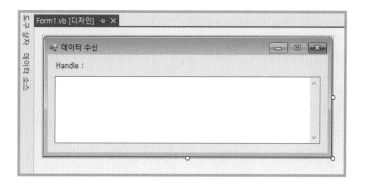

폼 디자인에 사용된 컨트롤의 주요 속성값은 다음과 같다.

폼 컨트롤	속 성	값
Form1	Name	Form1
	Text	데이터 수신
	FormBorderStyle	FixedSingle
	MaximizeBox	False
Label1	Name	lblHandle
	Text	Handle :
TextBox1	Name	txtString
	Multiline	True
	Scrollbars	Both

7.7.2 데이터 수신 코드 구현

Imports 키워드를 이용하여 필요한 네임스페이스를 다음과 같이 추가한다.

```
Imports System.Runtime.InteropServices
```

다음과 같이 Window Message 전송을 위한 상수와 COPYDATASTRUCT 구조체를 클래스 내부 상단에 추가한다. 이는 서로 다른 프로세스 간 데이터를 주고받고자 할 때 사용된다. 본래 프로세스 간 데이터를 주고받기 위해서는 시스템이 관리하는 논리적 주소 공간을 알고 있어야 하는데 논리적 주소 공간 즉, 포인터를 주고받기가 쉽지 않다. 따라서 논리적 주소 공간을 사용하는 것이 아니라 WM_COPYDATA 이용하여 메시지를 주고받을 수 있으며, 실제 데이터는 COPYDATASTRUCT 구조체에 실어 주고받는다.

```
01:  <StructLayout(LayoutKind.Sequential)>
02:  Structure COPYDATASTRUCT
03:      Public dwData As IntPtr
04:      Public cdData As Integer
05:      Public lpData As String
06:  End Structure
07:  Const WM_COPYDATA As Integer = 74
```

3행   보내는 데이터의 종류를 구별할 수 있게 헤더를 저장하는 변수이다.

4행   보내는 데이터의 사이즈를 저장하는 변수이다.

5행   보내는 데이터가 실제 저장되는 변수이다.

다음의 Window Message를 전달받기 위해서 WndProc() 메서드를 override하여 구현하여 'mook_DataSender' 프로세스에서 전송된 시스템 시간을 받는 작업을 수행한다.

```
01:  Protected Overrides Sub WndProc(ByRef m As Message)
02:      Try
03:          Select Case m.Msg
04:              Case WM_COPYDATA
05:                  Dim cds As COPYDATASTRUCT =
                         m.GetLParam(GetType(COPYDATASTRUCT))
06:                  If cds.lpData.Split("$")(0) = "001" Then
07:                      Me.txtString.AppendText(String.Format("메시지 : {0}",
                            cds.lpData.Split("$")(1)) & Environment.NewLine)
08:                  ElseIf cds.lpData.Split("$")(0) = "002" Then
09:                      Me.txtString.AppendText(String.Format("시간 : {0}",
                            cds.lpData.Split("$")(1)) & Environment.NewLine)
10:                  End If
11:              Case Else
12:                  MyBase.WndProc(m)
13:          End Select
14:      Catch ex As Exception
15:      End Try
16:  End Sub
```

1행   override 된 WndProc(Message) 메서드(TIP "WinProc() 메서드" 참고)는 식별된 운영 체제 메시지를 처리하는 메서드이며, 자식 클래스에서 부모 클래스의 멤버 함수를 재정의(Override)할 때 사용하며, 참조 형태로 프로세스 간 전달 받은 메시지를 인자값으로 받는다.

3-13행 m.Msg 메시지의 id 번호를 식별하는 것으로 WM_COPYDATA일 때, 즉 정상적으로 메시지가 전달되었을 때 그 문자 데이터를 처리한다.

5행   m.GetLParam(Type) 메서드를 이용하여 구조체 형태의 데이터를 가져와 COPYDATASTRUCT 구조체의 개체 cds에 저장하는 작업을 수행한다. 이는 실제 문자형 데이터를 구조체 개체에 저장하는 것이다.

6-10행   CDs.lpData의 값을 가져와 Split() 메서드로 문자 데이터를 분류하고 '001'이면 mook_DataSender 프로세스에 입력된 문자열 데이터를 가져오고, '002'이면 날짜 데이터를 가져와 txtString 컨트롤에 나타내는 작업을 수행한다.

TIP

WndProc(Message) 메서드

Windows 메시지를 처리한다.

- Message 구조체 : Windows 메시지를 구현한다.

이름	설명
HWnd	메시지의 창 핸들을 가져오거나 설정한다.
LParam	LParam 메시지의 필드
Msg	메시지에 대한 ID 번호를 가져오거나 설정한다.
Result	Windows 메시지 처리에 대 한 응답으로 반환되는 값을 지정한다.
WParam	WParam 메시지의 필드

다음의 Form1_Load() 이벤트 핸들러는 폼을 더블클릭하여 생성한 프로시저로, lblHandle 컨트롤에 폼의 핸들 값을 나타내는 작업을 수행한다.

```
Private Sub Form1_Load(sender As Object, e As EventArgs)
                    Handles MyBase.Load
    Me.lblHandle.Text = String.Format("Handle : {0}", Me.Handle.ToString())
End Sub
```

이 프로젝트의 실행은 'mook_DataSender' 프로젝트와 연동하여 실행되기 때문에 F5를 눌러 실행하지 않고, [빌드(B)]-[솔루션 빌드(B)] 메뉴를 눌러 프로젝트 빌드만 실행한다.

7.7.3 데이터 송신 디자인

프로젝트 이름을 'mook_DataSender'로 하여 'C:\CSharpProject\Chap07' 경로에 새 프로젝트를 생성한다. 다음 그림과 같이 윈도우 폼에 필요한 컨트롤을 위치시켜 폼을 디자인하고, 각 컨트롤의 속성값을 설정한다.

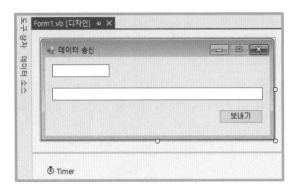

폼 디자인에 사용된 컨트롤의 주요 속성값은 다음과 같다.

폼 컨트롤	속 성	값
Form1	Name	Form1
	Text	데이터 송신
	FormBorderStyle	FixedSingle
	MaximizeBox	False
TextBox1	Name	txtHandle
TextBox2	Name	txtMsg
Button1	Name	btnSend
	Text	보내기
Timer1	Name	Timer
	Interval	5000

7.7.4 데이터 송신 코드 구현

Imports 키워드를 이용하여 필요한 네임스페이스를 다음과 같이 추가한다.

```
Imports System.Runtime.InteropServices
```

다음과 같이 Window Message 전송하기 위한 상수와 COPYDATASTRUCT 구조체를 클래스 내부 상단에 추가한다.

```
<StructLayout(LayoutKind.Sequential)>
Structure COPYDATASTRUCT
        Public dwData As IntPtr
        Public cdData As Integer
        Public lpData As String
End Structure
Const WM_COPYDATA As Integer = 74
```

다음과 같이 'user32.dll' 라이브러리에 정의된 SendMessage 함수를 사용하기 위한
DllImport 구문을 이용하여 함수 호출 구문을 선언한다.

```
01: <DllImport("user32.dll")>
02: Public Shared Function SendMessage(
            ByVal hWnd As IntPtr,
            ByVal Msg As Integer,
            ByVal wParam As IntPtr,
            ByRef lParam As COPYDATASTRUCT) As Integer
03: End Function
```

2행   SendMessage(a, b, c, d) 메서드의 인자 값으로 a는 데이터를 전달받을 프로세
        스의 핸들 값, b는 WM_COPYDATA, c는 O, d는 COPYDATASTRUCT 구조체
        형태의 실제 데이터를 의미한다.

다음과 같이 Form1_Load() 이벤트 핸들러는 폼을 더블클릭하여 생성한 프로시저로,
Timer 컨트롤의 Enabled 속성을 True로 설정하는 작업을 수행한다.

```
Private Sub Form1_Load(sender As Object, e As EventArgs)
            Handles MyBase.Load
    Me.Timer.Enabled = True
End Sub
```

다음의 btnSend_Click() 이벤트 핸들러는 [보내기] 버튼을 더블클릭하여 생성한 프로시
저로, txtMsg 컨트롤에 입력된 문자열을 'mook_DataReceiver' 프로세스에 전달하는 작
업을 수행한다.

```
01: Private Sub btnSend_Click(sender As Object, e As EventArgs)
                Handles btnSend.Click
02:     If Me.txtHandle.Text <> "" Then
03:         SendToApplication("001$" & Me.txtMsg.Text)
04:     End If
05: End Sub
```

3행   SendToApplication() 메서드를 호출하여 문자열을 전송한다.

다음의 SendToApplication() 메서드는 문자 데이터를 받아 SendMessage API를 이용하여 'mook_DataReceiver' 프로세스에 전달하는 작업을 수행한다.

```
01:  Public Sub SendToApplication(strMessage As String)
02:      Dim DataStruct As COPYDATASTRUCT
03:      DataStruct.dwData = IntPtr.Zero
04:      DataStruct.lpData = strMessage
05:      DataStruct.cdData = DataStruct.lpData.Length * 2 + 1
06:      Dim result As Integer =
                    SendMessage(CType(Convert.ToInt32(Me.txtHandle.Text),
                                IntPtr), WM_COPYDATA, 0, DataStruct)
07:  End Sub
```

2행   COPYDATASTRUCT 구조체 개체 'DataStruct'를 생성하는 구문이다.

4행   매개 변수로 전달 받은 문자 데이터를 구조체에 저장하는 작업을 수행한다.

5행   전달할 문자 데이터의 크기를 지정하는 작업을 수행한다.

6행   SendMessage() WinAPI를 이용하여 lpData 구조체 변수에 저장된 데이터를
        'mook_DataReceiver' 프로세스에 전달하는 작업을 수행한다.

다음의 Timer_Tick() 이벤트 핸들러는 Timer 컨트롤을 더블클릭하여 생성한 프로시저로, '5'초에 한번씩 DataTime.Now 값을 'mook_DataReceiver' 프로세스에 전달하는 작업을 수행한다.

```
Private Sub Timer_Tick(sender As Object, e As EventArgs)
            Handles Timer.Tick
    If Me.txtHandle.Text <> "" Then
        SendToApplication("002$" & DateTime.Now.ToString())
    End If
End Sub
```

7.7.5 프로세스 간 데이터 전달 예제 실행

다음 그림은 프로세스 간 데이터 전달 예제를 F5를 눌러 실행한 화면이다.

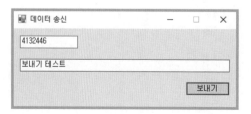

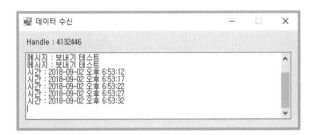

7.8 CMD 제어

이 절에서는 'User32.dll' 라이브러리에 정의된 FindWindow 함수와 SendMessage 함수 그리고 PostMessage 함수를 이용하여 CMD 창을 제어하는 방법에 대해 살펴보도록 한다. 이 기능은 CMD 뿐만 아니라 폼이 있는 대부분 애플리케이션을 이 기능을 활용하여 제어할 수 있다.

다음 그림은 CMD 제어 애플리케이션을 구현하고 실행한 결과 화면이다.

[결과 미리 보기]

7.8.1 CMD 제어 디자인

프로젝트 이름을 'mook_CMDControl'로 하여 'C:\vb2017project\Chap07' 경로에 새 프로젝트를 생성한다. 다음 그림과 같이 윈도우 폼에 필요한 컨트롤을 위치시켜 폼을 디자인하고, 각 컨트롤의 속성값을 설정한다.

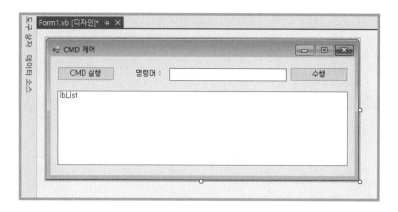

폼 디자인에 사용된 컨트롤의 주요 속성값은 다음과 같다.

폼 컨트롤	속 성	값
Form1	Name	Form1
	Text	CMD 제어
	FormBorderStyle	FixedSingle
	MaximizeBox	False
Button1	Name	btnCMD
	Text	CMD 실행
Button2	Name	btnCommand
	Text	수행
Label1	Name	lblCommand
	Text	명령어 :
TextBox1	Name	txtCommand
ListBox1	Name	lbList

7.8.2 CMD 제어 코드 구현

Imports 키워드를 이용하여 필요한 네임스페이스를 다음과 같이 추가한다.

```
Imports System.Runtime.InteropServices
Imports System.Diagnostics
Imports System.Threading
```

다음과 같이 CMD를 제어하기 위해서 'User32.dll' 라이브러리에 정의된 FindWindow 함수 등을 호출하기 위한 구문을 클래스 내부 상단에 선언한다.

```
01: <DllImport("user32.dll")>
02: Public Shared Function FindWindow(
            ByVal lpClassName As String,
            ByVal lpWindowName As String) As Integer
03: End Function

04: <DllImport("user32.dll")>
05: Public Shared Function SendMessage(
            ByVal hWnd As IntPtr,
            ByVal Msg As Integer,
            ByVal wParam As Integer,
            ByVal lParam As Integer) As Integer
06: End Function

07: <DllImport("user32.dll")>
08: Public Shared Function PostMessage(
            ByVal hWnd As IntPtr,
            ByVal Msg As Integer,
            ByVal wParam As Integer,
            ByVal lParam As Integer) As Integer
09: End Function

10: Private Const WM_CHAR As Integer = &H102
11: Private Const WM_KEYDOWN As Integer = &H100
12: Private Const VK_RETURN As Integer = &HD
```

1-3행   'user32.dll' 라이브러리에 선언된 FindWindow 함수 호출 선언문을 정의하는 구문으로 매개 변수는 윈도우 폼의 전체 클래스 이름과 윈도우 폼의 Text 속성 (Caption)을 지정하여 폼의 핸들 값을 구하는 작업을 수행한다.

4-6행   'user32.dll' 라이브러리에 선언된 SendMessage 함수 호출 선언문을 정의하는 구문으로 매개 변수는 윈도우 폼의 핸들 값과 명령어 입력형태를 지정하는 int 타입의 매개 변수와 두 번째 매개 변수에 따라 지정되는 명령어 타입의 해당하 는 Integer 매개 변수, 마지막 매개 변수는 0으로 선언한다.

7-9행   'user32.dll' 라이브러리에 선언된 PostMessage 함수 호출 선언문을 정의하는 구문으로 4~6행의 SendMessage 함수 호출과 거의 동일한 작업을 수행한다.

다음과 같이 멤버 개체 및 변수를 클래스 내부 상단에 추가한다.

```
Dim cmdProc As Process = New Process() 'cmd 프로세스 실행

Dim iHandle As Integer                 'cmd 프로세스 핸들 값 저장
Dim CurrentiHandle As Integer          '선택한 프로시서 핸들 값 저장

Dim CmdThre As Thread = Nothing        'cmd 실행 및 핸들 값을 구하는 스레드
Dim CmmThre As Thread = Nothing        '선택된 cmd에 명령을 전달하는 스레드

Private Delegate Sub OnCmdDelegate(ByVal h As String) '델리게이트 선언
Private OnCmd As OnCmdDelegate = Nothing               '델리게이트 선언
```

다음의 Form1_Load() 이벤트 핸들러는 폼을 더블클릭하여 생성한 프로시저로, 델리게이트 개체를 초기화하는 작업을 수행한다.

```
Private Sub Form1_Load(sender As Object, e As EventArgs)
            Handles MyBase.Load
    OnCmd = New OnCmdDelegate(AddressOf OnDelCmd)
End Sub
```

다음의 OnDelCmd() 메서드는 델리게이트에서 호출되며 CMD 창의 핸들 값을 lbList 컨트롤에 나타내는 작업을 수행한다.

```
Private Sub OnDelCmd(ByVal h As String)
    Me.lbList.Items.Add(h)
End Sub
```

다음의 btnCMD_Click() 이벤트 핸들러는 [CMD 실행] 버튼을 더블클릭하여 생성한 프로시저로, CMD를 실행하고 FindWindow 함수를 이용하여 CMD의 핸들 값을 lbList 컨트롤에 나타내는 작업을 수행한다.

```
01:  Private Sub btnCMD_Click(sender As Object, e As EventArgs)
               Handles btnCMD.Click
02:      CmdThre = New Thread(AddressOf CmdThreRun)
03:      CmdThre.Start()
04:  End Sub

05:  Private Sub CmdThreRun()
06:      cmdProc.StartInfo.FileName = "cmd.exe"
07:      cmdProc.Start()
08:      Thread.Sleep(500)
09:      iHandle = FindWindow(Nothing, "C:\Windows\System32\cmd.exe")
10:      Invoke(OnCmd, iHandle.ToString())
11:      CmdThre.Abort()
12:  End Sub
```

6행   cmdprocess.StartInfo.FileName 속성에 실행할 파일의 이름을 입력한다. 이는 실행하고자 하는 파일 이름의 전체 경로를 지정하거나 시스템 Path가 지정된 실행 파일의 이름을 지정한다.

7행   cmdprocess.Start() 메서드를 호출하여 8행에서 지정된 파일을 실행하는 작업을 수행한다.

9행   'user32.dll' 라이브러리에 선언된 FindWindow() 함수를 호출하고 그 프로그램의 핸들 값을 가져오는 작업을 수행한다.

         FindWindow(null, [윈도우 폼의 캡션 속성])

다음의 lbList_SelectedIndexChanged() 이벤트 핸들러는 [lbList] 컨트롤을 더블클릭하여 생성한 프로시저로, 멤버 변수에 CMD의 핸들 값을 저장하는 작업을 수행한다.

```
Private Sub lbList_SelectedIndexChanged(sender As Object, e As EventArgs)
            Handles lbList.SelectedIndexChanged
    CurrentiHandle = Convert.ToInt32(Me.lbList.SelectedItem.ToString())
End Sub
```

다음의 btnCommand_Click() 이벤트 핸들러는 [Command] 버튼을 더블클릭하여 생성한 프로시저로, txtCommand 컨트롤에 입력된 명령어를 SendMessage 함수와 PostMessage 함수를 이용하여 실행하는 작업을 수행한다.

```
01: Private Sub btnCommand_Click(sender As Object, e As EventArgs)
                Handles btnCommand.Click
02:     CmmThre = New Thread(
                    New ParameterizedThreadStart(AddressOf CommThreRun))
03:     CmmThre.Start(Me.txtCommand.Text)
04:     Me.lbList.Items.Clear()
05: End Sub

06: Private Sub CommThreRun(ByVal o As Object)
07:     Dim cmdstr = CType(o, String)
08:     For Each stra As Char In cmdstr
09:         SendMessage(CurrentiHandle, WM_CHAR, Asc(stra), 0)
10:     Next
11:     PostMessage(CurrentiHandle, WM_KEYDOWN, VK_RETURN, 0)
12:     Thread.Sleep(10)
```

```
13:        Dim tProcess As Process() = Process.GetProcessesByName("cmd")
14:        For i As Integer = 0 To tProcess.Length - 1
15:            Invoke(OnCmd, tProcess(i).MainWindowHandle.ToString())
16:        Next
17:  End Sub
```

2-3행   CmmThre 스레드를 초기화하고 스레드를 실행하는 작업을 수행하며, 매개 변
수에 CMD 창에 입력될 명령어를 대입하여 초기화하고 메서드를 호출한다.

8-10행   For Each 구문을 이용하여 실행된 CMD 창에 매개 변수로 전달받은 명령어를
SendMessage() 함수를 이용하여 입력하는 작업을 수행한다.

9행   SendMessage() 함수를 CMD 창에 명령어를 입력하는 작업을 수행하는데 For
Each 문에서 가져온 명령어의 하나하나 각각의 문자를 입력하는 작업을 수행한
다. CMD 대상은 첫 번째 매개 변수 CurrentiHandle 값이며, 명령어를 입력하는
작업은 두 번째 매개 변수 WM_CHAR 지정으로 작업이 수행되고, 세 번째 매개
변수는 For Each 구문을 통해 전체 명령어의 문자열 중 각각의 문자를 CMD 창
에 입력하는 작업을 수행한다.

11행   PostMessage() 함수를 이용하여 엔터를 자동으로 입력하도록 하는 구문으로
첫 번째 매개 변수는 엔터 값이 입력된 CMD 창의 핸들 값을 지정하고 두 번째
매개 변수에는 키보드 입력이 가능하도록 WM_KEYDOWN 정수를 지정하고,
엔터 값에 해당하는 VK_RETURN 값을 대입하여 호출하는 작업을 수행한다.

13행   Process() 개체를 생성하기 위해서 Process.GetProcessesByName() 메서드를
이용하여 실행되는 프로세스의 정보를 가져와 개체 tProcess를 초기화하는 작
업을 수행한다. Process.GetProcessesByName() 메서드의 매개 변수의 값에는
'cmd'을 입력하여 CMD 창의 정보만으로 개체를 초기화한다.

14-16행 For ~ Next 문을 이용하여 tProcess 개체의 정보를 가져와 Invoke() 메서드로
델리게이트를 호출하는 작업을 수행하는 데, tProcess(i).MainWindowHandle
속성을 이용하여 CMD 창의 핸들 값을 가져오는 작업을 수행한다.

7.8.3 CMD 제어 예제 실행

다음 그림은 CMD 제어 예제를 F5를 눌러 실행한 화면이다.

CMD 화면이 나타나고 앞서 'dir' 명령어를 입력하고 [수행] 버튼을 누르면 정상적으로 명령이 실행된 것을 확인할 수 있다.

이 장의 설명은 CMD 제어 예제를 살펴보는 것을 끝으로 마치고 다음 장에서는 MS ACCESS, MariaDB, SQL Server, SQLite 데이터베이스를 연동하여 인명부, 차계부, 학사관리, 일기장 등 애플리케이션을 구현하면서 데이터베이스 프로그래밍에 대해 살펴보도록 한다.

CHAPTER 08

데이터베이스 프로그래밍

이 장에서는 인명부, 차계부, 일기장, 학사관리 예제를 살펴보면서 응용프로그램과 데이터베이스 시스템을 연동하는 방법에 대해 알아본다. 데이터베이스 프로그래밍은 윈도우 애플리케이션을 사용할 때 당연히 사용하는 기능으로 생각될 만큼 보편적으로 사용되며, 데이터베이스 시스템에서 정보를 가져와 사용자에게 제공한다. 언뜻 생각하면 당연한 구현 방식으로 생각되고, 쉽게 구현할 수 있을 것으로 생각된다. 하지만 예전에 각 데이터베이스와의 호환성 문제와 프로그래밍 언어의 구조적 문제로 인해 개발의 어려움이 있었고 다른 개발 작업보다 반복적인 작업이 많아 개발자들이 상당히 꺼렸다. 하지만, .Net Framework에서 제공하는 데이터베이스 연동 클래스 및 인터페이스를 이용하면 쉽게 데이터베이스와의 연동을 독립적으로 기능을 구현할 수 있어 예전보다 상당히 편리하고 빠르게 구현할 수 있다.

이 장에서는 MS ACCESS, MariaDB, SQLite, SQL Server 2017 데이터베이스와 연동하는 방법에 대해 알아본다.

이 장에서 살펴보는 예제는 다음과 같다.

● 인명부 (MS ACCESS)
● 차계부 (MariaDB)
● 일기장 (SQLite)
● 학사관리 (SQL Server 2017)

8.1 인명부

이 절에서는 간단한 인명부 애플리케이션을 구현하면서 MS ACCESS 데이터베이스와의 연동 방법에 대해 살펴보도록 한다. MS ACCESS 데이터베이스와 연동을 위해 System. Data.OleDb 네임스페이스 하위의 OleDbConnection, OleDbCommand 클래스를 이용하여 데이터를 입력하고 수정/삭제한다. 추가로 LINQ to DataSet을 이용한 데이터베이스에 엑세스하는 방법에 대해서도 살펴본다.

다음 그림은 인명부 애플리케이션을 구현하고 실행한 결과 화면이다.

[결과 미리 보기]

8.1.1 인명부 디자인

프로젝트 이름을 'mook_HumanList'로 하여 'C:\vb2017project\Chap08' 경로에 새 프로젝트를 생성한다. 다음 그림과 같이 윈도우 폼에 필요한 컨트롤을 위치시켜 폼을 디자인하고, 각 컨트롤의 속성값을 설정한다.

폼 디자인에 사용된 컨트롤의 주요 속성값은 다음과 같다.

폼 컨트롤	속 성	값
Form1	Name	Form1
	Text	인명부
	FormBorderStyle	FixedToolWindow
	MaximizeBox	False
Panel1	Name	plGroup
	BackColor	White
Label1	Name	lblName
	Text	이름
Label2	Name	lblPhone
	Text	전화번호
Label3	Name	lblAge
	Text	나이
Label4	Name	lblJob
	Text	직업
TextBox1	Name	txtName
TextBox2	Name	txtPhone
TextBox3	Name	txtAge
TextBox4	Name	txtJob
Button1	Name	btnSave
	Text	저장
Button2	Name	btnModify
	Text	수정
Button3	Name	btnDel
	Text	삭제
ListView1	Name	lvList
	FullRowSelect	True
	GridLines	True
	View	Details

lvList 컨트롤에 ColumnHeader를 추가하기 위해서 lvList 컨트롤을 선택하고 속성 목록 창에서 [Columns] 속성 항목의 █(컬렉션) 버튼을 눌러 [ColumnHeader 컬렉션 편집기] 대화상자를 실행한다. 다섯 개의 칼럼 멤버를 추가하고, 추가된 칼럼 멤버의 속성을 다음과 같이 설정한다.

폼 컨트롤	속 성	값
ColumnHeader1	Name	chId
	Text	구분
	Width	50
ColumnHeader2	Name	chName
	Text	이름
	Width	80
ColumnHeader3	Name	chAge
	Text	나이
	Width	60
ColumnHeader4	Name	chPhone
	Text	전화번호
	Width	150
ColumnHeader5	Name	chJob
	Text	직업
	Width	120

lvList 컨트롤에 칼럼 멤버를 추가하고 속성을 설정하면 다음과 같은 모습을 나타낸다.

구분	이름	나이	전화번호	직업

8.1.2 데이터베이스 설정

MS ACCESS 파일을 'mook_HumanList' 프로젝트의 실행 파일이 생성되는 경로인 '…\bin\Debug' 하위에 'humaninfo.accdb' 파일로 저장한다.

MS ACCESS 파일에는 다음 표와 같은 구조를 갖는 테이블 't_info'를 생성한다.

필드 이름	데이터 형식	필드 크기	비고
m_id	일련번호		Primary Key 설정 자동 증가(1)
m_name	짧은 텍스트	10	
m_age	숫자		
m_phone	짧은 텍스트	20	
m_job	짧은 텍스트	30	

8.1.3 인명부 코드 구현

Imports 키워드를 이용하여 필요한 네임스페이스를 다음과 같이 추가한다.

```
Imports System.Data.OleDb        'OleDbConnection, OleDbCommand 클래스 등 사용
```

다음과 같이 멤버 변수를 클래스 상단에 추가한다.

```
'데이터베이스 연결 문자열
Private StrSQL As String =
        "Provider=Microsoft.ACE.OLEDB.16.0;" & _
        "Data Source=humaninfo.accdb;Mode=ReadWrite"
Private num As Integer
```

> **TIP**
>
> **MS ACCESS 버전별 접속 방법**
> - MS Office 2003
>   "Provider=Microsoft.Jet.OLEDB.4.0;Data Source=C:\Human.mdb"
> - MS Office 2007/2010/2013
>   "Provider=Microsoft.ACE.OLEDB.12.0;" & _
>   "Data Source=C:\Human.accdb;Mode=ReadWrite"
> ※ Data Source는 MS Access 데이터베이스 파일의 절대 경로를 사용한다.

다음의 Form1_Load() 이벤트 핸들러는 폼을 더블클릭하여 생성한 프로시저로, 폼이 로드될 때 데이터베이스에서 데이터를 가져와 lvList 컨트롤에 출력해 주는 lvList_OleDb_View() 메서드로 구성된다. lvList_OleDb_View() 메서드는 System.Data.OleDb 네임스페이스 하위의 클래스를 이용하여 데이터를 검색하고 가져온다.

```
01: Private Sub Form1_Load(ByVal sender As System.Object,
                ByVal e As System.EventArgs) Handles MyBase.Load
02:     lvList_OleDb_View()
03: End Sub

04: Private Sub lvList_OleDb_View()
05:     Me.lvList.Items.Clear()        'lvList 컨트롤의 Items 속성 클리어
06:     Dim Conn = New OleDbConnection(StrSQL)
07:     Conn.Open()
08:     Dim Comm = New OleDbCommand("SELECT * FROM t_info", Conn)
09:     Dim myRead = Comm.ExecuteReader()
10:     While (myRead.Read())
11:         Dim strArray = New String() {
                    myRead(0).ToString(), myRead(1).ToString(),
                    myRead(2).ToString(), myRead(3).ToString(),
```

```
                                myRead(4).ToString()}
12:             Dim lvt = New ListViewItem(strArray)
13:             Me.lvList.Items.Add(lvt)
14:         End While
15:         myRead.Close()
16:         Conn.Close()
17:     End Sub
```

5행	lvList 컨트롤의 Items 속성값을 초기화하는 구문이다.
6행	데이터베이스 연결 문자열(StrSQL)을 인자 값으로 대입하여 OleDbConnection 클래스의 개체 Conn을 생성하는 구문이다.
7행	Conn.Open() 메서드를 이용하여 데이터베이스를 연다.
8행	't_info' 테이블에서 모든 칼럼 데이터를 검색하여 가져오는 SELECT 구문과 Conn 개체를 매개 변수로 하여 OleDbCommand 클래스의 개체를 생성한다.
9행	Comm.ExecuteReader() 메서드를 이용하여 8행의 SELECT 쿼리문을 실행하고 데이터베이스에서 가져온 데이터를 OleDbDataReader 클래스의 개체 myRead에 저장한다.
10-14행	myRead 개체에 데이터베이스의 칼럼과 같이 배열로 저장되어 있어 myRead("칼럼명") 또는 myRead(인덱스) 형식으로 데이터를 가져와서 lvList 컨트롤에 lvList.Items.Add() 메서드를 이용하여 나타낸다.
15행	myRead.Close() 메서드를 호출하여 OleDbDataReader 클래스 개체를 종료하는 작업을 수행한다.
16행	Conn.Close() 메서드를 호출하여 데이터베이스를 닫는 작업을 수행한다.

다음의 btnSave_Click() 이벤트 핸들러는 [저장] 버튼을 더블클릭하여 생성한 프로시저로, 입력 컨트롤에 저장된 데이터를 데이터베이스에 저장하는 구문이다.

```
01: Private Sub btnSave_Click(ByVal sender As System.Object,
                ByVal e As System.EventArgs) Handles btnSave.Click
02:     If (Control_Check() = True) Then
03:         Dim Conn = New OleDbConnection(StrSQL)
04:         Conn.Open()
05:         Dim Sql =
                "INSERT INTO t_info(m_name, m_age, m_phone, m_job)" &
                "values('" & Me.txtName.Text & "'," &
                Convert.ToInt32(Me.txtAge.Text) & ",'" &
                Me.txtPhone.Text & "','" & Me.txtJob.Text & "')"
06:         Dim Comm = New OleDbCommand(Sql, Conn)
07:         Dim i = Comm.ExecuteNonQuery()
08:         Conn.Close()
09:         If (i = 1) Then
```

```
10:            MessageBox.Show("정상적으로 데이터가 저장되었습니다.", "알림",
                    MessageBoxButtons.OK, MessageBoxIcon.Information)
11:            lvList_OleDb_View()
12:            Control_Empty()
13:        Else
14:            MessageBox.Show("정상적으로 데이터가 저장되지 않았습니다.", "에러",
                    MessageBoxButtons.OK, MessageBoxIcon.Error)
15:        End If
16:    End If
17: End Sub
```

2행   Control_Check() 메서드를 호출하는 구문으로, Control_Check() 메서드는 각 입력 컨트롤에 입력된 값을 체크하여 정상적으로 입력되었으면 True를 반환한다.

3행   OleDbConnection 클래스 생성자 인자 값에 MS ACCESS에 연결 문자열을 입력하고 4행의 Open() 메서드를 이용하여 데이터베이스를 연다.

5행   't_info' 테이블에 데이터를 입력하는 INSERT 쿼리문이다.

6행   OleDbCommand 클래스 생성자에 5행의 INSERT 쿼리문과 Conn 개체를 이용하여 Comm 개체를 초기화한다.

7행   Comm.ExecuteNonQuery() 메서드를 이용하여 INSERT 쿼리문을 실행하고 데이터 입력에 대한 성공 여부의 반환 값을 받는다. 이는 INSERT 쿼리문을 실행하여 입력이 성공하면 1 값을 출력하고 9~12행을 실행한다. 만약 입력에 실패하면 13~15행을 실행한다.

8행   Conn.Close() 메서드를 호출하여 데이터베이스를 닫는 작업을 수행한다.

다음의 txtCheck() 메서드는 입력 컨트롤의 문자 입력 여부를 검사하는 작업을 수행하고, txtClear() 메서드를 이용하여 입력란을 초기화하는 작업을 수행한다.

```
Private Function Control_Check() As Boolean
    If (Me.txtName.Text = "") Then
        MessageBox.Show("이름을 입력하세요!!", "에러", MessageBoxButtons.OK,
                    MessageBoxIcon.Error)
        Me.txtName.Focus()
        Return False
    ElseIf (Me.txtAge.Text = "") Then
        MessageBox.Show("나이를 입력하세요!!", "에러", MessageBoxButtons.OK,
                    MessageBoxIcon.Error)
        Me.txtAge.Focus()
        Return False
    ElseIf (Me.txtPhone.Text = "") Then
        MessageBox.Show("전화번호를 입력하세요!!", "에러",
                MessageBoxButtons.OK, MessageBoxIcon.Error)
```

```
        Me.txtPhone.Focus()
        Return False
    Else
        Return True
    End If
End Function
```

다음의 lvList_Click() 이벤트 핸들러는 lvList 컨트롤을 선택하고 이벤트 목록 창에서 [Click] 이벤트 항목을 더블클릭하여 생성한 프로시저로, lvList 컨트롤에서 선택된 행의 데이터를 입력 컨트롤에 나타내는 작업을 수행한다.

```
Private Sub lvList_Click(ByVal sender As System.Object,
              ByVal e As System.EventArgs) Handles lvList.Click
    If Me.lvList.SelectedItems.Count > 0 Then
        num = Convert.ToInt32(Me.lvList.SelectedItems(0).SubItems(0).Text)
        Me.txtName.Text = Me.lvList.SelectedItems(0).SubItems(1).Text
        Me.txtAge.Text = Me.lvList.SelectedItems(0).SubItems(2).Text
        Me.txtPhone.Text = Me.lvList.SelectedItems(0).SubItems(3).Text
        Me.txtJob.Text = Me.lvList.SelectedItems(0).SubItems(4).Text
    End If
End Sub
```

다음의 btnModify_Click() 이벤트 핸들러는 [수정] 버튼을 더블클릭하여 생성한 프로시 저로, 입력 컨트롤에서 수정된 데이터를 데이터베이스에 저장하는 작업을 수행한다.

```
01:  Private Sub btnModify_Click(ByVal sender As System.Object,
                ByVal e As System.EventArgs) Handles btnModify.Click
02:      If (Control_Check() = True) Then
03:          Dim Conn = New OleDbConnection(StrSQL)
04:          Conn.Open()
05:          Dim Sql = "UPDATE t_info SET m_name ='" & Me.txtName.Text & "',
                m_age=" & Convert.ToInt32(Me.txtAge.Text)

06:          Sql += ", m_phone='" & Me.txtPhone.Text & "', m_job= '" &
                Me.txtJob.Text & "' WHERE m_id =" & num & ""
07:          Dim Comm = New OleDbCommand(Sql, Conn)
08:          Dim i = Comm.ExecuteNonQuery()
09:          Conn.Close()
10:          If (i = 1) Then
11:              MessageBox.Show("정상적으로 데이터가 수정되었습니다.", "알림",
                    MessageBoxButtons.OK, MessageBoxIcon.Information)
12:              lvList_DataSet_View()
13:              Control_Empty()
14:          Else
15:              MessageBox.Show("정상적으로 데이터가 수정되지 않았습니다.", "에러",
```

```
                     MessageBoxButtons.OK, MessageBoxIcon.Error)
16:            End If
17:        End If
18:  End Sub
```

3-4행   OleDbConnection 클래스의 개체 Conn을 선언하고, Conn.Open() 메서드를 이
       용하여 데이터베이스에 연결하는 작업을 수행한다.

5-6행   데이터베이스에 저장된 데이터를 선택하여 수정하기 위한 UPDATE 쿼리문이다.

7행   OleDbCommand 클래스의 개체 Comm을 선언하면 매개 변수로는 5~6행의
       UPDATE 쿼리문과 3행의 Conn 개체를 전달한다.

8행   Comm.ExecuteNonQuery() 메서드를 이용하여 5~6행의 UPDATE 쿼리문을
       실행한 다음 성공 여부에 대한 반환값을 int 타입으로 받는다.

다음의 lvList_DataSet_View() 메서드는 LINQ to DataSet 쿼리를 이용하여 데이터베
이스에서 데이터를 가져와 lvList 컨트롤에 나타내는 작업을 수행한다.

```
01:  Private Sub lvList_DataSet_View()
02:      Me.lvList.Items.Clear()
03:      Dim Conn As OleDbConnection = New OleDbConnection(StrSQL)
04:      Conn.Open()
05:      Dim OleAdapter As OleDbDataAdapter =
                New OleDbDataAdapter("SELECT * FROM t_info", Conn)
06:      Dim ds As DataSet = New DataSet()
07:      Dim dt As DataTable = ds.Tables.Add("dsTable")
08:      OleAdapter.Fill(ds, "dsTable")

09:      Dim query As IEnumerable(Of DataRow) =
                From HumanInfo In dt.AsEnumerable() Select HumanInfo
10:      For Each HumData As DataRow In query
11:          Dim strArray As String() =
                    New String() {
                        HumData.Field(Of Integer)("m_id").ToString(),
                        HumData.Field(Of String)("m_name"),
                        HumData.Field(Of Integer)("m_age").ToString(),
                        HumData.Field(Of String)("m_phone"),
                        HumData.Field(Of String)("m_job")}
12:          Me.lvList.Items.Add(New ListViewItem(strArray))
13:      Next
14:      Conn.Close()
15:  End Sub
```

5행   OleDataAdapter 클래스의 생성자에 SELECT 쿼리문과 Conn 개체를 대입하여
       OleAdapter 개체에 저장한다. DataSet을 채우고 데이터 소스를 업데이트하는
       데 사용되는 데이터 명령 집합 및 데이터베이스 연결을 나타낸다.

6행 DataSet 클래스의 개체 ds를 생성하는 구문이다.

7행 DataSet 클래스의 개체에 ds.Tables.Add() 메서드를 이용하여 'dsTable'라는 소스 테이블을 추가하는 작업을 수행한다.

8행 OleAdapter.Fill() 메서드를 이용하여 지정된 DataSet에 'dsTable' 데이터 소스에서 가져온 데이터를 채운다.

9행 dt.AsEnumerable() 메서드는 DataSet에 저장된 소스 테이블의 데이터를 참조하고 IEnumerable(DataRow) 개체를 반환하며 반환된 값은 query 개체에 저장된다.

10-13행 For Each 문을 이용하여 쿼리 변수 개체인 query에 저장된 데이터를 DataRow 타입의 HumData에 저장한다.

11행 HumData.Field(타입)("칼럼명") 구문을 이용하여 HumData에 대입된 칼럼 데이터를 얻어와 배열 변수에 저장하고 12행 lvList.Items.Add() 메서드를 이용하여 lvList 컨트롤에 데이터를 나타낸다.

다음의 btnDel_Click() 이벤트 핸들러는 [삭제] 버튼을 더블클릭하여 생성한 프로시저로, 선택된 데이터를 식별자로 하여 데이터베이스에서 삭제한다.

```
01:  Private Sub btnDel_Click(ByVal sender As System.Object,
                  ByVal e As System.EventArgs) Handles btnDel.Click
02:      Dim dlr = MessageBox.Show("삭제할까요?", "알림",
              MessageBoxButtons.YesNo, MessageBoxIcon.Question)
03:      Select Case (dlr)
04:         Case DialogResult.Yes
05:             Dim Conn = New OleDbConnection(StrSQL)
06:             Conn.Open()
07:             Dim Sql = "DELETE FROM t_info WHERE m_id =" & num & ""
08:             Dim Comm = New OleDbCommand(Sql, Conn)
09:             Dim i = Comm.ExecuteNonQuery()
10:             Conn.Close()
11:             If (i = 1) Then
12:                 MessageBox.Show("정상적으로 데이터가 삭제되었습니다.", "알림",
                      MessageBoxButtons.OK, MessageBoxIcon.Information)
13:                 lvList_DataSetRamda_View()
14:                 Control_Empty()
15:             Else
16:                 MessageBox.Show("정상적으로 데이터가 삭제되지 않았습니다.",
                      "에러", MessageBoxButtons.OK, MessageBoxIcon.Error)
17:             End If
18:         Case DialogResult.No
19:      End Select
20:  End Sub
```

2행   데이터 삭제 여부를 묻는 메시지 박스 구문으로, MessageBoxButtons 열거형
      을 'YesNo'로 설정하고, 결과를 dlr 개체에 저장하여 Select ~ Case 구문으로
      결과를 판단한다.

4-17행 메서지 박스에서 'Yes'를 클릭하였을 때 실행되는 구문으로, 7행의 DELETE 쿼
      리문을 이용하여 9행의 Comm.ExecuteNonQuery() 메서드를 이용하여 데이터
      삭제를 실행한다.

13-14행 데이터가 정상적으로 삭제되면 수행되는 구문으로 lvList 컨트롤의 데이터를 최
      신의 데이터로 갱신하고, 입력 컨트롤의 데이터를 초기화하는 작업을 수행한다.

다음의 lvList_DataSetRamda_View() 메서드는 LINQ to DataSet 메서드 기반의 쿼리
를 이용하여 데이터베이스에서 데이터를 가져와 lvList 컨트롤에 출력하는 작업을 수행
한다.

```vbnet
01: Private Sub lvList_DataSetRamda_View()
02:     Me.lvList.Items.Clear()
03:     Dim Conn As OleDbConnection = New OleDbConnection(StrSQL)
04:     Conn.Open()
05:     Dim OleAdapter As OleDbDataAdapter =
            New OleDbDataAdapter("SELECT * FROM t_info", Conn)
06:     Dim ds As DataSet = New DataSet()
07:     Dim dt As DataTable = ds.Tables.Add("dsTable")
08:     OleAdapter.Fill(ds, "dsTable")
09:     Dim query As EnumerableRowCollection = dt.AsEnumerable().
            [Select](Function(HumanInfo) New With
            {
                Key .Id = HumanInfo.Field(Of Integer)("m_id").ToString(),
                Key .Name = HumanInfo.Field(Of String)("m_name"),
                Key .Age = HumanInfo.Field(Of Integer)("m_age").ToString(),
                Key .Phone = HumanInfo.Field(Of String)("m_phone"),
                Key .Job = HumanInfo.Field(Of String)("m_job")
            })
10:     For Each HumData In query
11:         Dim strArray As String() =
                New String() {
                    HumData.Id, HumData.Name,
                    HumData.Age, HumData.Phone, HumData.Job}
12:         Me.lvList.Items.Add(New ListViewItem(strArray))
13:     Next
14:     Conn.Close()
15: End Sub
```

5행   OleDbDataAdapter 클래스의 생성자에 SELECT 쿼리문과 Conn 개체를 대입
      하여 OleAdapter 개체를 초기화한다.

6행   DataSet 클래스의 개체 ds를 생성하는 구문이다.

7행   DataSet 클래스 개체에 ds.Tables.Add() 메서드를 이용하여 소스 테이블 'dsTable'을 추가하는 작업을 수행한다.

8행   OleAdapter.Fill() 메서드를 이용하여 지정된 DataTable 개체인 dt에 소스 테이블에서 가져온 데이터를 채운다.

9행   dt.AsEnumerable() 메서드를 이용하여 DataSet에 저장된 소스 테이블의 데이터를 참조하고 IEnumerable(T) 개체를 반환하며, 반환된 값은 query에 저장되고 Select 메서드를 이용하여 람다식을 매개 변수로 전달하여 데이터베이스의 데이터를 가져오는 작업을 수행하는 코드이다. Select 메서드는 HumanInfo 데이터 형식에서 new 키워드를 이용하여 Name, Age, Phone 변수의 값에 DataSet 개체의 각 데이터 값을 가져와 저장한다.

10-13행 For Each 구문을 이용하여 HumData에 저장된 데이터를 lvList 컨트롤에 나타낸다.

8.1.4 인명부 예제 실행

다음 그림은 인명부 예제를 F5를 눌러 실행한 화면이다. 윗부분의 데이터 목록은 ACCESS 데이터베이스에 이미 저장된 데이터를 나타내는 것이다. 아랫부분의 입력 창에 데이터를 입력하고, [저장] 버튼을 클릭하여 갱신된 목록을 확인한다. 목록에서 임의의 데이터를 클릭하여 선택한 뒤에 입력창에 표시되는 데이터를 수정하고 [수정] 버튼을 클릭하여 수정된 데이터가 목록에 표시되는 것을 확인해 본다.

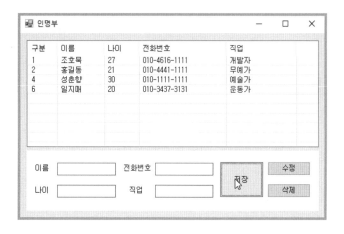

TIP

ACCESS 에러

예제를 실행하였을 때 다음 그림과 같은 화면이 나타나면서 정상적으로 MS ACCESS와 연동되지 않는다면, Office 2016(Access 포함 버전) 또는 Microsoft Access Database Engine 2016 재배포 가능 패키지를 설치하면 해결된다.

```
Private Sub lvList_OleDb_View()
    Me.lvList.Items.Clear() 'lvList 컨트롤의 Items 속성 클리어
    Dim Conn = New OleDbConnection(StrSQL)
    Conn.Open() ⊗

    Dim Comm = N   예외가 처리되지 않음                                    ⚲ ✕
    Dim myRead =
    While (myRea   System.InvalidOperationException: "Microsoft.ACE.OLEDB.16.0' 공
        Dim strA   급자는 로컬 컴퓨터에 등록할 수 없습니다.'
            myRe                                                              g(), m
        Dim lvt    자세히 보기 | 세부 정보 복사
        Me.lvLis   ▶ 예외 설정
    End While
    myRead.Close()
    Conn.Close()
End Sub
```

Microsoft Access Database Engine 2016 재배포 가능 패키지는 다음 사이트에서 다운로드할 수 있다.

```
URL :
https://www.microsoft.com/en-us/download/details.aspx?id=54920
파일 : AccessDatabaseEngine_X64.exe
※ PC 환경을 고려하고 32bit 또는 64bit 선택적으로 설치한다.
```

Microsoft Access Database Engine 2016 재배포 가능 패키지를 설치했음(64bit 설치 시)에도 불구하고 동일한 에러가 발생한다면 다음 그림과 같이 [솔루션 탐색기] 창에서 프로젝트 이름을 마우스 오른쪽 버튼으로 클릭하여 표시되는 단축메뉴에서 [속성] 메뉴를 선택한다. 좌측의 [컴파일] 메뉴를 선택하고, [대상 CPU] 옵션을 현재 로컬 시스템과 동일한 비트로 수정한다.

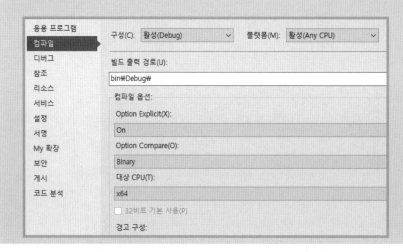

8.2 차계부

이 절에서는 차를 관리할 때 사용하는 차계부를 구현하면서 MariaDB와 연동하는 방법에 대해 알아보도록 한다. MariaDB는 프리웨어 데이터베이스 시스템으로 MySQL과 거의 동일하게 사용할 수 있다. MariaDB에 연동하기 위해서는 Connector/NET 8.0.11을 웹에서 다운로드 하여 설치하고, Connector에서 제공하는 연결 클래스, 메서드 등의 인터페이스를 활용하여 개발할 수 있다.

MariaDB는 다음의 URL을 이용하여 다운로드할 수 있으며, 간단히 설치할 수 있다.

홈 페이지 : https://mariadb.org/

다운로드 URL : https://downloads.mariadb.org/mariadb/10.3.7/

파일명 : mariadb-10.3.7-winx64.msi

Connector/NET 8.0.11은 다음의 홈페이지에서 다운로드할 수 있고, [확인] 및 [설치] 버튼 클릭으로 쉽게 설치 진행할 수 있으므로 추가적인 설치 과정에 대한 설명은 생략한다.

홈 페이지 : https://www.mysql.com/

다운로드 URL : https://dev.mysql.com/downloads/connector/net/

파일명 : mysql-connector-net-8.0.11.msi

다음 그림은 차계부 애플리케이션을 구현하고 실행한 결과 화면이다.

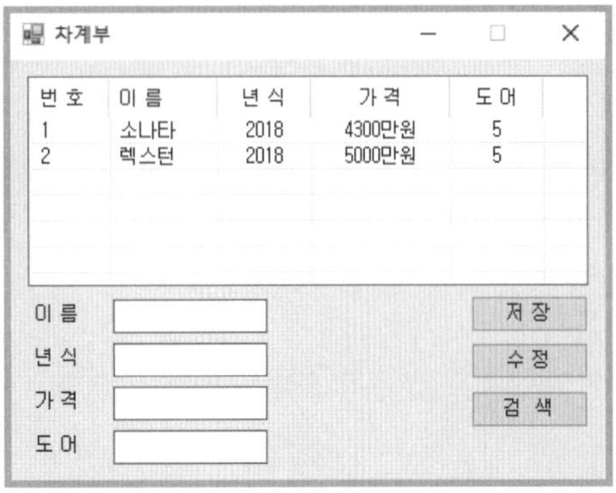

[결과 미리 보기]

8.2.1 데이터베이스 설정

MariaDB에 접속하여 'mook' 데이터베이스를 생성한 다음과 같은 구조의 테이블 'carinfo'를 생성한다.

필드 이름	데이터 형식	필드 크기	비고
id	일련번호		Primary Key 설정 자동 증가(1)
c_name	varchar	20	
c_year	varchar	8	
c_price	varchar	10	
c_door	int	11	

테이블 자동 생성 SQL 구문은 다음과 같다.

```
Private Sub lvList_Click(ByVal sender As System.Object,
            ByVal e As System.EventArgs) Handles lvList.Click
    If Me.lvList.SelectedItems.Count > 0 Then
        num = Convert.ToInt32(Me.lvList.SelectedItems(0).SubItems(0).Text)
        Me.txtName.Text = Me.lvList.SelectedItems(0).SubItems(1).Text
        Me.txtAge.Text = Me.lvList.SelectedItems(0).SubItems(2).Text
        Me.txtPhone.Text = Me.lvList.SelectedItems(0).SubItems(3).Text
        Me.txtJob.Text = Me.lvList.SelectedItems(0).SubItems(4).Text
    End If
End Sub
```

8.2.2 차계부 디자인

프로젝트 이름을 'mook_CarInfo'로 하여 'C:\vb2017project\Chap08' 경로에 새 프로젝트를 생성한다. 다음 그림과 같이 윈도우 폼에 필요한 컨트롤을 위치시켜 폼을 디자인하고, 각 컨트롤의 속성값을 설정한다.

폼 디자인에 사용된 컨트롤의 주요 속성값은 다음과 같다.

폼 컨트롤	속 성	값
Form1	Name	Form1
	Text	차계부
	FormBorderStyle	FixedToolWindow
	MaximizeBox	False
Label1	Name	lblName
	Text	이 름
Label2	Name	lblYear
	Text	년 식
Label3	Name	lblPrice
	Text	가 격
Label4	Name	lblDoor
	Text	도 어
TextBox1	Name	txtName
TextBox2	Name	txtYear
TextBox3	Name	txtPriace
TextBox4	Name	txtDoor

Button1	Name	btnSave
	Text	저 장
Button2	Name	btnModify
	Text	수 정
Button3	Name	btnSearch
	Text	검 색
ListView1	Name	lvList
	ContextMenuStrip	cmsMenu
	FullRowSelect	True
	GridLines	True
	View	Details
ContextMenuStrip1	Name	cmsMenu

lvList 컨트롤에 ColumnHeader를 추가하기 위해서 lvList 컨트롤을 선택하고 속성 목록 창에서 [Columns] 속성 항목의 ▦(컬렉션) 버튼을 눌러 [ColumnHeader 컬렉션 편집기] 대화상자를 실행한다. 다섯 개의 칼럼 멤버를 추가하고, 추가된 칼럼 멤버의 속성을 다음과 같이 설정한다.

폼 컨트롤	속 성	값
ColumnHeader1	Name	chNum
	Text	번 호
	Width	50
ColumnHeader2	Name	chName
	Text	이 름
	Width	70
ColumnHeader3	Name	chYear
	Text	년 식
	Width	60
ColumnHeader4	Name	chPrice
	Text	가 격
	Width	90
ColumnHeader5	Name	chDoor
	Text	도 어
	Width	120

lvList 컨트롤에 칼럼 멤버를 추가하고, 속성을 설정하면 다음과 같은 모습을 보인다.

번 호	이 름	년 식	가 격	도 어

cmsMenu 컨트롤을 선택하고 다음 그림에서와 같이 메뉴를 추가한다.

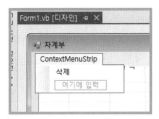

솔루션 탐색기에서 프로젝트를 구성하는 목록 중 [참조] 항목을 마우스 오른쪽 버튼으로 클릭하여 표시되는 단축메뉴에서 [참조 추가] 메뉴를 클릭하여 [참조 관리자] 대화상자를 실행한다. [참조 관리자] 대화상자에서 왼쪽 메뉴 중 [어셈블리]−[확장]을 선택한 뒤에 목록에서 [MySql.Data] 구성 요소를 선택하고 [확인] 버튼을 눌러 구성 요소를 추가한다.

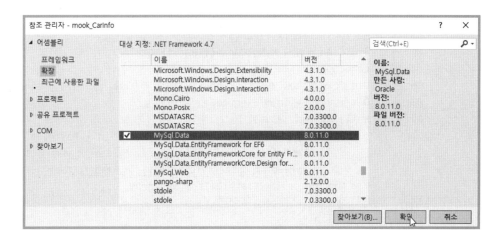

8.2.3 차계부 코드 구현

Imports 키워드를 이용하여 필요한 네임스페이스를 다음과 같이 추가한다.

```
Imports MySql.Data.MySqlClient
```

다음과 같이 클래스 내부 상단에 멤버 변수를 추가한다.

```
'데이터베이스 연결 문자열
Dim StrSQL As String =
    "Data Source=localhost;Database=mook;" & _
    "User Id=root;Password=p12345!@;" & _
    "SslMode=none;CharSet=utf8;"
Dim Data_Num As String          '선택된 lvList 컨트롤 행의 값 저장
```

MariaDB 서버 연결문은 다음과 같은 형식으로 구성된다.

```
Data Source=[서버 아이피 주소];Database=[데이터베이스 이름];User
Id=[MariaDB 접속 아이디];Password=[MariaDB 접속 비밀번호];SslMode=[SSL 접
속 여부];CharSet=[문자 타입];Port=[포트 번호]
```

다음의 Form1_Load() 이벤트 핸들러는 폼을 더블클릭하여 생성한 프로시저로, 폼을 로드할 때 MariaDB 서버에서 데이터를 검색하여 lvList 컨트롤에 출력하는 lvList_MySqlClient_View()를 호출하는 작업을 수행한다.

```
01:  Private Sub Form1_Load(sender As Object, e As EventArgs)
                     Handles MyBase.Load
02:      lvList_MySqlClient_View()
03:  End Sub

04:  Private Sub lvList_MySqlClient_View()
05:      Me.lvList.Items.Clear()
06:      Dim Conn = New MySqlConnection(StrSQL)
07:      Conn.Open()
08:      Dim Comm = New MySqlCommand("Select * From carinfo", Conn)
09:      Dim myRead = Comm.ExecuteReader()
10:      While myRead.Read()
11:          Dim strArray = New String() { myRead("id").ToString(),
                     myRead("c_name").ToString(), myRead("c_year").ToString(),
                     myRead("c_price").ToString(), myRead("c_door").ToString()}
12:          Dim lvt = New ListViewItem(strArray)
13:          Me.lvList.Items.Add(lvt)
14:      End While
15:      myRead.Close()
16:      Conn.Close()
17:  End Sub
```

5행　lvList 컨트롤의 Items 속성값을 초기화하는 구문이다.

6행　데이터베이스 연결 문자열을 인자로 대입하여 MySqlConnection 클래스의 개체 Conn을 생성한다.

7행　Conn.Open() 메서드를 이용하여 데이터베이스를 연다.

8행　'carinfo' 테이블에서 모든 칼럼의 데이터를 검색하여 가져오는 SELECT 구문과 Conn 개체를 매개 변수로 하여 MySqlCommand 클래스의 개체 Comm을 생성한다.

9행　Comm.ExecuteReader() 메서드를 이용하여 8행의 SELECT 쿼리문을 실행하고 데이터베이스에서 가져온 데이터를 MySqlDataReader 클래스의 개체 myRead에 저장한다.

10-14행 myRead 개체에 배열 형태로 저장된 데이터를 가져오기 위해서 myRead("칼럼명") 형식으로 데이터를 가져와 lvList 컨트롤에 나타내는 작업을 수행한다.

15행 myRead.Close() 메서드를 호출하여 MySqlbDataReader 개체의 리소스를 해제하는 작업을 수행한다.

다음의 btnSave_Click() 이벤트 핸들러는 [저장] 버튼을 더블클릭하여 생성한 프로시저로, 입력 컨트롤에 입력된 데이터를 MariaDB 서버에 저장하는 작업을 수행한다.

```vb
01: Private Sub btnSave_Click(sender As Object, e As EventArgs)
              Handles btnSave.Click
02:     If Me.txtName.Text <> "" And Me.txtYear.Text <> "" And
        Me.txtPrice.Text <> "" And Me.txtDoor.Text <> "" Then
03:         Dim Conn = New MySqlConnection(StrSQL)
04:         Conn.Open()
05:         Dim Sql As String =
             "insert into carinfo(c_name, c_year, c_price, c_door) values('"
06:         Sql += Me.txtName.Text & "','" & Me.txtYear.Text & ",'" &
             Me.txtPrice.Text & "','" & Convert.ToInt32(Me.txtDoor.Text) & ")"
07:         Dim Comm = New MySqlCommand(Sql, Conn)
08:         Dim i As Integer = Comm.ExecuteNonQuery()
09:         Conn.Close()
10:         If i = 1 Then
11:             MessageBox.Show("정상적으로 데이터가 저장되었습니다.", "알림",
                 MessageBoxButtons.OK, MessageBoxIcon.Information)
12:             lvList_MySqlClient_View()
13:             Control_Clear()
14:         Else
15:             MessageBox.Show("정상적으로 데이터가 저장되지 않았습니다.", "에러",
                 MessageBoxButtons.OK, MessageBoxIcon.Error)
16:         End If
17:     End If
18: End Sub
```

2행 각 입력 컨트롤의 데이터가 모두 입력되었다면 If 문 블록 내부의 코드를 실행시키는 구문이다.

3행 MySqlConnection 클래스의 생성자에 MariaDB에 연결할 연결 문자열을 갖는 멤버 변수 StrSQL을 전달하고, 4행의 Conn.Open() 메서드를 이용하여 데이터베이스를 연다.

5-6행 'carinfo' 테이블에 새 데이터를 입력하는 INSERT 쿼리문이다.

7행 MySqlCommand 클래스의 생성자에 7행의 INSERT 쿼리문과 Conn 개체를 대입하여 Comm 개체를 선언하고 초기화한다.

8행 Comm.ExecuteNonQuery() 메서드를 이용하여 데이터베이스의 연결에 대한 7
행의 INSERT 쿼리문을 실행하여 성공 여부에 대한 결과값으로 Integer 타입의
값을 반환받는다.

9행 Conn.Close() 메서드를 호출하여 데이터베이스를 닫는 작업을 수행한다.

다음의 Control_Clear() 메서드는 입력 컨트롤의 데이터를 초기화하는 작업을 수행한다.

```
Private Sub Control_Clear()
    Me.txtName.Clear()
    Me.txtYear.Clear()
    Me.txtPrice.Clear()
    Me.txtDoor.Clear()
End Sub
```

다음의 lvList_Click() 이벤트 핸들러는 lvList 컨트롤을 선택 후 이벤트 목록 창에서
[Click] 이벤트 항목을 더블클릭하여 생성한 프로시저로, 선택된 lvList 컨트롤의 행의 데
이터를 입력 컨트롤에 나타내는 작업을 수행한다.

```
Private Sub lvList_Click(sender As Object, e As EventArgs)
            Handles lvList.Click
    If Me.lvList.SelectedItems.Count > 0 Then
        Me.txtName.Text = Me.lvList.SelectedItems(0).SubItems(1).Text
        Me.txtYear.Text = Me.lvList.SelectedItems(0).SubItems(2).Text
        Me.txtPrice.Text = Me.lvList.SelectedItems(0).SubItems(3).Text
        Me.txtDoor.Text = Me.lvList.SelectedItems(0).SubItems(4).Text
        Data_Num = Me.lvList.SelectedItems(0).SubItems(0).Text
    End If
End Sub
```

다음의 btnModify_Click() 이벤트 핸들러는 [수정] 버튼을 더블클릭하여 생성한 프로시
저로, lvList 컨트롤에 출력된 데이터를 선택하고 선택된 데이터의 수정 값을 MariaDB
서버에 저장한다.

```
01:  Private Sub btnModify_Click(sender As Object, e As EventArgs)
            Handles btnModify.Click
02:      If Me.txtName.Text <> "" And Me.txtYear.Text <> "" And
        Me.txtPrice.Text <> "" And Me.txtDoor.Text <> "" Then
03:        Try
04:            Dim Conn = New MySqlConnection(StrSQL)
05:            Conn.Open()
06:            Dim MySqlAdapter =
                New MySqlDataAdapter("select * from carinfo", Conn)
07:            Dim ds = New DataSet()
```

```
08:                    MySqlAdapter.Fill(ds, "dsTable")
09:                    Dim dt = ds.Tables("dsTable").Select("id =" &
                              Convert.ToInt32(Data_Num),
                              Nothing, DataViewRowState.CurrentRows)
10:                    Dim drTemp As DataRow
11:                    drTemp = dt(0)
12:                    drTemp("c_name") = Me.txtName.Text
13:                    drTemp("c_year") = Me.txtYear.Text
14:                    drTemp("c_price") = Me.txtPrice.Text
15:                    drTemp("c_door") = Me.txtDoor.Text
16:                    Dim cmdBuild = New MySqlCommandBuilder(MySqlAdapter)
17:                    MySqlAdapter.UpdateCommand = cmdBuild.GetUpdateCommand()
18:                    MySqlAdapter.Update(ds, "dsTable")
19:                    cmdBuild.Dispose()
20:                    MessageBox.Show("정상적으로 데이터가 수정되었습니다.", "알림",
                          MessageBoxButtons.OK, MessageBoxIcon.Information)
21:                    lvList_MySqlClient_View()
22:                    Control_Clear()
23:             Catch ex As Exception
24:                    MessageBox.Show("정상적으로 데이터가 수정되지 않았습니다.", "에러",
                          MessageBoxButtons.OK, MessageBoxIcon.Error)
25:             End Try
26:        End If
27: End Sub
```

4행   데이터베이스 연결 문자열을 매개 변수로 대입하여 MySqlConnection 클래스의 개체 Conn을 초기화하는 구문이다.

5행   Conn.Open() 메서드를 이용하여 데이터베이스를 연다.

6행   SELECT 쿼리 및 MySqlConnection 개체를 매개 변수로 대입하여 MySqlDataAdapter 클래스의 개체 MySqladapter를 초기화한다.

9행   DataSet.Tables("가상 테이블").Select() 구문을 이용하여 가상테이블에서 데이터를 선택하여 가져오는 작업을 수행한다. 데이터베이스의 데이터를 수정할 때 인덱스 값을 이용하기 때문에 lvList 컨트롤에 나타난 칼럼의 첫 번째 값으로 데이터를 선택하여 가져온다.

10행   DataRow 클래스의 개체 drTemp를 생성하는 구문이다.

11행   생성된 drTemp 개체에 9행에서 가져온 가상테이블 데이터 행의 동일한 스키마와 데이터를 저장한다.

12-15행 입력 컨트롤의 입력된 데이터를 drTemp 개체에 수정하여 대입한다.

16행   MySqlCommandBuilder 클래스의 개체 cmdBuild를 선언 및 초기화하는 구문으로 MySqlCommandBuilder 클래스의 생성자에 MySqladapter를 대입하여 개체를 생성한다.

17행 cmdBuilder.GetUpdateCommand() 메서드를 이용하여 데이터베이스를 업데이트하기 위한 가상 데이터 소스를 업데이트한다.

18행 SqlDataAdapter.Update() 메서드를 이용하여 지정된 DataTable 이름을 갖는 DataSet(ds)을 업데이트하여 데이터베이스 원본 데이터 소스에 반영한다.

19행 cmdBuild.Dispose() 메서드를 이용하여 리소스를 제거하는 작업을 수행한다.

21행 lvList_MySqlClient_View() 메서드를 호출하여 변경된 데이터를 lvList 컨트롤에 출력하는 작업을 수행한다.

다음의 btnSearch_Click() 이벤트 핸들러는 [검색] 버튼을 더블클릭하여 생성한 프로시저로, 입력 컨트롤의 데이터를 이용하여 정보를 검색한다.

```
01:   Private Sub btnSearch_Click(sender As Object, e As EventArgs)
                    Handles btnSearch.Click
02:       Me.lvList.Items.Clear()
03:       Dim Conn = New MySqlConnection(StrSQL)
04:       Conn.Open()
05:       Dim Comm =
              New MySqlCommand("Select * From carinfo where c_name = '" & _
              Me.txtName.Text & "' or c_year = '" & _
              Me.txtYear.Text & "' or c_price = '" & _
              Me.txtPrice.Text & "' or c_door = " & _
              If(Convert.ToInt32(Me.txtDoor.Text = ""),
                  0, Convert.ToInt32(Me.txtDoor.Text)) & _
              "", Conn)
06:       Dim myRead = Comm.ExecuteReader()
07:       While (myRead.Read())
08:         Dim strArray = New String() {myRead("id").ToString(),
                myRead("c_name").ToString(), myRead("c_year").ToString(),
                myRead("c_price").ToString(), myRead("c_door").ToString()}
09:         Dim lvt = New ListViewItem(strArray)
10:         Me.lvList.Items.Add(lvt)
11:       End While
12:       myRead.Close()
13:       Conn.Close()
14:   End Sub
```

5행 MySqlCommand 클래스의 생성자 매개 변수에 데이터 검색을 위한 SELECT 쿼리문과 Conn 개체를 대입하여 Comm 개체를 생성한다.

6행 Comm.ExecuteReader() 메서드를 이용하여 데이터를 myRead 개체에 저장한다.

7-11행 While 구문을 이용하여 데이터베이스에서 검색된 데이터를 lvList 컨트롤에 나타내는 작업을 수행한다.

다음의 삭제ToolStripMenuItem_Click() 이벤트 핸들러는 [삭제] 메뉴를 더블클릭하여
생성한 프로시저로, lvList 컨트롤의 선택된 행을 삭제하는 작업을 수행한다.

```
01:  Private Sub 삭제ToolStripMenuItem_Click(sender As Object,
                  e As EventArgs) Handles 삭제ToolStripMenuItem.Click
02:      If Me.lvList.SelectedItems.Count > 0 Then
03:          Dim dlr As DialogResult = MessageBox.Show("데이터를 삭제할까요?",
                  "알림", MessageBoxButtons.YesNo, MessageBoxIcon.Question)
04:          If dlr = DialogResult.Yes Then
05:              Dim Conn = New MySqlConnection(StrSQL)
06:              Conn.Open()
07:              Dim Sql As String = "delete from carinfo where id = " &
                  Convert.ToInt32(
                      Me.lvList.SelectedItems(0).SubItems(0).Text) & ""
08:              Dim Comm = New MySqlCommand(Sql, Conn)
09:              Dim i As Integer = Comm.ExecuteNonQuery()
10:              If i = 1 Then
11:                  MessageBox.Show("데이터가 정상적으로 삭제되었습니다.",
                          "알림", MessageBoxButtons.OK,
                          MessageBoxIcon.Information)
12:              Else
13:                  MessageBox.Show("데이터를 삭제하지 못하였습니다..", "알림",
                          MessageBoxButtons.OK, MessageBoxIcon.Error)
14:              End If
15:              Control_Clear()
16:              lvList_MySqlClient_View()
17:          End If
18:      Else
19:          MessageBox.Show("삭제할 행을 선택하세요.", "알림",
                  MessageBoxButtons.OK, MessageBoxIcon.Warning)
20:      End If
21:  End Sub
```

3행   삭제할 데이터의 선택과 삭제 여부를 묻는 구문으로, 메시지 박스의 결과값이
MessageBoxButtons 열거값 중 하나인 'Yes'일 경우 5~17행을 수행한다.

7행   lvList 컨트롤에서 선택된 삭제할 데이터에 해당하는(id 일치) 데이터베이스의
데이터를 삭제하는 DELETE 쿼리문이다.

9행   DELETE 쿼리문을 Comm.ExecuteNonQuery() 메서드를 이용하여 실행하고
수행 여부의 결과를 Integer 타입으로 반환받는다.

8.2.4 차계부 예제 실행

다음 그림은 차계부 예제를 F5를 눌러 실행한 화면이다.

년식 입력 항목의 값을 입력하고 [검색] 버튼을 클릭하면 해당 년식의 데이터만 목록에 나타난다.

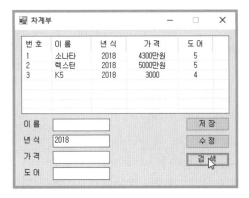

8.3 일기장

이 절에서 살펴볼 일기장 예제는 다양한 기기에서 사용하는 SQLite 데이터베이스를 연동하여 간단히 일기장 애플리케이션을 구현한다. SQLite는 MS ACCESS와 같이 로컬 데이터베이스 형태로 사용되며 경량화 되어 있어 Windows뿐만 아니라 모바일, 임베디드 기기에서 범용적으로 사용된다.

SQLite와 연동하기 위해서는 다음의 홈페이지에서 System.Data.SQLite를 다운로드해야 한다. 이 프로그램은 설치 버전 또는 DLL 버전으로 제공된다. 이 절에서 사용되는 것은 설치 버전이 아닌 DLL 파일을 다운로드하여 참조 추가하고 사용한다.

홈 페이지 : https://www.sqlite.org/index.html

다운로드 URL:

http://system.data.sqlite.org/index.html/doc/trunk/www/downloads.wiki

System.Data.SQLite Downloads

Runtime Library Notes

All downloadable packages on this web page that do not include the word "**static**" in their file name r
should also be noted that the downloadable packages on this web page that include the word "**setup**"

Latest Microsoft Visual C++ Runtime Library Dow

For detailed information about the latest downloads for each Microsoft Visual C++ Runtime Library rel

Support Notes - Downloadable Packages

Precompiled Binaries for 32-bit Windows (.NET Framework 4.6)

sqlite-netFx46-binary-bundle-Win32-2015-1.0.109.0.zip
(3.13 MiB)

sqlite-netFx46-binary-Win32-2015-1.0.109.0.zip
(3.39 MiB)

Precompiled Binaries for 64-bit Windows (.NET Framework 4.6)

sqlite-netFx46-binary-bundle-x64-2015-1.0.109.0.zip
(3.18 MiB)

sqlite-netFx46-binary-x64-2015-1.0.109.0.zip
(3.49 MiB)

파일명 : sqlite-netFx46-binary-x64-2015-1.0.109.0.zip

SQLite 데이터베이스 스키마를 생성하기 위해 다양한 프로그램이 있지만 오픈 소스로
제공되고 쉽게 사용할 수 있는 DB Browser for SQLite 다운로드하여 데이터베이스 및
테이블을 생성한다.

홈 페이지 : https://sqlitebrowser.org/

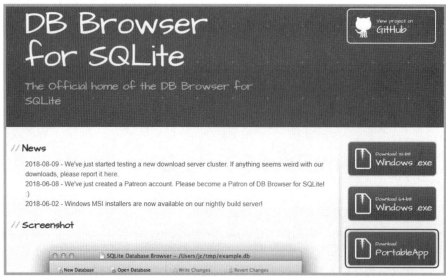

파일명 : SQLiteDatabaseBrowserPortable_3.10.1_English.paf

※ DB Browser for SQLite 사용법은 위 사이트 또는 블로그를 참고하기 바란다.

다음 그림은 일기장 애플리케이션을 구현하고 실행한 결과 화면이다.

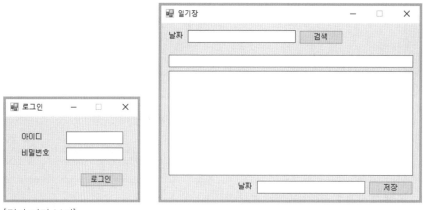

[결과 미리 보기]

8.3.1 데이터베이스 설정

DB Browser for SQLite를 이용하여 '..\bin\Debug\' 경로에 'diary' 데이터베이스를 생성한 뒤에 다음 표와 같은 구조의 테이블 'login'과 'diary'를 생성한다.

테이블 명 : login

필드 이름	데이터 형식	비고
userid	text	
userpwd	text	

테이블 명 : diary

필드 이름	데이터 형식	비고
id	integer	Primary Key 설정 자동 증가(1)
title	varchar	
content	text	
date	integer	

테이블 자동 생성 SQL 구문은 다음과 같다.

```
CREATE TABLE 'login' ( 'userid' TEXT, 'userpwd' TEXT )

CREATE TABLE 'diary' (
    'id' INTEGER PRIMARY KEY AUTOINCREMENT,
    'title' TEXT, 'content' TEXT, 'date' INTEGER )
```

8.3.2 로그인(Form1) 디자인

프로젝트 이름을 'mook_MyDiary'로 하여 'C:\vb2017project\Chap08' 경로에 새 프로젝트를 생성한다. 다음 그림과 같이 윈도우 폼에 필요한 컨트롤을 위치시켜 폼을 디자인하고, 각 컨트롤의 속성값을 설정한다.

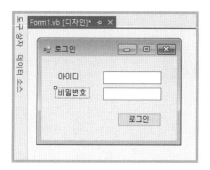

폼 디자인에 사용된 컨트롤의 주요 속성값은 다음과 같다.

폼 컨트롤	속 성	값
Form1	Name	Form1
	Text	로그인
	FormBorderStyle	FixedToolWindow
	MaximizeBox	False
Label1	Name	lblId
	Text	아이디
Label2	Name	lblPwd
	Text	비밀번호
TextBox1	Name	txtId
TextBox2	Name	txtPwd
	PasswordChar	*
Button1	Name	btnLogin
	Text	로그인

솔루션 탐색기에서 [참조] 항목을 마우스 오른쪽 버튼으로 클릭하여 표시되는 단축메뉴에서 [참조 추가] 메뉴를 선택하여 [참조 관리자] 대화상자를 연다. [참조 관리자] 대화상자에서 [찾아보기] 버튼을 눌러 'System.DataSQLite.dll' 파일을 찾아 추가한 후 [확인] 버튼을 클릭하여 구성 요소를 추가한다.

다음 그림에서와 같이 '..\bin\Debug\' 경로에 'SQLite.Interop.dll' 파일을 SQLite가 설치된 위치로부터 복사하여 붙여넣기를 한다.

8.3.3 로그인(Form1.vb) 코드 구현

Imports 키워드를 이용하여 필요한 네임스페이스를 다음과 같이 추가한다.

```
Imports System.Data.SQLite
```

SQLite 데이터베이스 연결문은 다음의 형식과 같이 구성된다.

```
Data Source=["데이터베이스 파일 명"]
```

다음의 btnLogin_Click() 이벤트 핸들러는 [로그인] 버튼을 더블클릭하여 생성한 프로시저로, SQLite 데이터베이스에 저장된 로그인 정보를 이용하여 로그인하는 작업을 수행한다.

```
01:   Private Sub btnLogin_Click(sender As Object, e As EventArgs)
                  Handles btnLogin.Click
02:       Dim conn As SQLiteConnection =
              New SQLiteConnection("Data Source=MyDiary.db")
03:       conn.Open()
04:       Dim cmd As SQLiteCommand =
              New SQLiteCommand("Select userpwd from login " & _
                  "where userid = '" & Me.txtId.Text & "'", conn)
```

```
05:        Dim reader As SQLiteDataReader = cmd.ExecuteReader()
06:        If reader.Read() Then
07:            If reader(0).ToString() = Me.txtPwd.Text Then
08:                Dim frm2 As Form2 = New Form2()
09:                frm2.Show()
10:                Me.Hide()
11:            Else
12:                MessageBox.Show("로그인 실패", "알림", MessageBoxButtons.OK,
                            MessageBoxIcon.Warning)
13:            End If
14:        End If
15:        reader.Close()
16:        conn.Close()
17:  End Sub
```

2행   데이터베이스 연결 문자열을 인자로 대입하여 SQLiteConnection 클래스의 개체 conn을 생성한다.

3행   conn.Open() 메서드를 이용하여 데이터베이스를 연다.

4행   'login' 테이블에서 userpwd 데이터를 검색하여 가져오는 SELECT 구문과 conn 개체를 매개 변수로 하여 SQLiteCommand 클래스의 개체 cmd를 생성한다.

5행   cmd.ExecuteReader() 메서드를 이용하여 4행의 SELECT 쿼리문을 실행하고 데이터베이스에서 가져온 데이터를 SQLiteDataReader 클래스의 개체 reader 에 저장한다.

6-14행 reader 개체에 배열 형태로 저장된 데이터를 가져오기 위해서 reader("인덱스") 형식으로 데이터를 가져와 txtPwd 컨트롤에 입력된 비밀번호와 비교하는 작업을 수행하며, 동일하면 8~10행을 수행하여 Form2를 호출한다.

15행 reader.Close() 메서드를 호출하여 SQLiteDataReader 개체의 리소스를 해제하는 작업을 수행한다.

8.3.4 일기장(Form2) 디자인

솔루션 탐색기에서 프로젝트 이름을 마우스 오른쪽 버튼으로 클릭하여 표시되는 단축메뉴에서 [추가]-[Windows Form] 메뉴를 눌러 'Form2'를 생성한다. 다음 그림과 같이 윈도우 폼에 필요한 컨트롤을 위치시켜 폼을 디자인하고, 각 컨트롤의 속성값을 설정한다.

폼 디자인에 사용된 컨트롤의 주요 속성값은 다음과 같다.

폼 컨트롤	속 성	값
Form2	Name	Form2
	Text	일기장
	FormBorderStyle	FixedSingle
	MaximizeBox	False
Label1	Name	lblDate
	Text	날짜
Label2	Name	lblSaveDate
	Text	날짜
TextBox1	Name	txtDate
TextBox2	Name	txtTitle
TextBox3	Name	txtDiary
	Multiline	True
TextBox4	Name	txtSaveDate
Button1	Name	btnSearch
	Text	검색
Button2	Name	btnSave
	Text	저장

8.3.5 일기장(Form2.vb) 코드 구현

Imports 키워드를 이용하여 필요한 네임스페이스를 다음과 같이 추가한다.

```
Imports System.Data.SQLite
```

다음의 btnSave_Click() 이벤트 핸들러는 [저장] 버튼을 더블클릭하여 생성한 프로시저로, 입력된 일기 데이터를 SQLite 데이터베이스에 저장하는 작업을 수행한다.

```
01:  Private Sub btnSave_Click(sender As Object, e As EventArgs)
                  Handles btnSave.Click
02:      Using conn As SQLiteConnection =
             New SQLiteConnection("Data Source=MyDiary.db")
03:          conn.Open()
04:          Dim sql As String =
                 "insert into diary (title, content, date) values ('" & _
                 Me.txtTitle.Text & "', '" & Me.txtDiary.Text & _
                 "', " & Convert.ToInt32(Me.txtSaveDate.Text) & ")"
05:          Dim Command As SQLiteCommand = New SQLiteCommand(sql, conn)
06:          Dim result As Integer = Command.ExecuteNonQuery()
07:          If result = 1 Then
08:              MessageBox.Show("데이터가 정상적으로 저장되었습니다.", "알림",
                     MessageBoxButtons.OK, MessageBoxIcon.Information)
09:          End If
10:          conn.Close()
11:      End Using
12:      Me.txtTitle.Clear()
13:      Me.txtDiary.Clear()
14:      Me.txtSaveDate.Clear()
15:  End Sub
```

2행   SQLite 연결 문자열(Data Source=MyDiary.db)을 매개 변수로 대입하여 SQLiteConnection 클래스의 개체 conn을 생성한다.

3행   conn.Open() 메서드를 이용하여 SQLite 데이터베이스에 연결한다.

4행   입력 컨트롤에 입력된 일기 데이터를 SQLite 데이터베이스에 저장하기 위한 INSERT 쿼리문이다.

5행   SQLiteCommand 클래스의 개체 Command를 생성하는 구문으로 매개 변수로 4행의 INSERT 쿼리문과 데이터베이스 연결 개체인 conn을 대입한다.

6행   Command.ExecuteNonQuery() 메서드를 이용하여 4행의 INSERT 쿼리문을 실행하여 데이터를 SQLite 데이터베이스에 저장하는 작업을 수행한다.

다음의 btnSearch_Click() 이벤트 핸들러는 [검색] 버튼을 더블클릭하여 생성한 프로시저로, 날짜를 이용하여 데이터베이스에서 정보를 검색하는 작업을 수행한다.

```
01:  Private Sub btnSearch_Click(sender As Object, e As EventArgs)
                   Handles btnSearch.Click
02:      Dim conn As SQLiteConnection =
                 New SQLiteConnection("Data Source=MyDiary.db")
03:      conn.Open()
04:      Dim cmd As SQLiteCommand =
                 New SQLiteCommand("Select * from diary where date = " & _
                 Convert.ToInt32(Me.txtDate.Text) & "", conn)
05:      Dim reader As SQLiteDataReader = cmd.ExecuteReader()
06:      If reader.Read() Then
07:          Me.txtTitle.Text = reader(1).ToString()
08:          Me.txtDiary.Text = reader(2).ToString()
09:          Me.txtSaveDate.Text = reader(3).ToString()
10:      Else
11:          MessageBox.Show("검색 데이터가 없습니다.", "알림",
                     MessageBoxButtons.OK, MessageBoxIcon.Warning)
12:      End If
13:      reader.Close()
14:      conn.Close()
15:  End Sub
```

4행   SQLiteCommand 개체 cmd를 생성하기 위해 매개 변수로 SELECT 쿼리문과 데이터베이스 연결 정보를 갖는 conn 개체를 대입한다.

5행   cmd.ExecuteReader() 메서드를 이용하여 SQLiteDataReader 클래스의 개체 reader에 배열 타입으로 검색된 데이터를 저장한다.

7-9행   SQLite 데이터베이스에서 검색된 일기 데이터를 입력 컨트롤에 나타내주는 작업을 수행하며, reader 클래스에서 배열로 저장된 데이터를 가져오기 위해 reader("인덱스") 형식으로 데이터를 가져온다.

8.3.6 일기장 예제 실행

다음 그림은 일기장 예제를 F5를 눌러 실행한 화면이다. 로그인 창에서 아이디와 비밀번호를 입력하고, [로그인] 버튼을 클릭한 뒤에, 날짜와 일기 내용을 입력하고 [저장] 버튼을 클릭하여 입력된 내용을 SQLite 데이터베이스에 저장한다.

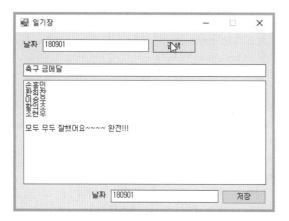

DB Browser for SQLite 프로그램을 이용하여 저장된 데이터를 확인한 화면으로, 정상적으로 일기 데이터가 저장된 것을 확인할 수 있다.

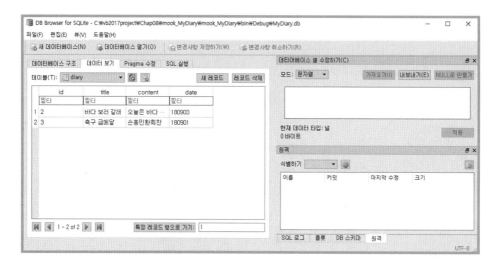

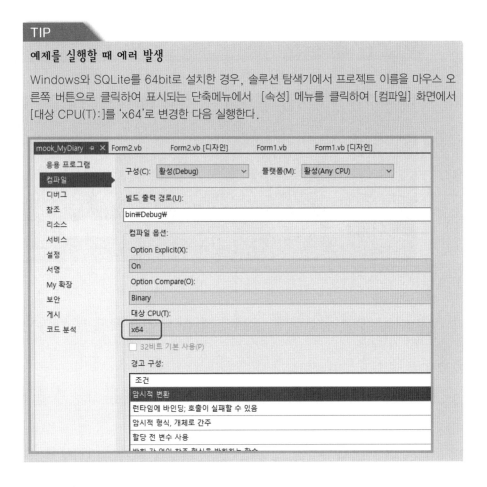

TIP

예제를 실행할 때 에러 발생

Windows와 SQLite를 64bit로 설치한 경우, 솔루션 탐색기에서 프로젝트 이름을 마우스 오른쪽 버튼으로 클릭하여 표시되는 단축메뉴에서 [속성] 메뉴를 클릭하여 [컴파일] 화면에서 [대상 CPU(T):]를 'x64'로 변경한 다음 실행한다.

8.4 학사관리

이 절에서는 SQL Server 2017과 연동하여 학사 정보를 검색하고 저장 및 수정하는 애플리케이션을 살펴보도록 한다. SQL Server 2017과의 연동은 별도의 연결 Connector를 설치하지 않아도 .Net Framework에서 제공하는 네임스페이스를 추가하고 메서드 및 인터페이스를 이용하여 쉽게 연동할 수 있다.

SQL Server 2017 다운로드 URL :

https://www.microsoft.com/en-us/sql-server/sql-server-downloads

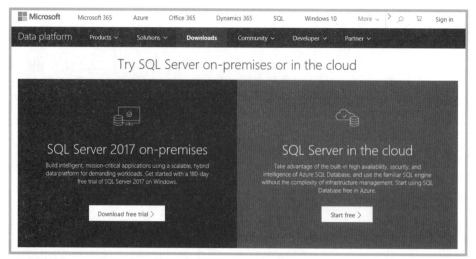

파일명 : SQLServer2017-SSEI-Dev.exe

SQL Server를 관리하기 위해서 SSMS(SQL Server Management Studio)를 추가로 필요로 한다.

SQL Server Management Studio 다운로드 URL :
https://docs.microsoft.com/ko-kr/sql/ssms/download-sql-server-management-studio-ssms?view=sql-server-2017

파일명 : SSMS-Setup-KOR.exe

다음 그림은 학사관리 애플리케이션을 구현하고 실행한 결과 화면이다.

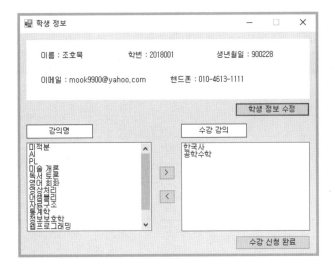

[결과 미리 보기]

8.4.1 데이터베이스 설정

SSMS(SQL Server Management Studio)를 열어 이름을 'mook'로 하여 데이터베이스를 생성하고, 생성된 데이터베이스 내에 다음과 같은 구조의 테이블을 생성한다.

테이블 이름 : t_login
용도 : 로그인 기능 구현을 위한 기본 데이터 관리

필드 이름	데이터 형식	필드 크기	비고
id	int		Primary Key 설정 자동 증가(1)
userid	varchar	30	
userpwd	varchar	30	

테이블 이름 : t_userinfo

용도 : 't_login' 테이블의 id와 매칭되는 기본 학생 정보 관리

필드 이름	데이터 형식	필드 크기	비고
id	int		Primary Key 설정 자동 증가(1)
userid	varchar	30	
edunum	int		
name	varchar	20	
birth	varchar	30	
email	varchar	40	
phone	varchar	30	

테이블 이름 : t_subject

용도 : 강의명 관리를 위한 기본 데이터 관리

필드 이름	데이터 형식	필드 크기	비고
id	int		Primary Key 설정 자동 증가(1)
subject	varchar	50	

테이블 이름 : t_user_subject

용도 : 학생이 수강하는 데이터 관리

필드 이름	데이터 형식	필드 크기	비고
id	int		Primary Key 설정 자동 증가(1)
edunum	int		
subject	varchar	50	

8.4.2 로그인(Form1) 디자인

프로젝트 이름을 'mook_EduMgr'로 하여 'C:\vb2017project\Chap08' 경로에 새 프로젝트를 생성한다. 다음 그림과 같이 윈도우 폼에 필요한 컨트롤을 위치시켜 폼을 디자인하고, 각 컨트롤의 속성값을 설정한다.

폼 디자인에 사용된 컨트롤의 주요 속성값은 다음과 같다.

폼 컨트롤	속 성	값
Form1	Name	Form1
	Text	로그인
	FormBorderStyle	FixedToolWindow
	MaximizeBox	False
	MinimizeBox	False
Label1	Name	lblId
	Text	ID
Label2	Name	lblPwd
	Text	PWD
Label3	Name	lblResult
	Text	결과 :
TextBox1	Name	txtId
TextBox2	Name	txtPwd
Button1	Name	btnLogin
	Text	로그인

8.4.3 로그인(Form1.vb) 코드 구현

Imports 키워드를 이용하여 필요한 네임스페이스를 다음과 같이 추가한다.

```
Imports System.Data.SqlClient
```

System.Data.SqlClient 네임스페이스는 SQL Serve 2017을 연결하기 위한 클래스, 메서드 등 인터페이스를 제공한다.

다음과 같이 멤버 변수를 클래스 상단에 추가한다. 멤버 변수의 값으로 데이터베이스 연결을 위한 정보를 저장한다.

```
'SQL 연결 문자열
Private Constr As String =
    "server=localhost;uid=mook;pwd=p12345!@;database=mook"
```

SQL Server 2017 연결 문자열은 다음과 같이 구성된다.

```
server=[서버 아이피 주소];uid=[SQL Server 2017 접속 아이디];pwd=[SQL
Server 2017 접속 비밀번호];database=[데이터베이스 이름]
```

다음의 btnLogin_Click() 이벤트 핸들러는 [로그인] 버튼을 더블클릭하여 생성한 프로시저로, 학사관리 애플리케이션에 로그인하는 작업을 수행한다.

```
01:   Private Sub btnLogin_Click(sender As Object, e As EventArgs)
                      Handles btnLogin.Click
02:       Dim Conn = New SqlConnection(Constr)
03:       Conn.Open()
04:       Dim Comm = New SqlCommand(
                      "Select userpwd from t_login where userid = '" & _
                      Me.txtId.Text & "'", Conn)
05:       Dim myRead = Comm.ExecuteReader()
06:       If myRead.Read() Then
07:           Dim strpwd As String = myRead(0).ToString()
08:           If strpwd = Me.txtPwd.Text Then
09:               myRead.Close()
10:               Conn.Close()
11:               Dim frm2 As Form2 = New Form2()
12:               frm2.UserId = Me.txtId.Text
13:               frm2.Show()
14:               Me.Hide()
15:           Else
16:               Me.lblResult.Text = "결과 : 로그인 실패"
17:               txtClear()
18:           End If
19:       Else
20:           Me.lblResult.Text = "결과 : 로그인 실패"
21:           txtClear()
22:       End If
23:       myRead.Close()
24:           Conn.Close()
25:   End Sub
```

2행　　SqlConnection 클래스의 개체 Conn을 생성하는 구문으로 생성자 매개 변수에 SQL Sever 2017에 연결하기 위한 연결 문자열을 대입한다.

3행　　Conn.Open() 메서드를 이용하여 데이터베이스를 연다.

4행　　SqlCommand 생성자의 매개 변수에 로그인을 위한 아이디 기준으로 패스워드를 질의하는 SELECT 쿼리문과 연결 정보를 갖는 Conn 개체를 대입하여 Comm을 선언하고 초기화한다.

5행　　4행의 SELECT 쿼리문을 실행하여 데이터를 가져오는 작업을 수행한다. Comm.ExecuteReader() 메서드를 이용하여 데이터를 가져와 SqlDataReader 클래스의 개체 myRead에 저장한다.

6행　　myRead.Read() 메서드를 이용하여 myRead 개체에 저장된 데이터를 읽는 작업을 수행한다.

7행	myRead("칼럼 번호") 형태로 myRead 개체에 저장된 배열 데이터 즉, 패스워드 값을 변수에 저장한다.
8-14행	로그인이 완료되었기 때문에 Form2를 보이고 this.Hide() 메서드를 이용하여 숨기는 작업을 수행한다.
9-10행	myRead, Conn 개체를 Close() 메서드를 이용하여 리소스를 해제하는 작업을 수행한다.
12행	Form2의 UserId 접근자에 입력된 아이디를 전달하는 구문이다.

다음의 txtClear() 메서드는 입력 컨트롤의 데이터를 초기화하는 작업을 수행한다.

```
Private Sub txtClear()
    Me.txtId.Text = ""
    Me.txtPwd.Text = ""
End Sub
```

8.4.5 학생 정보(Form2) 디자인

솔루션 탐색기에서 프로젝트 이름을 마우스 오른쪽 버튼으로 클릭하여 표시되는 단축메뉴에서 [추가]-[Windows Form] 메뉴를 선택하여 'Form2'를 생성하다. 다음 그림과 같이 윈도우 폼에 필요한 컨트롤을 위치시켜 폼을 디자인하고, 각 컨트롤의 속성값을 설정한다.

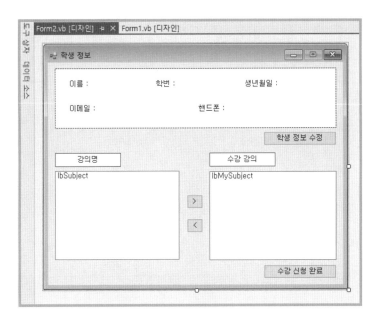

폼 디자인에 사용된 컨트롤의 주요 속성값은 다음과 같다.

폼 컨트롤	속 성	값
Form2	Name	Form2
	Text	학생 정보
	FormBorderStyle	FixedSingle
	MaximizeBox	False
Panel1	Name	plGroup
Label1	Name	lblName
	Text	이름 :
Label2	Name	lblEduNum
	Text	학번 :
Label3	Name	lblBirth
	Text	생년월일 :
Label4	Name	lblEmail
	Text	이메일 :
Label5	Name	lblPhone
	Text	핸드폰 :
Label6	Name	lblSubject
	Text	강의명
	BackColor	White
	BorderStyle	FixedSingle
	TextAlign	MiddleCenter
Label7	Name	lblMySubject
	Text	수강 강의
	BackColor	White
	BorderStyle	FixedSingle
	TextAlign	MiddleCenter
Button1	Name	btnModify
	Text	학생 정보 수정
Button2	Name	btnAdd
	Text	〉
Button3	Name	btnDel
	Text	〈
Button4	Name	
	Text	수강 신청 완료
ListBox1	Name	lbSubject
	SelectionMode	MultiSimple
ListBox2	Name	lbMySubject
	SelectionMode	MultiSimple

8.4.6 학생 정보(Form2.vb) 코드 구현

Imports 키워드를 이용하여 필요한 네임스페이스를 다음과 같이 추가한다.

```
Imports System.Data.SqlClient
```

다음과 같이 멤버 개체 및 변수, 접근자를 클래스 상단에 추가한다.

```
01:  Public Property UserId As String
02:  Private Const Constr As String =
        "server=localhost;uid=mook;pwd=p12345!@;database=mook" 'SQL 연결문자열
03:  Private EduNum As Integer = 0
04:  Private subtmp As List(Of String) = New List(Of String)()
```

2행   String 타입의 접근자로 Form1에서 입력된 아이디를 전달받는 구문이다.

4행   수강 강의 설정을 위한 List(Of T) 멤버 개체를 선언하는 구문이다.

다음의 Form2_Load() 이벤트 핸들러는 폼을 더블클릭하여 생성한 프로시저로, 폼을 로드할 때 데이터베이스의 데이터를 가져오는 메서드를 호출하는 작업을 수행한다.

```
Private Sub Form2_Load(sender As Object, e As EventArgs)
                Handles MyBase.Load
    DataLoad()
    SubjectLoad()
End Sub
```

다음의 DataLoad(), SubjectLoad()는 폼을 로드할 때 학생 정보와 수강 강의 데이터를 가져와 폼에 나타내는 작업을 수행한다.

```
01:  Private Sub DataLoad()
02:      Dim Conn = New SqlConnection(Constr)
03:      Conn.Open()
04:      Dim Comm01 = New SqlCommand(
                "Select name, edunum, birth, email, phone " & _
                "from t_userinfo where userid = '" & UserId & "'", Conn)
05:      Dim myRead01 = Comm01.ExecuteReader()
06:      If myRead01.Read() Then
07:          Me.lblName.Text = "이름 : " & myRead01(0).ToString()
08:          Me.lblEduNum.Text = "학번 : " & myRead01(1).ToString()
09:          EduNum = Convert.ToInt32(myRead01(1).ToString())
10:          Me.lblBirth.Text = "생년월일 : " & myRead01(2).ToString()
11:          Me.lblEmail.Text = "이메일 : " & myRead01(3).ToString()
12:          Me.lblPhone.Text = "핸드폰 : " & myRead01(4).ToString()
13:      End If
```

```
14:        myRead01.Close()
15:        subtmp.Clear()
16:        Dim Comm02 = New SqlCommand(
                        "Select subject from t_user_subject " & _
                        "where edunum = " & EduNum & "", Conn)
17:        Dim myRead02 = Comm02.ExecuteReader()
18:        While myRead02.Read()
19:            subtmp.Add(myRead02(0).ToString())
20:        End While
21:        myRead02.Close()
22:        Conn.Close()
23:    End Sub

24:    Private Sub SubjectLoad()
25:        Dim Conn = New SqlConnection(Constr)
26:        Conn.Open()
27:        Dim Comm = New SqlCommand("Select subject from t_subject", Conn)
28:        Dim myRead = Comm.ExecuteReader()
29:        While myRead.Read()
30:            If Not subtmp.Contains(myRead(0).ToString()) Then
31:                Me.lbSubject.Items.Add(myRead(0).ToString())
32:            End If
33:        End While
34:        myRead.Close()
35:        Conn.Close()
36:        For Each s In subtmp
37:            Me.lbMySubject.Items.Add(s)
38:        Next
39:    End Sub
```

2행   SqlConnection 클래스의 개체 Conn을 생성하고 초기화하는 작업을 수행한다.

3행   Conn.Open() 메서드를 이용하여 데이터베이스를 여는 구문이다.

4행   SqlCommand 클래스의 개체 Comm01을 생성하는 구문으로 SqlCommand 클래스 생성자의 매개 변수에 SELECT 쿼리문과 Conn 개체를 대입한다.

5행   Comm01.ExecuteReader() 메서드를 이용하여 myRead01 개체를 생성하고 데이터베이스에서 SELECT 쿼리문의 결과 데이터를 저장한다.

6-13행   SELECT 쿼리문의 데이터를 선택적으로 가져와 컨트롤에 나타내는 작업을 수행한다.

16-20행   't_user_subject' 테이블에서 해당 학번에 해당하는 수강 강의명의 가져오는 SELECT 쿼리문을 이용하여 List 개체 subtmp에 저장하는 작업을 수행한다.

27-33행   't_subject' 테이블에서 수강 대상 과목명을 SELECT 쿼리문으로 질의하고 결과를 lbSubject에 나타내는 작업을 수행한다.

30행 　subtmp.Contains() 메서드를 이용하여 27행의 SELECT 쿼리문으로 가져온 강 의명이 subtmp에 존재하지 않는 강의에 대해 31행을 수행하여 lbSubject에 나 타낸다. 이는 현재 수강하지 않는 강의이기 때문에 수강 대상 강의로 lbSubject 컨트롤에 나타내기 위함이다.

36-38행 For Each 구문을 이용하여 subtmp에서 수강하는 강의명을 lbMySubject 컨트 롤에 나타내는 작업을 수행한다.

다음의 btnAdd_Click() 이벤트 핸들러는 [〉] 버튼을 더블클릭하여 생성한 프로시저로, 강의명을 선택하여 수강 강의 화면으로 이동시키는 작업을 수행한다.

```
01:  Private Sub btnAdd_Click(sender As Object, e As EventArgs)
                     Handles btnAdd.Click
02:      subtmp.Clear()
03:      For Each s In lbSubject.SelectedItems
04:          Me.lbMySubject.Items.Add(s)
05:          subtmp.Add(s)
06:      Next
07:      For Each s In subtmp
08:          Me.lbSubject.Items.Remove(s)
09:      Next
10:  End Sub
```

3-6행 　lbSubject 컨트롤의 나타난 강의명 중 선택된 강의명을 lbMySubject.Items. Add() 메서드를 이용하여 이동시키고, subtmp에 저장하는 작업을 수행한다.

7-9행 　수강 강의로 이동된 강의명은 왼쪽 강의명 화면에 나타날 필요가 없기 때문에 lbSubject.Items.Remove() 메서드를 이용하여 삭제한다.

다음의 btnDel_Click() 이벤트 핸들러는 [〈] 버튼을 더블클릭하여 생성한 프로시저로 [〉] 버튼의 반대 작업을 수행하여 수강 강의에서 강의명을 삭제하고 왼쪽 강의명에 선택된 강의명을 추가한다.

```
Private Sub btnDel_Click(sender As Object, e As EventArgs)
               Handles btnDel.Click
    subtmp.Clear()
    For Each s In lbMySubject.SelectedItems
        Me.lbSubject.Items.Add(s)
        subtmp.Add(s)
    Next
    For Each s In subtmp
        Me.lbMySubject.Items.Remove(s)
    Next
End Sub
```

다음의 btnSave_Click() 이벤트 핸들러는 [수강 신청 완료] 버튼을 더블클릭하여 생성한 프로시저로, 수강 강의 화면에 나타난 강의명을 데이터베이스에 저장하는 작업을 수행한다.

```
01:  Private Sub btnSave_Click(sender As Object, e As EventArgs)
                  Handles btnSave.Click
02:      Try
03:          Dim Conn = New SqlConnection(Constr)
04:          Conn.Open()
05:          Dim myCom01 = New SqlCommand(
                          "delete from t_user_subject " & _
                          "where edunum= " & _
                          EduNum & "", Conn)
06:          myCom01.ExecuteNonQuery()
07:          For Each s In Me.lbMySubject.Items

08:              Dim strSQL =
                          "insert into t_user_subject(edunum, subject) " & _
                          "values(" & _
                          EduNum & ", '" & s & "')"
09:              Dim myCom02 = New SqlCommand(strSQL, Conn)
10:              myCom02.ExecuteNonQuery()
11:          Next
12:          Conn.Close()
13:          MessageBox.Show("데이터가 저장 되었습니다.", "알람",
                      MessageBoxButtons.OK, MessageBoxIcon.Information)
14:      Catch ex As Exception
15:          MessageBox.Show("데이터가 저장 되지 않았습니다.", "알람",
                      MessageBoxButtons.OK, MessageBoxIcon.Error)
16:      End Try
17:  End Sub
```

5-6행 수강 강의를 데이터베이스에 입력하기 위해서 먼저 자신의 수강 과목을 모두 삭제하는 DELETE 쿼리문을 myCom01.ExecuteNonQuery() 메서드를 이용하여 수행한다.

7-11행 lblMySubject.Items 속성값을 For Each 구문을 이용하여 가져와 즉, 수강 강의 명을 모두 가져와 INSERT 쿼리문을 이용하여 데이터베이스에 저장하는 작업을 수행한다.

다음의 btnModify_Click() 이벤트 핸들러는 [학생 정보 수정] 버튼을 더블클릭하여 생성한 프로시저로, Form3을 호출하고 접근자 EudNum에 학번을 전달하여 학생 정보를 수정한다.

```
Private Sub btnModify_Click(sender As Object, e As EventArgs)
                Handles btnModify.Click
    Dim frm3 As Form3 = New Form3()
    frm3.EudNum = EduNum
    If frm3.ShowDialog() = DialogResult.OK Then
        DataLoad()
        frm3.Close()
    End If
End Sub
```

다음의 Form2_FormClosing() 이벤트 핸들러는 폼을 선택한 후 이벤트 목록 창에서 [FormClosing] 이벤트 항목을 더블클릭하여 생성한 프로시저로, 애플리케이션을 종료하는 작업을 수행한다.

```
Private Sub Form2_FormClosing(sender As Object, e As FormClosingEventArgs)
                Handles MyBase.FormClosing
    Application.ExitThread()
End Sub
```

8.4.6 학생 정보 수정(Form3) 디자인

솔루션 탐색기에서 프로젝트 이름을 마우스 오른쪽 버튼으로 클릭하여 표시되는 단축메뉴에서 [추가]-[Windows Form] 메뉴를 눌러 'Form3'을 생성한다. 다음 그림과 같이 윈도우 폼에 필요한 컨트롤을 위치시켜 폼을 디자인하고, 각 컨트롤의 속성값을 설정한다.

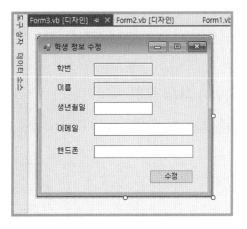

폼 디자인에 사용된 컨트롤의 주요 속성값은 다음과 같다.

폼 컨트롤	속 성	값
Form3	Name	Form3
	Text	학생 정보 수정
	FormBorderStyle	FixedSingle
	MaximizeBox	False
	MinimizeBox	False
Label1	Name	lblEduNum
	Text	학번
Label2	Name	lblName
	Text	이름
Label3	Name	lblBirth
	Text	생년월일
Label4	Name	lblEmail
	Text	이메일
Label5	Name	lblPhone
	Text	핸드폰
TextBox1	Name	txtEduNum
	ReadOnly	True
TextBox2	Name	txtName
	ReadOnly	True
TextBox3	Name	txtBirth
TextBox4	Name	txtEmail
TextBox5	Name	txtPhone
Button1	Name	btnModify
	Text	수정

8.4.7 학생 정보 수정(Form3.vb) 코드 구현

Imports 키워드를 이용하여 필요한 네임스페이스를 다음과 같이 추가한다.

```
Imports System.Data.SqlClient
```

다음과 같이 멤버 변수와 접근자를 클래스 상단에 추가한다.

```
Public Property EudNum As Integer
'SQL 연결 문자열
Private Constr As String =
      "server=localhost;uid=mook;pwd=p12345!@;database=mook"
```

다음의 Form3_Load() 이벤트 핸들러는 폼을 더블클릭하여 생성한 프로시저로, Form2 에서 접근자를 통해 전달받은 학생 번호에 해당하는 데이터를 가져와 입력 컨트롤에 나타내는 작업을 수행한다.

```
01:  Private Sub Form3_Load(sender As Object, e As EventArgs)
                    Handles MyBase.Load
02:      Dim Conn = New SqlConnection(Constr)
03:      Conn.Open()
04:      Dim Comm = New SqlCommand(
               "Select name, edunum, birth, email, phone from t_userinfo " & _
               "where edunum = " & EudNum & "", Conn)
05:      Dim myRead = Comm.ExecuteReader()
06:      If myRead.Read() Then
07:          Me.txtName.Text = myRead(0).ToString()
08:          Me.txtEduNum.Text = myRead(1).ToString()
09:          Me.txtBirth.Text = myRead(2).ToString()
10:          Me.txtEmail.Text = myRead(3).ToString()
11:          Me.txtPhone.Text = myRead(4).ToString()
12:          myRead.Close()
13:          Conn.Close()
14:      End If
15:  End Sub
```

4행　SqlCommand 클래스의 개체 Comm을 생성하는 구문으로 SqlCommand 생성 자에 SELECT 쿼리문과 데이터베이스 연결 정보를 갖는 Conn 개체를 대입한다.

5행　학생 번호에 해당하는 학생 정보를 가져와 myRead 개체에 저장하는 작업을 수행한다.

7-11행　데이터베이스에서 가져온 학생 정보를 입력 컨트롤에 나타내는 작업을 수행한다.

다음의 btnModify_Click() 이벤트 핸들러는 [수정] 버튼을 더블클릭하여 생성한 프로시저로, UPDATE 쿼리문을 이용하여 데이터를 수정한다.

```
01:  Private Sub btnModify_Click(sender As Object, e As EventArgs)
                    Handles btnModify.Click
02:      Dim Conn = New SqlConnection(Constr)
03:      Conn.Open()
04:      Dim strSQL = "update t_userinfo set birth = '" & Me.txtBirth.Text & _
                "', email = '" & Me.txtEmail.Text & "', phone = '" & _
                Me.txtPhone.Text & "' where edunum = " & EudNum & ""
05:      Dim myCom = New SqlCommand(strSQL, Conn)
06:      Dim i As Integer = myCom.ExecuteNonQuery()
07:      Conn.Close()
08:      If i = 1 Then DialogResult = DialogResult.OK
09:  End Sub
```

4행	UPDATE 쿼리문을 이용하여 Form2에서 전달받은 학생 번호에 매칭되는 데이터를 수정하는 구문이다.
6행	myCom.ExecuteNonQuery() 메서드를 이용하여 5행의 UPDATE 쿼리문을 실행하고 실행 여부 반환 값을 변수에 저장하는 작업을 수행한다.
8행	DialgResult 열거형을 'OK'로 설정하여 Form2에 데이터가 저장되었다는 것을 알리는 작업을 수행한다.

8.4.8 학사관리 예제 실행

다음 그림은 학사관리 예제를 F5를 눌러 실행한 화면이다.

[>] 버튼을 눌러 [강의명]에서 [수강 강의] 화면으로 전환이 잘되는지 확인한다.

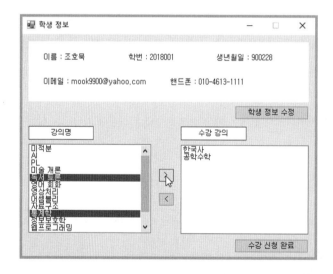

[수정] 버튼을 눌러 학생 정보가 수정되는지 확인한다.

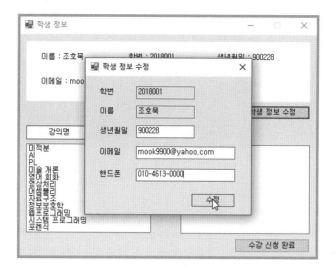

학생 정보가 정상적으로 수정된 것을 확인할 수 있으며, [수강 신청 완료] 버튼을 눌러 수강 강의를 데이터베이스 저장한다.

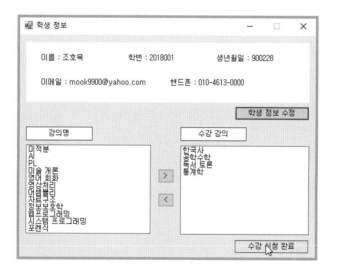

이장의 설명은 학사관리 예제를 살펴보는 것을 끝으로 마치고 다음 장에서는 네트워크 체크, 포트 스캔, XML 파서, 1:1 채팅, 원격 파일 전송 등의 애플리케이션을 구현하면서 네트워크 프로그램에 대해 살펴보자.

CHAPTER 09

네트워크 프로그래밍

이 장에서는 네트워크 프로그램 관련하여 다양한 프로그램 예제를 구현하면서 네트워크 프로그래밍에 대해 살펴보도록 한다. 인터넷 환경의 발달로 인하여 윈도우 프로그램은 네트워크와 연결하지 않고서는 구현하지 못할 만큼 네트워크 기능은 중요해졌다. 따라서 이 장에서 살펴보는 네트워크 프로그램 예제를 통해 네트워크 프로그래밍에 대한 모든 기능을 살펴볼 수는 없겠지만, 네트워크 프로그래밍에 대한 개념과 방법에 대해 살펴보 도록 하자.

이 장에서 살펴보는 예제는 다음과 같다.

- NetStat
- 네트워크 체크
- 포트 스캔
- 1:1 채팅
- XML 파서
- 파일 원격 전송

9.1 NetStat

로컬 컴퓨터에 네트워크가 문제가 생기면 여러 가지 조사와 행위를 분석하게 된다. 네트 워크 라이브 분석을 위하여 필수적으로 수행하는 것이 NetStat 명령어를 통하여 열려 있 는 포트 및 서비스 중인 프로세스들의 상태정보와 네트워크 연결상태를 확인하는 것이 다. 네트워크 포렌식 수사에서도 필수적으로 진행하는 사항이기도 하다.

로컬주소와 외부주소 및 포트 정보, 연결상태를 나타내며 현재 상태를 파일로 저장하는 기능을 갖는 이 절의 NetStat 애플리케이션 예제를 살펴보도록 한다.

다음 그림은 NetStat 애플리케이션을 구현하고 실행한 결과 화면이다.

[결과 미리 보기]

9.1.1 NetStat 디자인

프로젝트 이름을 'mook_NetStat'로 하여 'C:\vb2017project\Chap09'경로에 새 프로젝트를 생성한다. 다음 그림과 같이 윈도우 폼에 필요한 컨트롤을 위치시켜 폼을 디자인하고, 각 컨트롤의 속성값을 설정한다.

폼 디자인에 사용된 컨트롤의 주요 속성값은 다음과 같다.

폼 컨트롤	속 성	값
Form1	Name	Form1
	Text	NetStat
	FormBorderStyle	FixedSingle
	MaximizeBox	False
ListView1	Name	lvNetState
	GridLines	True
	View	Details
Label1	Name	lblLocPort
	Text	로컬포트
	BackColor	GreenYellow
	BorderStyle	FixedSingle
Label2	Name	lblForAdd
	Text	외부주소
	BackColor	LightPink
	BorderStyle	FixedSingle
Label3	Name	lblForPort
	Text	외부포트
	BackColor	Aqua
	BorderStyle	FixedSingle
TextBox1	Name	txtLocPort
TextBox2	Name	txtForAdd
TextBox3	Name	txtForPort
Button1	Name	btnCheck
	Text	체크
Button2	Name	btnSave
	Text	저장
SaveFileDialog1	Name	sfadFile
	DefaultExt	txt
	Filter	텍스트 파일 (*.txt)|*.txt

lvNetState 컨트롤을 선택하고 속성 목록 창에서 [Column] 속성의 ▦(컬렉션) 버튼을 클릭하여 [Column Header 컬렉션 편집기] 대화상자를 연다. [Column Header 컬렉션 편집기] 대화상자에서 칼럼 다섯 개의 멤버를 추가하고 다음과 같이 추가된 각 멤버의 속성을 설정한다.

폼 컨트롤	속 성	값
ColumnHeader1	Name	clhLocalIP
	Text	로컬주소
	Width	120
ColumnHeader2	Name	clhLocalPort
	Text	로컬포트
	TextAlign	Center
	Width	60
ColumnHeader3	Name	clhRemoteIP
	Text	외부주소
	TextAlign	Center
	Width	120
ColumnHeader4	Name	clhRemotePort
	Text	외부포트
	TextAlign	Center
	Width	60
ColumnHeader5	Name	clhState
	Text	상태
	TextAlign	Center
	Width	90

lvNetState 컨트롤에 Column 헤더 멤버를 추가하고 속성을 설정하면 다음과 같은 모습을 나타낸다.

로컬주소	로컬포트	외부주소	외부포트	상태	

9.1.2 NetStat 코드 구현

Imports 키워드를 이용하여 필요한 네임스페이스를 다음과 같이 추가한다.

```
Imports System.Net.NetworkInformation
Imports System.Threading
Imports System.IO
```

다음과 같이 클래스 내부 제일 상단에 개체를 생성한다.

```
01:  Private ipProperties As IPGlobalProperties =
                  IPGlobalProperties.GetIPGlobalProperties()
02:  Private NetThread As Thread = Nothing        'NetStat 명령 수행 스레드
03:  Private LocPort, RemoAdd, RemoPort As String  '로컬포트, 원격 아이피, 원격 포트
04:  Private CheckBool As Boolean = True          '검색 여부
05:  Private Delegate Sub OnNetStatDelegate(
                  ByVal a As String, ByVal b As String, ByVal c As String,
                  ByVal d As String, ByVal e As String, ByVal i As Integer,
                  ByVal f As Boolean, ByVal En As Boolean)
06:  Private OnNetSate As OnNetStatDelegate = Nothing      '델리게이트 선언
```

1행　　IPGlobalProperties.GetIPGlobalProperties() 메서드를 이용하여 로컬 컴퓨터의
네트워크 연결 및 트래픽 통계에 대한 정보를 제공하는 개체를 생성한다.

다음의 Form1_Load() 이벤트 핸들러는 폼을 더블클릭하여 생성한 프로시저로, 새로운
스레드를 생성하여 네트워크 상태를 체크하는 메서드를 실행하는 작업을 수행한다.

```
Private Sub Form1_Load(sender As Object, e As EventArgs)
                  Handles MyBase.Load
    OnNetSate = New OnNetStatDelegate(AddressOf NetStatView)
    NetThread = New Thread(AddressOf NetView)
    NetThread.Start()
End Sub
```

다음의 NetStatView() 메서드는 OnNeStatDelegate 델리게이트에 의해 수행되는 메서
드로 lvNetState 컨트롤에 NetStat 결과를 나타내는 작업을 수행한다.

```
01:  Private Sub NetStatView(ByVal a As String, ByVal b As String,
                  ByVal c As String, ByVal d As String,
                  ByVal e As String, ByVal i As Integer,
                  ByVal f As Boolean, ByVal En As Boolean)
02:      If f = True Then
03:          Me.lvNetState.Items.Add(a)
04:          Me.lvNetState.Items(i).SubItems.Add(b)
05:          Me.lvNetState.Items(i).SubItems.Add(c)
06:          Me.lvNetState.Items(i).SubItems.Add(d)
07:          Me.lvNetState.Items(i).SubItems.Add(e)
08:          If b = LocPort Then
                  Me.lvNetState.Items(i).SubItems(0).BackColor = Color.GreenYellow
09:          If c = RemoAdd Then
                  Me.lvNetState.Items(i).SubItems(0).BackColor = Color.LightPink
10:          If d = RemoPort Then
                  Me.lvNetState.Items(i).SubItems(0).BackColor = Color.Aqua
11:      Else
12:          If En = False Then Me.lvNetState.Items.Clear()
```

```
13:            NCheck()
14:        End If
15:  End Sub
```

2-10행 f 매개 변수의 값이 True일 때 lvNetState 컨트롤의 SubItems 속성값을 Add() 메서드로 추가하는 작업과 선택된 로컬포트, 원격 아이피 및 포트에 대한 Items 의 BackColor 속성을 설정하는 작업을 수행한다.

11-13행 NCheck() 메서드를 호출하여 CheckBool 값에 따라 컨트롤의 Enabled 속성값 을 변경하는 작업과 En 매개 변수의 값이 False일 경우 lvNetState 컨트롤의 Items 속성값을 초기화하는 작업을 수행한다.

다음의 NetView() 사용자 선언 메서드는 주기적으로 While 반복문을 실행하면서 네트 워크 상태 정보를 lvNetState에 나타내는 작업을 수행한다.

```
01:  Private Sub NetView()
02:      While True
03:          Me.CheckBool = True
04:          Invoke(OnNetSate, "", "", "", "", "", 0, False, False)
05:          Dim tcpConnections As TcpConnectionInformation() =
                      ipProperties.GetActiveTcpConnections()
06:          Dim i As Integer = 0
07:          For Each NetInfo As
                      TcpConnectionInformation In tcpConnections
08:              Invoke(OnNetSate,
                      NetInfo.LocalEndPoint.Address.ToString(),
09:                  NetInfo.LocalEndPoint.Port.ToString(),
10:                  NetInfo.RemoteEndPoint.Address.ToString(),
11:                  NetInfo.RemoteEndPoint.Port.ToString(),
12:                  NetInfo.State.ToString(), i, True, False)
13:              i += 1
14:          Next
15:          Me.CheckBool = False
16:          Invoke(OnNetSate, "", "", "", "", "", 0, False, True)
17:          Thread.Sleep(30000)
18:      End While
19:  End Sub
```

4행 Invoke() 메서드의 7번째와 8번째 매개 변수를 False로 지정하여 lvNetState 컨 트롤의 Items를 초기화하는 작업과 입력 컨트롤의 Enabled 속성을 False로 지 정하는 작업을 수행한다.

5행 IPGlobalProperties.GetActiveTcpConnections() 메서드(TIP "TcpConnectionInformation 속성" 참고)를 이용하여 로컬 컴퓨터의 IPV4 및 IPv6 TCP 연결에 대한 정보를 TcpConnectionInformation 배열에 반환한다.

7-14행   For Each 구문을 이용하여 5행에서 작업 된 TcpConnectionInformation 배열
에 저장된 로컬 컴퓨터의 IPV4 및 IPv6 TCP 연결에 대한 컬렉션 정보를 가져와
델리게이트를 이용하여 lvNetState 컨트롤에 나타내는 작업을 수행한다.

8행   NetInfo.LocalEndPoint.Address 속성을 이용하여 TCP 연결의 로컬 아이피 주
소를 lvNetState 컨트롤의 Items에 설정한다.

9행   NetInfo.LocalEndPoint.Port 속성을 이용하여 TCP 연결의 로컬포트를
lvNetState 컨트롤의 Items에 설정한다.

10행   NetInfo.RemoteEndPoint.Address 속성을 이용하여 TCP 연결의 원격지 아이
피 주소를 lvNetState 컨트롤의 Items에 설정한다.

11행   NetInfo.RemoteEndPoint.Port 속성을 이용하여 TCP 연결의 원격지 포트를
lvNetState 컨트롤의 Items에 설정한다.

12행   NetInfo.State 속성을 이용하여 TCP 연결상태를 lvNetState 컨트롤의 Items에
설정한다.

16행   Invoke() 메서드를 이용하여 7번째와 8번째 매개 변수를 False와 True로 대입
하여 입력 컨트롤의 Enabled 속성을 True로 설정하는 작업을 수행한다.

TIP

TcpConnectionInformation 속성

이름	설명
LocalEndPoint	TCP 연결의 로컬 끝점
RemoteEndPoint	TCP 연결의 원격 끝점
State	TCP 연결의 상태

TcpState 열거형

멤버 이름	설명
Closed	TCP 연결이 닫혀 있음
CloseWait	TCP 연결의 로컬 끝점에서 로컬 사용자로부터의 연결 종료 요청을 기다리고 있음
Closing	TCP 연결의 로컬 끝점에서 이전에 보낸 연결 종료 요청의 승인을 기다리고 있음
DeleteTcb	TCP 연결에 대한 TCB(Transmission Control Buffer)가 삭제됨
Established	TCP 핸드셰이크가 완료되었습니다. 연결이 설정되었으므로 데이터를 보낼 수 있음
FinWait1	TCP 연결의 로컬 끝점에서 원격 끝점으로부터의 연결 종료 요청 또는 이전에 보낸 연결 종료 요청의 승인을 기다리고 있음
FinWait2	TCP 연결의 로컬 끝점에서 원격 끝점으로부터의 연결 종료 요청을 기다리고 있음

LastAck	TCP 연결의 로컬 끝점에서 이전에 보낸 연결 종료 요청의 최종 승인을 기다리고 있음
Listen	TCP 연결의 로컬 끝점에서 원격 끝점으로부터의 연결 요청을 수신하고 있음
SynReceived	TCP 연결의 로컬 끝점에서 연결 요청을 보내고 받았으며 승인을 기다리고 있음
SynSent	TCP 연결의 로컬 끝점에서 원격 끝점에 동기화(SYN) 제어 비트 집합과 함께 세그먼트 헤더를 보냈으며 일치하는 연결 요청을 기다리고 있음
TimeWait	TCP 연결의 로컬 끝점에서 원격 끝점이 연결 종료 요청의 승인을 받았는지 확인하는 데 충분한 시간이 경과하기를 기다리고 있음
Unknown	TCP 연결 상태를 알 수 없음

다음의 btnCheck_Click() 이벤트 핸들러와 NCheck() 메서드는 입력 컨트롤 및 버튼 컨트롤의 Enabled 속성값을 False로 설정하는 작업을 수행한다. 이는 네트워크 연결상태를 검사할 때 입력 컨트롤 및 버튼 컨트롤 조작을 하지 못하게 하기 위함이다.

```
Private Sub btnCheck_Click(sender As Object, e As EventArgs)
              Handles btnCheck.Click
    Me.LocPort = Me.txtLocPort.Text
    Me.RemoAdd = Me.txtForAdd.Text
    Me.RemoPort = Me.txtForPort.Text
    NCheck()
End Sub
```

```
Private Sub NCheck()
    If CheckBool Then
        Me.txtLocPort.Enabled = False
        Me.txtForPort.Enabled = False
        Me.txtForAdd.Enabled = False
        Me.btnCheck.Enabled = False
        Me.btnSave.Enabled = False
    Else
        Me.txtLocPort.Enabled = True
        Me.txtForPort.Enabled = True
        Me.txtForAdd.Enabled = True
        Me.btnCheck.Enabled = True
        Me.btnSave.Enabled = True
    End If
End Sub
```

다음의 btnSave_Click() 이벤트 핸들러는 [저장] 버튼을 더블클릭하여 생성한 프로시저로, 네트워크 연결상태를 파일로 저장하는 작업을 수행한다.

```
01: Private Sub btnSave_Click(sender As Object, e As EventArgs)
                  Handles btnSave.Click
02:     If Me.sfdFile.ShowDialog() = DialogResult.OK Then
03:         Dim sw As StreamWriter = New StreamWriter(Me.sfdFile.FileName)
04:         sw.WriteLine("파일생성 : " & DateTime.Now)
05:         sw.WriteLine()
06:         sw.WriteLine("로컬주소" & vbTab & "로컬포트" & vbTab & _
                    "외부주소" & vbTab & "외부포트" & vbTab & "상태")
07:         For i As Integer = 0 To Me.lvNetState.Items.Count - 1 - 1
08:            sw.WriteLine(Me.lvNetState.Items(i).SubItems(0).Text & vbTab &
                    Me.lvNetState.Items(i).SubItems(1).Text & vbTab &
                    Me.lvNetState.Items(i).SubItems(2).Text & vbTab &
                    Me.lvNetState.Items(i).SubItems(3).Text & vbTab &
                    Me.lvNetState.Items(i).SubItems(4).Text)
09:         Next
10:         sw.WriteLine()
11:         sw.WriteLine("파일생성 종료 : " & DateTime.Now)
12:         sw.Close()
13:     End If
14: End Sub
```

3행   StreamWriter 클래스의 개체 sw를 생성하는 구문으로 매개 변수에 파일 경로
가 지정된다.

4-11행 For 문을 통해 lvNetState 컨트롤의 Items 값을 sw.WriteLine() 메서드로 스트
림에 쓰는 작업을 수행한다.

다음의 Form1_FormClosing() 이벤트 핸들러는 폼을 선택 후 이벤트 목록 창에서
[FormClosing] 이벤트 항목을 더블클릭하여 생성한 프로시저로 폼이 종료될 때 추가된
NetThread를 종료하는 작업을 수행한다.

```
Private Sub Form1_FormClosing(sender As Object, e As FormClosingEventArgs)
           Handles MyBase.FormClosing
    If NetThread IsNot Nothing Then NetThread.Abort()
    Application.ExitThread()
End Sub
```

9.1.3 NetStat 예제 실행

다음 그림은 NetStat 예제를 F5를 눌러 실행한 화면이다.

9.2 네트워크 체크

이 절에서 알아볼 네트워크 체크 애플리케이션 예제는 네트워크 연결 체크를 점검할 때 명령 프롬프트에서 자주 사용하는 Ping 테스트를 애플리케이션으로 만든 것이다. 원격지 시스템의 서비스 또는 네트워크가 정상적으로 연결되었는지 점검할 수 있는 아주 기본적인 도구다. 이 애플리케이션은 여러 시스템을 관리하기 위해 사용한다면 효율적으로 시스템을 관리할 수 있다.

다음 그림은 네트워크 체크 애플리케이션을 구현하고 실행한 결과 화면이다.

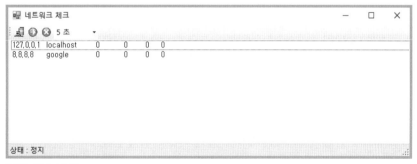

[결과 미리 보기]

9.2.1 네트워크 체크(Form1) 디자인

프로젝트 이름을 'mook_NetworkChk'로 하여 'C:\vb2017project\Chap09' 경로에 새 프로젝트를 생성한다. 다음 그림과 같이 윈도우 폼에 필요한 컨트롤을 위치시켜 폼을 디자인하고, 각 컨트롤의 속성값을 설정한다.

폼 디자인에 사용된 컨트롤의 주요 속성값은 다음과 같다.

폼 컨트롤	속 성	값
Form1	Name	Form1
	Text	네트워크 체크
	MaximizeBox	False
ToolStrip1	Name	tlsBar
ListView1	Name	lvStatus
	Dock	Fill
	HeaderStyle	Nonclickable
	MultiSelect	False
	View	Details
StatusStrip1	Name	stsBar
Timer1	Name	Timer
	Interval	5000

애플리케이션에서 사용할 아이콘 이미지 파일과 사운드(wav) 파일을 저장하기 위해서
프로젝트 이름을 마우스 오른쪽 버튼을 눌러 표시되는 단축메뉴에서 [추가]–[새폴더] 항
목을 선택하고 'icon' 폴더와 'Sound' 폴더를 생성하고 사용할 파일을 저장하여 활용한다.

tlsBar 컨트롤을 선택한 뒤에 ▣▾(멤버 추가) 버튼을 클릭하여 아이콘과 선택 목록으로
사용할 세 개의 Button 멤버 컨트롤과 ComboBox 멤버 컨트롤을 tlsBar 컨트롤에 추가
하고 다음과 같은 각 멤버 컨트롤의 속성을 설정한다.

폼 컨트롤	속 성	값
ToolStripButton1	Name	tsbtnAddHost
	DisplayStyle	Image
	Image	[설정]
	Text	AddHost
ToolStripButton2	Name	tsbtnStart
	DisplayStyle	Image
	Image	[설정]
	Text	Start
ToolStripButton3	Name	tsbtnStop
	DisplayStyle	Image
	Image	[설정]
	Text	Stop
ToolStripComboBox1	Name	tslcbTime
	DropDownStyle	DropDownList

tlsBar 컨트롤에 멤버를 추가하고 각 멤버의 속성을 설정하면 다음과 같은 모습을 나타
낸다.

tlsBar 컨트롤에 추가된 멤버 컨트롤 중 tslcbTime 멤버 컨트롤을 선택하여 속성 목록 창
에서 [Items] 속성의 ▦(컬렉션) 버튼을 클릭하여 [문자열 컬렉션 편집기] 대화상자를 연
다. [문자열 컬렉션 편집기] 대화상자에서 다음 그림에서와 같이 문자열을 추가하고 [확
인] 버튼을 클릭하여 속성 설정을 마친다.

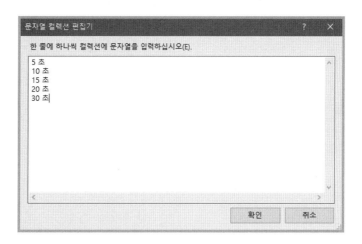

폼의 아랫부분에 상태를 나타내는 stsBar 컨트롤을 선택하고 (멤버 추가) 버튼을 클릭하여 StatusLabel 멤버 컨트롤을 추가한 뒤에 추가된 멤버 컨트롤의 속성을 다음과 같이 설정한다.

폼 컨트롤	속 성	값
ToolStripStatusLabel1	Name	tsslblStatus
	Text	상태 : 정지

stsBar 컨트롤에 멤버를 추가하고 속성 설정을 마치면 다음과 같은 모습을 나타낸다.

9.2.2 네트워크 체크(Form1.vb) 코드 구현

Imports 키워드를 이용하여 필요한 네임스페이스를 추가한다.

```
Imports System.Net.NetworkInformation
Imports System.IO
Imports System.Threading
Imports System.Runtime.InteropServices
```

TIP

System.Net.NetworkInformation 네임스페이스

System.Net.NetworkInformation 네임스페이스를 사용하면 로컬 컴퓨터에 대한 주소 변경 알림, 네트워크 주소 정보 및 네트워크 트래픽 데이터에 액세스할 수 있다. 이 네임스페이스에는 Ping 유틸리티를 구현하는 클래스도 포함되어 있는데, Ping과 관련 클래스를 사용하여 컴퓨터가 네트워크 연결이 가능한지 여부(네트워크가 살아있는지)를 확인할 수 있다.

다음의 Form1 클래스 개체를 Shared로 선언하는 구문으로 Form2에서 접근하기 위한 구문이다.

```
Private Shared staticForm As Form1          '폼2에서 입력한 정보 반영
```

다음의 staticForm 개체를 초기화하는 구문이다.

```
01: Public Sub New()
02:     InitializeComponent()
03:     staticForm = Me
04: End Sub
```

3행   Form2에서 모니터링 대상이 되는 호스트를 추가할 때 Form1 컨트롤에 반영하기 위한 구문이다.

다음과 같이 멤버 개체 및 변수를 클래스 상단에 코드를 추가한다.

```
01: Public HostNameEntry As String = ""          '호스트 아이피
02: Public DescriptionEntry As String = ""       '호스트 설명
03: Public Shared Hostcount As Integer = 0       '네트워크 체크 호스트 수
04: Private pingSender As Ping = New Ping()
05: Private options As PingOptions = New PingOptions()
06: '32바이트
07: Private data As String = "aaaaaaaaaaaaaaaaaaaaaaaaaaaaaaaa"
08: '네트워크 체크를 위한 타임아웃
09: Private Const timeout As Integer = 120
10: '사운드 실행 스레드 개체 생성
11: Private SoundPlayThread As Thread = Nothing
```

4행   Ping 클래스 개체를 생성하는 구문으로 Ping 클래스는 원격 컴퓨터를 네트워크를 통해 액세스할 수 있는지 확인하는 인터페이스를 제공한다.

5행   PingOptions 클래스의 개체를 생성하는 구문으로 PingOptions 클래스는 ICMP (Internet Control Message Protocol) 에코 요청 패킷의 전송되는 방식을 제어하는 인터페이스를 제공한다.

다음의 Form1_Load() 이벤트 핸들러는 폼을 더블클릭하여 생성한 프로시저로, tslcbTime 컨트롤의 초기화하며 시스템 설정 파일에서 정보를 가져와 화면에 나타내는 작업을 수행한다.

```
Private Sub Form1_Load(sender As Object, e As EventArgs)
              Handles MyBase.Load
    Me.tslcbTime.Text = "5 초"
    MainConfig()
End Sub
```

다음의 MainConfig() 메서드는 시스템 설정 파일에 저장된 호스트 정보를 lvStatus 컨트롤에 추가하는 작업을 수행한다.

```
01:  Private Sub MainConfig()
02:      If File.Exists("ICMPConfig.ini") = True Then
03:          Dim ss As String = String.Empty
04:          Using sr As StreamReader = New StreamReader("ICMPConfig.ini")
05:              ss = sr.ReadLine()
06:              While ss IsNot Nothing
07:                  HostNameEntry = sr.ReadLine()
08:                  DescriptionEntry = sr.ReadLine()
09:                  AddList(HostNameEntry, DescriptionEntry)
10:                  ss = sr.ReadLine()
11:              End While
12:              sr.Close()
13:          End Using
14:      End If
15:  End Sub
```

2행   File.Exists() 메서드를 이용하여 파일의 존재 여부를 확인한다.

4행   StreamReader 클래스의 개체 sr을 생성하는 구문으로 'ICMPConfig.ini' 파일명
        을 매개 변수로 대입하여 개체를 초기화한다.

9행   AddList() 메서드에 검색된 호스트 이름과 설명 문자열을 대입하여 호출한다.

다음의 AddList() 메서드를 호출하여 전달받은 호스트 정보에 따라 lvStatus 컨트롤에
나타내는 작업을 수행한다.

```
01:  Public Shared Sub AddList(ByVal AnyHostEntry As String,
                    ByVal DescriptionEntry As String)
02:      Dim Entry As String() = New String(8) { }
03:      Entry(0) = AnyHostEntry
04:      Entry(1) = DescriptionEntry
05:      Dim hold As Integer = 0
06:      Dim Entries As ListViewItem = New ListViewItem(Entry)
07:      staticForm.lvStatus.Items.Add(Entries)
08:      Hostcount = Hostcount + 1
09:      For column As Integer = 2 To 6
10:          If column < 6 Then
11:              staticForm.lvStatus.Items(
                Hostcount - 1).SubItems(column).Text = hold.ToString()
12:          Else
13:              staticForm.lvStatus.Items(
                Hostcount - 1).SubItems(column).Text = ""
14:          End If
15:      Next
```

```
16:        staticForm.lvStatus.AutoResizeColumns(
                    ColumnHeaderAutoResizeStyle.ColumnContent)
17:        staticForm.lvStatus.AutoResizeColumns(
                    ColumnHeaderAutoResizeStyle.HeaderSize)
18:  End Sub
```

6행   lvStatus 컨트롤의 Items 속성에 값을 입력하기 위해 ListViewItem 클래스의 개체를 생성하는 구문이다.

7행   staticForm.lvStatus.Items.Add() 메서드를 이용하여 lvStatus 컨트롤에 모니터링 대상의 호스트 정보를 나타내는 작업을 수행한다.

10-13행 lvStatus 컨트롤의 SubItems 값을 입력하는 작업으로 초기값을 0으로 채우거나 널(null) 값으로 채운다. 이는 lvStatus 컨트롤을 업데이트할 때 SubItems 속성값을 블록별로 수정하기 위함이다.

16-17행 staticForm.lvStatus.AutoResizeColumns() 메서드를 이용하여 입력된 콘텐츠 길이에 따라 Columns 사이즈를 결정하며, 입력된 콘텐츠의 길이가 길면 Columns 사이즈를 자동으로 늘리는 작업을 수행한다.

다음의 tslcbTime_Click() 이벤트 핸들러는 tslcbTime 컨트롤을 더블클릭하여 생성한 프로시저로, tslcbTime 컨트롤을 클릭하고 선택하는 값에 따라 Timer 컨트롤의 Interval 속성을 변경하는 작업을 수행한다.

```
Private Sub tslcbTime_Click(sender As Object, e As EventArgs)
                Handles tslcbTime.Click
    Select Case Me.tslcbTime.Text
        Case "5 초"
            Me.Timer.Interval = 5000
        Case "10 초"
            Me.Timer.Interval = 10000
        Case "15 초"
            Me.Timer.Interval = 15000
        Case "20 초"
            Me.Timer.Interval = 20000
        Case "30 초"
            Me.Timer.Interval = 30000
    End Select
End Sub
```

다음의 tlsBar_ItemClicked() 이벤트 핸들러는 tlsBar 컨트롤을 더블클릭하여 생성한 프로시저로, 각 이미지 아이콘 버튼에 대한 명령을 수행한다.

```
01:   Private Sub tlsBar_ItemClicked(sender As Object,
                   e As ToolStripItemClickedEventArgs)
                              Handles tlsBar.ItemClicked
02:       Dim itemname As String = e.ClickedItem.Text
03:       Select Case itemname
04:           Case "AddHost"
05:               Dim frm2 As Form2 = New Form2()
06:               frm2.ShowDialog()
07:           Case "Start"
08:               Me.Timer.Enabled = True
09:               tsslblStatus.Text = "상태 : 시작 "
10:           Case "Stop"
11:               Me.Timer.Enabled = False
12:               tsslblStatus.Text = "상태 : 정지 "
13:       End Select
14:   End Sub
```

2행   e.ClickedItem.Text 속성을 이용하여 클릭된 메뉴의 Text 속성값을 가져와 Select Case ~ End Select 구문을 통해 해당하는 작업을 수행한다.

4-6행   [호스트 추가] 아이콘 버튼을 클릭하였을 때 Form2를 호출하는 작업을 수행한다.

7-9행   [Start] 아이콘 버튼을 클릭하였을 때 Timer 컨트롤의 Enabled 속성값을 True 로 설정하여 네트워크 검사를 시작한다.

다음의 Timer_Tick() 이벤트 핸들러는 Timer 컨트롤을 더블클릭하여 생성한 프로시저 로, Timer 컨트롤의 Interval 속성값에 따라 주기적으로 수행되며 lvStatus 컨트롤에 나 타난 호스트를 대상으로 네트워크 이상 유무를 검사하여 결과를 lvStatus 컨트롤에 나타 내는 작업을 수행한다.

```
01:   Private Sub Timer_Tick(sender As Object, e As EventArgs)
                      Handles Timer.Tick
02:       If Me.lvStatus.Items.Count = 0 Then
03:           MessageBox.Show("체크할 IP 정보가 없습니다.", "알림",
                     MessageBoxButtons.OK, MessageBoxIcon.Error)
04:           Me.Timer.Enabled = False
05:       Else
06:           Dim buffer As Byte() =
                       System.Text.Encoding.ASCII.GetBytes(data)
07:           options.DontFragment = True
08:           For i As Integer = 0 To Me.lvStatus.Items.Count - 1
09:               Dim reply As PingReply =
                       pingSender.Send(Me.lvStatus.Items(i).SubItems(0).Text,
                                       timeout, buffer, options)
10:               For column As Integer = 2 To 6
11:                   If reply.Status = IPStatus.Success Then
12:                       Me.lvStatus.Items(i).BackColor = Color.Yellow
```

```
13:                    Dim PingResult As String() =
                          New String() {
                              DateTime.Now.ToString(),
                              reply.Buffer.Length.ToString() + " Bytes",
                              reply.RoundtripTime.ToString() + " ms",
                              reply.Options.Ttl.ToString()}
14:                    If column < 6 Then
15:                        Me.lvStatus.Items(i).SubItems(column).Text =
                                PingResult(column - 2)
16:                    Else
17:                        Me.lvStatus.Items(i).SubItems(column).Text = "성공"
18:                    End If
19:                 Else
20:                    If (column < 6) Then
21:                        Me.lvStatus.Items(i).SubItems(column).Text =
                                    (0).ToString()
22:                    Else
23:                        Me.lvStatus.Items(i).SubItems(column).Text = "실패"
24:                    End If
25:                    Me.lvStatus.Items(i).BackColor = Color.Red
26:                    SoundPlayThread = New Thread(AddressOf SoundPlayGo)
27:                    SoundPlayThread.Start()
28:                 End If
29:             Next
30:         Next
31:         Me.lvStatus.AutoResizeColumns(
                    ColumnHeaderAutoResizeStyle.ColumnContent)
32:         Me.lvStatus.AutoResizeColumns(
                    ColumnHeaderAutoResizeStyle.HeaderSize)
33:     End If
34: End Sub
```

6행 Ping 테스트를 위해서 네트워크에 보낼 기본 패킷 즉, Byte 배열의 buffer 변수를 생성한다.

7행 options.DontFragment 속성은 원격 호스트로 보낼 데이터의 조각화(fragmentation)를 제어하는 Boolean 값을 설정하는 것으로 패킷을 전송하는 데 사용되는 라우터 및 게이트웨이의 MTU(최대 전송 단위)를 테스트하려는 경우에 유용하게 사용된다. True로 설정하는 경우 데이터를 여러 패킷으로 보낼 수 없도록 설정하는 것이다.

9행 pingSender.Send() 메서드(TIP "Ping.Send() 메서드" 참조)를 이용하여 지정된 컴퓨터에 ICMP(Internet Control Message Protocol) Echo 메시지와 지정된 데이터 버퍼를 보내고 해당 컴퓨터로부터 이에 대응하는 ICMP Echo Reply 메시지를 받는 작업을 수행하기 위하여 ICMP Echo Reply 메시지를 받는 경우 이 메시지에 대한 정보를 제공하고, 메시지를 받지 못한 경우에는 오류의 원인을 제공하는 PingReply 클래스의 reply 개체에 정보를 저장한다.

11행   reply.Status 속성(TIP "IPStatus 열거형" 참조)을 이용하여 ICMP(Internet
        Control Message Protocol) Echo Request를 보내고 이에 대응하는 ICMP
        Echo Reply 메시지를 받으려고 시도한 결과 상태를 가져온다. 만약 ICMP Echo
        Reply 메시지를 받으려고 시도한 결과 상태가 성공적이라면 14~18행을 실행하
        여 출력 lvStatus 컨트롤에 성공 결과를 출력한다. 만약 실패하면 19~24행을 실
        행하며 실패 정보를 lvStatus 컨트롤에 나타내고, 26행과 27행에서 스레드를 생
        성하여 Wav 파일을 실행하여 네트워크 장애를 알린다.

13행   PingReply.Buffer.Length 속성을 이용하여 버퍼 크기를 얻고, PingRepl.
        RoundtripTime 속성을 이용하여 ICMP Echo Request를 보내고 이에 대응
        하는 ICMP Echo Reply 메시지를 받는 데 걸린 시간(밀리 초)을 가져온다,
        PingOptions.Ttl 속성을 이용하여 Ping 데이터가 삭제되기 전에 이 데이터를 전
        달할 수 있는 라우팅 노드의 수를 가져오는 작업을 수행한다.

TIP

Ping.Send(hostNameOrAddress, timeout, buffer, options) 메서드

지정된 컴퓨터에 ICMP(Internet Control Message Protocol) Echo 메시지와 지정된 데
이터 버퍼를 보내고 해당 컴퓨터로부터 이에 대응하는 ICMP Echo Reply 메시지를 받으려
고 시도한다.

- **hostNameOrAddress** : ICMP Echo 메시지의 대상 컴퓨터를 식별하는 String으로
  이 매개 변수에 지정된 값은 호스트 이름 또는 IP 주소의 문자열 표현
- **timeout** : ICMP Echo 메시지를 보낸 후 ICMP Echo Reply 메시지를 기다리는 최대
  시간(밀리초)을 지정하는 Int32 값
- **buffer** : ICMP Echo 메시지와 함께 보내지고 ICMP Echo Reply 메시지에 담겨 반환
  되는 데이터가 포함된 Byte 배열로 배열은 65,500바이트를 초과할 수 없음
- **options** : ICMP Echo 메시지 패킷의 조각화 및 Time-to-Live 값을 제어하는 데 사
  용되는 PingOptions 개체

TIP

IPStatus 열거형

컴퓨터에 ICMP(Internet Control Message Protocol) Echo 메시지를 보낸 결과 상태를
나타낸다.

멤버 이름	설명
Success	ICMP Echo Request에 성공했으며 ICMP Echo Reply를 받음. 이 상태 코드가 표시되는 경우 다른 PingReply 속성에는 유효한 데이터가 들어 있다.
DestinationNetworkUnreachable	대상 컴퓨터가 포함된 네트워크에 연결할 수 없어서 ICMP Echo Request에 실패
DestinationHostUnreachable	대상 컴퓨터에 연결할 수 없어서 ICMP Echo Request에 실패

DestinationProtocolUnreachable	ICMP Echo 메시지에 지정된 대상 컴퓨터가 패킷의 프로토콜을 지원하지 않아 대상 컴퓨터에 연결할 수 없기 때문에 ICMP Echo Request에 실패
DestinationPortUnreachable	대상 컴퓨터의 포트를 사용할 수 없어서 ICMP Echo Request에 실패
DestinationProhibited	대상 컴퓨터와의 연결이 관리자에 의해 금지되어 있어서 ICMP Echo Request에 실패
NoResources	네트워크 리소스가 부족해서 ICMP Echo Request에 실패
BadOption	잘못된 옵션이 들어 있어서 ICMP Echo Request에 실패
HardwareError	하드웨어 오류로 인해 ICMP Echo Request에 실패
PacketTooBig	요청이 들어 있는 패킷이 소스와 대상 사이에 있는 노드(라우터 또는 게이트웨이)의 MTU(최대 전송 단위)보다 커서 ICMP Echo Request에 실패
TimedOut	할당된 시간 내에 ICMP Echo Reply를 받지 못함
BadRoute	소스 컴퓨터와 대상 컴퓨터 간에 올바른 경로가 없어서 ICMP Echo Request에 실패
TtlExpired	TTL(Time to Live) 값이 0에 도달하여 전달 노드(라우터 또는 게이트웨이)에서 패킷을 삭제했기 때문에 ICMP Echo Request에 실패
TtlReassemblyTimeExceeded	패킷을 조각화하여 전송했는데 리어셈블리에 할당된 시간 내에 모든 조각을 받지 못해서 ICMP Echo Request에 실패
ParameterProblem	패킷 헤더를 처리하는 중 노드(라우터 또는 게이트웨이)에 문제가 발생해서 ICMP Echo Request에 실패
SourceQuench	패킷이 삭제되어서 ICMP Echo Request에 실패
BadDestination	대상 IP 주소에서 ICMP Echo Request를 받을 수 없거나 대상 IP 주소가 IP 데이터그램의 대상 주소 필드에 나타났기 때문에 ICMP Echo Request에 실패
DestinationUnreachable	ICMP Echo 메시지에 지정된 대상 컴퓨터에 연결할 수 없기 때문에 ICMP Echo Request에 실패
TimeExceeded	TTL(Time to Live) 값이 0에 도달하여 전달 노드(라우터 또는 게이트웨이)에서 패킷을 삭제했기 때문에 ICMP Echo Request에 실패
BadHeader	헤더가 잘못되어서 ICMP Echo Request에 실패
UnrecognizedNextHeader	Next Header 필드에 인식할 수 있는 값이 들어 있지 않아서 ICMP Echo Request에 실패
IcmpError	ICMP 프로토콜 오류로 인해 ICMP Echo Request에 실패
DestinationScopeMismatch	ICMP Echo 메시지에 지정된 소스 주소와 대상 주소가 동일한 범위에 있지 않아서 ICMP Echo Request에 실패
Unknown	알 수 없는 이유로 ICMP Echo Request에 실패

다음의 SoundPlayGo() 메서드는 SoundPlayThread 스레드에서 실행되는 메서드로
SoundPlay 클래스에 선언된 PlaySoundStart() 메서드를 호출하여 Wav 사운드 파일을
실행한다.

```
Private Sub SoundPlayGo()
    SoundPlay.PlaySoundStart(Application.StartupPath + "\wav\ping.wav",
            New System.IntPtr(), SoundPlay.PlaySoundFlags.SND_SYNC)
    SoundPlayThread.Abort()
End Sub
```

다음의 SoundPlay 클래스는 Wav 파일을 재생하기 위해 WinAPI PlaySoundStart() 함
수를 선언하는 구문으로 다음 함수의 선언적 의미는 "7.3절 WAV 파일 재생기 만들기"
를 참고하기 바란다.

```
Public Class SoundPlay
    <DllImport("winmm.DLL", EntryPoint:="PlaySound", SetLastError:=True)>
    Public Shared Function PlaySoundStart(ByVal szSound As String,
            ByVal hMod As System.IntPtr,
            ByVal flags As PlaySoundFlags) As Boolean
    End Function
    Public Enum PlaySoundFlags As Integer
        SND_SYNC = 0
        SND_ASYNC = 1
        SND_NODEFAULT = 2
        SND_LOOP = 8
        SND_NOSTOP = 10
        SND_NOWAIT = 2000
        SND_FILENAME = 20000
        SND_RESOURCE = 40004
    End Enum
End Class
```

9.2.3 호스트 추가(Form2) 디자인

솔루션 탐색기에서 프로젝트 이름을 마우스 오른쪽 버튼으로 클릭하고 표시되는 단축메
뉴에서 [추가]-[Windows Form] 메뉴를 클릭하여 'Form2'를 생성한다. 다음 그림과 같
이 윈도우 폼에 필요한 컨트롤을 위치시켜 폼을 디자인하고, 각 컨트롤의 속성값을 설정
한다.

폼 디자인에 사용된 컨트롤의 주요 속성값은 다음과 같다.

폼 컨트롤	속 성	값
Form2	Name	Form2
	Text	호스트 추가
	FormBorderStyle	FixedSingle
	MaximizeBox	False
	StartPosition	CenterScreen
GroupBox1	Name	gbConfig
	FlatStyle	System
	Text	도메인 추가
Label1	Name	lblHost
	Text	도메인/아이피 :
Label2	Name	lblDesc
	Text	설명 :
TextBox1	Name	txtHostName
TextBox2	Name	txtHostDescription
Button1	Name	btnAdd
	Text	추가
Button2	Name	btnClose
	Text	취소

9.2.4 호스트 추가(Form2.vb) 코드 구현

Imports 키워드를 이용하여 필요한 네임스페이스를 다음과 같이 추가한다.

```
Imports System.IO
```

다음의 btnAdd_Click() 이벤트 핸들러는 [추가] 버튼을 더블클릭하여 생성한 프로시저로, 시스템 설정 파일이 없으면 'ICMPConfig.ini' 파일을 생성한 다음 AddHost() 메서드를 호출하여 입력된 호스트 정보를 'ICMPConfig.ini' 파일에 저장하는 작업을 수행한다.

```
Private Sub btnAdd_Click(sender As Object, e As EventArgs)
        Handles btnAdd.Click
    If File.Exists("ICMPConfig.ini") Then
        AddHost()
    Else
        Dim File As FileStream = New FileStream("ICMPConfig.ini",
                            FileMode.Create, FileAccess.ReadWrite)
        File.Close()
        AddHost()
    End If
End Sub
```

다음의 AddHost() 메서드는 StreamWriter 클래스를 이용하여 'ICMPConfig.ini' 파일에 추가된 호스트 정보를 입력하고, Form1.AddList() 메서드를 이용하여 Form1의 lvStatus 컨트롤에 입력된 호스트 정보를 추가한다.

```
01:  Private Sub AddHost()

02:      Dim file As FileStream = New FileStream("ICMPConfig.ini",
                            FileMode.Append, FileAccess.Write)
03:      Dim sw As StreamWriter = New StreamWriter(file)
04:      sw.WriteLine("[" + Me.txtHostName.Text + "]")
05:      sw.WriteLine(Me.txtHostName.Text)
06:      sw.WriteLine(Me.txtHostDescription.Text)
07:      sw.Close()
08:      Form1.AddList(Me.txtHostName.Text, Me.txtHostDescription.Text)
09:      file.Close()
10:      Me.Close()
11:  End Sub
```

8행　　추가된 호스트 정보에 대해 Form1의 lvStatus에 나타내기 위해 From1.AddList() 메서드를 호출한다.

다음의 btnClose_Click() 이벤트 핸들러는 [취소] 버튼을 더블클릭하여 생성한 프로시저로, Me.Close() 메서드를 이용하여 폼을 닫는 작업을 수행한다.

```
Private Sub btnClose_Click(sender As Object, e As EventArgs)
        Handles btnClose.Click
    Me.Close()
End Sub
```

9.2.5 네트워크 체크 예제 실행

다음 그림은 네트워크 체크 예제를 F5를 눌러 실행한 화면이다.

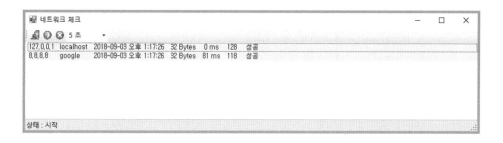

9.3 포트 스캐너

이 절에서 알아볼 포트 스캐너 애플리케이션 예제는 관리하는 시스템에 대해서 어떤 포트가 열려 있고 닫혀 있는지 모니터링할 수 있는 관리적 측면의 도구이다. 또한, 이 기능을 활용하면 해킹 도구로도 사용할 수 있는 데, 해킹하기에 앞서 시스템에 대하여 사전 분석을 목적으로 사용될 수 있다. 이 절에서 알아보는 포트 스캔 예제는 로컬에서만 테스트하고 실제 시스템에 대해서는 사용하지 않도록 한다.

다음 그림은 포트 스캐너 애플리케이션을 구현하고 실행한 결과 화면으로 그림과 같이 폼을 디자인한다.

[결과 미리 보기]

9.3.1 포트 스캐너 디자인

프로젝트 이름을 'mook_PortScanner'로 하여 'C:\vb2017project\Chap09' 경로에 새 프로젝트를 생성한다. 다음 그림과 같이 윈도우 폼에 필요한 컨트롤을 위치시켜 폼을 디자인하고, 각 컨트롤의 속성값을 설정한다.

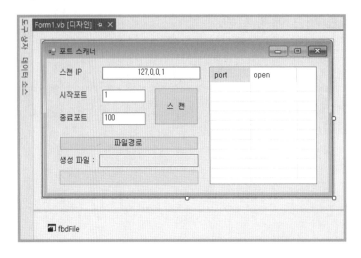

폼 디자인에 사용된 컨트롤의 주요 속성값은 다음과 같다.

폼 컨트롤	속 성	값
Form1	Name	Form1
	Text	포트 스캐너
	FormBorderStyle	FixedSingle
	MaximizeBox	False
	MinimumBox	False
Label1	Name	lblIp
	Text	스캔 Ip
Label2	Name	lblStart
	Text	시작포트
Label3	Name	lblEnd
	Text	종료포트
Label4	Name	lblFile
	Text	생성 파일 :
TextBox1	Name	txtIp
	Text	127.0.0.1
TextBox2	Name	txtStart
	Text	1
TextBox3	Name	txtEnd
	Text	100
TextBox4	Name	txtPath
	ReadOnly	True
Button1	Name	btnStart
	Text	스 캔

Button2	Name	btnFile
	Text	파일경로
Progress1	Name	pgbScan
	Maximum	50
	Minimum	0
	Step	1
ListView1	Name	lvScan
	GridLines	True
	View	Details
FolderBrowserDialog1	Name	fbdFile

lvScan 컨트롤을 선택하여 두 개의 Column 헤더를 다음 그림과 같이 추가한다.

추가된 Column 헤더 멤버의 속성값은 다음과 같이 설정한다.

폼 컨트롤	속 성	값
ColumnHeader1	Name	chPort
	Text	port
	Width	70
ColumnHeader2	Name	chOpen
	Text	open
	Width	80

9.3.2 포트 스캐너 코드 구현

Imports 키워드를 이용하여 필요한 네임스페이스를 다음과 같이 추가한다.

```
Imports System.Net
Imports System.Net.Sockets
Imports System.IO
Imports System.Threading
Imports System.Diagnostics
```

System.Net, System.Net.Sockets 네임스페이스는 소켓 통신, 네트워크 관련 클래스 메서드 등의 인터페이스를 제공한다.

다음과 같이 멤버 개체 및 변수를 클래스 내부 상단에 추가한다.

```
01:  Private scanIp As IPAddress = Nothing        '스캔 아이피
02:  Private strFile As String = Nothing          '파일 경로
03:  Private IPAddre As String = ""               '아이피 정보
04:  Private StartNum As Integer = 0              '시작 포트
05:  Private EndNum As Integer = 0                '마지막 포트
06:  Private PortScan As Thread = Nothing         '포트 스캔 스레드
07:  Private Delegate Sub OnPortDeletegate(
             ByVal a As String, ByVal b As String, ByVal f As Boolean)
08:  Private OnPort As OnPortDeletegate = Nothing    '결과 보여주는 델리게이트
09:  Private Delegate Sub OnProgressDeletegate(ByVal i As Integer)
10:  '진행사항 보여주는 델리게이트
11:  Private OnProgress As OnProgressDeletegate = Nothing
```

7-8행   델리게이트를 선언하는 구문으로 포트 스캔 결과를 lvScan에 나타내는 작업을 수행한다.

9-11행   포트 스캔의 진행률을 프로그레스 바에 나타내는 작업을 수행한다.

다음의 Form1_Load() 이벤트 핸들러는 폼을 더블클릭하여 생성한 프로시저로, 델리게 이트 개체를 초기화하는 작업을 수행한다.

```
Private Sub Form1_Load(sender As Object, e As EventArgs)
            Handles MyBase.Load
    OnPort = New OnPortDeletegate(AddressOf OnPortScan)
    OnProgress = New OnProgressDeletegate(AddressOf OnProStatus)
End Sub
```

다음의 OnPortScan() 메서드는 OnPortDeletegate 델리게이트에서 수행되는 메서드로 매개 변수 f에 따라 lvScan 컨트롤 Item에 값을 입력하거나, Button 컨트롤의 Enabled 속성을 변경하는 작업을 수행한다.

```
01:  Private Sub OnPortScan(ByVal a As String, ByVal b As String,
                ByVal f As Boolean)
02:      If f Then
03:          Me.lvScan.Items.Add(New ListViewItem(New String() {a, b}))
04:      Else
05:          Me.btnStart.Enabled = True
06:          Me.btnFile.Enabled = True
07:      End If
08:  End Sub
```

3행   포트 스캔 진행 중에 실행되며 lvScan에 스캔 결과를 나타내는 작업을 수행한다.

5-6행   포트 스캔이 완료되었을 때 실행되며 버튼의 Enabled 속성을 True로 설정한다.

다음의 OnProStatus() 메서드는 OnProgressDeletegate 델리게이트에서 수행되는 메서드로 pgbScan 컨트롤의 Value 컨트롤을 변경하는 작업을 수행한다.

```vb
Private Sub OnProStatus(ByVal i As Integer)
    Me.pgbScan.Value = i
End Sub
```

다음의 btnFile_Click() 이벤트 핸들러는 [파일경로] 버튼을 더블클릭하여 생성한 프로시저로, [폴더 찾아보기] 대화상자를 호출하여 파일이 저장될 경로를 설정하는 작업을 수행한다.

```vb
Private Sub btnFile_Click(sender As Object, e As EventArgs)
            Handles btnFile.Click
    If Me.fbdFile.ShowDialog() = DialogResult.OK Then
        strFile = Me.fbdFile.SelectedPath & _
                    "\포트스캔(" & Me.txtIp.Text & ").txt"
    End If
End Sub
```

다음의 btnStart_Click() 이벤트 핸들러는 [스 캔] 버튼을 더블클릭하여 생성한 프로시저로, 포트 스캔을 위해 각 멤버 변수를 초기화하는 작업과 포트 스캔을 진행할 스레드 PortScan을 생성한다.

```vb
Private Sub btnStart_Click(sender As Object, e As EventArgs)
            Handles btnStart.Click
    If strFile IsNot Nothing Then
        IPAddre = Me.txtIp.Text
        StartNum = Convert.ToInt32(Me.txtStart.Text)
        EndNum = Convert.ToInt32(Me.txtEnd.Text)
        Me.pgbScan.Minimum = Convert.ToInt32(Me.txtStart.Text)
        Me.pgbScan.Maximum = Convert.ToInt32(Me.txtEnd.Text)
        Me.btnStart.Enabled = False
        Me.btnFile.Enabled = False

        Me.lblFile.Text = "생성파일 : "
        Me.txtPath.Text = strFile

        PortScan = New Thread(AddressOf PortScanner)
        PortScan.Start()
    End If
End Sub
```

다음의 PortScanner() 메서드는 지정된 포트 정보에 따라 순차적으로 서비스가 열려 있는지에 대한 확인을 진행하며 결과를 델리게이트 호출 및 로그 파일로 저장한다.

```vb
01:  Private Sub PortScanner()
02:      Dim sw As StreamWriter = New StreamWriter(strFile)
03:      scanIp = IPAddress.Parse(IPAddre)
04:      sw.WriteLine("*********** 스캔 시작 *********** " & DateTime.Now)
05:      sw.WriteLine()
06:      For i As Integer = StartNum To EndNum
07:          Invoke(OnProgress, i)
08:          Try
09:              Dim EndPoint As IPEndPoint = New IPEndPoint(scanIp, i)
10:              Dim sSocket As Socket =
                      New Socket(AddressFamily.InterNetwork,
                      SocketType.Stream, ProtocolType.Tcp)
11:              sSocket.Connect(EndPoint)
12:              sw.WriteLine("ScanPort {0} 열려있음", i)
13:              Invoke(OnPort, i.ToString(), "open", True)
14:              Continue For
15:          Catch ex As SocketException
16:              If ex.SocketErrorCode <> 10061 Then
                      sw.WriteLine("에러 : {0}", ex.Message)
17:          End Try
18:          sw.WriteLine("ScanPort {0} 닫혀있음", i)
19:          Invoke(OnPort, i.ToString(), "close", True)
20:      Next
21:      sw.WriteLine()
22:      sw.WriteLine("*********** 스캔 종료 *********** " & DateTime.Now)
23:      sw.Close()
24:      Invoke(OnPort, "", "", False)
25:      MessageBox.Show("포트 스캔을 완료하였습니다.", "알림",
                  MessageBoxButtons.OK, MessageBoxIcon.Information)
26:      Dim myProcess As Process = New Process()
27:      myProcess.StartInfo.FileName = strFile
28:      myProcess.Start()
29:      PortScan.Abort()
30:  End Sub
```

2행   로그 파일을 생성하기 위해 StreamWriter 클래스의 개체 sw를 생성하는 구문으로 StreamWriter 클래스의 생성자에 파일 경로를 대입한다.

3행   IPAddress.Parse() 메서드를 이용하여 IP 문자열을 scanIp 변수에 저장한다.

5행   sw.WriteLine() 메서드를 이용하여 스캔 시작을 알리는 문자열과 시간을 입력(파일에 쓰는 작업)한다.

6-20행   검색하려는 포트 번호 범위의 시작과 끝에 맞춰 For 문의 수행하면서 포트에 대하여 열림과 닫힘을 체크하는 구문이다.

7행   Invoke() 메서드를 통해 OnProgress 델리게이트를 호출하여 포트 스캔의 진행률을 프로그레스 바에 나타낸다.

8–17행 　Try ~ Catch ~ End Try 구문으로 블록 내부에 원격 호스트에 연결을 시도하여 연결이 완료되면 12행을 실행하고 파일에 열린 포트의 정보를 쓴다. 또한, 13행의 Invoke() 메서드를 통해 OnPort 델리게이트를 호출하여 포트 스캔의 결과를 lvScan에 나타낸다. 만약 서비스가 닫혀 있었다면 18행과 19행을 실행하여 닫힌 포트 정보를 로그 파일에 쓰는 작업을 수행한다.

9행 　IPEndPoint 생성자에 호스트 IP와 포트 정보를 입력하여 개체를 생성한다.

10행 　Socket 생성자(**TIP** "Socket 생성자" 참조)를 이용하여 Socket 클래스의 개체 sSocket을 생성한다.

11행 　소켓 인터페이스에 9행에서 생성한 IPEndPoint 개체를 입력한 다음 Connect() 메서드를 이용하여 원격 호스트에 연결을 시도한다. 만약 연결이 정상적으로 수행되면 13행을 실행하여 델리게이트를 통한 열린 포트 정보를 파일에 쓰고, 14행 Continue For 구문을 통해 For 문의 처음으로 다시 이동한다.

15–17행 　Try ~ Catch ~ End Try 구문이 정상적으로 실행되지 않았을 때 포트가 닫힌 것으로 간주하여 파일에 닫힌 포트 정보를 쓰는 작업을 수행한다.

26–28행 　Process 클래스의 개체인 myProcess를 이용하여 생성된 파일을 실행하는 작업을 수행한다.

29행 　PortScan.Abort() 메서드를 이용하여 스레드를 종료하는 작업을 수행한다.

TIP

Socket(AddressFamily, SocketType, ProtocolType) 생성자

지정된 주소 패밀리, 소켓 종류 및 프로토콜을 사용하여 Socket 클래스의 개체를 생성한다.

- AddressFamily : AddressFamily 값 중 하나
- SocketType : SocketType 값 중 하나
- ProtocolType : ProtocolType 값 중 하나

AddressFamily 열거형 : 주소 지정 체계 지정

멤버 이름	설명
AppleTalk	AppleTalk 주소
Atm	Native ATM 서비스 주소
Banyan	Banyan 주소
Ccitt	X.25와 같은 CCITT 프로토콜에 대한 주소
Chaos	MIT CHAOS 프로토콜에 대한 주소
Cluster	Microsoft 클러스터 제품들에 대한 주소
DataKit	Datakit 프로토콜에 대한 주소
DataLink	직접 데이터 링크 인터페이스 주소
DecNet	DECnet 주소

Ecma	ECMA(European Computer Manufacturers Association) 주소
FireFox	FireFox 주소
HyperChannel	NSC Hyperchannel 주소
Ieee12844	IEEE 1284.4 작업 그룹 주소
ImpLink	ARPANET IMP 주소
InterNetwork	IP 버전 4.에 대한 주소
InterNetworkV6	IP 버전 6.에 대한 주소
Ipx	IPX 또는 SPX 주소
Irda	IrDA 주소
Iso	ISO 프로토콜에 대한 주소
Lat	LAT 주소
Max	MAX 주소
NetBios	NetBios 주소
NetworkDesigners	Network Designers OSI 게이트웨이 사용 프로토콜에 대한 주소
NS	Xerox NS 프로토콜에 대한 주소
Osi	OSI 프로토콜에 대한 주소
Pup	PUP 프로토콜에 대한 주소
Sna	IBM SNA 주소
Unix	호스트에 대한 로컬 Unix 주소
Unknown	알 수 없는 주소 패밀리
Unspecified	지정되지 않은 주소 패밀리
VoiceView	VoiceView 주소

SocketType 열거형 : 소켓의 종류 지정

멤버 이름	설명
Dgram	고정된 최대 길이(대개 작음)의 신뢰할 수 없고 연결 없는 메시지인 데이터그램을 지원 메시지가 손실되거나 중복될 수 있으며 메시지 순서가 잘못될 수도 있음 Dgram 종류의 Socket은 데이터를 보내고 받기 전에 연결하지 않고도 여러 피어와 통신할 수 있음 Dgram은 Datagram Protocol과 InterNetwork AddressFamily를 사용함
Raw	내부 전송 프로토콜에 대한 액세스를 지원 SocketTypeRaw를 사용하면 Internet Control Message Protocol 및 Internet Group Management Protocol 같은 프로토콜을 사용하여 통신할 수 있음
Rdm	연결 없고, 메시지 지향적이고, 신뢰성 있게 배달되는 메시지를 지원하고, 데이터 내의 메시지 경계를 유지함 Rdm을 사용하여 Socket을 초기화하면 데이터를 보내고 받기 전에 원격 호스트에 연결하지 않아도 됨

Seqpacket	네트워크를 통해 연결 지향적이고, 양방향으로 신뢰성 있게 전송되며, 순서가 지정된 바이트 스트림을 제공함 Seqpacket은 데이터를 중복하지 않고 데이터 스트림 내의 경계를 유지함 Seqpacket 종류의 Socket은 단일 피어와 통신하며 통신을 시작하기 전에 원격 호스트에 연결해야 함
Stream	데이터 중복이나 경계 유지 없이 신뢰성 있는 양방향 연결 기반의 바이트 스트림을 지원 이 종류의 Socket은 단일 피어와 통신하며 이 소켓을 사용할 경우 통신을 시작하기 전에 원격 호스트에 연결해야 함 Stream은 Transmission Control Protocol ProtocolType 및 InterNetworkAddressFamily를 사용함
Unknown	알 수 없는 Socket 종류를 지정

ProtocolType 열거형 : 프로토콜 지정

멤버 이름	설명
Ggp	Gateway To Gateway 프로토콜
Icmp	Internet Control Message 프로토콜
IcmpV6	IPv6용 Internet Control Message Protocol
Idp	Internet Datagram 프로토콜
Igmp	Internet Group Management 프로토콜
IP	인터넷 프로토콜
IPSecAuthenticationHeader	IPv6 Authentication 헤더
IPSecEncapsulatingSecurityPayload	IPv6 Encapsulating Security Payload 헤더
IPv4	인터넷 프로토콜 버전 4
IPv6	IPv6(인터넷 프로토콜 버전 6)
IPv6DestinationOptions	IPv6 Destination Options 헤더
IPv6FragmentHeader	IPv6 Fragment 헤더
IPv6HopByHopOptions	IPv6 Hop-by-Hop Options 헤더
IPv6NoNextHeader	IPv6 No Next 헤더
IPv6RoutingHeader	IPv6 Routing 헤더
Ipx	Internet Packet Exchange 프로토콜
ND	Net Disk 프로토콜(비공식)
Pup	PARC Universal Packet 프로토콜
Raw	Raw IP Packet 프로토콜
Spx	Sequenced Packet Exchange 프로토콜
SpxII	Sequenced Packet Exchange 버전 2 프로토콜
Tcp	Transmission Control 프로토콜
Udp	User Datagram 프로토콜
Unknown	알 수 없는 프로토콜
Unspecified	지정되지 않은 프로토콜

9.3.3 포트 스캐너 예제 실행

다음 그림은 포트 스캐너 예제를 F5를 눌러 실행한 화면이다.

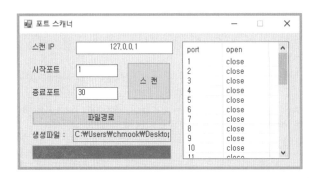

포트 스캔이 완료되면 스캔 결과가 작성된 로그 파일이 자동으로 열려 결과를 확인할 수 있다.

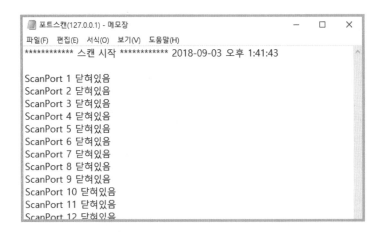

9.4 1:1 채팅

이 절의 예제는 1:1 채팅 애플리케이션을 구현한다. 채팅 애플리케이션은 인터넷을 사용하는 독자라면 한 번쯤은 모두 사용해 보았을 것으로 생각한다. 이 예제는 간단하게 구현되었지만, 채팅 애플리케이션을 구현하는데 필요한 핵심 기능을 대부분 갖추고 있기 때문에 좀 더 기능을 보강하면 더욱 멋진 채팅 애플리케이션을 구현할 수 있으리라 생각한다.

다음 그림은 1:1 채팅 애플리케이션을 구현하고 실행한 결과 화면이다.

[결과 미리 보기]

9.4.1 1:1 채팅 디자인

프로젝트 이름을 'mook_Message'로 하여 'C:\vb2017project\Chap09' 경로에 새 프로
젝트를 생성한다. 다음 그림과 같이 윈도우 폼에 필요한 컨트롤을 위치시켜 폼을 디자인
하고, 각 컨트롤의 속성값을 설정한다.

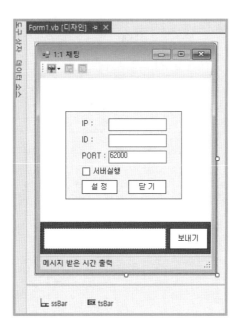

폼 디자인에 사용된 컨트롤의 주요 속성값은 다음과 같다.

폼 컨트롤	속 성	값
Form1	Name	Form1
	Text	1 : 1 채팅
	FormBorderStyle	FixedSingle
	MaximizeBox	False
ToolStrip1	Name	tsBar
StatusStrip1	Name	ssBar
RichTextBox1	Name	rtbText
	BackColor	White
	BorderStyle	None
	ReadOnly	True
	TabStop	False
Panel1	Name	plOption
	BorderStyle	Fixedsingle
	BackColor	AliceBlue
	Visible	False
Panel2	Name	plGroup
	BackColor	RoyalBlue
Panel3	Name	plMessage
	BackColor	White
Label1	Name	lbllp
	Text	IP :
Label2	Name	lblId
	Text	ID :
Label3	Name	lblPort
	Text	PORT :
TextBox1	Name	txtIp
	BorderStyle	FixedSingle
TextBox2	Name	txtId
	BorderStyle	FixedSingle
TextBox3	Name	txtPort
	Text	62000
	BorderStyle	FixedSingle
TextBox4	Name	txtMessage
	BackColor	White
	BorderStyle	None
	Enabled	False

Button1	Name	btnSave
	Text	설정
	BackColor	white
	FlatStyle	Flat
Button2	Name	btnClose
	Text	닫기
	BackColor	white
	FlatStyle	Flat
Button3	Name	btnSend
	Text	보내기
	BackColor	white
	FlatStyle	Flat
	Enabled	False
CheckBox1	Name	cbServer
	Text	서버실행

tsBar 컨트롤을 선택하여 (멤버 추가) 버튼을 클릭하여 다음 그림과 같이
DropDownButton 멤버와 두 개의 Button 멤버 컨트롤을 추가한다.

tsBar 컨트롤에 추가된 각 멤버 컨트롤의 주요 속성값은 다음과 같다.

폼 컨트롤	속 성	값
ToolStripDropDownButton1	Name	tsddbtnOption
	Text	1:1 환경설정
	DisplayStyle	Image
	Image	[설정]
ToolStripButton1	Name	tsbtnConn
	Text	연결
	Enabled	False
	DisplayStyle	Image
	Image	[설정]
	ToolTipText	연결

ToolStripButton2	Name	tsbtnDisconn
	Text	끊기
	Enabled	False
	DisplayStyle	Image
	Image	[설정]
	ToolTipText	끊기

tsBar 컨트롤에 추가된 DropDownButton 멤버 컨트롤인 tsddbtnOption 컨트롤을 선택하여 다음 그림과 같이 메뉴를 추가한다.

ssBar 컨트롤을 선택 후 (멤버 추가) 버튼을 클릭하여 StatusLabel 멤버 컨트롤을 추가한다.

ssBar 컨트롤에 추가된 StatusLabel 멤버 컨트롤의 속성값은 다음과 같이 설정한다.

폼 컨트롤	속 성	값
ToolStripStatusLabel1	Name	tsslblTime
	Text	메시지 받은 시간 출력

9.4.2 1:1 채팅 코드 구현

Imports 키워드를 이용하여 필요한 네임스페이스를 다음과 같이 추가한다.

```
Imports System.Net
Imports System.Net.Sockets
Imports System.Threading
Imports System.IO
Imports Microsoft.Win32
Imports System.Runtime.InteropServices
```

다음과 같이 멤버 개체 및 변수를 클래스 내부 상단에 추가한다.

```
'CP 네트워크 클라이언트에서 연결 수신
Private Server As TcpListener
'TCP 네트워크 서비스에 대한 클라이언트 연결 제공
Private SerClient, client As TcpClient
Private myStream As NetworkStream          '네트워크 스트림
Private myRead As StreamReader             '스트림 읽기
Private myWrite As StreamWriter            '스트림 쓰기
Private Start As Boolean = False           '서버 시작
Private ClientCon As Boolean = False       '클라이언트 시작
Private myPort As Integer                  '포트
Private myName As String                   '별칭
Private myReader, myServer As Thread       '스레드
Private TextChange As Boolean = False      '입력 컨트롤의 데이터 입력 체크
Private TextSend As Boolean = False        '테스트 송신 여부 체크
'레지스트리 쓰기,읽기
Private key As RegistryKey =
        Registry.LocalMachine.OpenSubKey(
                "SOFTWARE\\Microsoft\\.NETFramework", True)
Private Delegate Sub AddTextDelegate(ByVal strText As String) '대리자 개체 생성
Private AddText As AddTextDelegate = Nothing                  '대리자 개체 초기화
```

다음의 WinAPI FlashWindow() 메서드는 메시지를 받으면 창을 깜박이게 하는 작업을 수행한다.

```
01:  <DllImport("user32.dll")>
02:  Shared Function FlashWindow(ByVal hwnd As IntPtr,
                                 ByVal bInvert As Boolean) As Boolean
03:  End Function
```

2행   WinAPI FlashWindow() 메서드를 호출하여 윈도우 태스크 바의 애플리케이션을 깜박거리게 해주며, 매개 변수로 애플리케이션의 핸들 값과 True를 대입한다.

다음의 Form1_Load() 이벤트 핸들러는 폼을 더블클릭하여 생성한 프로시저로, 지정된 레지스트리의 값을 가져오는 작업을 수행한다.

```
01:  Private Sub Form1_Load(ByVal sender As System.Object,
               ByVal e As System.EventArgs)
               Handles MyBase.Load
02:      If (key.GetValue("Message_name") = "") Then
03:          Me.myName = Me.txtId.Text
04:          Me.myPort = 62000
05:      Else
06:          Try
```

```
07:                    Me.myName = key.GetValue("Message_name")
08:                    Me.myPort = 62000
09:              Catch
10:                    Me.myName = Me.txtId.Text
11:                    Me.myPort = 62000
12:              End Try
13:          End If
14:          Me.txtPort.Text = "62000"
15:  End Sub
```

2-4행   GetValue() 메서드를 이용하여 레지스트리에 키값이 설정되어 있지 않다면 txtId, txtPort 컨트롤의 Text 속성값을 가져와 변수에 값을 저장하는 작업을 수행한다.

5-13행   GetValue() 메서드를 이용하여 레지스트리에 키값이 설정되어 있을 때 변수에 값을 저장하는 작업을 수행한다. 즉, 이름과 포트를 가져온다.

다음은 [설정] 메뉴를 더블클릭하여 생성한 프로시저로, 별칭, 포트 번호를 입력하는 설정 창을 나타내주는 작업을 수행한다.

```
01:  Private Sub 설정ToolStripMenuItem_Click(ByVal sender As System.Object,
                ByVal e As System.EventArgs) Handles 설정ToolStripMenuItem.Click
02:      Me.설정ToolStripMenuItem.Enabled = False
03:      Me.plOption.Visible = True
04:      Me.txtId.Focus()
05:      Me.txtId.Text = key.GetValue("Message_name")        '별칭 입력
06:      Me.txtPort.Text = key.GetValue("Message_port")      '포트 입력
07:  End Sub
```

5-6행   RegistryKey.GetValue() 메서드를 이용하여 지정된 레지스트리 키에서 지정된 이름에 연결된 값을 검색하고 지정된 키에 해당 이름이 없으면 사용자가 제공한 기본값이 반환된다. 만약 지정된 키가 없으면 NULL 값이 반환된다. Message_name, Message_port에 매칭되는 레지스트리 키값을 가져와 입력 컨트롤에 각각 값을 입력한다.

다음의 btnSave_Click() 이벤트 핸들러는 [설정] 버튼을 더블클릭하여 생성한 프로시저로, 각 입력 컨트롤에 입력된 값의 유효성 검사를 하는 코드를 수행하고, ControlCheck() 메서드를 호출한다.

```
01:  Private Sub btnSave_Click(ByVal sender As System.Object,
                    ByVal e As System.EventArgs) Handles btnSave.Click
02:      If (Me.cbServer.Checked = True) Then
03:          ControlCheck()
04:      Else
05:          If (Me.txtIp.Text = "") Then
```

```
06:               Me.txtIp.Focus()
07:           Else
08:               ControlCheck()
09:           End If
10:       End If
11:  End Sub

12:  Private Sub ControlCheck()
13:       If (Me.txtId.Text = "") Then
14:           Me.txtId.Focus()
15:       ElseIf (Me.txtPort.Text = "") Then
16:           Me.txtPort.Focus()
17:       Else
18:           Try
19:               Dim Name = Me.txtId.Text
20:               Dim port = Me.txtPort.Text
21:               key.SetValue("Message_name", Name)
22:               key.SetValue("Message_port", port)
23:               Me.plOption.Visible = False
24:               Me.설정ToolStripMenuItem.Enabled = True
25:               Me.tsbtnConn.Enabled = True
26:           Catch
27:               MessageBox.Show("설정이 저장되지 않았습니다.", "에러",
                        MessageBoxButtons.OK, MessageBoxIcon.Error)
28:           End Try
29:       End If
30:  End Sub
```

13-16행 각 입력 컨트롤의 Text 속성값의 유효성을 검사하는 If 구문이다.

21-22행 RegistryKey.SetValue() 메서드를 이용하여 지정된 이름 레지스트리에 값의 쌍
을 설정한다.

23-25행 각 컨트롤의 Visible 속성값과 Enabled 속성값을 설정하는 구문이다.

다음의 cbServer_CheckedChanged() 이벤트 핸들러는 cbServer 컨트롤을 더블클릭하
여 생성한 프로시저로, 서버 또는 클라이언트 모드로 전환하는 작업을 수행한다.

```
Private Sub cbServer_CheckedChanged(ByVal sender As System.Object,
        ByVal e As System.EventArgs) Handles cbServer.CheckedChanged
    If (Me.cbServer.Checked) Then
        Me.txtIp.Enabled = False Else Me.txtIp.Enabled = True
End Sub
```

다음의 Form1_FormClosing() 이벤트 핸들러는 폼을 선택 후 이벤트 목록 창에서 [FormClosing] 이벤트 항목을 더블클릭하여 생성한 프로시저로, 서버 모드 및 클라이언트 종료 메서드를 호출하여 애플리케이션을 종료하는 작업을 수행한다.

```vbnet
Private Sub Form1_FormClosing(ByVal sender As System.Object,
               ByVal e As System.Windows.Forms.FormClosingEventArgs)
               Handles MyBase.FormClosing
    Try
        ServerStop()
    Catch
        Disconnection()
    End Try
End Sub
```

다음의 tsbtnConn_Click() 이벤트 핸들러는 tsbtn 컨트롤 아이콘을 더블클릭하여 생성한 프로시저로, 델리게이트를 초기화하고 지정된 로컬 IP 주소와 포트 번호에서 들어오는 연결 시도를 수신하는 TcpListener 클래스의 개체를 초기화하는 구문이 메서드 블록 내부에 추가되어 있다.

```vbnet
01:  Private Sub tsbtnConn_Click(ByVal sender As System.Object,
                ByVal e As System.EventArgs) Handles tsbtnConn.Click
02:      AddText = New AddTextDelegate(AddressOf MessageView)
03:      If (Me.cbServer.Checked = True) Then
04:          Dim addr = New IPAddress(0)
05:          Try
06:              Me.myName = key.GetValue("Message_name")
07:          Catch
08:              Me.myName = Me.txtId.Text
09:              Me.myPort = Convert.ToInt32(Me.txtPort.Text)
10:          End Try
11:          If Not (Me.Start) Then
12:              Try
13:                  Server = New TcpListener(addr, Me.myPort)
14:                  Server.Start()
15:                  Me.Start = True
16:                  Me.txtMessage.Enabled = True
17:                  Me.btnSend.Enabled = True
18:                  Me.txtMessage.Focus()
19:                  Me.tsbtnDisconn.Enabled = True
20:                  Me.tsbtnConn.Enabled = False
21:                  Me.cbServer.Enabled = False
22:                  myServer = New Thread(AddressOf ServerStart)
23:                  myServer.Start()
24:                  Me.설정ToolStripMenuItem.Enabled = False
25:              Catch
26:                  Invoke(AddText, "서버를 실행할 수 없습니다.")
```

```
27:            End Try
28:        Else
29:            ServerStop()                'ServerStop() 함수 호출
30:        End If
31:    Else
32:        If Not (Me.ClientCon) Then
33:            Me.myName = key.GetValue("Message_name")    '별칭 설정
34:            ClientConnection()          'ClientConnection() 함수 호출
35:        Else
36:            Me.txtMessage.Enabled = False
37:            Me.btnSend.Enabled = False
38:            Disconnection()             '함수 호출
39:        End If
40:    End If
41: End Sub
```

2행 앞에서 선언한 String 타입의 인자를 가진 델리게이트를 초기화하는 구문으로, String 타입의 인자를 가진 MessageView() 메서드를 선언하였다. AddText 대리자가 호출되면 아래 MessageView() 메서드가 실행된다.

3행 cbServer 컨트롤의 Checked 속성값을 체크하는 구문으로, 체크되었을 때는 서버 모드로 애플리케이션이 실행된다.

4행 IPAddress() 클래스의 생성자에 지정된 주소를 사용하여 IPAddress 클래스의 개체를 초기화한다. 매개 변수가 O 값으로 입력이 되었기 때문에 로컬 단말(localhost)의 아이피(127.0.0.1)를 가져온다.

5-10행 레지스트리의 매칭 값을 가져와 myName과 myPort 변수에 저장하거나 입력 컨트롤에 입력된 값을 저장한다.

13행 TcpListener 클래스의 생성자를 이용하여 지정된 로컬 IP 주소와 포트 번호에서 들어오는 연결 시도를 수신하는 TcpListener 클래스의 개체 Server를 초기화한다.

14행 Server.Start() 메서드를 이용하여 들어오는 연결 요청의 수신을 시작한다.

22행 Thread 클래스의 생성자를 이용하여 스레드가 시작될 때 스레드로 개체가 전달될 수 있도록 하는 대리자를 지정하여 Thread 클래스의 개체 myServer를 초기화한다. 대리자는 ServerStart() 메서드로 클라이언트의 수신과 네트워크 스트림의 값을 수신하는 작업을 새로 생성한 스레드에서 수행한다.

26행 13~24행의 코드에서 에러가 발생할 때 AddText 대리자를 호출하여 메시지를 출력하는 작업을 수행한다. Invoke() 메서드는 개체에서 작업하는 메서드와 속성에 대한 액세스를 제공한다.

33-34행 클라이언트 애플리케이션을 실행하는 구문으로 변수에 레지스트리 값을 가져오고 ClientConnection() 메서드를 호출하는 작업을 수행한다.

다음의 MessageView() 메서드는 rtbText 컨트롤에 메시지를 출력하는 대리자에 대입된 메서드이다.

```
01:  Private Sub MessageView(ByVal strText As String)
02:      Me.rtbText.AppendText(strText & Environment.NewLine)
03:      Me.rtbText.Focus()
04:      Me.rtbText.ScrollToCaret()
05:      Me.txtMessage.Focus()
06:      If Not strText.Contains(myName) Then FlashWindow(Me.Handle, True)
07:  End Sub
```

2행　　　　AppendText() 메서드는 텍스트를 추가하여 이어 쓰는 효과를 준다.

4행　　　　ScrollToCaret() 현재 컨트롤의 내용을 현재 캐럿 위치까지 스크롤한다.

6행　　　　메시지를 수신할 때 FlashWindow() WinAPI를 호출하여 애플리케이션이 깜박이게 하는 작업을 수행한다.

다음의 ServerStart() 메서드는 생성한 스레드에서 실행되는 메서드로 클라이언트의 접속 및 클라이언트에서 보낸 데이터를 수신하는 작업을 수행한다.

```
01:  Private Sub ServerStart()
02:      Invoke(AddText, "서버 실행 : 챗 상대의 접속을 기다립니다...")
03:      While (Start)
04:          Try
05:              SerClient = Server.AcceptTcpClient()
06:              Invoke(AddText, "챗 상대 접속..")
07:              myStream = SerClient.GetStream()
08:              myRead = New StreamReader(myStream)
09:              myWrite = New StreamWriter(myStream)
10:              Me.ClientCon = True
11:              TextSend = True
12:              myReader = New Thread(AddressOf Receive)
13:              myReader.Start()
14:          Catch
15:          End Try
16:      End While
17:  End Sub
```

2행　　　　AddText 대리자를 실행시켜 화면상에 메시지를 출력하는 작업을 수행한다.

3행　　　　While 문으로 Start 변수가 False가 될 때까지 4~15행의 무한 루프를 돌면서 클라이언트의 접속을 기다리고 네트워크 스트림에서 데이터를 주고받기 작업을 담당하는 클래스의 개체 생성과 외부 스레드에 데이터를 받는 메서드를 대입한다.

5행　　　　Server.AcceptTcpClient() 메서드를 이용하여 보류 중인 연결 요청을 받아들여 TcpClient 개체 SerClient에 대입한다.

6행　5행이 실행되면 클라이언트가 접속한 것으로 간주할 수 있기 때문에 AddText 대리자를 이용하여 메시지를 출력한다.

7행　데이터를 보내고 받는 데 사용한 NetworkStream을 반환하여 myStream 개체에 대입한다.

8행　StreamReader 클래스의 생성자에 NetworkStream 개체인 myStream을 대입하여 myRead 개체를 생성하는 작업을 수행한다. 이는 클라이언트에서 전송된 메시지를 읽기 위한 코드이다.

9행　StreamWriter 클래스의 생성자에 NetworkStream 개체인 myStream을 대입하여 myWrite 개체를 생성하는 작업을 수행한다. 이는 클라이언트에 전송할 메시지를 스트림에 쓰기위한 코드이다.

12행　Thread 클래스의 생성자를 이용하여 myReader 개체를 생성하는 구문으로 메시지를 읽어와 출력하는 작업을 실행하는 Receive() 메서드를 지정하여 대리자 역할을 수행한다.

다음의 ClientConnection() 메서드는 위의 ServerStart() 메서드와 거의 유사한 코드를 가진 클라이언트 모드에서 실행되는 메서드이다.

```
01:  Private Sub ClientConnection()
02:      Try
03:          client = New TcpClient(Me.txtIp.Text, Me.myPort)
04:          Invoke(AddText, "서버에 접속 했습니다.")
05:          myStream = client.GetStream()
06:          myRead = New StreamReader(myStream)
07:          myWrite = New StreamWriter(myStream)
08:          Me.ClientCon = True
09:          Me.tsbtnConn.Enabled = False
10:          Me.tsbtnDisconn.Enabled = True
11:          Me.txtMessage.Enabled = True
12:          Me.btnSend.Enabled = True
13:          Me.txtMessage.Focus()
14:          TextSend = True
15:          myReader = New Thread(AddressOf Receive)
16:          myReader.Start()
17:      Catch
18:          Me.ClientCon = False
19:          Invoke(AddText, "서버에 접속하지 못 했습니다.")
20:      End Try
21:  End Sub
```

3행　TcpClient 클래스의 개체를 초기화하고 지정된 호스트의 지정된 포트에 연결한다. 호스트 및 포트는 레지스트리 값을 가져오거나 입력 컨트롤의 입력 값이다.

5행   client.GetStream() 메서드를 이용하여 데이터를 보내고 받는 데 사용한 NetworkStream을 반환하고 myStream 개체에 대입한다.

7행   지정된 네트워크 스트림에 대한 StreamWriter 클래스의 개체 myWrite를 초기화하고 스트림에 문자를 쓸 준비를 한다.

다음의 Receive() 메서드는 서버 및 클라이언트 모드에서 myReader 스레드 개체에서 실행되는 메서드로 메시지를 받은 데이터를 화면에 출력하는 작업을 수행한다.

```
01: Private Sub Receive()
02:     Try
03:         While (Me.ClientCon)
04:             If (myStream.CanRead) Then
05:                 Dim msg = myRead.ReadLine()
06:                 Dim Smsg = msg.Split("&")
07:                 If Smsg(0) = "S001" Then
08:                     Me.tsslblTime.Text = Smsg(1)
09:                 Else
10:                     If (msg.Length > 0) Then
11:                         Invoke(AddText, Smsg(0) & " : " & Smsg(1))
12:                     End If
13:                     Me.tsslblTime.Text = "마지막으로 받은 시각:" & Smsg(2)
14:                 End If
15:             End If
16:         End While
17:     Catch
18:     End Try
19: End Sub
```

3행   While 문을 이용하여 ClientCon 변수의 값이 False가 될 때까지 무한 루프를 돌면서 메시지를 수신하는 작업을 수행한다.

4행   myStream.CanRead 속성은 NetworkStream이 읽기를 지원하는지를 나타내는 값을 가져오는 구문으로 스트림에서 데이터를 읽을 수 있으면 True이고, 그렇지 않으면 False 값을 반환한다.

5행   myRead.ReadLine() 메서드를 이용하여 myRead 개체에 값을 줄 단위로 String 타입의 변수에 저장한다.

7행   읽을 데이터가 있을 때 첫 번째 구분자가 'S001'이라면 상대방의 입력 여부 정보를 tsslblTime 컨트롤에 출력하고, 그렇지 않으면 구분자 '&'를 기준으로 명칭과 메시지를 화면에 출력하고 날짜는 tsslblTime 컨트롤에 출력한다. 명칭과 메시지 출력은 11행의 Invoke() 메서드를 호출하여 메시지 출력을 담당하는 MessageView() 메서드를 대신 호출하는 델리게이트 대리자를 실행하여 화면에 출력시킨다.

다음의 txtMessage_KeyPress() 이벤트 핸들러는 txtMessage 컨트롤을 선택한 후 이벤트 목록 창에서 [KeyPress] 이벤트 항목을 더블클릭하여 생성한 프로시저로, 메시지 입력 후 엔터키를 눌렀을 때 메시지를 전송하는 작업을 수행한다.

```
01:   Private Sub txtMessage_KeyPress(ByVal sender As System.Object,
                    ByVal e As System.Windows.Forms.KeyPressEventArgs)
                    Handles txtMessage.KeyPress

02:       If (e.KeyChar = Chr(13)) Then      '엔터 키를 누를 때
03:           e.Handled = True               '소리 없앰
04:         If (Me.txtMessage.Text = "") Then
05:             Me.txtMessage.Focus()
06:         Else
07:             Msg_send()                   'Msg_send()함수 호출
08:         End If
09:       End If
10:   End Sub
```

2행   e.KeyChar 속성을 이용하여 Chr(13) 즉, 엔터키 값이 입력될 때 If 구문 내부 코드를 수행하는 작업을 수행한다.

3행   e.Handled 속성을 True로 지정하면 엔터키를 눌렀을 때 발생하는 시스템 알람 소리를 없애는 작업을 수행한다.

다음의 btnSend_Click() 이벤트 핸들러는 [보내기] 버튼을 더블클릭하여 생성한 프로시저로 입력된 메시지를 전송하는 작업을 수행한다.

```
Private Sub btnSend_Click(ByVal sender As System.Object,
            ByVal e As System.EventArgs) Handles btnSend.Click
    If (Me.txtMessage.Text = "") Then
        Me.txtMessage.Focus()
    Else
        Msg_send()              'Msg_send()함수 호출
    End If
End Sub
```

다음의 Msg_send() 메서드는 txtMessage 컨트롤에 입력된 데이터를 myWrite 개체에 쓰는 작업을 수행한다.

```
01:   Private Sub Msg_send()
02:       Try
03:           Dim dt = Convert.ToString(DateTime.Now)
04:           myWrite.WriteLine(Me.myName & "&" &
                        Me.txtMessage.Text & "&" & dt)
05:           myWrite.Flush()
06:           MessageView(Me.myName & ": " & Me.txtMessage.Text)
```

```
07:            Me.txtMessage.Clear()
08:        Catch
09:            Invoke(AddText, "데이터를 보내는 동안 오류가 발생하였습니다.")
10:            Me.txtMessage.Clear()
11:      End Try
12:  End Sub
```

4행 구분자 '&'를 이용하여 명칭, 메시지, 일시를 WriteLine() 메서드를 이용하여 myWrite 개체에 쓰는 작업을 수행한다.

5행 myWrite.Flush() 메서드를 이용하여 버퍼에 써진 데이터를 내부 스트림에 쓰는 작업과 버퍼를 모두 지우는 작업을 수행한다. myStream 개체에 메시지가 써지면 외부 쓰레드에서 실행되고 있는 Receive() 메서드에 의하여 전송 및 화면에 출력된다.

다음의 tsbtnDisconn_Click() 이벤트 핸들러는 tsbtnDisconn 컨트롤을 더블클릭하여 생성한 프로시저로, 연결된 개체를 끊는 작업을 수행한다.

```
01:  Private Sub tsbtnDisconn_Click(ByVal sender As System.Object, _
                 ByVal e As System.EventArgs) Handles tsbtnDisconn.Click
02:      Try
03:          If (Me.cbServer.Checked) Then
04:              If (Me.SerClient.Connected) Then
05:                  Dim dt = Convert.ToString(DateTime.Now)
06:                  myWrite.WriteLine(Me.myName & "&" & _
                         "채팅 APP가 종료되었습니다." & "&" & dt)
07:                  myWrite.Flush()
08:              End If
09:          Else
10:              If (Me.client.Connected) Then
11:                  Dim dt = Convert.ToString(DateTime.Now)
12:                  myWrite.WriteLine(Me.myName & "&" & _
                         "채팅 APP가 종료되었습니다." & "&" & dt)
13:                  myWrite.Flush()
14:              End If
15:          End If
16:      Catch
17:      End Try
18:      ServerStop()
19:      Me.설정ToolStripMenuItem.Enabled = True
20:  End Sub
```

4행 SerClient.Connected 속성을 이용하여 TcpClient의 내부 Socket이 원격 호스트에 연결되어 있는지를 나타내는 값을 가져와 연결되어 있으면 5~8행을 실행하여 클라이언트에 서버가 종료되었다는 메시지를 출력시킨다.

10행   client.Connected 속성을 이용하여 TcpClient의 연결되어 있는지를 나타내는 값을 가져와 연결되어 있으면 11~14행을 실행하여 서버에 클라이언트가 종료되었다는 메시지를 출력시킨다.

다음의 ServerStop() 메서드는 서버 모드를 종료하는 작업을 수행하며, 서버 모드에서 생성된 개체의 리소스를 해제한다.

```
Private Sub ServerStop()
    Me.Start = False
    Me.txtMessage.Enabled = False
    Me.txtMessage.Clear()
    Me.btnSend.Enabled = False
    Me.tsbtnConn.Enabled = True
    Me.tsbtnDisconn.Enabled = False
    Me.cbServer.Enabled = True
    Me.ClientCon = False

    If Not (myRead Is Nothing) Then myRead.Close()
    If Not (myWrite Is Nothing) Then myWrite.Close()
    If Not (myStream Is Nothing) Then myStream.Close()
    If Not (SerClient Is Nothing) Then SerClient.Close()
    If Not (Server Is Nothing) Then Server.Stop()
    If Not (myReader Is Nothing) Then myReader.Abort()
    If Not (myServer Is Nothing) Then myServer.Abort()
    If Not (AddText Is Nothing) Then
        Invoke(AddText, "연결이 끊어졌습니다.")
    End If
End Sub
```

다음의 Disconnection() 메서드는 서버 모드를 종료하는 작업을 수행하며, 클라이언트 모드에서 생성된 개체의 리소스를 해제한다.

```
Private Sub Disconnection()
    Me.ClientCon = False
    Try
        If Not (myRead Is Nothing) Then myRead.Close()
        If Not (myWrite Is Nothing) Then myWrite.Close()
        If Not (myStream Is Nothing) Then myStream.Close()
        If Not (client Is Nothing) Then client.Close()
        If Not (myReader Is Nothing) Then myReader.Abort()
    Catch
        Return
    End Try
End Sub
```

다음의 txtMessage_TextChanged() 이벤트 핸들러는 txtMessage 컨트롤을 더블클릭하여 생성한 프로시저로, 상대방이 데이터 입력 창에 문자를 입력하는지를 체크하여 상대방에게 정보를 보내준다.

```
01:  Private Sub txtMessage_TextChanged(sender As Object,
                     e As EventArgs) Handles txtMessage.TextChanged
02:      If TextChange = False And TextSend <> False Then
03:          TextChange = True
04:          myWrite.WriteLine("S001&상대방이 메시지 입력중입니다.& ")
05:          myWrite.Flush()
06:      ElseIf Me.txtMessage.Text = "" And
                   TextChange = True And TextSend = True Then
07:          TextChange = False
08:      End If
09:  End Sub
```

2-8행	TextChange 컨트롤에 문자가 입력되면 상대방에게 정보를 보내는 작업을 수행한다.
4행	구분자 '&'를 이용하여 구분 코드와 문자열을 WriteLine() 메서드를 이용하여 myWrite 개체에 쓰는 작업을 수행한다. 일반 메시지일 때는 명칭, 문자열, 일시를 보내지만, 상대방의 메시지 입력 정보를 나타내는 것으로 구분 코드 'SOO1'을 입력하여 메시지를 받을 때 tsslblTime 컨트롤에 출력되게 한다.
5행	myWrite.Flush() 메서드를 이용하여 현재 writer의 모든 버퍼를 지우면 버퍼링된 모든 데이터가 내부 스트림에 써진다.

다음의 btnClose_Click() 이벤트 핸들러는 [닫기] 버튼을 더블클릭하여 생성한 프로시저, 아이피, 포트 설정 화면을 닫는 작업을 수행한다.

```
Private Sub btnClose_Click(ByVal sender As System.Object,
               ByVal e As System.EventArgs) Handles btnClose.Click
    Me.설정ToolStripMenuItem.Enabled = True
    Me.plOption.Visible = False
    Me.txtMessage.Focus()
End Sub
```

다음의 닫기ToolStripMenuItem_Click() 이벤트 핸들러는 [닫기] 메뉴를 더블클릭하여 생성한 프로시저로, 메뉴를 닫는 작업을 수행한다.

```
Private Sub 닫기ToolStripMenuItem_Click(ByVal sender As System.Object,
        ByVal e As System.EventArgs) Handles 닫기ToolStripMenuItem.Click
    Me.Close()
End Sub
```

9.4.3 1:1 채팅 예제 실행

다음 그림은 1:1 채팅 예제를 관리자 권한으로 F5를 눌러 실행한 화면이다.

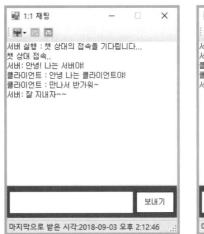

9.5 XML 파서

이 절에서 살펴볼 XML 파서는 네트워크에 연결된 윈도우 응용 애플리케이션 하단에 나타나는 광고와 같은 기능을 구현한 것이다. 광고를 데이터베이스와 연동하여 나타내 줄수도 있지만, 웹서버의 XML를 이용하면 데이터베이스를 이용하지 않아도 쉽게 광고 데이터를 만들 수 있다. 또한, 관심이 있는 광고를 클릭하면 해당하는 홈페이지로 연결할수 있기 때문에 XML 파싱을 통해 대부분 광고 기능을 구현한다. 이 절에서는 로컬 웹서버의 XML 파일을 파싱하여 데이터를 가져오는 기능과 기상청 웹사이트에서 제공하는지역별 날씨 정보 XML 파일을 파싱하여 애플리케이션 하단에 나타내는 기능을 구현하는 것을 살펴본다.

다음 그림은 XML 파서 애플리케이션을 구현하고 실행한 결과 화면이다.

[결과 미리 보기]

9.5.1 인터넷 정보 서비스 설치 및 실행

로컬 시스템에 웹 서버를 설치하여 XML 파일을 실행하기 위해서는 윈도우에서 제공되는 [인터넷 정보 서비스] 기능을 활성화 해야 한다. [제어판]을 열어 [프로그램 치 기능] 항목을 실행한 뒤에 다음 그림과 같이 [프로그램 및 기능] 대화상자의 좌측 [Windows 기능 켜기/끄기] 메뉴를 클릭한 후 [Windows 기능] 대화상자를 호출한다. [인터넷 정보 서비스] 체크 버튼을 선택하고 [확인] 버튼을 눌러 설치를 진행한다.

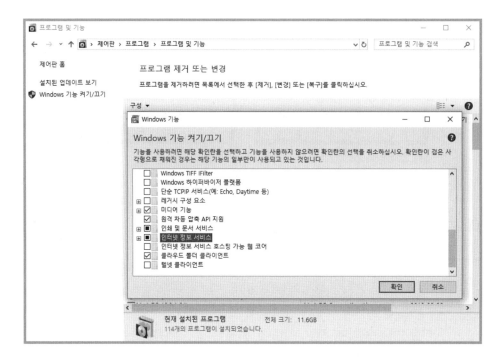

다음 XML 파일을 웹서버 기본 최상위 경로(기본 경로는 C:\inetpub\wwwroot\)에 파일 이름을 'WebXml.xml'로 하여 저장한다.

```xml
<?xml version="1.0" encoding="UTF-8"?>
<xml_reply>
<human>
    <human_entry>
        <title Name="조호묵" />
    </human_entry>
    <human_entry>
        <title Name="박기범" />
    </human_entry>
    <human_entry>
        <title Name="조문성" />
    </human_entry>
    <human_entry>
        <title Name="김난화" />
    </human_entry>
```

```
    <human_entry>
        <title Name="박대영" />
    </human_entry>
</human>
</xml_reply>
```

인터넷 정보 서비스가 정상적으로 설치되었으면 아래와 같이 인터넷 익스플로러를 이용하여 'WebXml.xml'에 접속하면 다음과 같이 XML 코드가 출력된다.

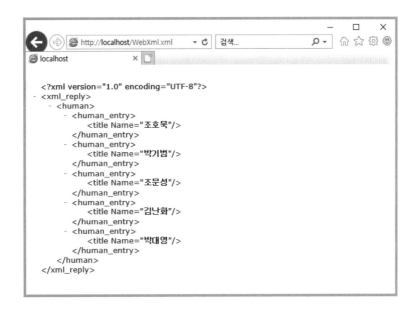

9.5.2 XML 파서 디자인

프로젝트 이름을 'mook_WebXMLParser'로 하여 'C:\vb2017project\Chap09' 경로에 새 프로젝트를 생성한다. 다음 그림과 같이 윈도우 폼에 필요한 컨트롤을 위치시켜 폼을 디자인하고, 각 컨트롤의 속성값을 설정한다.

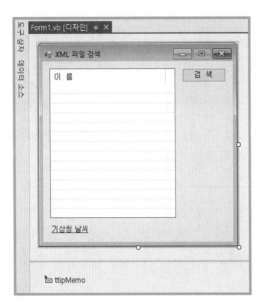

폼 디자인에 사용된 컨트롤의 주요 속성값은 다음과 같다.

폼 컨트롤	속 성	값
Form1	Name	Form1
	Text	XML 파서
	FormBorderStyle	FixedSingle
	MaximizeBox	False
ListView1	Name	lvXml
	GridLines	True
	View	Details
Button1	Name	btnSearch
	Text	검 색
LinkLabel1	Name	lklblNews
	Text	기상청 날씨
ToolTip1	Name	ttipMemo
	ToolTipTitle	클릭하면 웹 브라우저와 연결됩니다.

lvXml 컨트롤을 선택하여 한 개의 Column 헤더를 다음 그림과 같이 추가한다.

추가된 Column 헤더 멤버의 속성값은 다음과 같이 설정한다.

폼 컨트롤	속 성	값
ColumnHeader1	Name	chName
	Text	이 름
	Width	200

9.5.3 XML 파서 코드 구현

Imports 키워드를 이용하여 필요한 네임 스페이스를 다음과 같이 추가한다.

```
Imports System.Net        'WebClient 클래스 사용
Imports System.Xml        ' XmlDocument, XmlNodeList 클래스 사용
Imports System.IO         'StringReader 클래스 사용
Imports System.Threading  '스레드 클래스 사용
```

System.Xml 네임스페이스는 XML 문서, 조각, 노드 또는 노드 집합의 관리 방식에 관련된 표현을 제공한다. WebClient 컨트롤을 이용하기 위해서 System.Net 네임스페이스를 추가하며, XML 파일을 검색하기 위해서 System.Xml 네임스페이스 추가한다.

다음과 같이 클래스 전체에서 참조할 수 있도록 멤버 개체 및 변수를 클래스 내부 상단에 추가한다.

```
01: Private Const NameURL = "http://localhost/"    '주소 저장
02: Private Const WeatherURL =
        "http://www.kma.go.kr/XML/weather/sfc_web_map.xml"    '주소저장
03: Private news = New Dictionary(Of String, String)
04: Private NewcheckThread As Thread              '스레드 개체 생성
05: Private Delegate Sub OnXmlDelegate(ByVal k As String, ByVal v As String)
06: Private OnXml As OnXmlDelegate = Nothing       '델리게이트 선언
```

3행 기상청의 일기예보와 그에 따른 링크 주소를 저장하기 위한 제네릭 형식의 Dictionary 클래스의 개체를 생성하는 구문이다. Dictionary 클래스 개체는 다음 표와 같이 사용할 수 있다.

구문	설명
DictNews.Add("조호묵", "개발자")	DictNews 개체의 내부에는 다음과 같이 문자 데이터가 요소로 추가된다. news.Key : 조호묵 news.Value : 개발자

다음의 Form1_Load() 이벤트 핸들러는 폼을 더블클릭하여 생성한 프로시저로, 기상청의 일기예보 XML 정보를 검색하여 Dictionary 클래스의 개체에 저장하고 tsslblNews 컨트롤에 정보를 출력하기 위한 스레드를 시작하는 작업을 수행한다.

```
01:   Private Sub Form1_Load(sender As Object, e As EventArgs)
                    Handles MyBase.Load
02:       OnXml = New OnXmlDelegate(AddressOf OnXmlRun)
03:       GetNews()
04:       NewcheckThread = New Thread(AddressOf DisplayNews)
05:       NewcheckThread.Start()          'NewcheckThread 스레드 프로세스 시작
06:   End Sub
```

3행   기상청의 일기예보 XML 정보를 검색하기 위한 메서드를 호출하는 구문이다.

4-5행   tsslblNes 컨트롤에 XML 정보를 실시간 반영하기 위하여 스레드를 초기화 초기
          화하고 시작하는 작업을 수행한다.

다음의 OnXmlRun() 메서드는 델리게이트에서 실행되며, 기상청의 일기예보 XML 정
보를 tsslblNews에 나타내는 작업을 수행한다.

```
Private Sub OnXmlRun(ByVal k As String, ByVal v As String)
    Me.lklblNews.Text = k
    Me.lklblNews.AccessibleDescription = v
    Me.ttipMemo.SetToolTip(lklblNews, "지역 날씨 상세보기")
End Sub
```

다음의 DisplayNews() 메서드는 스레드에서 동작하며, For Each 구문을 이용하여
DictNews 정보를 델리게이트에 전달하는 작업을 수행한다.

```
01:   Private Sub DisplayNews()
02:       While True
03:           For Each Inews As KeyValuePair(Of String, String) In news
04:               Invoke(OnXml, Inews.Key, Inews.Value)
05:               Thread.Sleep(3000)
06:           Next
07:       End While
08:   End Sub
```

3-6행   For Each 구문을 이용하여 DictNews 즉, 기상청 일기예보 XML 정보를 가져와
          4행의 Invoke() 메서드를 통해 OnXml 델리게이트에 전달하여 tsslblNews 컨트
          롤에 나타내게 하는 작업을 수행한다.

다음의 GetNews() 메서드는 기상청의 XML 정보를 가져오기 작업을 수행하며,
Dictionary 클래스의 개체에 정보를 저장하는 작업을 수행한다.

```
01:   Public Sub GetNews()
02:       Try
03:           Dim XMLDoc As XmlDocument = New XmlDocument()
04:           XMLDoc.Load(WeatherURL)
05:           Dim nd As XmlNode = XMLDoc.DocumentElement
06:           For Each node As XmlNode In nd.FirstChild.ChildNodes
07:               Dim XmlDataKey As String =
                          String.Format("지역 : {0} / {1} / {2}",
                                  node.InnerText, node.Attributes("desc").Value,
                                  node.Attributes("ta").Value)

08:               Dim XmlDataValue As String =
                      "http://www.weather.go.kr/weather/forecast/mid-term_01.jsp"
09:               news.Add(XmlDataKey, XmlDataValue)
10:           Next
11:       Catch ex As Exception
12:           Return
13:       End Try
14:   End Sub
```

3행   XmlDocument 클래스 개체를 생성하여 XML 문서의 탐색 및 편집을 할 수 있도록 한다.

4행   xd.Load() 메서드를 이용하여 지정된 URL에서 XML 문서를 로드한다.

5행   XML 문서 트리의 루트를 나타내는 XmlElement 요소를 가져와 노드 분석을 위한 XmlNode 클래스의 개체 xnd에 저장한다.

6-10행   For Each 구문을 이용하여 각 요소를 추출하여 Dictionary 클래스의 개체인 news에 저장하는 작업을 수행한다. 각 실행 구성은 다음 그림과 표를 통해 이해하도록 하자.

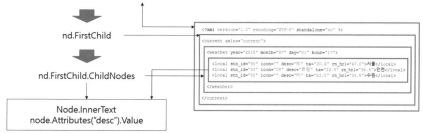

구문	값
node.InnerText	서울
node.Attributes("desc").Value	비

9행   news.Add(A, B) 메서드를 이용하여 제너릭 형식의 DictNews 개체에 XML에서 추출된 정보가 저장된다. 정보는 다음 표와 같이 저장된다.

구문	설명
A : String.Format("지역 : {0} / {1} / {2}", node.InnerText, node.Attributes["desc"]. Value, node.Attributes["ta"].Value)	지역, 날씨, 온도 정보를 출력 지역 : 북강릉 / 비 / 20.3
B : http://www.weather.go.kr/weather/ forecast/mid-term_01.jsp	기상청 웹 페이지 주소

다음의 [검색] 버튼을 더블클릭하여 생성한 프로시저로, WebClient 클래스를 이용하여 지정된 주소에서 XML 파일을 분석하고 노드를 검색한다.

```
01: Private Sub btnSearch_Click(ByVal sender As System.Object,
                    ByVal e As System.EventArgs) Handles btnSearch.Click
02:     Me.lvFile.Items.Clear()
03:     Dim wc = New WebClient()
04:     Dim buffer =
                wc.DownloadString(String.Format("{0}WebXml.xml", NameURL))
05:     wc.Dispose()
06:     Dim sr As StringReader = New StringReader(buffer)
07:     Dim doc As XmlDocument = New XmlDocument()
08:     doc.Load(sr)
09:     sr.Close()
10:     Dim SubNodes As XmlNodeList =
                doc.SelectNodes("xml_reply/human/human_entry")
11:     For Each node As XmlNode In SubNodes
12:         Me.lvFile.Items.Add(New ListViewItem(New String()
                    { GetNodeValue(node, "title") }))
13:     Next
14: End Sub
```

2행   lvFile.Items.Clear() 메서드를 이용하여 lvFile 컨트롤에 저장된 Items 요소를 초기화하는 구문으로 Clear() 메서드를 실행하면 Items 요소가 모두 삭제된다.

3행   WebClient 클래스의 생성자를 이용하여 WebClient 클래스의 개체를 생성한다. WebClient 클래스의 개체는 URI로 식별되는 리소스에 데이터를 보내고 이 리소스에서 데이터를 받기 위한 공용 메서드를 제공한다.

4행   wc.DownloadString(String) 메서드는 요청한 리소스를 String으로 다운로드하고 다운로드할 리소스는 URI를 포함하는 String 타입으로 지정된다. 이 메서드는 리소스를 다운로드한 후 Encoding 속성에 지정된 인코딩을 사용하여 리소스를 String 타입으로 반환한다.

5행   wc.Dispose() 구문을 이용하여 생성한 WebClient 클래스의 개체인 wc 개체 리소스를 해제한다.

6행   지정된 문자열에서 데이터를 읽어오기 위한 StringReader 클래스의 새 개체를 생성한다.

7행   XmlDocument 클래스는 XML 문서를 내부적으로 인메모리(캐시) 트리로 작성하고 해당 문서의 탐색 및 편집을 가능하게 해준다. 새 개체를 초기화하고 8행의 doc.Load() 메서드를 이용하여 지정된 StringReader에서 doc 개체에 XML 문서를 로드한다.

9행   sr.Close() 메서드를 이용하여 생성된 StringReader 개체 닫는다.

10-13행   doc.SelectNodes(String) 메서드를 이용하여 XPath 식 즉, XML의각 노드별 문자열과 일치하는 노드의 목록을 선택하고 XmlNodeList 클래스의 개체 subNodes에 저장한다. 개체에 저장된 XML 요소를 For Each 구문을 이용하여 분석하여 정보를 가져오기 위한 GetNodeValue() 사용자 메서드를 호출한다. 다음 그림을 참고하여 코드를 이해하도록 하자.

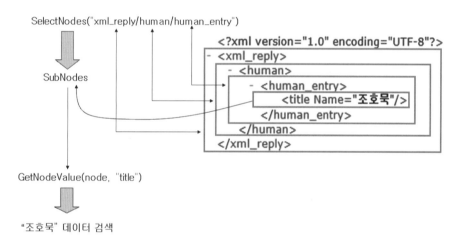

다음의 GetNodeValue() 메서드는 XmlNode(XmlNodeList) 타입의 인자와 String 타입의 문자열을 가지고 노드 값을 검색하여 String 타입의 문자열로 반환하는 작업을 수행한다.

```
01:  Private Function GetNodeValue(ByVal parent As XmlNode,
                 ByVal strXML As String) As String
02:      Try
03:          Dim attr As XmlAttribute =
                   parent.SelectSingleNode(strXML).Attributes("Name")
04:          If attr.Value <> "" Then
05:              Return attr.Value
06:          End If
07:          Return ""
```

```
08:        Catch
09:            Return ""
10:        End Try
11:  End Function
```

3행   parent.SelectSingleNode(String) 메서드를 이용하여 XPath 식 'title'과 일치하는 첫 번째 XmlNode를 선택하고 Attributes 속성을 이용하여 'Name' 값을 검색하여 XmlAttribute 타입으로 반환한다.

구문	설명
parent.SelectSingleNode(strXML). Attributes("Name")	**parent** : XML 파일과 SubNodes의 XmlNode 타입의 전체 경로(full path) **SelectSingleNode(strXML)** : 'title' 노드를 가져옴 **Attributes("Name")** : Name 값에 저장된 XML 정보를 추출함

5행   attr.Value 속성을 이용하여 XmlAttribute 타입의 변수에 저장된 값을 String 타입으로 반환한다.

다음의 이벤트 핸들러는 tsslblNews 컨트롤을 선택하고 이벤트 목록 창에서 [LinkClicked] 이벤트 항목을 더블클릭하여 생성한 프로시저로, 클릭됨을 나타내기 위해 마우스 커서 변경과 클릭하면 기상청 URL에 접속하기 위해 웹 브라우저 실행하는 작업을 수행한다.

```
01:  Private Sub lklblNews_LinkClicked(sender As Object,
            e As LinkLabelLinkClickedEventArgs) Handles lklblNews.LinkClicked
02:      Dim myProcess As Process = New Process()
03:      myProcess.StartInfo.FileName = Me.lklblNews.AccessibleDescription
04:      myProcess.Start()
05:  End Sub
```

3행   lklblNews.AccessibleDescription 속성을 이용하여 기상청 홈페이지의 URL을 myProcess.StartInfo.FileName 속성에 저장하고, 4행 myProcess.Start() 메서드를 이용하여 홈페이지에 접속한다.

다음의 Form1_FormClosing() 이벤트 핸들러는 폼을 선택하고 이벤트 목록 창에서 [FormClosing] 이벤트 항목을 더블클릭하여 생성한 프로시저로, 스레드를 종료하기 위한 문이다.

```
Private Sub Form1_FormClosing(sender As Object, e As FormClosingEventArgs)
            Handles MyBase.FormClosing
    If Not (NewcheckThread Is Nothing) Then
        Me.Dispose()                    '애플리케이션 리소스 해제
```

```
            NewcheckThread.Abort() '스레드 강제 종료
        End If
End Sub
```

9.5.4 XML 파서 예제 실행

다음 그림은 XML 파서 예제를 F5를 눌러 실행한 화면이다.

9.6 파일 원격 전송

이 절에서는 네트워크 스트림을 이용하여 파일을 전달하는 네트워크 파일 보내기/받기 예제를 구현한다. 네트워크 스트림을 통해 파일을 보내고 받기 위해서는 파일을 보내는 애플리케이션(mook_NetFileSender)과 파일을 받는 애플리케이션(mook_NetFileReceiver)이 별도로 구현되어야 하며, 데이터를 전송하기 위해 개체 직렬화 개념을 사용하는데 파일을 전송하기 위해 바이트 스트림으로 개체를 변환하는 프로세스를 말하며 이를 위해 'mook_packet.dll' 라이브러리를 생성하여 사용한다. 파일 전송은 다음 그림과 같은 과정을 거쳐 전송된다.

다음 그림은 네트워크 파일 보내기 애플리케이션을 구현하고 실행한 결과 화면이다.

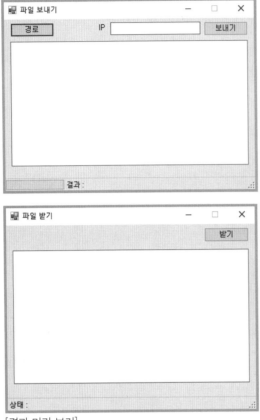

[결과 미리 보기]

9.6.1 파일 보내기 디자인

프로젝트 이름을 'mook_NetFileSender'로 하여 'C:\vb2017project\Chap09' 경로에 새 프로젝트를 생성한다. 다음 그림과 같이 윈도우 폼에 필요한 컨트롤을 위치시켜 폼을 디자인하고, 컨트롤의 속성값을 설정한다.

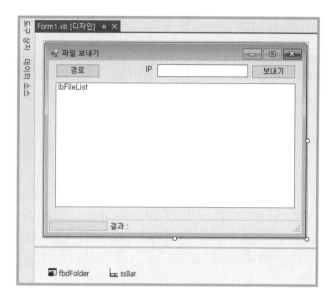

파일 보내기 기능의 폼 디자인에 사용된 컨트롤의 주요 속성값은 다음과 같다.

폼 컨트롤	속 성	값
Form1	Name	Form1
	Text	파일 보내기
	FormBorderStyle	FixedSingle
	MaximizeBox	False
Button1	Name	btnPath
	Text	경로
Button2	Name	btnSend
	Text	보내기
Label1	Name	lblIp
	Text	IP
TextBox1	Name	txtIp
ListBox1	Name	lbFileList
FolderBrowserDialog1	Name	fbdFolder
StatusStrip1	Name	ssBar

ssBar 컨트롤을 선택하고 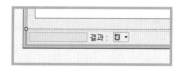(멤버 추가) 버튼을 이용하여 ProgressBar 멤버와 StatusLabel 멤버를 추가한다.

ssBar 컨트롤에 추가한 두 가지 멤버 컨트롤의 속성값을 다음과 같이 설정한다.

폼 컨트롤	속 성	값
ToolStripProgressBar1	Name	tspgrBar
	Size	100, 16
ToolStripStatusLabel1	Name	tsslblMsg
	Text	결과 :

'mook_Packet.dll' 라이브러리(9장의 "9.6.3 'mook_Packet' 프로젝트 생성 및 코드 구현" 절 참고)를 참조하기 위해서 솔루션 탐색기에서 [참조] 항목을 마우스 오른쪽 버튼으로 클릭하여 표시되는 단축메뉴에서 [참조 추가] 메뉴를 선택하여 [참조 관리자] 대화상자를 연다. [참조 관리자] 대화상자에서 [찾아보기] 버튼을 눌러 다음 그림과 같이 참조 추가한다.

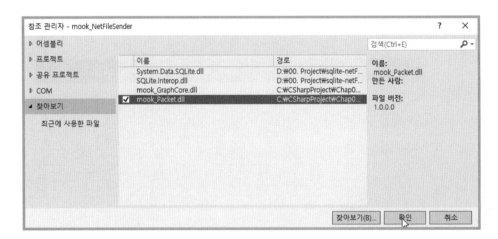

9.6.2 파일 보내기 코드 구현

Imports 키워드를 이용하여 필요한 네임스페이스를 다음과 같이 추가한다.

```
Imports System.IO
Imports System.Threading
Imports System.Net
Imports System.Net.Sockets
Imports System.Runtime.Serialization.Formatters.Binary
```

다음의 멤버 개체 및 변수를 클래스 내부 상단에 추가한다.

```
01:    Private ip As IPAddress = Nothing              '아이피 주소
02:    Private port As Integer = 63000                '포트
03:    Private filename As String = String.Empty      '파일 이름
04:    Private FilePath As String = String.Empty      '파일 경로
05:    Private client As TcpClient                    'TCP 클라이언트
06:    Private fs As FileStream                        '파일 스트림 개체
07:    Private myRead As StreamReader                  '스트림 읽기
08:    Private myReader As Thread                      '스레드
09:    Private ns As NetworkStream                     '네트워크 스트림 개체
10:    Private FileSendThre As Thread = Nothing        '파일 보내는 스레드
11:    Private Delegate Sub OnMessageDelegate(ByVal s As String)
12:    Private OnMsg As OnMessageDelegate = Nothing      '델리게이트 선언
13:    Private Delegate Sub OnCountDelegate(ByVal i As Integer)
14:    Private OnCount As OnCountDelegate = Nothing      '델리게이트 선언
15:    Private FileList As List(Of String) = New List(Of String)()  '파일 리스트
16:    Private Flag As Boolean = True                  '파일 보낼때 스레드 일시정지
17:    Private Count As Integer = 0                    '파일 개수 카운트
```

1행   IPAddress 클래스의 개체 ip를 선언하는 구문이다.

5행   TCP 네트워크 서비스에 대한 클라이언트 연결을 제공하기 위해 TcpClient 클래스의 개체 client를 선언하는 구문이다.

6-7행   스트림을 이용하여 파일을 전송하기 위한 스트림 관련 개체를 선언하는 구문이다.

10-14행 파일 전송을 위한 스레드와 델리게이트를 선언하는 구문이다.

다음의 Form1_Load() 이벤트 핸들러는 폼을 더블클릭하여 생성한 프로시저로, 델리게이트 개체를 초기화하는 작업을 수행한다.

```
Private Sub Form1_Load(sender As Object, e As EventArgs)
            Handles MyBase.Load
    OnMsg = New OnMessageDelegate(AddressOf OnMsgRun)
    OnCount = New OnCountDelegate(AddressOf OnCountRun)
End Sub
```

다음의 OnCountRun(), OnMsgRun() 메서드는 델리게이트에 대입되어 호출 시 프로그레스 바를 통한 파일 전송률과 파일 전송 완료 메시지를 나타내는 작업을 수행한다.

```
01:  Private Sub OnCountRun(ByVal i As Integer)
02:      Me.tspgrBar.Value = i
03:  End Sub

04:  Private Sub OnMsgRun(ByVal s As String)
05:      Me.tsslblMsg.Text = String.Format("결과 : {0} 전송 완료", s)
06:      Flag = False
07:  End Sub
```

6행　　파일 전송이 완료되고 'mook_NetFileReceiver'에서 수신 완료 메시지 전달받았을 때 다음 파일을 전송하기 위한 플래그 값을 설정하여 다음 파일 전송을 진행한다.

다음의 btnPath_Click() 이벤트 핸들러는 [경로] 버튼을 더블클릭하여 생성한 프로시저로, 선택된 파일 경로를 lbFileList 컨트롤과 FileList 개체에 저장하는 작업을 수행한다.

```
01:  Private Sub btnPath_Click(sender As Object, e As EventArgs)
                Handles btnPath.Click
02:      FileList.Clear()
03:      Me.lbFileList.Items.Clear()
04:      If Me.fbdFolder.ShowDialog() = DialogResult.OK Then
05:          FilePath = Me.fbdFolder.SelectedPath & "\"
06:          Dim di As DirectoryInfo = New DirectoryInfo(FilePath)
07:          For Each fi As FileInfo In di.GetFiles()
08:              Me.lbFileList.Items.Add(fi.FullName)
09:              FileList.Add(fi.FullName)
10:              Count += 1
11:          Next
12:      End If
13:      Me.tspgrBar.Maximum = Count
14:  End Sub
```

4-12행　　fbdFolder.ShowDialog() 메서드를 이용하여 [폴더 찾아보기] 대화상자를 호출하고 선택된 폴더 하위의 파일을 lbFileList 컨트롤과 FileList 리스트 제네릭 개체에 저장하는 작업을 수행한다.

다음의 btnSend_Click() 이벤트 핸들러는 [보내기] 버튼을 더블클릭하여 생성한 프로시저로, 파일을 전송하기 위한 FileSendThre 스레드를 초기화하고 시작하는 작업을 수행한다.

```
Private Sub btnSend_Click(sender As Object, e As EventArgs)
                Handles btnSend.Click
    ip = IPAddress.Parse(Me.txtIp.Text)
    FileSendThre = New Thread(AddressOf FileSendThreRun)
    FileSendThre.Start()
End Sub
```

다음의 FileSendThreRun() 메서드는 파일을 보내는 작업을 수행한다.

```
01:  Private Sub FileSendThreRun()
02:      Dim n As Integer = 1
03:      For Each f As String In FileList
04:          Flag = True
05:          Dim fi As FileInfo = New FileInfo(f)
06:          filename = fi.Name
07:          Dim DTime As String =
                  System.DateTime.Now.ToString("yyyy/MM/dd HH:mm:ss")
08:              fs = New FileStream(f, FileMode.Open, FileAccess.Read)
09:              Dim buf As Byte() = New Byte(fs.Length) {}
10:              fs.Read(buf, 0, buf.Length)
11:              fs.Close()
12:          Dim mypacket As mook_Packet.Packet =
                  New mook_Packet.Packet(filename, buf.Length, buf, DTime)
13:          client = New TcpClient()
14:          client.Connect(ip, port)
15:          ns = client.GetStream()
16:          myRead = New StreamReader(ns)
17:          myReader = New Thread(AddressOf Receive)
18:          myReader.Start()
19:          Dim writer As BinaryWriter = New BinaryWriter(ns)
20:          Dim data As Byte() = ObjectToBytes(mypacket)
21:          writer.Write(data.Length)
22:          writer.Write(data)
23:          Invoke(OnCount, n)
24:          While True
25:              If Not Flag Then Exit While
26:              Thread.Sleep(1)
27:          End While
28:          n += 1
29:      Next
30:  End Sub
```

3-29행   For Each 구문을 통해 FileList 제네릭 개체에 저장된 파일 경로를 이용하여 파일을 전송하는 작업을 수행한다.

8행   지정된 경로, 생성 모드, 읽기/쓰기 권한을 사용하여 FileStream 클래스의 개체 fs를 초기화한다.

9행   버퍼를 만들기 위해 byte() 선언하고 크기를 개체 fs의 길이로 지정한다.

10행   fs.Read() 메서드(TIP "FileStream.Read() 메서드" 참조)를 이용하여 스트림에서 바이트 블록을 읽어서 해당 데이터를 제공된 버퍼에 쓰는 작업을 수행한다.

11행   fs.Close() 메서드를 이용하여 현재 스트림을 닫고, 현재 스트림과 관련된 소켓과 파일 핸들 등의 리소스를 모두 해제한다.

12행 mook_Packet.Packet 클래스의 개체 mypacket을 생성하고 파일 이름, 버퍼 사이즈, 버퍼, 날짜를 대입하여 초기화한다. 네트워크 스트림을 통해 파일을 전달하기 위해서 mypacket 개체에 값을 저장하여 개체 자체를 전달한다. 따라서 "9.6.3 'mook_Packet' 프로젝트 생성 및 코드 구현" 절에서 구현할 'mook_Packet' 클래스는 'mook_NetFileSender'과 'mook_NetFileReceiver' 동일하게 참조해야 파일 보내기와 받기 기능이 정상적으로 구현된다.

13-14행 TCP 네트워크 서비스에 대한 클라이언트 연결을 제공하기 위한 TcpClient 클래스의 개체 client를 초기화하고, 지정된 IP 주소와 포트 번호를 사용하여 원격 TCP 호스트에 클라이언트를 연결한다.

15행 client.GetStream() 메서드를 이용하여 데이터를 보내고 받는 데 사용되는 NetworkStream을 반환한다.

16행 네트워크 스트림에서 데이터를 읽기 위해서 StreamReader 생성자에 NetworkStream 개체인 ns를 대입하여 myRead 개체를 초기화한다.

17-18행 myReader 스레드를 초기화하고 실행하는 구문으로 파일을 전송하고 정상적인 수신이 완료됨을 알리는 메시지를 수신하기 위한 작업을 수행한다.

19행 지정된 스트림(NetworkStream)을 기반으로 UTF-8 인코딩을 사용하여 BinaryWriter 클래스의 개체 writer를 초기화한다.

20행 전송할 파일의 정보(파일 이름, 버퍼 사이즈, 버퍼, 날짜)가 저장된 mypacket 개체를 바이트 배열로 생성하기 위해 ObjectToBytes() 메서드를 호출한다.

21-22행 writer.Write() 메서드를 이용하여 바이트 배열을 내부 스트림에 쓴다.

23행 Invoke() 메서드를 통해 OnCount 델리게이트를 이용하여 파일 전송률을 나타낸다.

24-27행 파일을 전송하고 수신 완료 메시지를 대기하는 While 구문이다.

TIP

FileStream.Read(array, Int32, Int32) 메서드

스트림에서 바이트 블록을 읽어서 해당 데이터를 제공된 버퍼에 쓴다.

- array : 지정된 바이트 배열의 값이 offset과 (offset + count − 1) 사이에서 현재 원본으로부터 읽어온 바이트로 교체된 상태로 반환
- offset : 읽은 바이트를 넣을 array의 바이트 오프셋
- count : 읽을 최대 바이트 수

다음의 ObjectToBytes() 메서드는 개체를 바이트 배열로 변환하는 작업을 수행한다.

```
01:  Private Function ObjectToBytes(ByVal obj As Object) As Byte()
02:      Dim bf As BinaryFormatter = New BinaryFormatter()
03:      Dim MS As MemoryStream = New MemoryStream()
04:      bf.Serialize(MS, obj)
05:      Return MS.ToArray()
06:  End Function
```

2행   개체 또는 연결된 개체를 이진 형식으로 serialize 및 deserialize하기 위해 BinaryFormatter 클래스의 개체 bf를 생성하는 작업을 수행한다.

3행   개체를 네트워크 스트림으로 전달하기 위해서 이진 형식으로 직렬화하기 위해 bf.Serialize() 메서드를 이용하여 지정된 스트림(ms)과 개체(obj)를 이진 형태로 직렬화한다.

다음의 Receive() 메서드는 파일 전송이 완료되었을 때 'mook_NetFileReceiver'에서 전달한 수신 완료 메시지를 모니터링하는 작업을 수행한다.

```
01:  Private Sub Receive()
02:      While True
03:          Thread.Sleep(1)
04:          If ns.CanRead Then
05:              Dim msg As String = ""
06:              Try
07:                  msg = myRead.ReadLine()
08:                  Invoke(OnMsg, msg)
09:              Catch ex As Exception
10:              End Try
11:          End If
12:      End While
13:  End Sub
```

4행   ns.CanRead 속성값이 True, 즉 네트워크 스트림이 읽을 수 있는 수신된 메시지가 있다면 7행 myRead.ReadLine() 메서드를 이용하여 메시지를 읽는다.

8행   Invoke() 메서드를 통해 OnMsg 델리게이트를 호출하는 작업을 수행한다.

다음의 Form1_FormClosing() 이벤트 핸들러는 폼을 선택 후 이벤트 목록 창에서 [FormClosing] 이벤트 항목을 더블클릭하여 생성한 프로시저로, 폼을 종료할 때 client 개체의 리소스를 해제하고 FileSendThre 스레드를 종료하는 작업을 수행한다.

```
Private Sub Form1_FormClosing(sender As Object, e As FormClosingEventArgs)
            Handles MyBase.FormClosing
    If client IsNot Nothing Then client.Close()
    If FileSendThre IsNot Nothing Then FileSendThre.Abort()
End Sub
```

9.6.3 'mook_Packet' 프로젝트 생성 및 코드 구현

솔루션 탐색기에서 솔루션 이름을 마우스 오른쪽 버튼으로 클릭하여 표시되는 단축메뉴에서 [추가]–[새 프로젝트] 메뉴를 선택하여 다음 그림과 같이 클래스 라이브러리(.NET Framework) 타입의 'mook_Packet' 새 프로젝트를 생성하고, 클래스 이름을 'Packet. vb'로 변경한다.

다음의 Packet 클래스에 파일 정보를 저장할 접근자를 선언한다.

```
01:  <Serializable()>
02:  Public Class Packet
03:      Public Property Data As Byte()
04:      Public Property FName As String
05:      Public Property Size As Integer
06:      Public Property DTime As String
07:      Public Sub New(ByVal filename As String,
                      ByVal filelength As Integer,
                      ByVal buf As Byte(),
                      ByVal Dt As String)
08:          FName = filename
09:          Size = filelength
10:          Data = buf
11:          DTime = Dt
12:      End Sub
13:  End Class
```

1행	'Packet' 클래스는 serialize를 지원한다는 의미로, 해당 객체의 모든 필드 값이 직렬화 형태로 저장되었다가(serialize), 역직렬화(deserialize)를 통해 원래 객체와 같은 필드 값을 갖는 객체를 다시 생성할 수 있도록 한다. 이는 내부적으로 메모리 주소만 다른 동일한 객체를 생성해 내는 효과가 있다.
3-6행	3행은 버퍼를 저장하는 Data 접근자, 4행은 파일 이름을 저장하는 FName 접근자, 5행은 파일 사이즈를 저장하는 Size 접근자, 6행은 날짜를 저장하는 DTime 접근자이다.
7-12행	외부에서 접근하기 위한 New() 메서드 구문이다.

9.6.4 'mook_Packet.dll' 생성

클래스 라이브러리 타입의 'mook_Packet' 프로젝트를 빌드하여 'mook_Packet.dll' 라이브러리를 생성하기 위해서 VS2017의 메뉴 [빌드]-[mook_Packet 빌드]를 선택하여 빌드하면 다음과 같이 'mook_Packet.dll' 라이브러리 파일이 생성된다.

9.6.5 파일 받기 프로젝트 생성 및 디자인

프로젝트 이름을 'mook_NetFileReceiver'로 하여 'C:\vb2017project\Chap09' 경로에 새 프로젝트를 생성한다. 다음 그림과 같이 윈도우 폼에 필요한 컨트롤을 위치시켜 폼을 디자인하고, 각 컨트롤의 속성값을 설정한다.

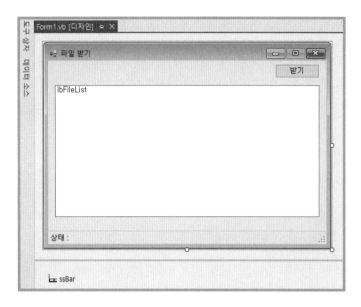

파일 받기 기능이 폼 디자인에 사용된 컨트롤의 주요 속성값은 다음과 같다.

폼 컨트롤	속 성	값
Form1	Name	Form1
	Text	파일 받기
	FormBorderStyle	FixedSingle
	MaximizeBox	False
Button1	Name	btnReceive
	Text	받기
ListBox1	Name	lbFileList
StatusStrip1	Name	ssBar

ssBar 컨트롤을 선택한 뒤에 (멤버 추가) 버튼을 클릭하여 StatusLabel 멤버 컨트롤을 추가한다.

ssBar 컨트롤에 추가한 멤버 컨트롤의 속성을 다음과 같이 설정한다.

폼 컨트롤	속 성	값
ToolStripStatusLabel1	Name	tsslblConn
	Text	상태 :

9.6.5 파일 받기 코드 구현

Imports 키워드를 이용하여 필요한 네임스페이스를 다음과 같이 추가한다.

```
Imports System.IO
Imports System.Net
Imports System.Net.Sockets
Imports System.Threading
Imports System.Runtime.Serialization.Formatters.Binary
Imports System.Runtime.Serialization
```

다음의 멤버 개체 및 변수를 클래스 내부 상단에 추가한다.

```
01:   Private server As TcpListener                              'TCP 리스터 개체
02:   Private ip As IPAddress = New IPAddress(0)                 '서버 아이피
03:   Private myWrite As StreamWriter                           '스트림 쓰기
04:   Private servClient As TcpClient                           'TCP 클라이언트 개체
05:   Private ns As NetworkStream                               '네트워크 스트림 개체
06:   Private reader As BinaryReader                            '바이너리 읽기
07:   Private thread As Thread = Nothing                        '파일 수신 스레드
08:   Private Delegate Sub OnFileDelegate(ByVal d As String, ByVal s As String)
09:   Private OnFile As OnFileDelegate = Nothing   '델리게이트 선언
```

| 1행 | TCP 네트워크 클라이언트에서 연결에 대한 수신을 기다리기 위해 TcpListener 클래스의 개체를 선언한다. |

2행   IPAddress 클래스의 생성자에 0을 대입하여 로컬 시스템의 IP를 가져온다.

8-9행   파일을 수신할 때 lbFileList 컨트롤에 날짜와 시간 그리고 파일명을 나타내기 위한 델리게이트를 선언하는 구문이다.

다음의 Form1_Load() 이벤트 핸들러는 폼을 더블클릭하여 생성한 프로시저로, 델리게이트를 초기화하고 전달받은 파일이 저장될 디렉터리를 생성하는 작업을 수행한다.

```
Private Sub Form1_Load(sender As Object, e As EventArgs)
            Handles MyBase.Load
    OnFile = New OnFileDelegate(AddressOf OnFileRun)
    If Not Directory.Exists(Application.StartupPath & "\File") Then
        Directory.CreateDirectory(Application.StartupPath & "\File")
    End If
End Sub
```

다음의 OnFileRun() 파일이 수신되면 lbFileList 컨트롤에 일시와 파일명을 나타내는 델리게이트에서 호출되는 메서드이다.

```
Private Sub OnFileRun(ByVal d As String, ByVal s As String)
    Dim Data As String = String.Format("[{0}] : {1}", d, s)
    Me.lbFileList.Items.Add(Data)
End Sub
```

다음의 btnReceive_Click() 이벤트 핸들러는 [받기] 버튼을 더블클릭하여 생성한 프로시저로, 클라이언트의 연결 요청 수신을 대기하고 파일 수신 메서드를 스레드에서 실행한다.

```
01:    Private Sub btnReceive_Click(sender As Object, e As EventArgs)
                    Handles btnReceive.Click
02:        server = New TcpListener(ip, 63000)
03:        server.Start()
04:        thread = New Thread(AddressOf AcceptFile)
05:        thread.Start()
06:        Me.tsslblConn.Text = "상태 : 파일 받기 작동"
07:    End Sub
```

2행   TcpListener 클래스의 개체 server를 초기화하는 구문으로 IP와 포트를 매개 변수로 대입한다.

3행   server.Start() 메서드를 이용하여 들어오는 연결 요청에 대한 수신 대기를 시작한다.

4–5행   파일 수신을 위한 스레드 초기화 및 실행하는 작업을 수행한다.

다음의 AcceptFile() 메서드는 'mook_NetFileSender'에서 전송되는 파일을 수신하는 작업을 수행한다.

```
01:    Private Sub AcceptFile()
02:      While (True)
03:         Try
04:            servClient = server.AcceptTcpClient()
05:            ns = servClient.GetStream()
06:            myWrite = New StreamWriter(ns)
07:            reader = New BinaryReader(ns)
08:            Dim length As Integer = reader.ReadInt32()
09:            Dim packet As Byte() = reader.ReadBytes(length)
10:            Dim mypacket As mook_Packet.Packet = BytesToObject(packet)
11:            Dim fs As FileStream = New FileStream(Application.StartupPath & _
                    "\File\" & mypacket.FName, FileMode.Create)
12:            fs.Write(mypacket.Data, 0, mypacket.Size)
13:            fs.Close()
```

```
14:                    Invoke(OnFile, mypacket.DTime, mypacket.FName)
15:                    myWrite.WriteLine(mypacket.FName)
16:                    myWrite.Flush()
17:            Catch ex As Exception
18:            End Try
19:        End While
20:    End Sub
```

4행   server.AcceptTcpClient() 메서드를 이용하여 보류 중인 연결 요청을 수락한다.

5행   servClient.GetStream() 메서드를 이용하여 데이터를 보내고 받는데 사용되는 NetworkStream을 반환받는다.

7행   BinaryReader 클래스의 생성자에 ns 스트림을 대입하여 reader 개체를 초기화 한다.

8행   현재 스트림에서 4바이트 정수를 읽고 스트림의 현재 위치를 4바이트 앞으로 이동하는 작업을 수행한다.

9행   reader.ReadBytes() 메서드를 이용하여 현재 스트림에서 지정된 바이트 수만큼 바이트 배열로 읽어오고 현재 위치를 해당 바이트 수만큼 앞으로 이동하는 작업 을 수행하며, 이는 전달 받은 네트워크 스트림(파일 정보를 저장하는 개체의 바 이트 데이터)을 byte() 타입의 packet에 저장하는 작업을 수행한다.

10행   BytesToObject() 메서드에 packet을 매개 변수로 대입하여 'mook_Packet. Packet' 클래스의 개체 타입으로 변화하는 작업을 수행한다.

11행   파일을 생성하기 위해서 FileStream 클래스의 개체 fs를 초기화하는 구문이다.

12행   fs.Write() 메서드를 이용하여 내부 스트림에 데이터를 쓰는 작업을 수행한다.

13행   fs.Close() 메서드를 호출하여 개체 fs 스트림의 리소스를 해제하는 작업을 수행 한다.

14행   Invoke() 메서드를 통해 OnFile 델리게이트를 호출하여 전달받은 파일명과 일 시를 lbFileList 컨트롤에 나타내는 작업을 수행한다.

15-16행 myWrite.WriteLine(), myWrite.Flush() 메서드를 이용하여 'mook_ NetFileSender'에 수신 완료 메시지(수신 파일명)를 전송한다.

다음의 BytesToObject() 메서드는 byte 배열을 'mook_Packet.Packet' 클래스의 개체 타입으로 변환하는 작업을 수행한다.

```
01: Private Function BytesToObject(ByVal data As Byte()) As mook_Packet.Packet
02:     Dim MS As MemoryStream = New MemoryStream()
03:     Dim bf As New BinaryFormatter()
04:     MS.Write(data, 0, data.Length)
05:     MS.Seek(0, SeekOrigin.Begin)
```

```
06:        Dim obj As Object = TryCast(bf.Deserialize(MS), Object)
07:        Return TryCast(obj, mook_Packet.Packet)
08: End Function
```

3행   BinaryFormatter 클래스의 생성자를 이용하여 바이트 데이터에 대한 역직렬화
       하기 위해서 IFormatter 개체 bf를 생성한다.

4행   MS.Write() 메서드를 이용하여 메모리 스트림 내부에 전달받은 data를 쓴다.

5행   MS.Seek() 메서드를 이용하여 현재 스트림 내의 위치를 지정된 값으로 설정한다.

6–7행   bf.Deserialize() 메서드를 이용하여 메모리 스트림 데이터를 'mook_Packet.
       Packet' 타입으로 변환하여 반환한다.

다음의 Form1_FormClosing() 이벤트 핸들러는 폼을 선택한 후 이벤트 목록 창에서
[FormClosing] 이벤트 항목을 더블클릭하여 생성한 프로시저로, 생성한 개체의 리소스
해제 및 스레드 종료 작업을 수행한다.

```
Private Sub Form1_FormClosing(sender As Object, e As FormClosingEventArgs)
            Handles MyBase.FormClosing
    If servClient IsNot Nothing Then servClient.Close()
    If server IsNot Nothing Then server.Stop()
    If thread IsNot Nothing Then thread.Abort()
End Sub
```

9.6.6 파일 원격 전송 예제 실행

다음 그림과 같이 파일 원격 전송 예제인 파일 보내기 기능과 파일 받기 기능을 각각 F5
키를 눌러 실행하여 파일을 보내기/받기를 점검해 본다. [파일 보내기] 애플리케이션에
서 에서 [보내기]를 클릭하기 전에 [파일 받기] 애플리케이션의 [받기] 버튼을 눌러 파일
수신 기능이 활성화되어 있어야 한다.

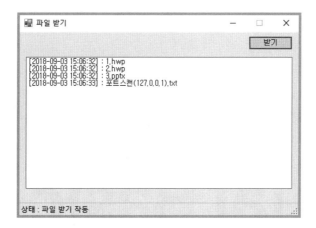

파일 탐색기를 이용해서 확인해 보면, 다음 그림과 같이 'mook_NetFileSender'에서 전달된 파일이 정상적으로 수신되어 진 것을 확인할 수 있다.

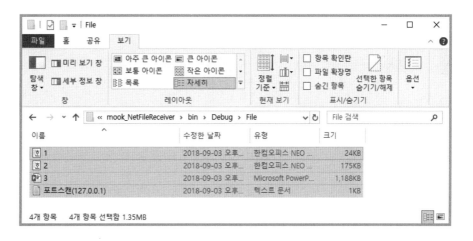

파일 원격 전송 예제 구현을 끝으로 이 책을 마무리한다. 필자는 책에서 Visual Basic. NET을 이용하여 다양한 예제를 다뤄 윈도우 애플리케이션을 좀 더 쉽고 빠르게 구현할 수 있도록 도움을 주고자 했다. 하지만 책이라는 제약 사항으로 인해 설명의 부족한 부분도 있고 다루지 못한 기능 또한 많이 있다.

아쉬운 부분과 부족한 부분은 여러분의 몫으로 남기고 계속 발전하는 독자가 되길 바라며, 마지막까지 열심히 공부한 독자 여러분께 박수를 보낸다.

Visual Basic

프로그래밍 15.x

실/전/프/로/젝/트

인쇄 일자 : 2019년 1월 2일 초판인쇄
발행 일자 : 2019년 1월 7일 초판발행

펴낸곳 : 가메출판사(http://www.kame.co.kr)
발행인 : 성만경
지은이 : 조호묵

주소 : 서울시 마포구 서교동 394-25 동양한강트레벨 504호
전화 : 02)322-8317
팩스 : 02)323-8311

ISBN : 978-89-8078-302-1
등록번호 : 제313-2009-264호

정가 : 24,000원
